U0199749

5G
无线增强设计与国际标准

刘晓峰　沈祖康　王欣晖　　著
魏贵明　高秋彬　徐晓东

5G
Wireless
Enhanced Design and
International Standard

人民邮电出版社
北　京

图书在版编目（CIP）数据

5G无线增强设计与国际标准 / 刘晓峰等著. -- 北京：
人民邮电出版社，2020.8（2022.4重印）
ISBN 978-7-115-54403-2

Ⅰ. ①5… Ⅱ. ①刘… Ⅲ. ①无线电通信－移动网－
网络设计②无线电通信－移动网－国际标准 Ⅳ.
①TN929.5

中国版本图书馆CIP数据核字(2020)第117664号

内 容 提 要

本书主要介绍了 5G 无线增强技术及相应的 R16 版本国际标准化内容。其中，包括 5G 车联网技术、5G 非授权接入技术、大规模天线增强技术、终端节能技术、超高可靠低时延（URLLC）技术、接入增强技术（包括非正交多址标准化过程的介绍）、接入回传一体化（IAB）、多连接及载波聚合增强技术等。本书不仅对这些关键技术进行了介绍，还对这些技术的标准化过程及标准化方案进行了详细分析。

本书适合从事移动通信研究的本科生及研究生、从事移动通信工作的工程师及希望了解 5G 相关情况的专业人士阅读。

◆ 著　　刘晓峰　沈祖康　王欣晖　魏贵明　高秋彬
　　　　徐晓东
　　责任编辑　李　强
　　责任印制　彭志环

◆ 人民邮电出版社出版发行　　北京市丰台区成寿寺路 11 号
　　邮编　100164　电子邮件　315@ptpress.com.cn
　　网址　https://www.ptpress.com.cn
　　北京捷迅佳彩印刷有限公司印刷

◆ 开本：800×1000　1/16
　　印张：24.75　　　　　　　　2020 年 8 月第 1 版
　　字数：436 千字　　　　　　2022 年 4 月北京第 2 次印刷

定价：139.00 元
读者服务热线：(010)81055493　印装质量热线：(010)81055316
反盗版热线：(010)81055315
广告经营许可证：京东市监广登字 20170147 号

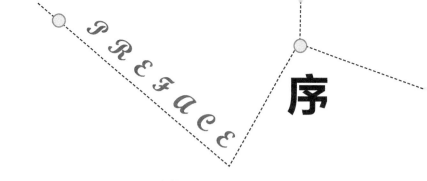

王志勤

第五代移动通信（5G）作为新型基础设施的核心，将开启万物互联的新时代，为科技创新、经济发展和社会进步带来新机遇。

2019 年是全球 5G 商用元年。中国于 2019 年 6 月 6 日发放了 5G 商用牌照，2020 年进入 5G 加速发展的关键阶段。当前全球 5G 建设均基于 5G 第一版标准（3GPP R15 版本）。该版本可以基本满足 5G 愿景中对于移动增强宽带、超高可靠低时延和海量连接的基本指标要求。但为了提供更高质量的服务，满足与各行业的深度融合，5G 标准还需要在第一版本的基础上进一步增强演进。

5G 第二版国际标准在第一版本的基础上进行了多个维度的增强与扩展。对于移动宽带业务，提供了更高的频谱效率、更节能的终端设计和更灵活的网络部署方式；对于超高可靠低时延业务，进一步支持更高可靠性和更低空口时延；对于垂直行业扩展，实现 5G 的车联网设计，支持 5G 在免许可频段的使用等。

本书以 5G 第二版国际标准为依据，重点介绍了 5G 无线增强技术的整体设计和关键技术。本书和之前出版的《5G 无线系统设计与国际标准》是姊妹篇，内容有很强的接续性，建议读者可以将两本书对比参阅学习，以便共同构成对 5G 技术标准的系统解读与分析。本书是 5G 技术难得的教科书，有利于读者准确、深入地理解 5G 技术与标准。

本书创作团队是《5G 无线系统设计与国际标准》的原班人马，作为 IMT-2020（5G）推进组的成员，对标准制定及产品研发有着丰富的实践经验。相信在前作基础上，本书将给您带来更多的收获和启发。期待 5G 技术不断地演进发展，加速 5G 与各行业的深度融合，步入移动、互联和融合的经济社会。

前言|FOREWORD

随着 5G 第一版国际标准的完成，全球也开始了 5G 的广泛部署，我们的生活也迈进了 5G 时代。5G 将改变我们生活的方方面面，在为传统的智能终端业务提供更高的速率，更短的接入传输时延的同时，也将向更多垂直行业扩展，成为构建未来信息化社会的基础。

5G 第一版国际标准完成了新空口的基础设计，满足了 ITU 关于 5G 需求的基本指标要求。但是面对构建未来信息社会的需求，标准还需要不断演进，在多个维度尚需进行扩展和增强来应对不同情况下的挑战。为更好地迎接这些挑战，全球主要通信企业及大量的垂直行业企业通力合作在 3GPP 开展了 5G 第二版国际标准（R16 版本）的标准化工作。

5G 第二版国际标准以第一版标准为基础，在完全兼容第一版标准的前提下，进行了多个层面的增强和扩展。对于传统的移动宽带业务，进行了大规模天线的设计、接入设计、定位技术、终端节能技术、基站回传技术、载波聚合及双连接技术等关键设计的增强；对于垂直行业扩展，进行了超高可靠低时延（URLLC）的增强，支持了车联网的设计，实现了在非授权频谱部署的相关设计。综合来看，5G 第二版国际标准对第一版标准进行了全面的扩展，为 5G 进一步发展奠定了良好基础。

本书的架构紧贴 5G 国际标准标准化进展，章节设置基于标准化开展过程中的重点项目。第 1 章对 5G 第二版国际标准的整体设计思路和重点项目进行介绍。后续各章依次对不同的标准化重点项目进行详细的介绍，涵盖接入增强、大规模天线增强、定位技术、终端节能、车联网（V2X）、URLLC 增强、接入回传一体化、免许可接入、双连接和载波聚合增强。

在全书的撰写过程中，为了便于读者理解标准化技术内容及国际标准化关键点，每章的撰写遵循从技术原理入手，分析每项关键技术标准化要点，展现国际标准化方案的基本写作思路。考虑到 5G 第二版国际标准与第一版标准之间有非常紧密的关系，本书撰写中涉及 5G 第一版国际标准已经实现的基础特性只进行简略的介绍，具体内容可以参见《5G 无线系统设计与国际标准》。通过两本书的介绍，读者可以更系统和完整地了解 5G 的整体设计、国际标准化过程及关键内容。

本书的撰写依托 IMT-2020（5G）推进组，集合了多名工作在国际标准化一线的专家的辛勤工作。本书创作团队是《5G 无线系统设计与国际标准》的原班人马。刘晓峰负责全书组织架构和统稿，并承担第1章和第9章部分内容的撰写工作。王欣晖、田力、张峻峰、李卫敏、邱徽虹负责第2章的撰写工作。高秋彬、苏昕、李辉、陈润华、黄秋萍、骆亚娟、高雪媛、达人、任斌、任晓涛、全海洋、李健翔、侯云静、王加庆、罗晨、杨美英、傅婧负责第 3~5 章部分内容的撰写工作。徐晓东、高秋彬、刘晓峰、魏贵明、金环、闫志宇、沈霞负责第6章部分内容的撰写工作。沈祖康、成艳、赵旸、王瑞、官磊、马蕊香、胡丹、李胜钰、徐修强负责第7章和第10章的撰写工作。陈琳、黄莹、王丽萍、刁雪莹、毕峰、刘文豪、苗婷、卢有雄、邢卫民负责第8章的撰写工作。魏贵明、徐菲、杜滢、焦慧颖、江甲沫、徐晓燕、刘慧、周伟、朱颖负责第1章、第3章、第5章、第6章和第9章部分内容的撰写和修订工作。

受新型冠状病毒肺炎疫情的影响，3GPP 在 2020 年取消了线下会议，改为线上会议，这在一定程度上影响了 R16 标准化内容的进程。截至本书成书之时，仍有一些技术方案还在不断讨论和标准化的进程中，如有机会，也希望能够进一步补充和修正。对于本书存在不当之处，敬请读者和专家批评指正。

作者

目录
CONTENTS

第1章 5G无线增强设计概述

第2章 接入增强

第3章　增强多天线技术

第4章 定位技术

第5章 终端节能技术

第6章 V2X

第7章　5G超高可靠低时延通信增强

第8章　接入回传一体化（IAB）

第9章 5G免许可接入设计

第10章 5G双连接和载波聚合

参考文献

第1章

Chapter 1
5G 无线增强设计概述

随着第一版 5G 国际标准（3GPP NR R15 版本）于 2018 年 9 月正式冻结，5G 的大门正式开启。5G 技术的广泛应用给人们生活的方方面面带来巨大改变。根据 ITU 的愿景，5G 将渗透到未来社会的各个领域，以用户为中心构建全方位的信息生态系统。其中，5G 用户体验速率可达 100Mbit/s~1Gbit/s，能够支持移动虚拟现实等极致的业务体验；5G 峰值速率可达 10Gbit/s~20Gbit/s，流量密度可达 10Mbit/（s·m²），能够支持未来千倍以上移动业务流量的增长；5G 连接数密度可达 100 万个/平方米，能够有效支持海量的物联网设备；5G 传输时延可达毫秒量级，可满足车联网和工业控制的严苛要求；5G 能够支持 500km/h 的移动速度，能够在高铁环境下满足良好的用户体验。此外，为了保证对频谱和能源的有效利用，5G 的频谱效率将比 4G 提高 3~5 倍，能效将比 4G 提升 100 倍。

3GPP NR R15 版本完成了一系列基础的设计。这些基础的设计包括帧结构设计、接入设计、调制编码设计、大规模天线设计、控制信道设计及多种接入架构设计。相对于 4G 系统，5G NR 的系统设计更加灵活，可以支持更多的基本参数配置、上下行对称的波形设计、自包含且灵活的帧结构配置；同时，5G NR 中还引入了一系列的新技术，其中比较有代表性的是控制信道采用的 Polar 码（极化码）、数据信道采用的 LDPC 码。

总体来说，NR R15 版本的设计已经满足了 ITU 对于 5G 各项基础指标的要求。但是，相对于宏大的 5G 愿景，该版本标准在多个维度尚需进行扩展和增强。对于传统的增强移动宽带（eMBB, Enhanced Mobile Broadband）业务，NR R15 版本已经提供了很好的支持，但是在大规模天线的码本设计、终端的节能、网络的覆盖、定位、接入流程、高低频的组合载波聚合技术等方面还存在很大的优化空间。对于超高可靠低时延通信（URLLC, Ultra-Reliable and Low Latency Communications），NR R15 版本以 1ms 空口时延和 99.999% 可靠性为目标，定义了一些 URLLC 的基础特性，考虑到 URLLC 应用场景多种多样，且对时延和可靠性有更高的性能要求，故还需进一步增强。在垂直行业扩展方面，NR R15 版本对多个重要领域并未支持，典型的如车联网、非授权频段部署、卫星网络等。综上所述，第一版 5G NR 标准存在非常广阔的优化和扩展空间。

为达成 ITU 的愿景，满足全面构建以 5G 为基础的信息化社会的需求，3GPP 在 NR R15 版本的基础上进行了全面增强，完成了 NR R16 版本的国际标准。NR R16 版本增强的主要方向为传统的 eMBB 业务增强和垂直行业扩展，主要增强内容包括大规模天线增强、定位增强、接入回传一体化、2 步接入、双连接/载波聚合、5G 车联网、5G 免许可频段接入、超高可靠低时延增强等。通过 NR R16 版本的全面增强，5G 将提供更强的网络覆盖能力、更低的接入与传输时延、更高的传输速率、更低的终端功耗，使能以 5G 车联网为代表的一批垂直行业应用，并实现授权与非授权频谱的共同使用。

NR R16 版本始于 2018 年 6 月，于 2019 年 12 月基本完成版本标准化工作，并于 2020 年 6 月被正式冻结。R16 版本的国际标准也被称为 5G 第二阶段（5G Phase 2），该版本也将和 R15 版本一起作为 5G 标准的一部分，被整体提交至 ITU。

1.1 5G 无线增强设计概览

NR 在 R16 阶段的增强设计采用多个独立项目的方式开展，该方式与 R15 阶段采用的在一个大项目下进行所有关键技术整体标准化的方式有所不同。R16 阶段每个项目针对某一具体方向或一类技术进行增强，多个项目形成对 R16 标准的整体增强。当不同的项目存在共性技术时，通过 3GPP 项目协调机制，共性技术会选择在一个项目中开展，避免重复标准化。本书的章节设置基于 NR R16 开展的主要项目，对已经完成标准化的项目及相关内容进行重点介绍。

3GPP NR R16 的项目主要分为行业扩展项目和已有特性的持续增强项目。图 1-1 所示为 3GPP NR R16 无线增强项目总体情况。在垂直行业扩展方面，R16 主要开展了 5 个项目：5G 车联网（5G V2X）、5G 免许可接入（NR-U）、5G 非地面网络（NTN）、5G 工业物联网信道建模（IIOT 信道建模）、超高可靠低时延（URLLC）增强。其中，NTN 和 IIOT 信道建模都是研究项目，没有进行真正的标准化。在持续增强特性方面，R16 开展了 7 个项目：UE（终端）节能、接入回传一体化（IAB）、定位增强、2 步接入（2-Step RACH）、大规模天线增强、远程干扰删除和多 RAT 的双连接/载波聚合增强（LTE_NR_DC_CA_enh）。其中，UE 节能、IAB、定位增强 3 个项目有一个研究阶段来确认其标准化内容；其余 4 个项目直接进行了标准化。非正交多址技术（NOMA）虽然进行了充分的研究，但是受标准化时间、方案比较发散等影响，R16 阶段只对 NOMA 的主要应用场景 2 步 RACH 进行了标准化。

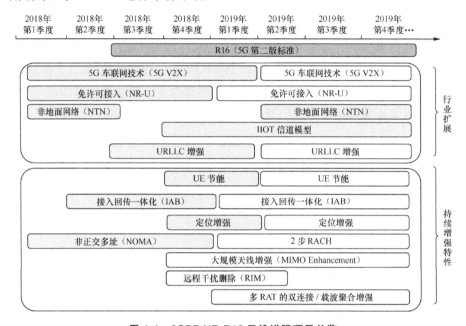

图 1-1　3GPP NR R16 无线增强项目总览

R16 版本的持续时间是 2018 年 6 月至 2020 年 6 月，很多项目并不是在 R16 期间才开始的，而是在 R15 版本标准化没有结束时就已开始了研究工作，这些项目包括：5G V2X、NR-U、NTN、IAB 和 NOMA。它们在 R15 开始阶段就完成了立项的讨论，并且获得了通过。但是，受 R15 阶段标准化工作量大、标准化时间受限的影响，这 5 个项目并没有在 R15 开始阶段与 NR 的整体标准化同期开展，而是推迟到了 2018 年。可以看出，这 5 个项目中的3 项都和垂直行业关系密切，这也体现了 3GPP 希望 5G 能够向垂直行业扩展的强烈愿望。

1.2　5G 无线增强关键技术总体设计思路

3GPP NR R16 版本的演进以 R15 版本为基础，充分保证了前向兼容性。R16 版本没有改变 5G NR 的基础设计（如调制编码方式、基本的波形、系统基础参数配置、帧结构配置、大规模天线架构、系统接入架构、HARQ 机制等），主要的增强聚焦于新功能的引入和对已有特性的持续优化。

从图 1-1 可以看出，3GPP NR R16 版本通过多个项目对 R15 版本的标准进行全方位的增强，内容涉及时延、速率、可靠性、覆盖方式、接入方式、功耗和应用场景等多个方面。各个项目虽然包含内容多样，但仍然可以体现出一些整体的设计思路，具体如下。

1. 频谱效率持续提升

频谱效率提升是无线网络持续追求的目标。R16 的设计中对频谱效率提升最直接的方式是继续提升大规模天线的性能，增强的内容包括信道状态信息反馈、多点协作传输、波束管理、上行满功率传输以及低 PAPR 参考信号等。在高低频联合部署的系统效率提升方面，R16 版本支持了更加多样的载波聚合和双连接方式。在降低开销方面，每个项目的增强中，尽量重用目前的控制信息或者采用更低系统开销的设计，避免增加系统开销，降低频谱使用效率。

2. 更高可靠和更低时延

对超高可靠低时延业务的支持是 5G 网络的一大优势。NR R15 版本支持 1ms 空口时延和 99.999% 可靠性，R16 版本则以使能更高性能要求为目标，支持更高可靠性（99.9999%）和更低空口时延（0.5～1ms 量级），满足电网差动保护、工厂自动化、远程驾驶、智能交通、增强现实和虚拟现实等典型应用场景的性能要求。为实现这一目标，R16 中对接入机制、上下行控制信道、数据信道、调度机制、HARQ 反馈机制、不同业务复用机制进行了系统增强。

3. 更节能的设计

能耗是 5G 重要的设计指标，提高 5G 终端能量效率，可直接延长电池寿命、提升用户体验，对 5G 网络顺利部署且广泛应用至关重要。在 R16 标准化过程中，对终端节能进行了重点讨论和设计，进行了从物理层到高层的全面优化。终端节能的设计中不仅考虑了节能的问题，还兼顾了业务性能，通过精细化的设计，在不影响业务体验质量的前提下达到节能的效果。

4. 更灵活的网络部署方式

为提供更高的系统容量，超密集组网是 5G 的关键技术之一。超密集网络下的接入链路和回传链路，对传输速率及时延都提出了更高的要求。传统无线网络的回传链路大多采用有线电缆或光纤，但是有线回传使用效率低，容易造成投资浪费。为了避免上述问题，3GPP 在 R16 版本引入了无线回传的概念，即回传链路和接入链路使用相同的无线传输技术，共用同一频点，通过时分/频分/空分的方式复用资源。通过该技术的使用支持灵活的自组织传输节点部署，可有效降低部署成本。

5. 多种频谱联合使用

基于 R15 版本的 NR 只能运行在授权频谱，授权频谱可以提供高质量的连接。非授权频谱虽然不能像授权频谱一样提供完全受保障的高质量通信，但是 5G NR 支持非授权频谱的使用仍然可以带来巨大的价值：一方面可使现有的运营商和厂商能够很好地扩展使用现有对 4G、5G 的无线和核心网络的投资；另一方面也可以扩展未来 5G 在垂直行业的应用。R16 版本通过对接入机制、上下行信道及信号、HARQ 机制、调度机制的增强支持了 5G NR 在非授权频谱的部署。

6. 重点需求定制化增强

5G 除数据传输功能外，也支持以定位为代表的重要应用。3GPP 在 R16 阶段完成了基于 NR 信号进行 UE 定位的第一个标准版本，弥补了 R15 标准不支持基于 NR 信号进行 UE 定位的不足。R16 所定义的目标性能指标包括政策监管的紧急服务定位性能指标和商业应用定位性能指标两类。R16 支持的定位精度为米级，可以满足相关业务指标要求。

车联网是 5G 重要的应用场景之一，支持基于 5G NR 的车联网也是 5G NR 标准化的重要演进方向。在 NR R15 架构下，R16 的 5G V2X 项目重点引入了基于 NR 的 Sidelink

设计，重点标准化了发现机制，车联网特有的接入、控制、数据和反馈信道及同步机制。通过系列关键技术的标准化，基于 5G NR 的车联网可以支持车联网中车辆编队、高级驾驶、外延传感器、远程驾驶四大典型应用，同时可以很好地与基于 LTE 的 LTE-V2X 设备与网络联合部署。

NR R16 版本虽然标准化了多个项目，但是从标准版本上还是采用统一的标准版本管理。各个项目对标准产生的影响在 R16 后期统一纳入已有标准中。从 NR R16 正式发布的标准来看，并不能显式区分标准中哪些内容专门为哪一项业务定义。在实际的部署和业务应用中，不同类型的终端可以根据完整的规范选择必要的特性进行支持。

第2章

chapter 2
接入增强

从 1G 到 4G，技术上的每次更迭都是以物理层新的多址技术为标志。从频分多址（FDMA），时分多址（TDMA），到码分多址（CDMA），再到正交频分多址（OFDMA），每一代的通信技术在频谱效率、用户速率以及系统容量等方面都有数量级的增长。

与前几代通信系统相比较而言，5G 进一步拓展了应用场景，让万物互联从愿景变成现实。非正交多址（NOMA）一度被认为是 5G 的代表技术之一，其中下行非正交多址的应用主要是增强移动宽带（eMBB)场景，追求系统频谱效率的提升，该标准化工作已于 LTE R14 阶段完成。上行非正交多址的应用则更为广泛，设计目标为提升频谱效率，支持海量接入，并能支持免调度的接入来降低终端和网络的功耗。2017 年 3 月 3GPP R15 对上行非正交多址的研究工作正式立项[1]，并在 2018 年 12 月完成了相关的研究报告[2]。

5G 除了在频率利用率方面进行挖掘以外，更重要的目标是在接入和传输效率、功耗、灵活性等方面的全面提升，随机接入的增强就是其中的关键技术之一。2018 年 12 月，3GPP R15 对 2 步随机接入（2-Step RACH）正式立项[3]，针对基于竞争的随机接入，在信道结构和接入流程等方面做了增强设计，并于 2020 年 6 月完成了相关的标准化工作。

▌ 2.1 2步随机接入

2.1.1 基本原理及应用场景

传统的基于竞争的随机接入至少需要 4 个步骤，称为 4 步随机接入（4-Step RACH）[4]。

4 步 RACH 包含两次基站和终端用户间的信息交互。其中在第一次交互中，用户在 PRACH 上发起上行的随机接入请求（Msg1），包含一个前导序列，基站根据接收到的前导序列计算出用户的定时偏差并通过下行信道反馈随机接入响应（Msg2）给用户，包含下一次交互的同步和调度信息等。接下来在第二次交互中，用户将包含用户 ID 或来自核心网的用户标志的 Msg3 信息根据调度所指示的定时提前、资源分配、功控等信息进行调整并发送给基站，最终基站正确接收之后通过该 ID 加扰的 Msg4 反馈给用户。如果加扰 ID 与用户 ID 相匹配，且 Msg4 的 DL-SCH 上传输的竞争解决 ID MAC Control Element 与 Msg3 中传输的 CCCH SDU 匹配，则完成随机过程，达到上行同步并进入 RRC 连接态，在后续的数据传输中使用此 ID 作为该用户在小区内唯一的网络标识（C-RNTI）。

4 步 RACH 的流程能够保证接入的可靠性较高，但是由于其要求用户和基站之间进行两次交互，因此在接入效率方面并不是一种最优的方式。例如，在小区覆盖半径较小的情况下，特别是对于高频段或者非授权频谱的场景，用户和基站的距离较近，一般来说往返的传输时延（RTT）不会超过一个循环前缀（CP）的长度。例如，在比较典型的 500m 站间距（ISD）条件下，最大的 RTT 为 1.92μs，分别小于 15kHz 和 30kHz 子载波间隔对应的 CP 长度 4.7μs 和 2.4μs。在这种情况下，即使不做定时提前，Msg3 的传输也可以被认为是同步的，不会产生符号间干扰，因此可以省去第一步的交互。再比如在某些 RTT 特别大的场景，例如，低轨卫星通信，卫星的轨道高度范围为 300~1500km，如果需要两次交互，仅仅传输的时延就高达 2~10ms，如果能够节省一次交互，接入时延将降低一半，可以极大地改善用户体验。其他的典型场景还包括 NR 在非授权频谱的应用（NR-U，见第 9 章），NR-U 中由于频谱资源与其他系统（如不同运营商的 NR-U 系统，或者 Wi-Fi 系统）共享，因此每次传输之前都需要进行一个先侦听后传输（LBT）的过程，如果 LBT 失败则不能进行数据传输。显然在接入的过程中交互的次数越少，需要的 LBT 次数也会相应降低，那么整个随机接入成功的概率就会大大增加。

基于以上考虑，3GPP 在 R16 阶段进行了随机接入的增强，即 2 步随机接入。基本思路如图 2-1 所示，通过将原本 4 步 RACH 中的两个上行信道 Msg1 和 Msg3 合并为新的 MsgA，以及将两个下行信道 Msg2 和 Msg4 合并为新的 MsgB，整个 RACH 过程简化为只需要两步就可以完成。2 步 RACH 可以显著地降低随机接入过程中的时延、信令开销以及功耗，但同时也会引入一些额外的问题，比如原本 Msg3 承载的用户接入所需的控制信息，其 PUSCH 资源是基于基站下发的 Msg2 调度的，因此选择不同前导资源的用户可以被分配到正交的 PUSCH 资源上进行 Msg3 的传输。而对于 2 步 RACH 来说，在传输 MsgA 之前是没有基站调度信息的，所以整个 MsgA 传输都是基于竞争的，包括承载前导信息的 MsgA PRACH 和承载控制信息的 MsgA PUSCH。对于上述问题，主要有两种思路，一种是通过资源换取效率，即在预分配 MsgA 资源的时候，不同的前导序列会映射到不同的 PUSCH 资源，这样可以保证选择不同前导的用户其 PUSCH 的传输是正交的。另一种则是允许用户采用非正交的方式复用，类似非正交多址（NOMA）的概念，通过发射端的一些低码率处理，以及在接收端采用迭代干扰消除技术，在不增加资源开销的情况下也能保证传输性能。关于 NOMA 的更多介绍见 2.2 节。

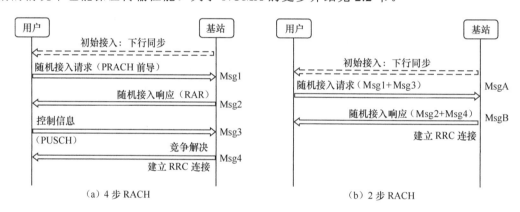

图 2-1　基于竞争的随机接入过程

2.1.2　整体流程

通常为了平衡接入效率和可靠性，满足用户在各种条件下的接入需求，同一个小区一般会同时配置 2 步 RACH 和 4 步 RACH 的资源，在这种情况下，基于竞争的随机接入整体流程如图 2-2 所示。

1. 随机接入类型选择

用户在发起随机接入之前首先需要确定随机接入的类型。一般来说，小区中心用户到基站的 RTT 较小，不需要做定时提前，并且信道质量较好，有利于 PUSCH 的解调。因此 UE 会根据一个 RSRP 的门限来选择首次随机接入所使用的类型，如果 RSRP 大于该门限则选择 2 步 RACH，该门限由基站在系统消息里面配置。

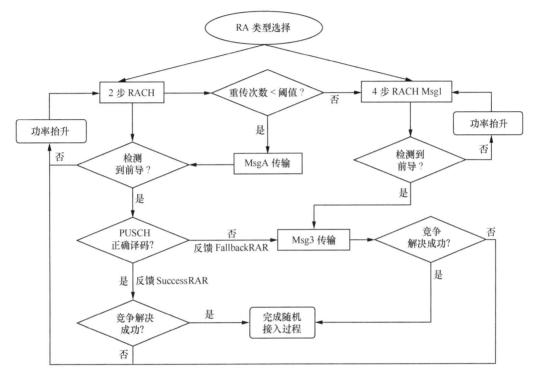

图 2-2　随机接入整体流程

2. 重传

对于 2 步 RACH 来说，以下两种情况会触发 MsgA 的重传。

（1）MsgA 的前导序列并未被检测到，此时基站无法反馈 MsgB，或是用户在检测窗内没有正确接收到该前导序列对应的 MsgB RAR，用户需要进行 MsgA 的重传并抬升发送功率。

（2）MsgA 的前导序列被成功检测，但是基站反馈的 MsgB 包含的是另外一个用户的控制信息，表明此时有多个用户使用了相同的前导序列，竞争失败的用户也需要执行 MsgA 的重传并抬升发送功率。

需要注意的是，用户一旦选定了接入类型，在该随机接入的进程结束之前都会优先采用相同的接入类型进行重传，除非当 2 步 RACH 的 MsgA 重传次数达到一定阈值，会触发 RA 类型的切换，即切换到 4 步 RACH 进行 Msg1 的重复尝试，该阈值也是由基站在系统消息中配置的。有关重传过程中的功率控制细节见 2.1.5 节。

3. 回退机制

对于 2 步 RACH 来说，除了上述因重传达到一定次数切换到 4 步 RACH 以外，还规定了一种从 2 步到 4 步的回退机制。该回退机制的触发条件是当 MsgA 中的前导序列能够被正确检测，但是 PUSCH 消息解调失败，此时基站可以反馈一个 FallbackRAR，类似于 4 步 RACH 中的 Msg2，用来调度 Msg3 的发送。

需要注意的是，虽然是从 MsgA 回退到 Msg3 的传输，从总体需要的传输次数来看是变成了 4 步传输，但是该 RACH 进程名义上仍然是属于 2 步 RACH 的进程，如果回退之后因 Msg3 发送失败而发生重传，需要优先采用 2 步 RACH 进行 MsgA 的重传。

4. 随机接入过程完成

当用户发送的 MsgA 被成功检测，并且基站反馈的 MsgB 包含的是该用户的 SuccessRAR，该用户则反馈一个成功接收 MsgB 的 HARQ-ACK 信息，同时标志其已成功完成随机接入过程。

2.1.3 MsgA PRACH

当用户发起一个 2 步 RACH 的进程，首先会触发 MsgA PRACH 的传输。与 4 步 RACH 中的 Msg1 类似，MsgA PRACH 的传输配置包含 PRACH 传输机会（RO）的时频资源配置，以及每个 RO 上可以承载的前导序列配置。PRACH 传输机会的配置候选集与 4 步 RACH 保持一致，前导序列的生成方式以及格式也沿用了 R15 38.211 中 4 步 RACH 的设计[5]，这里不再赘述。

对于 PRACH 的资源有以下两种配置方式：（1）2 步 RACH 的时频资源独立配置；（2）2 步 RACH 与 4 步 RACH 共享 RO 资源，通过不同的前导资源来区分。

1. 独立配置

独立配置下 2 步 RACH 的 RO 配置继承了 4 步 RACH 的配置方式，如图 2-3 所示。

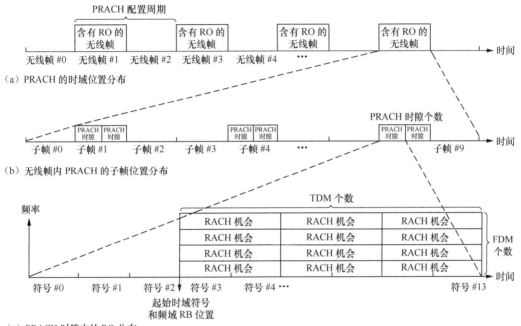

图 2-3　PRACH 时频资源配置

主要的配置参数及其说明如下。

（1）PRACH 配置周期：以无线帧（Frame）为单位，由周期 x 和偏移值 y 决定，即在帧号 $n_{SFN} \bmod x = y$ 处配置 PRACH 资源；取值范围为 {1, 2, 4, 8, 16}。

（2）子帧（Subframe）位置及个数：决定 PRACH 资源在每个无线帧内时域的分布密度；每个子帧内可能包含 1 个或者 2 个 PRACH 时隙（Slot）。

（3）PRACH 时隙内的 RO 分布，包含内容如下。

● 时域第一个 RO 的起始位置，以符号（Symbol）为单位。

● 时分复用（TDM）的连续 RO 个数。

- 频域第一个 RO 相对于该频带（BWP）的起始位置，以资源块（RB）为单位。
- 频分复用（FDM）的连续 RO 个数。
- 每个 RO 的时域持续时间，以 Symbol 为单位，由前导序列格式决定。
- 每个 RO 所占的频域资源，以 RB 为单位，由前导序列格式决定。

PRACH 的时频资源预配置完成之后，需要对每个 RO 进行有效性判断，只有满足以下条件的 RO 才被认为是有效的，用于后面的 SSB 映射以及 PRACH 传输。

- 对于 FDD 频谱，所有的 RO 都可以被认为是有效的。
- 对于 TDD 频谱，当 RO 位于时隙格式所指示的上行符号内才可以被认为是有效的；否则需要该 RO 满足与之前的最后一个下行符号之间至少间隔 N_{gap} 个符号，并且与该 RO 之前的最后一个 SSB 符号之间也至少间隔 N_{gap} 个符号，才可以被认为是有效的。其中 N_{gap} 与前导的子载波间隔有关，对于 1.25kHz 和 5kHz 的子载波间隔，$N_{gap}=0$；对于 15kHz、30kHz、60kHz 以及 120kHz 的子载波间隔，$N_{gap}=2$。

每个有效的 RO 及其包含的前导序列会与 SSB 进行关联映射。用户一旦选择了某个 SSB，根据 SSB 到 RO 的映射规则在相应的 RO 资源上随机挑选一个前导序列进行发送。映射规则由以下参数决定。

- 每个 RO 对应的 SSB 个数 N，取值范围为 {1/8, 1/4, 1/2, 1, 2, 4, 8, 16}。
- 每个 RO 包含的前导个数 $N_{preamble}$，取值范围为 1~64。
- 每个 SSB 对应的用于竞争接入（CBRA）的前导个数 R。

如果 $N<1$，表明每个 SSB 对应 $1/N$ 个连续的 RO，其中每个 RO 的前导索引 $0\sim(R-1)$ 对应该 SSB。如果 $N\geq1$，则表明每个 RO 对应 N 个 SSB，其中，第 n 个 SSB 对应的前导序列索引从 $n\cdot N_{preamble}/N$ 开始，其中 $0\leq n\leq N-1$，如图 2-4 所示。

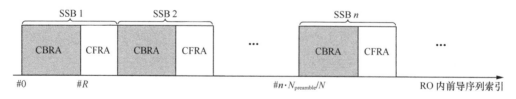

图 2-4　SSB 与前导映射关系（$N\geq1$）

其中 SSB 到 RO 的映射遵循以下顺序。

- 首先，按每个 RO 内的前导索引递增的顺序排列；

● 其次，按频域资源索引递增的顺序对频分复用的 RO 进行排列；

● 再次，按时域资源索引递增的顺序对每个 PRACH 时隙内时分复用的 RO 进行排列；

● 最后，按 PRACH 时隙索引递增的顺序排列。

一般情况下，SSB 的周期与 RO 的周期并非整数倍关系，映射图样会比较复杂，用户可能需要回溯很长的时间才能找到映射起点，推算出当前时刻所选的 SSB 对应的 RO。为了实现方便，协议还定义了以下两种映射周期。

● SSB 到 RO 映射周期：从帧号 0 开始映射，取配置表里 PRACH 配置周期的最小值（从{1, 2, 4, 8, 16}个无线帧中选取），并要求能满足所有配置的 SSB 与关联周期内的 RO 至少完整映射一次。如果在一个映射内，整个 SSB 到 RO 的循环映射结束后，还有一些 RO 没有被映射到，那么这些 RO 将不会再和 SSB 建立映射关系。

● SSB 到 RO 映射图样周期：一个映射图样周期可能包含一个或者多个映射周期，在不同的图样周期内 SSB 到 RO 的映射图样是重复出现的，最长为 160ms。在整数个映射周期之后未被 SSB 映射到的 RO 不会用于 PRACH 传输。

这两个周期的定义在后续 MsgA PRACH 和 PUSCH 的映射中也会用到。

需要注意的是，在独立配置的情况下，2 步 RACH 所用的时频资源也可能与 4 步 RACH 重叠，这一点协议是没有禁止的，留给基站解决。当这种情况出现的时候，基站仅仅根据 RO 位置及前导序列是无法区分用户发起的是哪种 RA 类型，因此需要同时反馈 Msg2 和 MsgB。

2. 共享资源

为了节省预留资源的开销，基站也可以将 2 步 RACH 的时频资源配置为与 4 步 RACH 的 RO 共享，使用不同的前导序列集合加以区分。在共享资源的配置下，PRACH 资源的有效性判断以及 SSB 到 RO 的映射也遵循 4 步 RACH 的规则，仅仅需要额外配置每个 SSB 对应的用于 2 步 RACH 的前导个数。假设每个 SSB 对应 4 步 RACH 的前导个数为 R，对应 2 步 RACH 的前导个数为 Q，当多个 RO 对应一个 SSB，即 $N<1$ 时，每个 RO 的前导索引 $0\sim(R-1)$ 用于 4 步 RACH，而前导索引 $R\sim(R+Q-1)$ 用于 2 步 RACH；当一个 RO 对应一个或者多个 SSB，即 $N\geq1$ 时，第 n 个 SSB 对应的用于 4 步 RACH 的前导

序列索引从 $n \cdot N_{preamble}/N$ 开始数 R 个，而第 n 个 SSB 对应的用于 2 步 RACH 的前导序列索引从 $n \cdot N_{preamble}/N+R$ 开始数 Q 个，其中 $0 \leq n \leq N-1$，如图 2-5 所示。

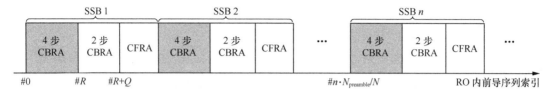

图 2-5 共享 RO 的情况下 SSB 与前导映射关系（$N \geq 1$）

此外，为了更灵活地协调不同 RACH 类型的资源分配，协议还支持部分 RO 的共享，即在每个 SSB 对应的 RO 中定义一个子集，只有该子集内的 RO 允许共享给 2 步 RACH 使用，而子集外的 RO 作为 4 步 RACH 独享的资源。需要注意的是，该参数使能的前提是一个 SSB 对应多个 RO，即 $N<1$ 的情况。共享资源下的 RO 子集配置表如表 2-1 所示，采用 4bit 指示。

表 2-1 共享资源下的 RO 子集配置表（$N<1$）

RO 子集指示	允许共享给 2 步 RACH 的 RO 索引
0	所有 RO
1	RO 索引 1
2	RO 索引 2
3	RO 索引 3
4	RO 索引 4
5	RO 索引 5
6	RO 索引 6
7	RO 索引 7
8	RO 索引 8
9	偶数索引的 RO
10	奇数索引的 RO
11~15	保留位

2.1.4 MsgA PUSCH

对于 2 步 RACH，用户在 MsgA 中先后传输 PRACH 和 PUSCH 资源。为了避免用户实现的时序问题，PUSCH 和 PRACH 的传输至少需要间隔 N 个符号，其中，N 取决于当前激活 BWP 的子载波间隔，如：

● 对于 15kHz 和 30kHz 的子载波间隔，$N=2$；

● 对于 60kHz 和 120kHz 的子载波间隔，$N=4$。

2 步 RACH 中的 MsgA PUSCH 所承载的内容与 4 步 RACH 中的 Msg3 相对应，区别在于用户发起 MsgA PUSCH 之前没有任何调度信息，因此 MsgA PUSCH 的资源分配采用了类似 PRACH 的方式，周期性地预留一部分时频资源。此外还需要设计 PRACH 和 PUSCH 之间的关联关系，使得用户在选择某一个 PRACH 前导之后能够找到对应的 PUSCH 资源进行传输。

1. MsgA PUSCH 资源分配

MsgA PUSCH 资源分配如图 2-6 所示，其中，每个 PRACH 时隙对应若干个 PUSCH 组，每个 PUSCH 组内包含若干个相同资源大小的 PUSCH 传输机会（PO，PUSCH Occasion）。

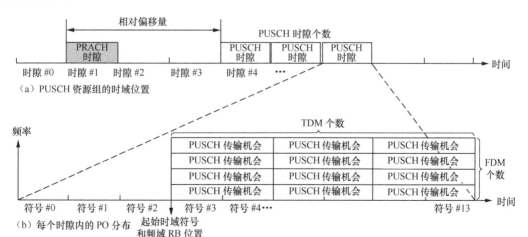

图 2-6　MsgA PUSCH 资源分配示意图

每一组 PUSCH 的主要配置参数及其说明如下。

（1）PUSCH 时域资源的偏移量，以时隙（Slot）为单位，该偏移量相对于 PRACH 时隙所在的时隙位置，用来决定时域第一个 PUSCH 传输机会所在的时隙位置，取值范围为 $\{1,\cdots,32\}$；注意这里的时隙长度是由当前 BWP 的子载波间隔决定的。

（2）PUSCH 时隙个数，表示 PUSCH 传输机会存在于连续的多个 PUSCH 时隙内，取值范围为 $\{1,2,3,4\}$；每个 PUSCH 时隙内的 PO 资源大小和数目保持一致。

（3）PUSCH 时隙内的 PO 分布，包含内容如下。

● 时域第一个 PUSCH 传输机会的起始位置，以符号（Symbol）为单位，通过时域资源分配的 SLIV 来指示。

● 时分复用（TDM）的 PO 个数，取值范围为 $\{1,2,3,6\}$。

● 频域第一个 PUSCH 传输机会相对于该频带（BWP）的起始位置，以资源块（RB）为单位。

● 频分复用（FDM）的 PO 个数，取值范围为 $\{1,2,4,8\}$。

● 每个 PO 的时域持续时间，以 Symbol 为单位，通过时域资源分配的 SLIV 来指示。

● 每个 RO 所占的频域资源，以 RB 为单位，取值范围为 $\{1,\cdots,32\}$。

● PO 之间的保护间隔，以 Symbol 为单位，取值范围为 $\{0,1,2,3\}$，取值为 0 则表示时隙内 TDM 的多个 PO 在时域是连续的。

● PO 之间的保护带宽，以 RB 为单位，取值范围为 $\{0,1\}$，取值为 0 则表示时隙内 TDM 的多个 PO 在频域是连续的。

每个 PUSCH 传输机会上还可以承载多个 DMRS 资源，MsgA PSUCH DMRS 的生成方式沿用了 R15 DMRS Type 1 的设计，每个 PO 最多支持 8 个 DMRS 资源的复用。

由于 MsgA PUSCH 的资源需要提前预留，无法做到针对每个用户的信道条件动态地调整资源大小以及调制方式（MCS）。因此，为了增加配置的灵活性，每个 PRACH 时隙可以对应一组或者两组 PUSCH 传输机会。当对应两组传输机会时，每个组内的 PO 资源位置、资源大小以及 MCS 均可以独立配置；两组传输机会对应同一个 PRACH 时隙，并通过不同的前导序列分组来加以区分。

MsgA PUSCH 的时频资源预配置完成之后，同样需要对每个 PO 进行有效性判断，只有满足以下条件的 PO 才被认为是有效的，用于后面的 PRACH 和 PUSCH 的关联映射以及 PUSCH 传输。

● 不与任何 PRACH 资源发生重叠，包括 4 步 RACH 配置的 RO 和 2 步 RACH 配置的 RO。

● 额外的，对于 TDD 频谱，PO 位于时隙格式所指示的上行符号内可以被认为是有效的；否则需要该 PO 满足与之前的最后一个下行符号之间至少间隔 N_{gap} 个符号，并且与该 PO 之前的最后一个 SSB 符号之间也至少间隔 N_{gap} 个符号，才可以被认为是有效的。其中 N_{gap} 与前导的子载波间隔有关，对于 1.25kHz 和 5kHz 的子载波间隔，$N_{gap}=0$；对于 15kHz、30kHz、60kHz 以及 120kHz 的子载波间隔，$N_{gap}=2$。

2. PRACH 和 PUSCH 关联映射

MsgA PRACH 和 PUSCH 的关联映射，是指用户在选择了某个 RO 以及 RO 内的某个前导序列后，通过预定义的映射规则，找到其对应的用来传输 PUSCH 的 PO 以及 DMRS 资源。为了表述方便，我们将 PO 以及 DMRS 资源定义为一个 PUSCH 传输单元（PRU，PUSCH Resource Unit）。

首先需要确定映射比例 X，表示每 X 个前导映射到 1 个 PRU。该映射比例由一个 SSB 到 RO 映射图样周期内有效的 PRACH 资源总数和 PUSCH 资源总数决定：

$$X = \left\lceil \frac{N_{\text{preamble}} \cdot N_{\text{RO}}}{N_{\text{DMRS}} \cdot N_{\text{PO}}} \right\rceil,$$

其中，N_{preamble} 为每个 RO 内用于 2 步 RACH 的前导资源个数，N_{RO} 为 SSB 到 RO 映射图样周期内有效的 RO 个数，N_{DMRS} 为每个 PO 内配置的 DMRS 资源个数，N_{PO} 为 SSB 到 RO 映射图样周期内有效的 PO 个数。基站在配置资源时需要保证 X 在不同的 SSB 到 RO 映射图样周期内都是不变的。

将每个 PRACH 时隙内的前导资源按以下顺序进行排序。

（1）按每个 RO 内的前导索引递增的顺序排列。

（2）按频域资源索引递增的顺序对频分复用的 RO 进行排列。

（3）按时域资源索引递增的顺序对每个 PRACH 时隙内时分复用的 RO 进行排列。

连续的每 X 个前导按以下顺序映射到有效的 PUSCH 传输单元上。

（1）按频域资源索引递增的顺序对频分复用的 RO 进行排列。

（2）按每个 PO 内的 DMRS 索引递增的顺序排列，其中，DMRS 的索引优先对端口号进行递增排列，然后对加扰序列进行递增排列。

（3）按时域资源索引递增的顺序对每个 PUSCH 时隙内时分复用的 PO 进行排列。

（4）按 PUSCH 时隙索引递增的顺序进行递增排列。

此外，如果配置了两个 PUSCH 组和两个对应的前导组，那么上述的关联映射对于不同的组是各自独立进行的。

在映射完成之后，如果还有剩余的 PUSCH 资源单元没有被任何的前导映射到，那么这些 PUSCH 资源单元将不会被用于 MsgA 的传输。如果还有剩余的前导资源没有映射到任何的 PRU，这些前导仍然可以用于 MsgA 的传输，此时用户在 MsgA 中仅仅传输 PRACH，等效于回退到了 4 步 RACH 的过程。

3. PUSCH 数据传输

MsgA PUSCH 承载的数据内容与 Msg3 一致，其编码调制等过程也与 Msg3 PUSCH 类似[6]，并且支持 CP-OFDM 和 DFT-s-OFDM 两种波形。

与 Msg3 PUSCH 唯一的区别在于加扰 ID 的生成公式。Msg3 中采用 TC-RNTI 对 PUSCH 数据进行加扰，其中 TC-RNTI 由基站通过 Msg2 给出。而 2 步 RACH 中 MsgA PUSCH 的发送是在接收 RAR 之前，因此无法取得 TC-RNTI 的信息。

根据前文提到的映射规则可以看出，即使不同的用户选择了不同 RO 或者不同前导序列，它们仍然有可能映射到同一个 PUSCH 资源上，因此这些用户需要使用不同的加扰序列来降低用户间干扰，一种可行的方式是通过所选择 RO 的时频位置以及前导序列索引来决定长度为 31bit 的加扰 ID，公式如下：

$$c_{\text{init}} = n_{\text{RNTI}} \cdot 2^{16} + n_{\text{RAPID}} \cdot 2^{10} + n_{\text{ID}}$$

其中，n_{RNTI} 为 RA-RNTI，由 RO 的时频资源位置决定，长度为 16bit，并且最高位为 0；n_{RAPID} 表示前导序列索引，长度为 6bit；n_{ID} 表示小区 ID，长度为 10bit。

此外，为了更好地获取频率分集增益，MsgA PUSCH 支持跳频，且跳频图样与 Msg3 一致。

2.1.5　功率控制

1. MsgA PRACH 功率控制

MsgA PRACH 与 4 步 RACH 中 Msg1 的功率控制原理类似[7]。首先根据下面的公式确定 PRACH 目标接收功率（PREAMBLE_RECEIVED_TARGET_POWER）：

$$preambleReceivedTargetPower + DELTA\_PREAMBLE +（PREAMBLE\_POWER\_$$
$$RAMPING\_COUNTER - 1）\times PREAMBLE\_POWER\_RAMPING\_STEP$$

其中，preambleReceivedTargetPower 为前导目标接收功率；DELTA_PREAMBLE 为与前导码相关的功率偏移，其取值沿用 4 步 RACH 的设计，这里不再赘述。PREAMBLE_POWER_RAMPING_COUNTER 为前导功率抬升计数器，其取值初始化为 1；PREAMBLE_POWER_RAMPING_STEP 为前导功率抬升步长。

然后 UE 根据下面的公式确定传输机会 i 上的 PRACH 发射功率：

$$P_{\text{PRACH,c}}\left(i\right) = \min\left\{P_{\text{CMAX,c}}\left(i\right), P_{\text{PRACH,target,c}} + PL_{\text{c}}\right\}\left[\text{dBm}\right]$$

其中，$P_{\text{CMAX,c}}\left(i\right)$ 为 UE 在服务小区 c 的传输机会 i 上配置的最大输出功率，$P_{\text{PRACH,target,c}}$ 为上述确定的 PRACH 目标接收功率 PREAMBLE_RECEIVED_TARGET_POWER，PL_{c} 为 UE 通过测量下行参考信号得到的路径损耗。

与 4 步 RACH 相比，MsgA PRACH 功率控制的参数配置需要注意以下几点。

● MsgA PRACH 的前导目标接收功率参数（preambleReceivedTargetPower）沿用 4 步 RACH 中的参数。

● 对于共享 RO 资源的情况，MsgA PRACH 的前导功率抬升步长沿用 4 步 RACH 中的参数 powerRampingStep；对于 RO 资源独立配置的情况，MsgA PRACH 的前导功率抬升步长可以通过参数 msgApreamble-powerRampingStep 独立配置，如果没有独立配置，则沿用 4 步 RACH 中的参数 powerRampingStep。

当 MsgA 接入失败时，可以尝试重新接入，此时 UE 可以将前导功率抬升计数器（PREAMBLE_POWER_RAMPING_COUNTER）增加 1，然后根据上述方法重新确定 PRACH 目标接收功率（PREAMBLE_RECEIVED_TARGET_POWER）以及 PRACH 发射功率 $P_{\text{PRACH,c}}(i)$。需要注意的是，如果 UE 重新接入时改变了空域传输波束（Beam），

UE 会将前导功率抬升计数器挂起或暂停，也就是说不会进行功率抬升。

2. MsgA PUSCH 功率控制

MsgA PUSCH 的功率控制在公式形式上沿用了常规 PUSCH 的功率控制公式，并且与 4 步 RACH 中 Msg3 的功率控制比较相似。不过由于整个 MsgA 传输都是基于竞争的，因此在传输 MsgA 之前没有基站调度信息，MsgA PUSCH 采用了开环功率控制，并且会和 MsgA PRACH 一样进行功率抬升。

MsgA PUSCH 在传输机会 i 的发射功率根据下面的公式确定：

$$P_{\text{PUSCH,c}}\left(i\right) = \min\left\{\begin{array}{l}P_{\text{CMAX,c}}\left(i\right)\\P_{\text{O\_PUSCH,c}} + 10\lg\left(2^{\mu} \cdot M_{\text{RB,c}}^{\text{PUSCH}}\left(i\right)\right) + \alpha_{\text{c}} \cdot PL_{\text{c}} + \Delta_{\text{TF,c}}\left(i\right) + f_{\text{c}}\left(i\right)\end{array}\right\}\left[\text{dBm}\right]$$

其中：

● $P_{\text{CMAX,c}}\left(i\right)$ 为 UE 在服务小区 c 的传输机会 i 上配置的最大输出功率。

● $P_{\text{O\_PUSCH,c}}$ 为一个由 $P_{\text{O\_NOMINAL\_PUSCH,c}}$ 和 $P_{\text{O\_UE\_PUSCH,c}}$ 之和构成的参数。对于 MsgA PUSCH，$P_{\text{O\_UE\_PUSCH,c}} = 0$，$P_{\text{O\_NOMINAL\_PUSCH,c}} = P_{\text{O\_PRE}} + \Delta_{\text{msgA\_PUSCH}}$，其中，$P_{\text{O\_PRE}}$ 为前导目标接收功率参数 preambleReceivedTargetPower；$\Delta_{\text{msgA\_PUSCH}}$ 为相对于前导目标接收功率的功率偏移，由参数 msgADeltaPreamble 提供，如果没有提供 msgADeltaPreamble 参数，则 $\Delta_{\text{msgA\_PUSCH}} = \Delta_{\text{PREAMBLE\_msg3}}$，而 $\Delta_{\text{PREAMBLE\_msg3}}$ 由参数 msg3-DeltaPreamble 提供，并且，如果没有提供 msg3-DeltaPreamble 参数，$\Delta_{\text{PREAMBLE\_msg3}} = 0$。也就是说，MsgA PUSCH 的功率偏移可以独立配置，如果没有独立配置，则沿用 4 步 RACH 中 Msg3 的功率偏移。

● $M_{\text{RB,c}}^{\text{PUSCH}}(i)$ 为 UE 在传输机会 i 的 PUSCH 资源带宽，具体为资源块的数量，μ 是 NR 协议支持的子载波间隔配置，根据该配置可以实现不同子载波间隔配置下带宽资源的调整，从而实现相应的功率调整。

● α_{c} 为路径损耗补偿因子，对于 MsgA PUSCH，如果提供了 msgA-α 参数，则 α_{c} 为 msgA-α 参数的取值，如果没有提供该参数，则 α_{c} 可以沿用 msg3-α 参数的取值，如果 msg3-α 参数也没有提供，则 $\alpha_{\text{c}}=1$。也就是说，MsgA PUSCH 的路径损耗补偿因子可以独立配置，如果没有独立配置，则沿用 4 步 RACH 中 Msg3 的路径损耗补偿因子。此外，msgA-α 参数和 msg3-α 参数均为 UE 特定的参数，适用于 RRC 连接态，对于 RRC

空闲或非激活状态，α_c 等于 1。

● PL_c 为 UE 通过测量下行参考信号得到的下行路径损耗。

● $\Delta_{\mathrm{TF},c}(i)$ 为与传输格式相关的功率调整量，根据参数 δ_{MCS} 确定是否进行功率调整。这里仍然沿用 4 步 RACH 中 Msg3 的参数和处理机制。

● $f_c(i)$ 原本为根据 TPC 命令确定的功率调整量，而对于 MsgA PUSCH，在传输之前并没有 TPC 命令信息，这里保留使用该参数，用于携带 MsgA PUSCH 的功率抬升量，而且可以与常规 PUSCH 的功率控制在公式形式上保持一致。具体的，当 UE 在传输机会 i 发送 MsgA PUSCH 时，$f_c(0) = \Delta P_{\mathrm{rampup},c}$，其中：

$$\Delta P_{\mathrm{rampup},c} = \min\left[\left\{\max\left(0, P_{\mathrm{CMAX},c} - \begin{pmatrix} 10\lg(2^\mu \cdot M_{\mathrm{RB},c}^{\mathrm{PUSCH}}(i)) \\ + P_{\mathrm{O\_PUSCH},c} + \alpha_c \cdot PL_c \\ + \Delta_{\mathrm{TF},c}(i) \end{pmatrix}\right)\right\}, \quad \Delta P_{\mathrm{rampuprequested},c}\right]$$

其中，$\Delta P_{\mathrm{rampuprequested},c}$ 为总的功率抬升量；$M_{\mathrm{RB},c}^{\mathrm{PUSCH}}(i)$ 为 UE 在传输机会 i 的 PUSCH 传输资源块数量；$\Delta_{\mathrm{TF},c}(i)$ 为 UE 在传输机会 i 的 PUSCH 传输功率调整量。

关于 MsgA PUSCH 的功率抬升，需要说明的是，MsgA PUSCH 和 MsgA PRACH 会使用相同的空域传输波束，因此，二者可以共用一个功率抬升计数器，即前导功率抬升计数器（PREAMBLE_POWER_RAMPING_COUNTER）。此外，MsgA PUSCH 和 MsgA PRACH 会使用相同的功率抬升步长。那么，MsgA PUSCH 与 MsgA PRACH 的总的功率抬升量相同，即（PREAMBLE_POWER_RAMPING_COUNTER – 1)×（PREAMBLE_POWER_RAMPING_STEP）。

3. 回退情况下的功率控制

如前文所述，对于 2 步 RACH，有两种回退机制，一种是 MsgA 重传次数达到一定阈值时会切换到 4 步 RACH 发送 Msg1 重新进行接入尝试，另一种是 MsgA 前导被正确检测而 MsgA PUSCH 解调失败，此时基站可以反馈一个 FallbackRAR，类似于 4 步 RACH 中的 Msg2，用来调度 Msg3 的传输。

对于第一种回退机制，需要考虑对 Msg1 功率控制的影响。这种情况下，由于切换到了 4 步 RACH，将会按照 4 步 RACH 的机制进行功率控制，包括根据 Msg1 前导的格式确定功率偏移量 DELTA_PREAMBLE、使用 4 步 RACH 中的前导功率抬升步长参数 powerRampingStep。不同的是，由于 MsgA 前导已经进行了多次传输，当切换到 4 步 RACH 发送 Msg1 时，前导功率抬升计数器会继承使用，并且，如果没有挂起或暂停的话，会在之前的基础上继续递增。进一步，由于 MsgA 前导和 Msg1 前导的功率抬升步长可能是不同的，其造成的功率抬升偏差可以包含在一个功率偏移量中，这样做可以尽量复用原有的 PRACH 目标接收功率确定公式。综上所述，切换到 4 步 RACH 后，PRACH 目标接收功率（PREAMBLE_RECEIVED_TARGET_POWER）可以根据下面的公式确定：

$$preambleReceivedTargetPower + DELTA\_PREAMBLE + (PREAMBLE\_POWER\_$$
$$RAMPING\_COUNTER - 1) \times PREAMBLE\_POWER\_$$
$$RAMPING\_STEP + POWER\_OFFSET\_2STEP\_RA$$

其中，POWER_OFFSET_2STEP_RA 为继承 MsgA 前导的功率抬升量时存在的功率偏差，初始化为 0dB，当随机接入类型由 2 步 RACH 切换到 4 步 RACH 这一事件发生时，将 POWER_OFFSET_2STEP_RA 设置为（PREAMBLE_POWER_RAMPING_COUNTER–1）×（MSGA_PREAMBLE_POWER_RAMPING_STEP-PREAMBLE_POWER_RAMPING_STEP），其中，MSGA_PREAMBLE_POWER_RAMPING_STEP 为 MsgA 前导的功率抬升步长，PREAMBLE_POWER_RAMPING_STEP 为 Msg1 前导的功率抬升步长。

对于第二种回退机制，需要考虑对 Msg3 功率控制的影响。这种情况下，MsgA 前导类似于 4 步 RACH 中的 Msg1，基站反馈的 FallbackRAR 类似于 4 步 RACH 中的 Msg2，那么，Msg3 的功率控制机制可以仍然沿用 4 步 RACH 中 Msg3 的功率控制。不同的是，上行调度信息以及 TPC 命令包含在 FallbackRAR 中，并且使用 MsgA 前导的总的功率提升量。

2.1.6　MsgB 设计

1. MsgB PDCCH

基站在检测到 MsgA 的发送之后，会进行 MsgB 的反馈，MsgB 通过 PDCCH 和 PDSCH 承载。其中，PDCCH 的反馈采用 DCI 格式 1_0，通过 MsgB-RNTI 进行加扰。MsgB-RNTI 由 PRACH 传输的 RO 所在的时频位置决定。

MsgB-RNTI 和 4 步随机接入中 RA-RNTI 的计算公式基本相同，可用来唯一表示一个 10ms 接收窗的 RO 时频资源。不同的是，MSGB-RNTI 的计算公式中引进了一个常数偏置值，使得其取值范围变为 17 921~35 840，避免了与 RA-RNTI 的取值范围（1~17 920）相重叠。这样设计的原因是在当前协议中允许在相同的随机接入资源上同时支持 2 步 RACH 和 4 步 RACH，不重合的取值范围使得用户可以根据 RNTI 的值来判断收到的调度信令的接入类型。

用户在发送 MsgA 之后，在特定的时间窗内进行 MsgB PDCCH 的监听，即尝试 MsgB-RNTI 加扰的 DCI 格式 1_0 的译码。该时间窗的起点位于 MsgA PUSCH 传输机会一个符号之后的第一个控制资源集合所在的位置，时间窗的长度由高层配置，最长为 40ms。

通过 MsgB-RNTI 加扰的 DCI 格式 1_0 包含以下指示信息：

● 该 PDCCH 所调度的 PDSCH 频域资源分配；

● 该 PDCCH 所调度的 PDSCH 时域资源分配；

● 虚拟 RB 资源到物理 RB 资源的映射方式，交织或非交织；

● 传输块（TB）的缩放系数；

● RO 所在系统帧号的最低位 2bit。

其中，与 4 步 RACH 中通过 RA-RNTI 加扰的 DCI 格式 1_0 主要的区别是增加了 RO 所在系统帧号的最低位 2bit 这个参数[8]。这是由于 2 步 RACH 的 MsgB 监听窗口最大值从 10ms 延长到了 40ms，导致在不同系统帧内发送 MsgA 的用户，其监听窗口会重叠，同时 MsgB-RNTI 也可能相同，因此需要通过这 2bit 来判断该 PDCCH 是属于哪个用户的。

2. MsgB PDSCH

（1）MsgB 消息构成

图 2-7 所示为 MsgB 消息构成的相关示例。2 步 RACH 的 MsgB 可以携带一个或多个用户的随机接入响应，即一个 MsgB MAC 协议数据单元（PDU）可以由一个或多个 MAC 子协议数据单元（subPDU）构成。MsgB 中，除了指示回退（BI，Backoff Indicator）的 MAC subPDU 外，其余的 MAC subPDU 均由一个 MAC 子头（subheader）以及相应的 MAC 服务数据单元（SDU）或随机接入响应单元（RAR Payload）组成。根据携带内容的不同，MAC subPDU 主要分为以下 5 类。

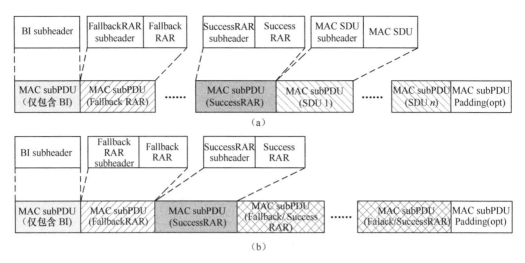

图 2-7　MsgB 示例

① BI MAC subPDU

BI MAC subPDU 只包含 Backoff Indicator subheader，可用于指示小区的接入负载水平。当小区接入负载水平较高时，网络侧通过在 MsgB 中添加 BI subheader 的方法在时间上打散 UE 发起随机接入的时刻以缓解网络拥塞。如图 2-7 所示，MsgB 若含 BI，BI 需要放在 MsgB 的起始位置。

② 含 FallbackRAR 的 subPDU

FallbackRAR MAC subPDU 由 FallbackRAR subheader 和 FallbackRAR 组成。当 MsgA 只有前导部分成功被解出时，网络侧通过 FallbackRAR 指示相关 UE 回退到 4 步 RACH 的步骤。

③ 含 SuccessRAR 的 MAC subPDU

SuccessRAR 由 SuccessRAR subheader 和 SuccessRAR Payload 组成。当 MsgA 被完整解出时，网络侧通过 SuccessRAR 指示相关 UE 进行竞争解决。

④ 含 MAC SDU 的 MAC subPDU

MAC SDU subPDU 由 MAC SDU subheader 和 MAC SDU 组成。在一些接入场景下，如初始接入时，MsgB 可能会包括含有公共控制消息（CCCH）或专用控制消息（DCCH）的 MAC SDU。为了降低 MsgB 设计的复杂度，避免引进额外的参数来表示 MAC SDU 和相关 SuccessRAR subPDU 的映射关系，协议规定含有 MAC SDU 的 subPDU 必须跟在对应的 SuccessRAR subPDU 后面。此外，考虑到 MAC SDU 的尺寸通常较大，为了避免 MsgB 尺寸过大不利于解码，协议限制一个 MsgB 最多只能有一个 SuccessRAR 和对应

MAC SDU 的组合，且含 MAC SDU 的 subPDU 必须放置在除 Padding 之外的 MsgB 最末
的位置，如图 2-7（a）所示。

⑤ 含 Padding 的 MAC subPDU

Padding MAC subPDU 由 R/R/LCID subheader 和 Padding 组成。如图 2-7（b）所示，
当 MAC subPDU 小于 MAC PDU 的 TBS 时，网络侧可以按需在 MAC PDU 的最后进行
填充，填充的尺寸最小可为零。

（2）MsgB MAC subheader

MsgB MAC subheader 主要有两个用途，一是指示对应的 MAC subPDU 的类型，二
是指示 MsgB 是否已经结束。除了 MAC SDU 的 subheader 外，其余 MsgB MAC subheader
均为固定的 1 个字节。表 2-2 总结了 MsgB 中可能出现的 MAC subheader 的字段以及相
关含义。

表 2-2　subheader 字段及相关含义

字段	长度与含义
E	1bit，拓展位，用于指示该 subheader 以及对应的 MAC subPDU 是否为该 MAC PDU 的最后一个 MAC subPDU。取值为 1 表示后续至少还有一个 MAC subPDU，取值为 0 表示这是最后一个 MAC subPDU。需要注意携带 CCCH SDU 的 MAC subPDU 不在以上指示范围内，具体细节会在后续部分说明
T1	1bit，用于指示 MAC subheader 包含前导 ID 还是 T2 位。取值为 1 表示包含前导 ID，取值为 0 表示包含 T2 位
T2	1bit，用于指示 MAC subheader 包含 BI 还是 S 位。取值为 1 表示包含 BI，取值为 0 表示包含 S 位
S	1bit，用于指示该 MAC subheader 以及所对应的 MAC subPDU 后面是否有含 MAC SDU 的 MAC subPDU（s）跟随。取值为 1 表示有 MAC SDU 跟随，取值为 0 表示没有 MAG SDU 跟随
R	1bit，预留位，取值为 0，解码时可自动忽略
BI	4bit，回退参数，用于索引 BI 值
RAPID	6bit，用于指示前导 ID
F	1bit，用于指示 L 字段的长度，取值为 0 表示 L 为 8 位，取值为 1 表示 L 为 16 位
LCID	6bit，逻辑信道标识，用于指示逻辑信道类型
L	8bit 或 16bit，用于指示携带的 CCCH/DCCH MAC SDU 的大小

MsgB MAC subheader 可以分为以下 5 种类型。

① BI subheader

如图 2-8 所示，BI subheader 包含有 E/T1/T2/R/BI 5 个字段，其中，BI 为回退参数索引，UE 可以根据表 2-3 所示索引关系设置相应的 BI 值[9]。

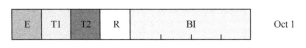

图 2-8　BI subheader 结构

表 2-3　BI 取值范围

BI 索引	BI 值（ms）
0	5
1	10
2	20
3	30
4	40
5	60
6	80
7	120
8	160
9	240
10	320
11	480
12	960
13	1920
14	预留
15	预留

② FallbackRAR subheader

FallbackRAR subheader 含有 E/T1/RAPID 3 个字段，用于指示 FallbackRAR 及前导序列 ID，如图 2-9 所示。

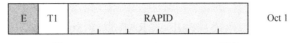

图 2-9　FallbackRAR subheader 结构

③ SuccessRAR subheader

SuccessRAR subheader 含有 E/T1/T2/S/R/R/R/R 8 个字段，用于指示 SuccessRAR，以及后面是否有相应的 MAC SDU 跟随，如图 2-10 所示。

图 2-10　SuccessRAR subheader 结构

④ MAC SDU subheader

MAC SDU subheader 含有 R/F/LCID/L 4 个字段，用于指示 MAC SDU。其中，L 字段表示该 subheader 对应的 MAC SDU 携带的 CCCH 消息的大小，取值可为 8 位或 16 位，分别如图 2-11（a）和（b）所示。网络侧通过 F 字段指示 L 字段的位数。

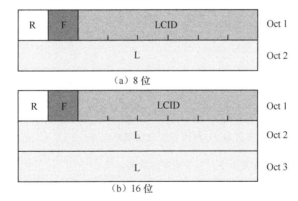

图 2-11　MAC SDU subheader 结构

⑤ Padding subheader

Padding subheader 含有 R/R/LCID3 个字段，指示用于填充的 subPDU，如图 2-12 所示。

图 2-12　Padding subheader 结构

（3）MsgB RAR Payload

MsgB RAR Payload 分为两类：FallbackRAR 以及 SuccessRAR。

① FallbackRAR 为固定的 7 个字节，按每行一个字节规律排列。如图 2-13 所示，其内容和结构均与 4 步 RACH 的 RAR Payload 相同。其中，每个字段的释义参见表 2-4。

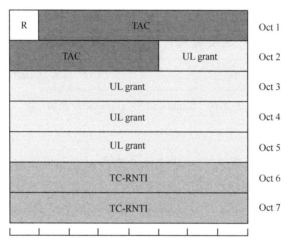

图 2-13　FallbackRAR 结构

表 2-4　FallbackRAR 内容字段

字段	长度与含义
R	1bit，预留位，取值为 0，解码时可自动忽略
TAC	12bit，时间提前量命令，用于调整时间提前量
UL grant	27bit，用于指示 Msg3 传输资源和传输方案，详见 TS 38.213 8.2 节
TC-RNTI	1bit，临时小区无线网络标识，用于加扰 Msg3。竞争解决成功后升级为正式的小区无线网络标识，在小区内唯一表示单一用户

② SuccessRAR 是 MsgB 特有的 RAR Payload 类型。如图 2-14 所示，SuccessRAR 为固定的 11 个字节，按每行一个字节规律排列，其中，每个字段的详细释义参见表 2-5。

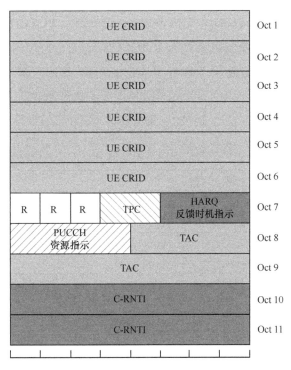

图 2-14　SuccessRAR 结构

表 2-5　SuccessRAR 内容字段

字段	长度与含义
UE CRID	48bit，为前序传输的 MsgA 中包含的 CCCH 消息前 48 位，用于竞争解决
TPC	2bit，传输功率控制命令，用于 MsgB HARQ 反馈功控
HARQ 反馈时机指示	3bit，用于指示 MsgB 的 HARQ 反馈时间点
PUCCH 资源指示	4bit，用于指示 MsgB 的 HARQ 反馈的传输资源
TAC	12bit，用于调整时间提前量
C-RNTI	16bit，用于在小区内唯一标识单一用户

3. MsgB HARQ-ACK 反馈

如果用户检测到 SuccessRAR，需要对该 MsgB 进行 HARQ-ACK 的反馈，表明随机接入过程的完成。其中 SuccessRAR 里携带 4bit，用来指示 PUCCH 的资源位置，用户根据指示从 PUCCH 公共资源集里选取某一个 PUCCH 资源用于 ACK 消息的反馈。PUCCH 在第 $n+k+\Delta$ 个时隙位置传输，其中 n 表示接收到 PDSCH 的时隙位置；k 由 SuccessRAR 中另外 3bit 所指示，取值范围为 1~8；另外 Δ 体现了不同子载波间隔下用户处理 PDSCH 所需的时间差异，见表 2-6。

表 2-6　不同子载波间隔下附加的 PUCCH 反馈时延

子载波间隔	Δ
15kHz	2
30kHz	3
60kHz	4
120kHz	6

4. 小结

总体而言，MsgB 的接收和竞争解决可分为以下 4 种情况。

（1）UE 监听到了用 C-RNTI 加扰的 MsgB 调度信令并成功解码相应的 MsgB。此时 UE 认为竞争解决成功并关闭相应的 MsgB 接收窗，随机接入成功完成。

（2）UE 收到用 MsgB-RNTI 加扰的 MsgB 调度信令且 MsgB 含有成功随机接入响应（SuccessRAR）：若 SuccessRAR 包含的竞争解决标识（Contention Resolution ID）和前序传输的 MsgA 的 CCCH 消息前 48bit 一致，则 UE 认为竞争解决成功，随机接入成功完成。若竞争解决 ID 不一致，UE 会在 MsgB 接收窗超时前继续监听 MsgB 的调度信令。

（3）UE 收到用 MsgB-RNTI 加扰的 MsgB 调度信令且 MsgB 含有回退随机接入响应（FallbackRAR）：若 FallbackRAR 带有和前序传输的 MsgA 一致的前导 ID，则 UE 会执行回退到 4 步随机接入的步骤，按照 4 步随机接入收到随机接入响应的步骤进行后续的 Msg3 传输和竞争解决。若 MsgB 包含的前导与 MsgA 不一致，则 UE 会在 MsgB 接收窗超时前继续监听 MsgB 的调度信令。

（4）MsgB 接收窗超时而 UE 依然未能收到针对自己的随机接入响应，此时 UE 会进行如 2.1.2 节所述的 MsgA 重传步骤。

2.2 非正交多址

传统的 LTE 或者 NR 系统中的数据传输都采用正交多址的用户复用方式，不同的用户占用不同的时域、频域、空域、码域等资源，在理想情况下用户间没有互相干扰。而非正交多址的设计思路则是人为地引入已知的用户间干扰，通过在接收端进行迭代检测和干扰消除来达到以下目的。

● 增强频谱利用率，例如，复用用户数大于正交资源数，或者每个用户的数据传输流数大于天线端口数，用于 eMBB 等场景。

● 支持更高效的接入，例如，基于竞争的 2 步随机接入、mMTC 场景下的免调度传输。

● 更低时延、更省资源的数据传输，例如，mMTC 和 URLLC 场景下的预调度传输。

上行非正交多址（NOMA）的方案众多，总的来说，各类 NOMA 方案的发射端设计可以由图 2-15 所示的模块化处理流程所涵盖。

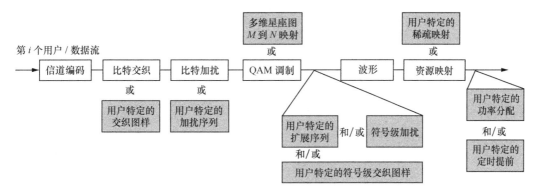

图 2-15 NOMA 发射端处理流程汇总

其中白色底框所对应的为现有 LTE 和 NR 的发射端处理流程，而灰色底框表明的是 NOMA 方案所需要修改或额外引入的处理模块，具体如下所述。

● 符号级线性扩展类：在传统调制之后进行符号级别的扩展，不同的用户使用不同的扩展序列进行非正交的复用。在该类方案中，扩展序列被称为多址标识（MA Signature）。其中扩展序列可以是线性的（沿用 NR 现有的调制方式）或者是非线性的（需要同时修改调制的星座图）此外每个数据流进行符号级扩展之后可以再进行一个符号级加扰或者交织的处理，进一步降低用户间或者数据流之间的干扰。

● 比特级处理类：在信道编码之后，对编码序列每个用户或数据流进行特定的比特级交织或者加扰的处理。在该类方案中，交织图样或者加扰序列可以称为多址标识。

● 稀疏的资源映射：在符号级处理之后，对每个用户或数据流中编码调制后的符号，采用特定的图样映射到物理资源单元上。在该类方案中，稀疏映射图样可以称为多址标识。一般稀疏映射也可以通过稀疏的符号级扩展来实现。

除了上述典型的多址标识的设计以外，NOMA 还可以采用一些附加的处理进行更灵活的资源复用，如每个用户可以采用多流来承载数据，其中，不同的数据流之间也是非正交复用的，另外每个用户或者每个数据流的功率以及时延也是可以单独进行配置和调整的。此外需要注意的是，一种 NOMA 方案可能在一个或多个发射端处理模块上进行联合设计。

NOMA 发射侧允许多用户的非正交叠加传输，用户之间存在相互干扰，因此为了保证良好的传输性能，还需要在接收侧进行相应的设计，根据用户已知信息（如 MA 标识）和迭代估计检测来消除用户间干扰。带干扰消除的先进接收机的一般结构框图如图 2-16 所示，主要由解调器、译码器和干扰消除 3 个模块构成。解调器主要完成信号的均衡和解调，其输出是每个编码比特的对数似然比；译码器主要完成信道编码的译码，将似然比转换为输出硬比特（判决译码结果）或者信息软比特（用于迭代译码）。干扰消除模块可以是硬消除，即利用已经正确译码的用户数据作为已知信息从叠加的接收信号中消去；也可以是软消除，即对译码器输出的信息软比特进行迭代译码。

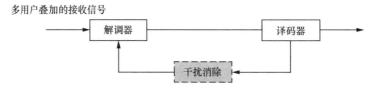

图 2-16　NOMA 先进接收机的一般结构框图

传统的正交传输的接收机通常只包含检测器和译码器，很少带有干扰消除模块，也不需要检测器与译码器之间做迭代。此类传统接收机被称为最小均方误差的干扰抑制合并（MMSE-IRC，Minimum Mean Squared Error - Interference Rejection Combining）接收机。注意这里的 MMSE 是特指多个接收天线之间的空域 MMSE，仅仅可以抑制通过 MU-MIMO 复用的用户间干扰，或是邻小区干扰。

NOMA 先进接收机大体分以下 3 类，分别适合不同的 NOMA 方案。

● 最小均方误差–硬干扰消除（Minimum Mean Squared Error – Hard Interference Cancellation，MMSE-Hard IC）：通常适用于基于符号线性扩展的传输方案，对目标用户进行迭代译码。在解调器中采用扩展码域和空域的联合 MMSE，抑制用户间的干扰，并通过译码器输出目标用户的硬比特信息。译码成功的用户数据被当成其他用户的干扰信息，在干扰消除模块中，用译码器输出的硬比特来重构该用户的信号，并从接收信号中将其剔除出去，进行下一个目标用户的译码。根据接收机的资源开销及时延要求，干扰消除可以是逐个用户串行进行，或者是多个用户并行进行，也可以采用串并混合的方式进行。相比于 MMSE-IRC 接收机，其复杂度主要体现在码域和空域联合的 MMSE 矩阵处理上。

● 基本信号估计–软迭代消除（Elementary Signal Estimator – Soft Input Soft Output，ESE-SISO）：在解调器内做空域的 MMSE 和比特级的 ESE 算法，译码器输出软比特的统计信息并反馈至解调器，经过检测器与译码器之间的多次外迭代，逐渐提升每个用户调制符号的置信比。相比于 MMSE-IRC 接收机，其复杂度主要体现在译码器和干扰消除的软迭代上。

● 期望传递算法–混合迭代消除（Expectation Propagation Algorithm–Hybrid Interference Cancellation，EPA-Hybrid IC）：通常适用于基于符号扩展的和多维调制的 NOMA 方案。该接收机需要在解调器中做空域的 MMSE 和 EPA 算法，并在译码器内进行多次内迭代；迭代结束后输出软比特的期望值等统计信息，再经过检测器与译码器之间的多次外迭代，逐渐提升编码比特的似然比。相比于 MMSE-IRC 接收机，其复杂度主要体现在译码器和干扰消除的软迭代上。

比较典型的 NOMA 场景下，上述 3 类接收机相对于传统 MMSE-IRC 接收机的复杂度对比如表 2-7 所示。感兴趣的读者可以阅读参考文献[2]，文献中对每类接收机中的各个处理模块均进行了比较具体的复杂度分析。

表 2-7　典型场景下各类接收机的复杂度对比

接收机类型	MMSE-IRC	MMSE-Hard IC	ESE-SISO	EPA-Hybrid IC
译码复杂度（相对范围）	1	1.5~3	5	2.6~3

2.2.1 基于比特级处理的多址标识

基于比特级处理的 NOMA 方案通过较低的编码率加上用户特定的扰码序列或者交织图样,达到干扰随机化的目的,从而可以实现多用户的信号检测。

1. 比特级加扰方案

比特级加扰方案的基本框图如图 2-17 所示,该方案与现有 NR 的放射段处理流程最为接近,其中,信道编码、速率匹配、比特交织、调制等都是通用的模块。作为 MA 标识,用户特定的扰码序列可以沿用 NR 现有的生成方式,唯一需要标准化的部分在于序列生成公式中的初始化 ID 这个参数需要引入用户专有的 ID,例如,C-RNTI。

第 i 个用户 / 数据流

图 2-17 比特级 NOMA 方案框图

2. 比特级交织方案

比特级交织方案(IDMA)的基本流程与加扰方案一致,与现有 NR 的处理流程的区别在于交织图样的生成方式。现有 NR 的交织方案是所有用户通用的,而基于交织的 NOMA 方案采用用户特定的交织图样作为 MA 标识。

如果为每个用户设计完全不同的交织器,会增加系统设计和检测复杂度。交织器本身的设计可以有一些简化方法,如沿用 NR 信道编码中通用的交织器设计,在此基础上可以通过以下两种方式实现用户特定的交织图样。

● 方式 1:如图 2-18 所示,交织前的数据按行开始排列,如 $\{a_0, a_1, \cdots, a_{x-1}, a_x, \cdots, a_{2x-1}\}$,从列开始读取生成交织后的数据 $\{a_0, a_x, a_1, a_{x+1}, \cdots, a_{x-1}, a_{2x-1}\}$。不同用户取不同的列作为起始点,可以看作对交织后的数据进行不同的循环移位,达到用户特定的交织图样的效果。

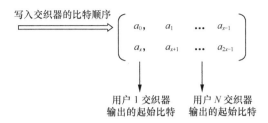

图 2-18　用户特定的交织图样生成方式 1

● 方式 2：交织器也可以通过先循环移位，再对数据进行交织来实现，也可以达到不同用户使用的是完全不同的交织图样的效果，如图 2-19 所示。

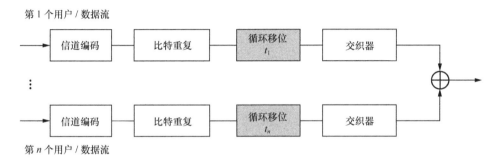

图 2-19　用户特定的交织图样生成方式 2

2.2.2　基于符号级处理的多址标识

1. 符号级扩展方案

采用符号级扩展的多址方案有很多，如 MUSA、SCMA、PDMA、WSMA、RSMA、NOCA、NCMA 等。区别主要体现在扩展序列的设计上，如图 2-20 所示，其中，虚线框为可选模块。与传统的 PN（Pseudo-Noise）正交序列的主要区别在于，这些非正交的扩展序列中的元素通常是复数，并且序列的数量要大于序列长度。对于这类序列，一个总的设计原则是保证序列之间较低的互相关性，同时尽可能提供更多的序列数量，适用于多用户共享接入。序列间互相关性要求越严格，满足条件的序列数量就越少，例如，要求正交的情况下，N 长扩展最多能提供 N 个正交的 PN 序列。而最大互相关的要求越宽松，则可以找到越多的非正交序列从而复用更多用户，但用户间干扰越严重。

第 i 个用户／数据流

图 2-20　基于符号级扩展的 NOMA 发射端流程

（1）量化的复数序列

一些扩展序列的元素可以从量化的星座图中得到，如图 2-21 所示。其中，（a）为 9 点 QAM 的星座图，每个元素的实部和虚部可以从 {0, 1, –1} 中任意取值；（b）为 QPSK 的星座图，其中每个元素的实部和虚部从 {1, –1} 中任意取值。理论上扩展长度为 L 的 9 点 QAM 非正交序列共有 9^L 条，QPSK 非正交序列共有 4^L 条。

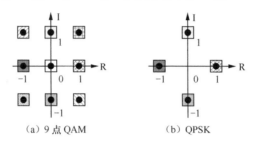

（a）9 点 QAM　　　　　　（b）QPSK

图 2-21　复数扩展序列元素星座图示例

在实际应用中，需要综合考虑序列集合大小和检测复杂度，筛选出部分互相关性较好的子集分配给 NOMA 用户使用。例如，MUSA 序列子集，在量化的复数序列设计基础上同时满足 WBE 界，典型的示例可以参考文献[1]中的附录 A.4.3。

另外一种 QPSK 的序列设计方式可以沿用 NR DMRS 序列的设计，例如，L 长的 QPSK 根序列为 $r_{u,v}(n) = \exp\left(\dfrac{j\varphi(n)\pi}{4}\right), 0 \leq n \leq L-1$。对于给定数量的根序列，每个根值 u 对应的序列元素 $\varphi(n)$ 可以由计算机搜索得到，基本的准则包括根序列的峰均比以及序列之间的互相关性。每个 L 长的根序列可以通过循环移位产生 L 个相互正交的序列，不同的根序列之间则是非正交的，具体示例见参考文献[2]中的附录 A.4.6。

（2）WBE 序列

假设 K 个 L 长的序列组成的集合 $\{s_1, \cdots, s_K\}$，其互相关平方和 $T_c \triangleq \sum_{i,j}\left|s_i^H s_j\right|^2$。对于任意的 N 和 K，根据柯西-施瓦茨不等式可以推导出序列互相关平方和的约束条件，即 $K^2/L \leq T_c$。其中，$B_{\text{Welch}} \triangleq K^2/L$ 被定义为较为宽松的 Welch 界，即理论的最小互相关平

方和。如果某个序列集合的互相关平方和满足宽松的 Welch 界，则该序列集合可以被称为 WBE（Welch Bound Equality）序列集。典型的 WBE 序列集示例及生成方式可以参考文献[2]中的附录 A.4.1 和 A.4.2。

（3）ETF 序列

对于 Welch 界，除了满足最小互相关平方和以外，还有一种相对更为严格的约束条件，即最大互相关最小化 $\min_{\mathrm{G}}\left(\max_{1 \leqslant i < j \leqslant K}\left|\boldsymbol{s}_i^{\mathrm{H}} \boldsymbol{s}_j\right|\right)$。对于给定的序列长度 L 和序列集合大小 K，其约束条件为 $\max\left\{\left|\boldsymbol{s}_i^{\mathrm{H}} \boldsymbol{s}_j\right|\right\} \geqslant \sqrt{\dfrac{K-L}{L(K-1)}}$，满足该边界条件的序列集合通常也被称为 ETF（Equiangular Tight Frames）序列。需要注意的是，由于约束条件较为严格，并不是所有给定的序列长度和集合大小都能找到 ETF 序列集。此外，严格满足 ETF 序列的元素通常都是一些不太规律的复数值，实现起来比较复杂。可以进一步通过量化处理，实现复杂度和互相关性能的折中。一种 ETF 序列示例可以参考文献[2]中的附录 A.4.4。

（4）GWBE 序列

WBE 及 ETF 序列的准则都是在序列未加权的情况下得到的。在实际的 NOMA 系统中，由于多用户的功率和信道变化，互相关平方和最小并不等同于用户间干扰和最低，因此提出了基于更为广义 Welch（Generalized Welch-Bound Equality）界的准则，其目标函数考虑了用户功率的加权 $\min_{\boldsymbol{s}_k^{\mathrm{H}} \boldsymbol{s}_k = 1 \forall k} R_x = \left\|\boldsymbol{S}^{\mathrm{H}} \boldsymbol{P} \boldsymbol{S}\right\|_F^2 = \sum\limits_{i=1}^{K} \sum\limits_{j=1}^{K} P_i P_j \left|\boldsymbol{s}_i^{\mathrm{H}} \boldsymbol{s}_j\right|^2$，其中 P_i 和 P_j 分别为用户 i 和

j 的接收信号功率。考虑功率加权的柯西-施瓦茨不等式为 $\sum\limits_{i=1}^{K} \sum\limits_{j=1}^{K} P_i P_j \left|\boldsymbol{s}_i^{\mathrm{H}} \boldsymbol{s}_j\right|^2 \geqslant \dfrac{\left(\sum\limits_{k=1}^{K} P_k\right)^2}{L}$，当等式成立时，可以认为序列满足 GWBE 准则。而当用户功率相同时，GWBE 准则退化为 WBE 准则。GWBE 序列及生成方式的示例可以参考文献[1]中的附录 A.4.5。与 ETF 类似，GWBE 的序列元素也可以通过进一步量化处理，实现复杂度和互相关性能的折中。

（5）稀疏序列

稀疏序列通过将扩展序列部分元素置为 0，来降低 NOMA 用户之间的干扰。实现稀疏性的方法有很多，其中比较直观的是，每个序列中只有 1 和 0 两种元素，并且 0 的数目是一致的。这种设计可以保证任意两个用户之间最多只有一个符号相互干扰，但是序列集合大小受限，例如，长度为 4，稀疏度为 50%的序列只有以下 6 条。

$$\begin{bmatrix} 1 \\ 1 \\ 0 \\ 0 \end{bmatrix}, \begin{bmatrix} 0 \\ 0 \\ 1 \\ 1 \end{bmatrix}, \begin{bmatrix} 1 \\ 0 \\ 1 \\ 0 \end{bmatrix}, \begin{bmatrix} 0 \\ 1 \\ 0 \\ 1 \end{bmatrix}, \begin{bmatrix} 1 \\ 0 \\ 0 \\ 1 \end{bmatrix}, \begin{bmatrix} 0 \\ 1 \\ 1 \\ 0 \end{bmatrix}$$

稀疏序列的设计也可以相对灵活一些。其中一种方式是，每条序列中 0 的个数可以变化，通过将扩展后的符号在各个资源上设置不同的权重，使得不同用户受到的干扰呈现一定的分布特性，有助于接收机做串行干扰消除。另一种方式是，可以将上述稀疏序列中的 1 值用复数 $\left\{ \pm \dfrac{\sqrt{2}}{2} \pm \dfrac{\sqrt{2}}{2} \mathrm{j} \right\}$ 代替，该原理与量化的复数序列类似，用于进一步扩充可用的序列数量。

2. 符号级扩展+多维调制

符号级的扩展方案也可以与多维调制相结合，如图 2-22 所示。NR 中的调制方式都是将 2^M 个比特映射到 1 个调制符号，其中 M 表示调制阶数；而多维调制则是将 M 个比特映射到 N 个符号，且每个符号对应的星座点不同。多维星座图可以通过查表的方式配置，例如，SCMA 所用的码本可以参考文献[2]中的附录 A.4.9。

图 2-22　基于多维调制的 NOMA 发射端流程

一种 8 点星座图的示例如图 2-23 所示，对应 $M=3$，$N=2$。该星座图也可以通过线性的表达式来得到，例如：

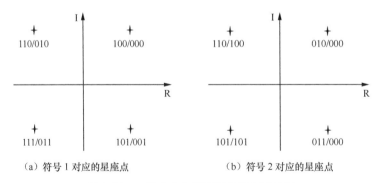

（a）符号 1 对应的星座点　　　　　　（b）符号 2 对应的星座点

图 2-23　一种 8 点多维调制的星座图示例

$$x = \sqrt{\frac{2}{3}} \begin{bmatrix} -\dfrac{1}{\sqrt{2}} & j & 0 \\ -\dfrac{1}{\sqrt{2}} & 0 & j \end{bmatrix} (1-2b)$$

其中，b 为输入的 3 比特信息，x 为输出的 2 个调制符号信息。

为了得到用户特定的多维调制，可以在输出符号 x 乘以一个转移矩阵 $y=G_i x$，其中，G_i 表示用户 i 使用的转移矩阵，大小为 $N×N$。例如，$N=2$ 时，G_i 的码本可以有以下几种：

$$\begin{bmatrix} 1 & 0 \\ 0 & 1 \end{bmatrix}, \begin{bmatrix} 1 & 0 \\ 0 & -1 \end{bmatrix}, \begin{bmatrix} 1 & 0 \\ 0 & j \end{bmatrix}, \begin{bmatrix} 1 & 0 \\ 0 & -j \end{bmatrix}$$

最后，对多维调制输出的符号做用户特定的符号级扩展，将 y 序列中的符号信息映射到稀疏扩展码本中的非零元素上。

3. 符号级扩展+加扰

还有一些 NOMA 方案在符号级扩展之后再增加一个符号级加扰的操作，目的是为了缓解线性扩展可能导致的峰均比抬升的问题，其发射端流程如图 2-24 所示。由于不增加用户复用能力，符号级加扰不需要进行用户特定的扰码设计，因此比较简单的方式是沿用 NR 中定义的 Gold 序列或 ZC 序列，使用小区 ID 作为扰码序列的初始化 ID。

第 i 个用户 / 数据流

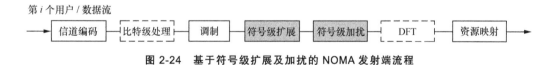

图 2-24 基于符号级扩展及加扰的 NOMA 发射端流程

4. 符号级交织方案

与比特级交织相对应，符号级交织也可以采用补零和交织的操作，不同的用户使用不同的符号级交织图样进行资源复用，如图 2-25 所示。其中，补零的方式与前面提到的稀疏扩展类似，而符号级交织图样的设计可以采用与比特级交织类似的循环移位的方式。如图 2-26 所示，交织前的符号数据按行开始排列，并进行稀疏扩展，不同用户从不同的列作为起始点，依次读取生成交织后的符号数据。

图 2-25　基于符号级交织的 NOMA 发射端流程

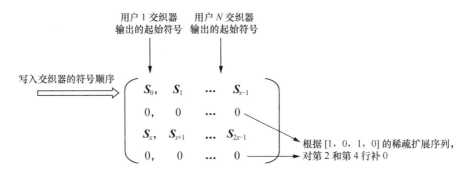

图 2-26　用户特定的符号级交织图样示例

2.2.3　其他多址标签设计

1. 多数据流方案

前文提到的用户间通过 NOMA 的方式复用，通常需要降低每个用户的码率以实现较低的用户间干扰。对于复用用户数较少的情况，针对每个用户也可以采用多个 NOMA 的数据流复用的方式来提升该用户的传输速率。

采用多数据流的方式进行 NOMA 复用时，每个数据流可以采用前面提到的比特级或符号级的 MA 标识。如图 2-27 所示，其中分流的操作可以有多种：在信道编码前；在信道编码和比特级处理之间；在比特级处理和符号级处理之间。对于分流在信道编码前的方案，多流合并的操作也可以有两种：在符号级处理之前和在符号级处理之后。此外，每个数据流上可以分配不同的功率增益。

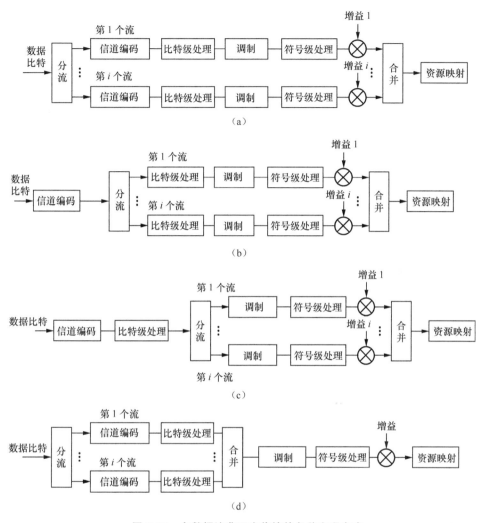

图 2-27 多数据流非正交传输的各种实现方式

2. 异步传输方案

传统的基于 OFDM 的方案要求复用用户之间是同步的，否则会产生符号间干扰。而基于异步传输的 NOMA 方案在码域和时延域做了联合设计，其原理主要是通过低码率编码或者通过较长的符号级扩展使得用户数据的传输速率很低，此时用户间干扰较小，甚至与噪声水平接近。通过给每个用户分配不同的初始传输时延，即使这些用户使用了相同的扩展序列，也可以通过检测峰值所在的窗口位置进行多用户的区分和迭代检测，理论上可以实现更多的用户复用。该方案的基本框图和原理分别如图 2-28 和图 2-29 所示。

第 i 个用户 / 数据流

图 2-28　基于用户特定时延的 NOMA 方案

图 2-29　异步传输示意图

2.3　小结

NR R15 对非正交多址的发射端和接收机方案做了比较全面的研究，包括多址标识的设计以及各类先进接收机的复杂度分析，并分别在 eMBB、URLLC、eMTC 场景下对各类 NOMA 方案做了详尽的链路级和系统级仿真评估，包括 NOMA 和正交 OFDM 的对比以及不同 NOMA 方案之间的性能对比。NOMA 研究以同步的预调度（Configured Grant）传输为主，同时也对异步场景免调度（Grant-Free）传输做了充分的评估。

由于 NOMA 方案众多，相对不易收敛，因此在研究工作完成后并没有立即对所有 NOMA 研究内容开展标准化的工作。针对异步场景的 NOMA 研究为 2 步 RACH 的标准化提供了很好的基础，如前导+数据的信道结构。2 步 RACH 主要针对随机接入的过程进行了增强，在初始接入的过程中仅仅携带必要的控制面消息，不会传输任何用户面的数据。而在 R17 阶段，NR 将基于 2 步 RACH 针对非 RRC 连接态的小数据包传输继续增强[10]，进一步提升传输效率、缩短接入和数据传输时延、降低终端和网络功耗。

第3章

Chapter 3
增强多天线技术

大 规模天线技术是 5G 的关键技术，NR R15 阶段完成了大规模天线技术的第一个版本的标准化工作[1-6]。信道状态信息（CSI，Channel State Information）反馈和参考信号设计较 LTE 都更加灵活。同时为了满足 5G 的要求，NR R15 也支持了高精度的码本以及面向高频段的波束管理机制。NR R16 则在 R15 版本的基础上，从信道状态信息反馈、多点协作传输、波束管理、上行满功率传输以及低 PAPR 参考信号等几个角度对大规模天线技术做了进一步的增强[7-10]。本章将对 NR R16 的增强型大规模多天线技术进行介绍。

▌▌ 3.1　增强信道状态信息反馈

3.1.1　基本原理

为了支持高精度的 CSI 反馈用于提升 MU-MIMO 的性能，NR R15 引入了 Type II 码本。采用两级码本结构，第一级采用宽带选择的多个正交基，第二级对选择的多个正交基在每数据层及每个极化方向独立进行线性合并，且线性合并系数中的相位量化信息采用子带上报，幅度量化信息可以采用宽带或子带上报。R15 的 Type II 码本开销主要来自多个子带的幅度系数和相位系数，其随着子带个数的增加而线性增加。MU-MIMO 增强是 R16 NR MIMO 增强的一个重要议题。主要目标是降低 R15 Type II 码本的反馈开销，且保证系统性能。进一步，还包括 Type II 码本的高阶扩展，R16 Type II 码本支持 rank 3 和 rank 4 反馈。

根据前期研究[11]，不同子带的幅度和相位系数具有频域相关性。利用此频域相关性，使用一组频域基向量，可以对全部子带幅度和子带相位系数进行压缩，去除冗余，降低反馈开销。基于这种频域压缩的思想，单数据层 R15 Type II 码本可以进行压缩[12]。

假设子带 n 的预编码矩阵可以表示为

$$w^{(n)} = W_1 w_2^{(n)}$$

其中，$w^{(n)}$ 是 $N_{\text{CSI-RS}} \times 1$ 的列向量；第一级码本 W_1 的维度为 $N_{\text{CSI-RS}} \times 2L$，表示每个极化方向包含 L 个宽带波束，每个波束可以理解为一个空域基向量；$w_2^{(n)}$ 表示线性合并系数向量，维度为 $2L \times 1$；$N_{\text{CSI-RS}}$ 表示天线端口数。

单数据层的全部子带的预编码可以表示为

$$W = \left[w^{(1)} \cdots w^{(N_{\text{sb}})} \right]$$

进一步可以简化为

$$W = W_1 W_2'$$

其中，$W_2' = \left[w_2^{(1)} \cdots w_2^{(N_{\text{sb}})} \right]$ 表示全部子带系数的级联，维度为 $2L \times N_{\text{sb}}$。N_{sb} 表示子带个数。W_2' 中的每一行均表示线性合并系数的频域特性。根据频域相关性，可以使用频域基向量对其进行压缩，表示为

$$W_2' = \tilde{W} W_f^{\text{H}}$$

其中，W_f 为频域压缩基向量构成的矩阵，维度为 $N_{\text{sb}} \times M$，通过在候选频域压缩基向量集合中选择 M 个基向量得到。$\tilde{W}$ 为压缩后的系数，维度为 $2L \times M$。

这样全部子带的预编码可以表示为

$$W = W_1 \tilde{W} W_f^{\text{H}}$$

其中，待反馈的 PMI 包括空域基向量 W_1、频域基向量 W_f 和压缩后系数 $\tilde{W}$。对于高相关信道，子带系数之间具有较强的频率相关性，此时 M 的取值可以远小于 N_{sb}。由于反馈系数的个数由 R15 Type II 的 $2L \times N_{\text{sb}}$ 个改为 $2L \times M$ 个，经过上述的频域压缩后可以明显降低系数的反馈开销。

3.1.2 码本结构

R16 的 Type II 一个数据层的 $P \times N_3$ 的预编码矩阵可以表示为：

$$W = W_1 \tilde{W}_2 W_f^{\mathrm{H}}$$

其中，空域基向量的维度 $P=2N_1N_2$，且 N_1 与 N_2 分别表示第一维度与第二维度的端口数。N_3 表示频域基向量的维度。预编码表达式中的 3 个部分分别对应空域压缩、频域压缩和线性合并系数。

（1）空域压缩

R15 Type II 码本在每个极化方向上使用多个波束实现空域压缩。R16 Type II 码本沿用这一方式，从 $N_1O_1N_2O_2$ 个 DFT 向量中选择 L 个正交向量作为一个极化方向的波束，即：

$$W_1 = \begin{bmatrix} \boldsymbol{v}_0 \boldsymbol{v}_1 \cdots \boldsymbol{v}_{L-1} & 0 \\ 0 & \boldsymbol{v}_0 \boldsymbol{v}_1 \cdots \boldsymbol{v}_{L-1} \end{bmatrix}$$

其中，$\{\boldsymbol{v}_i\}_{i=0}^{L-1}$ 是维度 $N_1N_2\times 1$ 的正交 DFT 向量，O_1 与 O_2 分别表示第一维度与第二维度的端口数。由于不同数据层之间的空域特性差异较小，可以使用相同的波束，因此 W_1 为数据层间共用的空域基向量集合，这与 R15 Type II 码本一致。

（2）频域压缩

频域压缩通过 W_f 实现。由于 L 个波束中的不同波束对应的信道的相关性可能不同，最优的设计是针对每个波束确定一组频域基向量。但这种方式用于指示频域基向量的反馈开销较大。同时，与所有波束共用相同的频域基向量比较，也没有明显的性能增益。因此 R16 中采用了在同一数据层内所有波束共用相同的频域基向量的方式，表示为：

$$W_f = \begin{bmatrix} \boldsymbol{f}_{k_0} \boldsymbol{f}_{k_1} \cdots \boldsymbol{f}_{k_{M-1}} \end{bmatrix}$$

其中，$\{\boldsymbol{f}_{k_m}\}_{m=0}^{M-1}$ 表示 M 个 $N_3\times 1$ 的正交 DFT 向量，$\{k_m\}_{m=0}^{M-1}$ 为从 $\{0, 1, \cdots, N_3-1\}$ 中选择的基向量索引集合。

从时域角度看，每个频域基向量对应不同的时延。考虑到不同数据层、不同波束的时延分布，频域基向量的设计包含 Beam-specific、Layer-common 和 Layer-specific 3 种方案。这 3 种方案分别为：不同波束对应不同的时延、所有数据层的所有波束对应相同的时延和每数据层的波束对应相同的时延但不同数据层可以有不同的时延。其中，Beam-specific 方案针对 $2L$ 个波束中的每个波束均需要选择一组频域基向量，其复杂度和反馈开销较大；Layer-specific 方案是每一数据层共用一组频域基向量，不同数据层可以使用不同的频域基向量，其实现了反馈开销和灵活度的折中；Layer-common 方案要求所有数据层共用同一组频域基向量。根据 3 种方案的仿真结果，不同数据层之间若使用相同的频域基向量集合会带来一定的性能损失，这是由于不同数据层的赋形向量不同，每一数据层的频域特性不完全相同，即每一数据层可能对应不同的时延。因此 $\boldsymbol{W}_f$ 为每数据层独立选择。

（3）线性合并系数

$\tilde{\boldsymbol{W}}_2$ 包含 $K=2LM$ 个线性合并系数。考虑到系数的取值分布，取值较小的系数对 CSI 反馈精度的影响不大，每一数据层只需要上报幅值较大的部分系数，其余系数可以假设为 0，这样可以进一步降低反馈开销。基站为终端配置可以上报的、最大的非零系数个数取值，用于控制 CSI 的反馈开销。终端在此约束下，确定非零系数，并上报实际的非零系数个数。

每个系数可以分解为幅度系数部分和相位系数部分，终端将线性合并系数反馈至基站。反馈需要对幅度和相位系数进行量化。其中，幅度系数可以采用差分量化的方式减少开销，主要有 3 种方式：第一种方式类似于 R15 Type II，针对 $2L$ 个波束的每个波束确定一个宽带幅度系数，每个频域基向量的幅度系数为相对于此宽带幅度系数的差分幅度；第二种方式是针对每个极化方向，确定一个宽带幅度系数，该极化方向上的所有幅度系数均为相对于此宽带幅度系数的差分幅度；第三种是采用二维差分方式，针对 $2L$ 个波束的每个波束确定一个宽带幅度，同时针对 M 个频域基向量的每个频域基向量确定一个宽带幅度，每个系数均采用相对于两个宽带幅度的差分幅度。相位系数的量化可以采用可变位宽量化或者固定位宽量化的方式。例如，可变位宽量化对幅度较大系数所对应的相位采用更大的位宽量化，而其他的采用较小的位宽量化，这可以获得更好的性能与开销的折中。

考虑到终端的实现复杂度，R16 的 Type II 码本量化采用了幅度系数极化差分，相位系数固定位宽量化的方式。某一数据层的码本结构可以表示为：

$$\boldsymbol{W} = \boldsymbol{W}_1 \tilde{\boldsymbol{W}}_2 \boldsymbol{W}_f^{\mathrm{H}}$$

$$= \begin{bmatrix} v_0 & v_1 \cdots v_{L-1} & 0 \\ 0 & & v_0 & v_1 \cdots v_{L-1} \end{bmatrix} \cdot$$

$$\begin{bmatrix} p_d(0,0)q(0,0) & p_d(0,1)q(0,1) & & p_d(0,M-1)q(0,M-1) \\ \vdots & \vdots & & \vdots \\ p_d(L-1,0)q(L-1,0) & p_d(L-1,1)q(L-1,1) & & p_d(L-1,M-1)q(L-1,M-1) \\ p_{\mathrm{ref}}p_d(L,0)q(L,0) & p_{\mathrm{ref}}p_d(L,1)q(L,1) & \ddots & p_{\mathrm{ref}}p_d(L,M-1)q(L,M-1) \\ \vdots & \vdots & & \vdots \\ p_{\mathrm{ref}}p_d(2L-1,0)q(2L-1,0) & p_{\mathrm{ref}}p_d(2L-1,1)q(2L-1,1) & & p_{\mathrm{ref}}p_d(2L-1,M-1)q(2L-1,M-1) \end{bmatrix} \cdot$$

$$\begin{bmatrix} f_{k_0} & f_{k_1} \cdots f_{k_{M-1}} \end{bmatrix}^{\mathrm{H}}$$

其中，线性合并系统矩阵 $\tilde{W}_2$ 中的 $p_d(i,j)$ 表示差分幅度系数，$q(i,j)$ 表示相位系数，p_{ref} 表示参考幅度系数。参考幅度系数可被量化为 4bit，其取值为 $\left\{1, \left(\dfrac{1}{2}\right)^{\frac{1}{4}}, \left(\dfrac{1}{4}\right)^{\frac{1}{4}}, \left(\dfrac{1}{8}\right)^{\frac{1}{4}}, \cdots, \right.$

$\left.\left(\dfrac{1}{2^{14}}\right)^{\frac{1}{4}}, \text{保留}\right\}$。这里的参考幅度系数取值不为零，以避免对应极化方向的全部系数均为零。差分幅度系数被量化为 3bit，其取值为 $\left\{1, \dfrac{1}{\sqrt{2}}, \dfrac{1}{2}, \dfrac{1}{2\sqrt{2}}, \dfrac{1}{4}, \dfrac{1}{4\sqrt{2}}, \dfrac{1}{8}, \dfrac{1}{8\sqrt{2}}\right\}$。相位系数均采用 16PSK 的量化精度，将全部幅度系数中取值最大的系数定义为最强系数（SCI，Strongest Coefficient Index），其量化为 1，其幅度和相位均不需要上报，其他系数的幅度值均为相对于最强系数的相对值，取值范围为[0, 1]。最强系数的位置需要指示给基站。

3.1.3　码本参数指示

1. 码本参数

R16 Type II 的码本结构包含多个由基站配置的码本参数，分别从以下几方面描述。

（1）频域基向量维度 N_3：N_3 的取值描述了频域基向量的颗粒度，可以与子带 CQI 的个数相同，也可以大于子带 CQI 的个数从而提高反馈的频域颗粒度，还可以更精细地描述信道的频域特性。因此标准中引入了频域采样精度参数标准中定义的 $N_3 = N_{SB} \times R$。其中，N_{SB} 表示子带 CQI 的个数，R 描述了信道的频域采样精度，可配置为 1 或 2，其表示每个子带 CQI 对应的子带 PMI 的个数。

（2）空域基向量个数 L：根据 R15 Type II 码本并考虑到码本开销与性能，L 的配置可以选择 {2, 4}。为了获得更高的性能增益，增加了 $L=6$ 的码本配置，其作为终端能力，仅在 $RI=1\sim2$ 且天线端口为 32 的条件下适用。

（3）非零系数个数：基站配置的非零系数个数由缩放因子 β 确定，其取值可以是 $\beta = \dfrac{1}{4}, \dfrac{1}{2}, \dfrac{3}{4}$。由于数据层数越大，需要的非零系数个数越多，因此非零系数个数针对不同 RI 分别定义。当 $RI=1$ 时，允许终端上报的非零系数个数上限为 $K_0 = \lceil \beta \times 2LM \rceil$；

当 $RI>1$ 时，所有数据层的允许终端上报的非零系数个数上限为 $2K_0$。这里，为了保证 $RI=3\sim4$ 的实用性，其开销不能显著高于 $RI=2$ 的码本开销，因此同样需要满足不大于 $2K_0$。

（4）每一数据层的频域基向量个数 M_i：频域基向量个数由每一数据层的缩放因子 p 及子带 CQI 的个数确定，表示为 $M_i = \left\lceil p \times \dfrac{N_3}{R} \right\rceil$。缩放因子的取值可以是 $p = \dfrac{1}{8}, \dfrac{1}{4}$。

如果以上参数分别独立配置，将导致参数的取值组合数量巨大，实际应用中难以选择，并增加了参数配置的信令开销。考虑到系统性能与反馈开销的折中，标准化过程中对各种参数组合进行了性能评估，并根据仿真结果去掉了性能相近且反馈开销相近的组合。基站可以配置的参数组合总结在表 3-1 中。

表 3-1 码本参数组合

L	$p = y_0$（$RI= 1\sim2$）	$p = v_0$（$RI= 3\sim4$）	β	参数配置限制
2	1/4	1/8	1/4	
2	1/4	1/8	1/2	
4	1/4	1/8	1/4	
4	1/4	1/8	1/2	
4	1/2	1/4	1/2	
6	1/4	—	1/2	$RI=1\sim2$，32 端口
4	1/4	1/4	3/4	
6	1/4	—	3/4	$RI=1\sim2$，32 端口

2. 基向量指示

R16 Type II 码本的空域基向量指示与 R15 相同，所有数据层使用相同的空域基向量。指示方式采用组合数以及旋转因子指示从 $N_1O_1N_2O_2$ 个候选波束集合中选择 L 个波束。

候选频域基向量集合与基站配置的子带 CQI 个数和参数 R 相关，且频域基向量需要针对每一个数据层分别指示，这样指示开销由 RI 和 N_3 确定。频域基向量的指示可以直接采用单步指示的方式，每一个数据层独立指示从 N_3 个候选基向量集合中选择 M 个频域基向量。但是当高阶反馈或者 N_3 取值较大时，这种单步指示的方式所需开销增大。这种情况下，采用两步指示的方案可以降低反馈开销。两步指示首先从 N_3 个候选基向量集合中选择一个中间基向量集合（集合大小表示为 N_3'），而每一个数据层的频域基向量均从中间基向量集合中选择。若不同数据层选择的频域基向量基本相同，则中间基向量集合 N_3' 较小，可以明显降低指示开销。中间基向量集合可以由终端自由选择的 N_3' 个基向量构成，并上报中间基向量集合指示。这种方式虽然灵活，但增加了中间基向量集合的额外指示。根据系统仿真结果，终端选择的频域基向量主要分布于 N_3 个候选频域基向量的两侧[13]。利用这一特征，可以由分布在 N_3 个候选频域基向量两侧边缘的、相邻的 N_3' 个频域基向量构成中间基向量集合。由于这些频域基向量相邻，仅需要指示起始的频域基向量位置且确定出中间基向量集合的大小即可确定完整的中间基向量集合。进一步的，考虑到不同的频域基向量之间仅相差一个相位，频域基向量间的循环移位相当于对频域基向量均做了相位旋转，这种相位旋转并不影响下行传输[14]。例如，对于第 l 个数据层，令相位旋转矩阵表示为

$$R_l = \begin{pmatrix} 1 & 0 & 0 & 0 & 0 \\ 0 & e^{j2\pi\frac{k_{m_l^*}}{N_3}} & 0 & 0 & 0 \\ 0 & 0 & e^{j2\pi\frac{2k_{m_l^*}}{N_3}} & 0 & 0 \\ 0 & 0 & 0 & \ddots & 0 \\ 0 & 0 & 0 & 0 & e^{j2\pi\frac{(N_3-1)k_{m_l^*}}{N_3}} \end{pmatrix}$$

其中，$k_{m_l^*} \in \{0, \cdots, N_3 - 1\}$ 表示第 m_l^* 个选择的频域基向量的索引，$m_l^* \in \{0, \cdots, M - 1\}$ 表示最强系数对应的已选频域基向量的序号。经过相位旋转后的频域基向量为 $W_{f,l}^{(s)} = R_l W_{f,l}$，其中，$W_{f,l}$ 表示相位旋转之前所选择的 M 个频域基向量，经过相位选择后可保证最强系数对应的基向量为第一个频域基向量，则基站采用 $W_{f,l}^{(s)}$ 计算该数据层的预编码：

$$W_l' = W_{1,l} \tilde{W}_{2,l} W_{f,l}^{(s)H} = W_{1,l} \tilde{W}_{2,l} W_{f,l}^H R_l^H = W_l R_l^H$$

其中，$W_{1,l}$ 和 $\tilde{W}_{2,l}$ 分别表示第 l 个数据层的空域基向量和频域压缩系数，对每个子带做同一个相位旋转且不影响系统性能。通过这种频域基向量置换，可以保证最强系数对应的基向量位于第一个频域基向量位置，使得第一个频域基向量必选。这种方式进一步降低了反馈开销。

R16 Type II 码本的频域基向量指示采用了两种指示方式：

（1）当 $N_3 \leqslant 19$ 时，由于候选频域基向量集合较小，每一个数据层的频域基向量指示开销不大，因此采用了简单的单步指示方式，每数据层使用 $\left\lceil \log_2 \binom{N_3 - 1}{M_i - 1} \right\rceil$ 比特进行指示；

（2）当 $N_3 > 19$ 时，采用两步指示方式。中间基向量集合由相邻基向量构成，且由 M_{initial} 指示给基站。这样，中间基向量集合表示为（$M_{\text{initial}} + n, N_3$），$n = 0, 1, \cdots, N_3' - 1$。其中，中间基向量集合的大小 N_3' 的取值由参数 α 以及每一个数据层的频域基向量个数 M 确定，表示为：

$$N_3' = \lceil \alpha M \rceil$$

其中，参数 α 的取值由系统预定义为 $\alpha = 2$。考虑到频域基向量分布在 N_3 个频域基向量的两侧，因此 $M_{\text{initial}} \in \left\{ -\left(N_3' - 1\right), -\left(N_3' - 2\right), \cdots, -1, 0 \right\}$ 由终端确定并反馈给基站。每一个数据层的频域基向量集合采用 $\left\lceil \log_2 \binom{N_3' - 1}{M_i - 1} \right\rceil$ 比特指示给基站。由于每一个数据层的频域基向量个数 M 与 RI 的取值相关，因此不同的 RI 反馈下，N_3' 的取值不同。

3. 非零系数指示和最强系数指示

根据基站配置，若 $RI = 1$，终端最大允许上报 K_0 个非零系数；若 $RI = 2$ 时，每一个数据层均可以上报最大 K_0 个非零系数，因此终端允许最大上报 $2K_0$ 个非零系数；若 $RI = 3 \sim 4$，为了保证高 rank 情况下的开销不大于 $RI = 2$ 时的开销，要求终端也最大上报 $2K_0$ 个非零系数。基于基站配置的允许上报的最大非零系数个数，终端需要上报实际的非零系数个数。对于多数据层码本，每一个数据层的非零系数个数可以独立上报，也可以将所有数据层的非零系数之和整体上报。由于后者具有更小的反馈开销，标准中确定上报总的非零系数个数 K_{NZ}，以表示全部数据层的非零系数个数之和。

除了非零系数个数，非零系数的位置信息也需要指示给基站。指示方式需要根据非零系数的分布特性进行设计。由于非零系数没有明确的分布特性，可以分布在每一个数据层的全部 $2LM$ 个位置上，NR 使用 $2LM$ 比特的位图进行指示。

最强系数的指示与终端上报的总的非零系数个数 K_{NZ} 相关，且每个数据层独立指示。对于 $RI = 1$ 时，SCI 可以直接使用 $\lceil \log_2 K_{\text{NZ}} \rceil$ 比特指示。对于 $RI > 1$ 时，根据前述的频域基向量的置换，可以将最大非零系数所在的频域基向量移至第一列。这样每一个数据层的 SCI 只能分布在系数矩阵的第一列上，因此使用 $\lceil \log_2 2L \rceil$ 比特进行指示。

3.1.4 CSI 丢弃以及码本子集约束

1. CSI 丢弃

当终端反馈的 CSI 开销超过了基站分配的 PUSCH 大小时，终端需要丢弃一部分 CSI，以保证剩余 CSI 的有效传输。CSI 丢弃是针对个别场景的特殊处理，其设计不应该影响终端的 CSI 计算，设计中需要遵循以下原则：

① 发生 CSI 丢弃时的 CSI 计算与未发生丢弃时的 CSI 计算相同，即 CSI 丢弃时，CQI 的计算不是基于丢弃后的 PMI 计算得到的；

② 发生 CSI 丢弃时，不需要额外的信令指示，可以直接根据终端上报的 CSI 确定；

③ 发生丢弃的 UCI 开销是确定的，不需要基站进行盲解码；

④ 发生 CSI 丢弃时，避免丢弃一个数据层的全部非零系数。

以上的设计原则保证了 CSI 丢弃不增加终端的复杂度，也不需要额外的信令支持，同时还保证了一定的 CSI 的性能。

为了保证 CSI 在一个时隙内完整上报，R15 Type II CSI 被拆分为两个部分上报（UCI Part1 和 UCI Part2），第一部分的开销固定，且根据第一部分的参数可以确定出第二部分的开销。第二部分中包含 PMI 信息，将 PMI 的子带部分分成偶数子带和奇数子带两个组。发生 CSI 丢弃时，根据优先级以组为单位依次丢弃。R16 Type II 码本可以沿用 R15 的 PMI 分组思想，不同组对应不同的丢弃优先级。PMI 中部分参数丢弃将使得 PMI 无法正常工作，这些参数对应最高优先级；其余参数可以部分丢弃，为低优先级。第二部分中的 PMI 分为 3 个组，按优先级由高至低的顺序依次为 G0、G1 和 G2。空域基向量旋转因子、空域基向量指示以及最强系数指示 SCI 由于占用开销较小，可以分配至 G0。频域基向量由于开销较大，且当反馈系数全部丢弃时，其反馈意义不大，因此分配至 G1。同样的，弱极化方向的参考幅度也分配至 G1。

非零系数和非零系数位置指示分配在标准化过程中重点进行了讨论。

（1）非零系数指示分配

非零系数指示分配方案较为直接，可以将全部的非零系数均分至两个组。当发生系数丢弃时，应该丢弃那些不重要如幅度值较小的系数，否则一些重要的系数很可能被丢弃，基站侧不能更准确地恢复频域组合系数信息，造成系统性能损失。可以通过系数置换的方式将主要系数保留至 G1，而优先丢弃 G2 中的次要系数，保证发生 CSI 丢弃后的系统性能。具体的，将数据层 $\lambda \in \{0,1,\cdots,RI-1\}$，空域基向量 $l \in \{0, 1, \cdots, 2L-1\}$ 以及频域基向量 $m \in \{0, 1, \cdots, M-1\}$ 位置处的非零系数表示为 $c_{l,m}^{(lamda)}$。根据（λ, l, m）对应的优先级取值，将 $\lceil K_{NZ}^{TOT}/2 \rceil$ 个最高优先级的非零系数分配至 G1，将 $\lfloor K_{NZ}^{TOT}/2 \rfloor$ 个最低优先级的非零系数分配至 G2。其中优先级计算为：

$$Prio(\lambda, l, m)=2L \cdot RI \cdot Perm_1(m)+RI \cdot Perm_2(l)+\lambda$$

这里 $Perm_1(.)$ 和 $Perm_2(.)$ 为置换函数。

根据统计结果，边缘频域基包含了更多幅度较大的系数能量且更为集中，可以通过频域基的置换将这些系数分配至 G1。

（2）非零系数位置指示分配

由于每一个数据层独立指示，非零系数位置指示占用较大的反馈开销。当一半的非零系数被丢弃后，其对应的非零系数位置指示也无意义。这样可以考虑将非零系数位置指示的位图也分配至两个组。将数据层 $\lambda \in \{0,1,\cdots,RI-1\}$，空域基向量 $l \in \{0,1,\cdots,2L-1\}$ 以及频域基向量 $m \in \{0,1,\cdots,M-1\}$ 位置处的非零系数位置指示表示为 $\beta_{l,m}^{(lamda)}$。由于非零系数位置指示与非零系数一一对应，当非零系数位置指示的分配与非零系数的分配不一致时，可能会影响非零系数的使用[15]。为了避免出现位置指示与非零系数分配不一致的情况，可以根据 $Prio(\lambda, l, m)$ 的取值，将前 $RI \cdot 2LM - K_{NZ}^{TOT}/2$ 个比特映射至 G1，将后 $K_{NZ}^{TOT}/2$ 个比特映射至 G2。由于后 $K_{NZ}^{TOT}/2$ 个非零系数被丢弃，一种最极端的可能性是这 $K_{NZ}^{TOT}/2$ 个非零系数位于位图的最后 $K_{NZ}^{TOT}/2$ 个比特所对应的位置，因此将这些比特被丢弃不会影响 G1 中的非零系数的使用，即 G1 中的非零系数所在位置是可以完整表示的。

根据以上分析，R16 支持的 CSI 丢弃方式为：

① G1 包含 $\lceil K_{NZ}^{TOT}/2 \rceil$ 个最高优先级的非零系数 $C_{l,m}^{(lamda)}$ 以及位图中最高优先级的 $RI \cdot 2LM - \lfloor K_{NZ}^{TOT}/2 \rfloor$ 个比特；

② G2 包含 $\lfloor K_{NZ}^{TOT}/2 \rfloor$ 个最低优先级的非零系数 $C_{l,m}^{(lamda)}$ 以及位图中最低优先级的 $\lfloor K_{NZ}^{TOT}/2 \rfloor$ 个比特；

③ 优先级计算 $Prio(\lambda, l, m)=2L \cdot RI \cdot P(m)+RI \cdot l+\lambda$，其中，$P(m)$ 根据以下频域基向

量的顺序计算：0, N_3-1, 1, N_3-2, 2, …。

2. 码本子集约束

在 NR R15 中，Type II 码本支持秩约束和波束约束。其中，波束约束的目的是控制波束的方向，以避免对其他小区造成干扰。对于 R15 Type II 码本，波束方向由多个 DFT 波束经过线性合并后确定。因此波束的方向与空域 DFT 向量以及合并系数相关。将全部候选的 $N_1 O_1 N_2 O_2$ 个空域基向量分成 $O_1 O_2$ 个波束组，每个组内包含 $N_1 N_2$ 个波束。基站选择波束组，通过约束波束组内每个波束的相对应宽带幅度取值来控制波束方向。R16 Type II 码本也需要支持秩约束和波束约束。对于波束约束，每个波束的加权系数不再是 R15 的单一系数，而是 M 个频域基向量的线性加权。因此，对于波束方向的精确控制需要对一组 M 个合并系数进行约束。根据 R16 Type II 码本结构，M 个系数的幅值的平方和表示此波束的功率。这样可以通过约束幅值平方和的方式来控制波束的强度，降低波束干扰。这种方式能够较为准确地控制发送波束干扰。但由于其约束的是合并系数的函数，使得合并系数的计算成为一个约束最优化问题，明显增加了终端的计算复杂度。另一种低复杂度的方式是直接指示某个波束是否被约束，如果被约束则不能用于构造 Type II 码本。这种方式类似于 R15 Type I 的码本子集约束，较为简单但无法准确控制波束方向。

R16 同时支持上述两种方案，一种为硬约束方案，另一种为软约束方案。

（1）硬约束方案

通过高层信令选择 4 个波束组，对于所选择的 4 个波束组中的每个空域波束，采用硬约束（最大幅值为 0 或 1），其限制与所述波束相关联的 $\tilde{W}_2$ 中的任何系数（此约束作用于所述波束对应的两个极化方向）。

（2）软约束方案

通过高层信令选择 4 个波束组，对于 4 个波束组内的每个波束 l_0，配置功率比门限值 γ_{l_0} 满足以下关系。

$$\sqrt{\frac{1}{K_{\mathrm{NZ}}\left(\lambda, k, l_0\right)} \sum_{m=0}^{M-1} p_{\mathrm{res}, l_0}^2\left(\lambda, m, k\right)} \leqslant \gamma_{l_0}$$

其中，$K_{\mathrm{NZ}}\left(\lambda, k, l_0\right)$ 表示与 $\left(\lambda, k, l_0\right)$ 相关的非零系数个数，λ 表示数据层，k 表示不同的极化方向，M 表示此数据层的频域基向量个数。$p_{\mathrm{res}, l_0}\left(\lambda, m, k\right)$ 表示对应 (λ, m, k)

位置的非零系数幅度。γ_{l_0} 根据 R15 Type II 码本的宽带幅度约束表配置。

3.1.5 端口选择码本

基于信道的角度互易性，使用上行信道测量的测量结果得到合适的波束方向，根据此波束方向发送经过波束赋形的 CSI-RS，终端测量并使用端口选择码本进行 CSI 反馈。R15 中的 Type II 端口选择码本由 Type II 码本扩展得到，其中，使用端口选择矩阵代替了 Type II 码本中的 W_1。沿用这一原则，R16 Type II 码本也可以直接扩展为端口选择码本。

对于 rank=1～2 的 Type II 端口选择码本，重用 R15 Type II 的端口选择码本中的 W_1 矩阵，表示为

$$W_1 = \begin{bmatrix} E_{\frac{X}{2} \times L} & 0 \\ 0 & E_{\frac{X}{2} \times L} \end{bmatrix}$$

其中，$E_{\frac{X}{2} \times L} = \left[e^{\left(\frac{X}{2}\right)} \bmod \left(md, \frac{X}{2} \right) \ e^{\left(\frac{X}{2}\right)} \bmod \left(md+1, \frac{X}{2} \right) \cdots e^{\left(\frac{X}{2}\right)} \bmod \left(md+L-1, \frac{X}{2} \right) \right]$，$e^{\left(\frac{X}{2}\right)}_i$ 为长度是 $\frac{X}{2}$ 的向量，第 i 个元素为 1，其余元素为 0。X 为 CSI-RS 端口数，空域基向量个数 $L \in \{2,4\}$。端口选择 $m \in \left\{ 0,1,\cdots, \left\lceil \frac{X}{2d} \right\rceil - 1 \right\}$，且端口选择间隔 d 可配，其取值为 $d \in \{1,2,3,4\}$。

R15 不支持 rank=3～4 的 Type II 端口选择码本。但在 R16 中已经支持了 rank=3～4 的 Type II 码本，其同样可以使用上述的端口选择矩阵 W_1，不会增加标准化的工作量。考虑到 rank=3～4 码本存在一定的使用概率，其可以提升系统性能，同时为了保证标准的完整性，R16 中支持 rank=1～4 的 Type II 端口选择码本。

3.1.6 UCI 上报

根据 R15 Type II 码本的设计原则，R16 Type II 码本同样采用两部分上报，即 Part1+Part2 的方式。Part1 部分的开销根据基站的配置来确定，Part2 部分的开销由 Part1 中信息域的取值来确定。

R16 Type II 码本的 Part1 部分包括以下参数：RI、宽带 CQI、各子带 CQI、所有数据层总的非零系数个数 K_{NZ}，这里 Part1 的开销不随 RI 的取值而变化。

R16 Type II 码本的 Part2 部分根据不同的丢弃优先级由 3 个组构成：

① G0：空域基向量指示、旋转因子、每个数据层的最强系数指示 SCI；

② G1：频域基向量指示、中间基向量集合的初始值 $M_{initial}$ 指示（$N_3 > 19$）、参考幅度、高优先级的非零系数、高优先级非零系数对应的非零系数位置指示；

③ G2：低优先级的非零系数、低优先级对应的非零系数位置指示。

3.2 增强波束管理

3.2.1 基本原理

NR 支持 FR2 频段（24 250～52 600MHz），为了克服 FR2 频段传播带来的严重的传播损耗，NR 引入了大规模发送/接收天线的波束赋形技术。NR R15 版本引入了基本的下行和上行波束管理技术，支持波束测量、波束上报、数据和控制信道的波束控制以及下行波束失效时的波束恢复过程。

NR R16 对波束管理增强主要集中在：降低波束管理中的开销和时延、提高波束管理效率、将波束失效恢复（BFR）过程扩展到辅小区（SCell），以及使用新的波束测量参数（L1-SINR）以支持更加精准的波束赋形。

3.2.2 降低开销和时延

模拟波束赋形是 NR R15 中引入的最重要的机制之一，利用大规模天线，以低成本设备获取超高速率数据传输。大面积的覆盖要求使用大量的模拟波束，这使得降低波束管理的时延和开销成为系统优化的一个重要组成部分。

在 NR R15 中，基站通过 RRC 信令为 PDSCH 配置一组候选波束，之后通过 MAC-CE

进一步缩小候选波束的范围，再用物理层（L1）动态信令从 MAC-CE 激活的波束中选择一个特定的波束用于传输；或者，通过 L1 动态信令直接从 RRC 配置的候选波束中选择一个特定的波束。对于 PUCCH，基站通过 RRC 信令为其配置多个波束，并通过 MAC-CE 对每个 PUCCH 资源的波束进行激活。如果为终端配置了多个 PUCCH 资源，则需要多个 MAC-CE 去激活，这会导致较大的信令开销。

对于 PUSCH，终端使用与基站指示的 SRS 资源相同的波束传输。对于基于码本的 PUSCH，与之对应的 SRS 资源集合中最多有两个 SRS 资源。对于非码本的 PUSCH，则最多有 4 个 SRS 资源。如果基站要更新 PUSCH 的波束，则需要通过 RRC 信令对 SRS 的波束进行重配，这将导致较大的时延。

通过 RRC 信令配置一组很大数目的波束可以避免终端在小区内移动时带来的频繁 RRC 配置，使用 MAC-CE 信令从中选择波束减少了 L1 动态信令开销。当终端在小区范围内移动时，可以通过 MAC-CE 激活较小数目的候选波束组，从而实现了在调度时延和 L1 动态信令开销之间很好的折中。

尽管 NR R15 精心设计了波束管理的机制，在考虑到调度时延和系统开销时仍旧存在许多缺点。R16 的工作旨在进一步优化 MAC-CE 信令来减少时延、开销以及增加系统灵活性。

1. 对 PUCCH 进行基于分组的波束激活

在每个服务小区（Serving Cell）的每个 BWP 上，基站为终端最多可以配置 128 个 PUCCH 资源，可以通过 RRC 信令最多配置 8 个上行波束（PUCCH-SpatialRelationInfo），并由 MAC-CE 为每个 PUCCH 资源激活其中的一个。

R15 的设计中，每个 PUCCH 资源单独激活波束的设计非常不灵活，这意味着最多需要传输 128 个单独的 MAC-CE 来完成对 128 个 PUCCH 资源的波束更新。多数情况下，终端实际使用波束的数量远小于 PUCCH 资源的数量，针对每个 PUCCH 资源分别激活波束的效率很低。

R16 将一个 BWP 的 PUCCH 资源分为 N 个组，并用一个 MAC-CE 同时激活一组内的 PUCCH 资源的波束。被分在相同组的 PUCCH 资源使用相同的波束。通过这种方法，对于一个 BWP 内的所有 PUCCH 资源的波束只需要 N 个 MAC-CE 来激活，大大降低了信令开销和时延。

分组个数 N 的选择要在时延、开销和系统灵活性之间折中考虑。通过 RRC 信令最多可以配置 8 个上行波束，分组个数 N 不应该超过 8。多于 1 个分组的波束更新的最重要用例是下行多点协作传输，对于其中一个特定的 TRP 要配置一组 PUCCH 资源。R16 最终选择 $N=4$ 作为 PUCCH 最大分组数（也就是说，2、3、4 均为可能的配置，配置哪个值取决于具体的用例）。PUCCH 资源分组通过 RRC 信令进行配置，MAC-CE 用于激活分组中一个单独的 PUCCH 资源的波束，与该 PUCCH 资源属于同一个分组的 PUCCH 资源将同时更新使用相同的波束。

2. 非周期 SRS 的波束更新

非周期 SRS 的优势在于具有较低的空口开销。R15 的非周期 SRS 所用的波束（SpatialRelationInfo）是在 RRC 信令中配置的。改变非周期 SRS 的波束就需要 RRC 重配，这将带来较大的空口开销和时延。

R16 支持了通过 MAC-CE 对非周期 SRS 资源更新波束，这样做会带来比只基于 RRC 重配更快的波束自适应，同时保持较小的 L1 动态信令开销。各种类型的 SRS 资源集（码本、非码本、天线切换、波束管理）均支持这种机制。为此增强 R16 引入了新的 MAC-CE。

3. PUSCH 和 SRS 路径损耗参考信号更新

路径损耗参考信号被用于开环功率控制。终端基于所配置的路径损耗参考信号进行下行路径损耗测量。这个路径损耗测量值被用于推导上行链路功率补偿从而使得到达基站的接收信号功率达到目标值。

不同的上行信道/信号（PUCCH/PUSCH/SRS）有不同的路径损耗参考信号配置机制。在 R15 中，每个 PUCCH 资源的路径损耗参考信号是通过 RRC 信令进行配置的。对于 SRS，路径损耗参考信号是对每个 SRS 资源集通过 RRC 信令配置的。对于 PUSCH，DCI 格式 0_1 中的 SRI 域的每个取值与一个候选的 PUSCH 路径损耗参考信号关联。一个终端最多可以被配置 4 个路径损耗参考信号，并且最多可以配置 4 个与 SRI 域取值相关联的路径损耗参考信号。这种做法限制了 SRS 和 PUSCH 功率控制的灵活性，当终端在小区内移动时，更新路损测量参考信号需要 RRC 重配。

R16 支持了基于 MAC-CE 的 PUSCH 和 SRS 路径损耗参考信号更新。

● 对于非周期和半持续性 SRS 资源集，可以通过 RRC 信令配置多个路径损耗参考信号，用 MAC-CE 来激活其中的一个。

● 对于 PUSCH，可以通过 MAC-CE 消息激活对应于 SRI 域取值的路径损耗参考信号。

为了避免 RRC 重配带来的时延，可以通过 RRC 信令使一个终端配置的路径损耗测量参考信号总数增加到 64。对于所有上行信道/信号（PUCCH/PUSCH/SRS），终端需要同时维护的路径损耗参考信号数量至多为 4 个，其中的具体数字（2、3、4）取决于终端的能力。当 RRC 配置的参考信号总数大于 4 时，终端按照自己的能力上限检测参考信号。

当使用 MAC-CE 激活的路径损耗参考信号是终端正在维护的路径损耗参考信号之一时，新激活的路径损耗参考信号的测量结果在收到承载 MAC-CE 对应的 ACK/NACK 之后 3ms 生效。

R16 支持了新的 PUCCH 波束更新机制（见 3.2.2 节第一部分），同一 MAC-CE 也被用于更新路径损耗参考信号。

4. PUCCH/SRS/PUSCH 默认波束

对于上行信道/信号（PUCCH/PUSCH/SRS），可通过 RRC 信令配置一组候选发送波束，实际所用波束由 MAC-CE 激活。由于大部分 RRC 参数的配置是可选的，所以需要定义在没有 RRC 信令配置情况下的上行发送波束，即默认上行波束。同时，也需要避免在 RRC 信令配置和 MAC-CE 激活这段时间之内的上行波束模糊性。对于路径损耗参考信号也存在类似的问题。

定义默认波束解决了在从 RRC 配置到 MAC-CE 激活这段时间内的波束模糊性问题。另外一个潜在的用例是，一些部署场景中，基站可以只配置一个下行波束和一个上行波束，对于上行传输基站不需要再配置任何波束信息，这时候终端默认的上行波束就可以正常工作。

（1）PUCCH

对于 PUCCH，基站可以针对每个 PUCCH 资源配置波束（PUCCH-SpatialRelationInfo）以及路径损耗参考信号。当没有配置波束时，PUCCH 的默认波束可以与另外一个下行或者上行信号关联。R16 将 PUCCH 的默认上行波束与一个预先定义的 CORESET 的下行 QCL 源参考信号相关联，即在没有配置 PUCCH 波束时。

● 如果 PUCCH 所在的服务小区中存在 CORESET，PUCCH 的默认波束由标识（ID）最小的 CORESET 得到。终端将该 CORESET 的 TCI 状态中 QCL-Type D 的参考信号的接收波束作为 PUCCH 的默认波束。

● 如果 PUCCH 所在的服务小区没有配置 CORESET，PUCCH 的默认波束由激活的 PDSCH TCI 状态中 ID 最小的 TCI 状态得到。终端将该 TCI 状态中 QCL-Type D 的参考信号的接收波束作为 PUCCH 的默认波束。

● 对于既无 CORESET，又无激活 TCI 状态的服务小区，没有对其中的 PUCCH 默认波束进行定义。

这里都是假设终端的下行波束和上行波束之间存在互易性，从而一个下行信号的接收波束可以作为另一个上行信号的发送波束。

（2）SRS

SRS 引入了与 PUCCH 相同的波束和路径损耗参考信号的配置方案。也就是说，如果在激活的 BWP 内存在 CORESET，SRS 的上行发送波束由 ID 最小的 CORESET 得到；否则，SRS 的上行发送波束由激活的 PDSCH TCI 状态中 ID 最小的 TCI 状态得到。

（3）PUSCH

对于 PUSCH，波束和路径损耗参考信号不是显式配置的。PUSCH 的路径损耗参考信号是通过在 RRC 信令中配置与 SRI 域取值关联的参考信号来指示。对于 DCI 格式 0_1 调度的 PUSCH，SRI 总是对应一个 SRS 资源，这个 SRS 资源会提供相应的波束和路径损耗参考信号配置，因此不需要定义默认波束。

唯一的例外是，当用 DCI 格式 0_0 调度 PUSCH 的情况。当用 DCI 格式 0_0 来调度 PUSCH 并且开启默认波束设置时，波束和路径损耗参考信号都由 ID 最小的 CORESET 得到。这种情况适用于激活的 BWP 没有配置 PUCCH 资源，或者所有的 PUCCH 资源没有配置波束时。如果至少有一个 PUCCH 资源被配置了波束并且关闭了默认波束设置，终端按照 R15 的方案确定默认波束。

5. 跨 BWP/CC 配置

R15 中下行和上行链路候选波束是基于每个 BWP/CC 进行配置和激活的。对于

PDSCH，基站通过 RRC 信令配置一系列 TCI 状态，之后为每个 BWP/CC 激活 TCI 状态。对于其他信道/信号（PDCCH/PUCCH/SRS），候选波束的配置和激活是基于资源进行的。这就会导致 MAC-CE 的空口开销随着 BWP/CC 数目的增加而线性增加。如果对一个 CC 的 MAC-CE 激活命令可被用于多个 CC，将会有助于减少 MAC-CE 的空口开销和时延。这样一个 CC 的 MAC-CE 激活命令可被用于多个 CC 的机制在 R16 中被引入。

对于 PDSCH，R15 的 MAC-CE 在一个 BWP 内可以激活一组最多 8 个 TCI 状态。在 R16 中，RRC 最多可配置两个 CC 的列表。激活一个 CC 上 TCI 状态的 MAC-CE 将同时激活 CC 列表中所有 CC 的所有 BWP 上具有相同 ID 的 TCI 状态。RRC 配置的两个 CC 列表不能重叠。

对于一个 CORESET，激活其 TCI 状态的 MAC-CE 将同时完成对 CC 列表内所有 CC 所有 BWP 上具有相同 ID 的 CORESET 的激活，这些 CORESET 激活的是相同 ID 的 TCI 状态。

对于一个 SRS 资源，激活其 SpatialRelationInfo 的 MAC-CE 将同时完成对 CC 列表内所有 CC 所有 BWP 上具有相同 ID 的其他 SRS 资源的激活，这些 SRS 资源激活的是相同的 SpatialRelationInfo。

3.2.3 SCell 波束失效恢复

R15 标准化了对 PCell 和 PSCell 的基于非竞争随机接入的波束失效恢复过程。当检测到波束失效时，终端会选择一个满足门限要求的新波束并且在这个新的波束关联的 PRACH 资源上发起非竞争随机接入。基站接收到 PRACH 之后，会确定这个新波束并且在一个专用于波束失效恢复的 CORESET（CORESET-BFR）内发送响应消息。终端在收到响应消息后，将用新波束在 CORESET-BFR 内接收 PDCCH，并用最新的 PRACH 波束作为 PUCCH 的发送波束，直到终端收到了 TCI 重配的 RRC 消息或者 TCI 激活的 MAC CE 信令。

载波聚合利用多个离散的频谱来提高数据速率，很多情况下，FR2 频段的载波会与 FR1 频段的载波聚合。这时，最可能的情况是 PCell 被配置在 FR1 频段上，SCell 被配置在 FR2 频段上，这时需要解决 SCell 上的波束失效恢复问题。这个问题通过在 R16 中的 SCell 上引入波束失效恢复（BFR）得到解决，具体包括波束失效检测、新波束确定、波束失效汇报、波束失效恢复响应、波束失效恢复请求终止几部分。

1. 波束失效检测

波束失效检测对于每个 BWP 是独立进行的。每个 BWP 最多可以用 RRC 信令显式配置两个用于波束失效检测的参考信号。如果没有显式配置，用于波束失效检测的参考信号由 CORESET TCI 状态中的参考信号确定。如果系统配置了多于两个 CORESET，如何从其中选择两个用于波束检测的参考信号取决于终端的具体实现。

对于显式配置，用于波束失效检测的下行参考信号位于当前 SCell。对于隐式的配置，用于波束失效检测的下行信号可能在当前的 SCell 上传输，也可能在另外一个 SCell 上传输。

SCell 的波束失效检测过程与 PCell 的波束失效检测过程相同，在每个 SCell 上的每个 BWP 上完成。SCell 的波束失效检测选用 BLER 作为评估参数。BLER 门限取 rlmInSyncOut-OfSyncThreshold 的默认值，通常为 10%。测量所得波束质量与 PDCCH BLER 之间的对应关系取决于终端的实现，这与很多因素有关，如接收机类型，且对于网络是透明的。

2. 新波束确定

如果终端被配置了 SCell 的波束失效恢复，就必须配置用于确定新波束的参考信号。确定新波束的参考信号可以是 SSB 或者 CSI-RS。基站可以为终端最多配置 64 个 SSB/CSI-RS 资源用于确定新波束。SSB 和 CSI-RS 可以在当前 SCell 或者相同频段内其他的 SCell 上。

3. 波束失效汇报

当终端确定波束失效之后，终端将发送波束失效恢复请求。波束失效恢复请求的传输分为两步。

第一步是，终端在 PCell 或者 PSCell 内用专门配置的 PUCCH 资源（PUCCH-BFR）通知基站波束失效事件的发生。该 PUCCH 可以被配置为 PUCCH Format 0 或 PUCCH Format 1。这个指示类似于终端发送一个调度请求，请求基站分配调度资源给第二步的上行传输（传输包含其他波束失效恢复请求信息的 MAC CE）。如果配置了 PUCCH-SCell，

PUCCH-BFR 可以在 PUCCH-SCell 内配置。终端发送波束失效恢复请求的 PUCCH-BFR 资源取决于实现。

第二步是,终端在 MAC CE 中携带发生波束失效的 SCell 的索引号和新波束索引号。对于一个 SCell,如果有至少一个候选波束的 L1-RSRP 大于等于配置的门限值,终端从满足条件的候选波束中选择一个波束,仅汇报该波束索引号。终端如何选择这个波束取决于终端的具体实现。如果任何一个候选波束的 L1-RSRP 都不满足质量要求,终端仅上报 SCell 的索引。

基站检测了终端在第一步发送的 PUCCH 之后,将知道终端有在 SCell 上发生波束失效,并调度用于承载第二步中 MAC CE 的上行传输。如果终端在服务小区内已经有上行调度许可可以用来传输波束失效恢复 MAC CE,第一步可以省去。PUCCH-BFR 资源对于同一小区组内的所有 SCell 是公用的。

4. 波束失效恢复请求响应

基站对波束失效上报中第二步 MAC CE 的响应是常规的上行调度过程,即调度一个与携带第二步 MAC CE 的 PUSCH 有相同 HARQ 进程的新数据传输。当终端接收到基站的响应后,终端可以认为波束失效恢复过程结束。

如果第二步 MAC CE 中包含了新波束信息,在收到基站对第二步 MAC CE 的响应 28 个 OFDM 符号之后,终端可以在对应 SCell 内用新波束来接收所有 CORESET 内的 PDCCH。

另外,如果在发生了波束失效的 SCell(在 MAC CE 中指示的)传输 PUCCH,在收到基站对第二步 MAC CE 响应 28 个符号之后,终端用相应的新波束来发送 PUCCH。这里发送 PUCCH 的新波束与终端上报的新波束对应的接收波束使用相同的空间滤波器。对于 PUCCH 的波束更新仅限于第一步中 PUCCH-BFR 没有在失效的 SCell 上传输的情况。如果第一步中 PUCCH-BFR 在失效的 SCell 上传输,意味着第一步中的消息已经成功地被基站接收并且之前的 PUCCH 波束质量足够好,因而无须做 PUCCH 波束更新。

5. 波束失效恢复请求终止

波束失效恢复请求是由 MAC-CE 通过 PUSCH 传输的,内容是一组失败的 SCell 索引以及对应的新波束索引。PUSCH 可能传输一个 MAC-CE 包含多个 SCell 波束失效恢复请求信息，或者传输多个 MAC-CE，每个 MAC-CE 包含一个 SCell 的波束失效恢复请求信息。

在成功解码 PUSCH 之后，基站需要终止波束失效恢复请求传输。从物理层角度看，一个携带波束失效恢复请求的 PUSCH 无异于一个通常意义上携带上行数据的 PUSCH。因此，波束失效恢复请求终止可以用 HARQ 终止机制。也就是说，当终端收到调度相同 HARQ 进程的 DCI，并且其中的新数据指示（NDI）翻转，终端终止波束失效恢复请求过程。

3.2.4　L1-SINR

R15 的波束管理是基于 L1-RSRP 测量上报进行的。基站为终端配置一个信道测量资源集，其中包括一定数量的参考信号资源，终端在每个参考信号资源上测量 L1-RSRP 并且对测量结果做比较。

R15 中基于 L1-RSRP 的波束管理并不是最佳的解决方案，原因在于它仅仅考虑了信号强度，而没有考虑干扰。R16 中引入了基于 L1-SINR 的下行波束管理机制，旨在包括每个发送波束的干扰信息。这里的干扰可以是小区间干扰或者小区内干扰。

R16 的 L1-SINR 波束管理使用与 R15 L1-RSRP 上报相同的机制。主要的不同之处在于，基站可以为终端配置用于干扰测量的资源。干扰测量资源可以是非零功率 CSI-RS（NZP CSI-RS）资源或者信道状态信息干扰测量资源（CSI-IM）。

类似于 L1-RSRP，终端最多上报 N 个 SSB RI/CRI 以及对应的 L1-SINR 值，N 可以通过 RRC 信令配置，取 {1, 2, 3, 4} 中的任何一个。

▍▍▍ 3.3　多点协作传输

3.3.1　基本原理

为了改善小区边缘的覆盖，在服务区内提供更为均衡的服务质量，多点协作在 NR 系统中仍然是一种重要的技术手段。考虑到 NR 系统的部署条件、频段及天线形态，多点协作传输技术在 NR 系统中的应用具有更显著的现实意义。首先，从网络形态角度考虑，以大量的分布式接入点+基带集中处理的方式进行网络部署将更加有利于提供均衡的用户体验速率，并且显著地降低越区切换带来的时延和信令开销。随着频段的升高，从保证网络覆盖的角度出发，也需要相对密集的接入点部署。而在高频段，随着有源天线设备集成度的提高，将更加倾向于采用模块化的有源天线阵列。每个发射及接收点（TRP，Transmission and Reception Point）的天线阵可以被分为若干个相对独立的天线子阵或面板（Pannel），因此整个阵面的形态和端口数都可以随部署场景与业务需求进行灵活调整。而 Panel 或 TRP 之间也可以由光纤连接，进行更为灵活的分布式部署。在毫米波波段，随着波长的减小，人体或车辆等障碍物所产生的阻挡效应将更为显著。这种情况下，从保障链路连接稳健性的角度出发，也可以利用多个 TRP 或 Panel 之间的协作，从多个角度的多个波束进行传输/接收，以降低阻挡效应带来的不利影响。

根据发送信号流到多个 TRP/Panel 上的映射关系，多点协作传输技术可以大致分为相干和非相干传输两种。相干传输时，每个数据层会通过加权向量映射到参与协作的多个 TRP/Panel 之上。如果各个 TRP/Panel 的信道大尺度参数相同，而且使用了相同的频率源，那么相干传输等效于将多个子阵拼接成为更高维度的虚拟阵列，从而能够获得更高的赋形/预编码/复用增益。但是，在实际的部署环境中，这种方式对于 TRP 之间的同步以及回程链路的传输能力有着更高的要求，对很多非理想因素都较为敏感。

相对而言，非相干联合传输（NC-JT，Non-Coherent Joint Transmission）受上述因素的影响较小，因此曾经是 R15 多点协作传输技术的重点考虑方案[16-17]。所谓非相干联合传输，是指每个数据流只映射到信道大尺度参数一致（QCL）的 TRP/Panel 所对应的端口上，不同的数据流可以被映射到大尺度参数不同的端口上，而不需要将所有的 TRP 统一作为一个虚拟阵列处理。

考虑到多点协作传输在不同回程链路能力和业务需求条件下的潜在应用，R16 多点协作传输方案可以分为 S-DCI（Single-DCI）方案、M-DCI（Multi-DCI）方案以及基于多点协作传输的 URLLC 增强方案三大类[18-19]。

● S-DCI 即通过单个 PDCCH 调度一个 PDSCH，该 PDSCH 的不同的数据层可以被映射到不同或相同的 TRP 上去，但是每个数据层不能被映射到不同的 TRP/Panel 上去。这种方案适用于回程链路较为理想，TRP/Panel 之间可以进行更为动态的紧密协作的情况。S-DCI 部分的相关内容在 3.3.2 节中进行介绍。

● M-DCI 即通过多个 PDCCH 分别调度各自的 PDSCH 的传输方案，这种情况下每个 PDSCH 只通过一个 TRP/Panel 进行传输。从提升频率选择性调度增益的角度考虑，当多个传输点的信道大尺度参数存在差异时，应当为来自不同 TRP/Panel 的链路分配不同的时频资源。而依照现有的单 PDSCH 结构及相关控制信令，还无法支持为不同数据层/码字分配不同资源的调度方式。针对这一问题，在 M-DCI 方案中可以支持通过多个独立调度的 PDSCH 向同一个用户发送数据的 NC-JT 方式。M-DCI 方案中，各 TRP 的调度和传输过程相对独立，对回程链路的依赖程度也较弱。因此，相对而言，该方案更加适合回程链路非理想的应用场景。同时，相较于 S-DCI 方案，M-DCI 方案中的各 TRP 可以根据每个 TRP 的信道传播特性独立地进行调制编码控制，具有更高的灵活性。但是，在 M-DCI 方案中，各 PDSCH 的资源可能不完全重叠，会影响 NC-JT 的空间复用增益。M-DCI 部分的相关内容在 3.3.3 节中进行介绍。

● 除了传统的 eMBB 业务之外，利用多 TRP/Panel 提升传输可靠性/降低传输时延也是多点协作传输的重要应用。尤其考虑到高频段应用中，阻挡效应会对信息传播的可靠性与时延带来显著影响。这种情况下，利用空间相关性较弱的不同 TRP/Panel 传输冗余的信息将有利于 URLLC 业务传输性能的提升。而空域的重复或冗余传输还可与时域、频域的重复或冗余传输相结合以进一步改善 URLLC 传输的性能。URLLC 增强部分的相关内容在 3.3.4 节中进行介绍。

3.3.2　S-DCI 方案

1. 整体方案

如前所述，基于 S-DCI 的 NC-JT 方案中，同一 PDSCH 的每个数据流只映射到一个 TRP/Panel 上去。这种传输方式对于回程链路的能力具有较高的要求，因而只能适用于回程链路较为理想的场景。相对于单点传输而言，利用不同的站点发送不同的数据流使得数据流间的空间特性差异更为明显，从而更易于在终端侧进行分离。因此，即使对于边缘用户也有可能支持多流并行传输，从而可以改善边缘频谱效率。

S-DCI 方案主要涉及以下几点。

● 码字映射方案：S-DCI 方案中，由于调度由单个 PDCCH 控制，如果两个 TRP 的信道特性差异较大，从理论上讲，更适合采用每个 TRP 独立调整调制编码（MCS）

的方式。但是，R16 的设计需要以 R15 已有设计为基础，受各种因素所限，R16 设计基本沿用现有机制。

● DMRS 分配指示方案：根据 R15 的 DMRS 设计，为了保证 CDM 组内 DMRS 端口之间的正交性，要求在每个 CDM 组内的 DMRS 端口是 QCL 的。在 NC-JT 传输中，两组数据流分别通过对应的 TRP/Panel 发出，而从不同的 TRP/Panel 观测到的信道大尺度特性是不同的（QCL 不同）。这种情况下，就要求 DMRS 的分配指示能够支持跨 CDM 组的方式（所分配的 DMRS 端口集合分布在不同的 CDM 组中）。同时 DMRS 端口分配指示方案还需要考虑到各 TRP 传输的数据层数的灵活组合问题。

● TCI 状态指示与映射方案：NC-JT 传输中，不同组的数据层来自 QCL 不同的 TRP/Panel，因此需要能够指示最多两个 TCI 状态。当指示了两个 TCI 状态时，CDM 组和 TCI 状态之间的映射关系可能会涉及 TRP 间的数据层数组合能力。对于 FR2，调度时间门限内的默认 QCL 参考也是需要考虑的。

● 除了这些问题之外，针对 NC-JT 的 CSI 反馈方案也是需要考虑的问题，具体如基于 R15 的 CSI 框架进行改进和按照 NC-JT 传输的假设计算并上报 CSI 的方法。但是由于多点协作传输技术涉及的范围比较广，而会议时间又相对紧张，R16 没有引入针对多点协作传输的 CSI 反馈增强技术方案。

2. 码字映射方案

R15 NR MIMO 的码字到数据层的映射方案为：在 rank=1～4 的范围内采用单码字传输，而在 rank=5～8 的传输时才能够采用双码字方式。考虑到中低 rank（rank=1～4）是多流传输的主要使用场景，这一结论实际上在很大程度上制约了双码字传输的应用。

R15 的码字映射规则对于 S-DCI 传输方案也存在明显的影响。根据该规则，rank=2～4 的 NC-JT 传输时，只能使用一个码字。即使不同 TRP 的信道条件有显著的差异，也只能使用一个统一的 MCS，这会影响链路自适应的性能。即使对于 rank=5～8 的双码字传输，R15 方案也无法保证同一个码字的所有数据层通过相同的 TRP 发送。例如，如图 3-1 所示，对于 DMRS Configuration Type2，当前置 DMRS 符号数最多为 2 且 DMRS 端口分配指示为 Value=2 时，所分配的 DMRS 端口为{0, 1, 2, 3, 6}。根据 R15 定义的 DMRS 端口的 CDM 分组，端口 0、1、6 属于 CDM 组 0，而端口 2、3 属于 CDM 组 1。此外，在执行数据层到 DMRS 端口的映射过程中，数据层与 DMRS 端口都是简单地按照升序排列的。根据以上规则，码字 0 对应的 2 数据层被映射到 CDM 组 0，而码字 1 对应的 3 数据层会被分散到两个 CDM 组中（见图 3-1 Order A）。

实际上，如果对 DMRS 端口集合进行简单的重排顺序就可以避免以上问题。例如，在 Order B 中，将 DMRS 端口排列为 2、3、0、1、6，这样就可以保证码字 0 和码字 1 都只映射到一个 CDM 组中，从而可以避免将一个码字的各个数据层分散到多个 TRP 的情况。与之类似，对于其他的 DMRS Configuration 和最大前置 DMRS 符号数的配置组合，也可采用这样的方法，保证双码字传输时，每个码字对应的数据层都被约束在一个 CDM 组内。

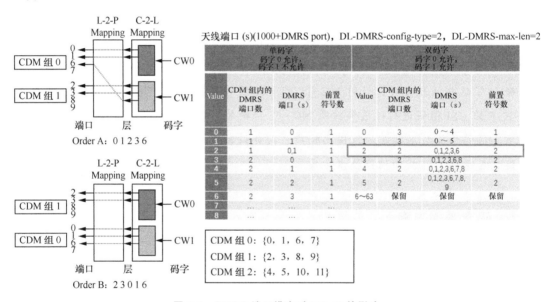

图 3-1　DMRS 端口排序对 NC-JT 的影响

尽管对于基于 S-DCI 方式的 NC-JT 传输而言，R15 的码字映射规则对性能提升存在一定的制约，但是试图在 R16 就推翻历经反复争论而确立的 R15 的码字映射规则非常困难。而如果沿用 R15 的码字映射规则，对于 S-DCI 的 NC-JT 而言，能够优化的空间就非常有限。这种情况下，只能考虑对 rank=5～8 的双码字传输进行优化。例如，通过如上所述的端口顺序重新排列，保证每个码字只通过一个 TRP 传输。但是，考虑到高阶传输对于边缘覆盖（NC-JT 的主要应用场景）而言并不常见。因此，R16 的码字到数据层的映射关系以及数据层到 DMRS 端口的映射规则都完整地沿用了 R15 定义的规则。

3. DMRS 分配指示

如前所述，基于 S-DCI 的 NC-JT 传输中，每个参与协作的 TRP 发送一组数据层，而不同 TRP 的大尺度信道特征不同（QCL 不同）。但是，按照 R15 的 DMRS 设计规则，为了保证 CDM 组内各 DMRS 端口之间的良好正交性，要求 CDM 组内的 DMRS 端口是 QCL 的（来自同一个传输点）。这种情况下，如果要支持 NC-JT，就需要控制信令能够支持跨 CDM 组的 DMRS 分配指示，即对于每一个大于等于 2 的 rank，至少有一种端口分配方式能够保证所分配的 DMRS 端口至少来自两个 CDM 组。

根据 R15 规范，在 rank=2～3 且使用两个前置 DMRS 符号的情况下，跨 CDM 的端口分配是无法支持的。但是，实际上使用两个前置 DMRS 符号的一个主要原因是，为了在 MU-MIMO 传输时支持更多的正交端口。MU-MIMO 一般只在系统负载足够高的情况下才能表现出显著的性能增益，而 NC-JT 更适用于系统负载相对较低的情况。从这一角度考虑，两种方案的应用场景是不重叠的。考虑到至少对于一个前置 DMRS 符号的情况，R15 的 DMRS 指示信令已经可以支持跨 CDM 组的情况，R16 中并没有单纯为了支持跨 CDM 组的 DMRS 端口分配而引入新的设计。

需要说明的是，R16 中引入的 {0，2，3} 端口分配主要是为了支持灵活的 rank 组合。其中，端口 0 来自于 CDM 组 0，而端口 2 和 3 来自于 CDM 组 1。这样就可以实现 rank=1+2 的组合，而 rank=2+1 的组合可以通过端口分配 {0, 1, 2} 支持。

4. TCI 指示

对于一个目标参考信号的接收，终端需要由一个或者多个 QCL 源信号得到所需要的大尺度参数。例如，终端从一个 QCL 源信号得到时间和频率参数，从另一个 QCL 源信号得到空间接收参数。因此，终端在接收目标参考信号之前，基站要通过信令为其配置 QCL 源信号以及目标参考信号与源信号之间的 QCL 类型。为配置参考信号之间的 QCL 关系，NR 引入了传输配置指示（TCI，Transmission Configuration Indication），简称 TCI 状态。

TCI 状态的结构为 {RS1 | QCL-Type1，RS2 | QCL-Type2} 或者 {RS1 | QCL-Type1}，其中，RS1 和 RS2 是下行参考信号的标识信息，QCL-Type1 和 QCL-Type2 是 QCL 类型。每个 TCI 状态可以包括一个或者两个下行参考信号，以及与之对应的 QCL 类型。TCI 状态中配置的下行参考信号可以是 SSB 或者 CSI-RS，QCL 类型可以是 4 种 QCL 类型中

的一种。如果为一个参考信号配置了 TCI 状态，则其 QCL 源信号以及 QCL 类型都可以从 TCI 状态的配置中确定。

R15 中，QCL 参考的获取需要经历 RRC 配置、MAC-CE 激活以及 DCI 指示 3 个步骤。

步骤一：RRC 配置 M 个 TCI 状态，M 的数值取决于终端能力。经过 RRC 初始配置，但是 MAC-CE 尚未激活之前，由初始接入过程中选择的 SSB 作为空间接收参数的参考。

步骤二：通过 MAC-CE 选择出最多 8 个 TCI 状态（对应于 DCI 中的 3 比特 TCI 信息域），如果 M 小于等于 8，则 TCI 状态直接与 DCI 中的 TCI 信息域对应。

步骤三：DCI 格式 1_1 中的 TCI 信息域从 MAC-CE 选择出最多 8 个 TCI 状态进行指示。终端即用该 TCI 状态获知接收 PDSCH DMRS 的 QCL 源信号以及 QCL 类型。DCI 格式 1_1 是否包含 TCI 信息域由高层信令配置。如果 DCI 中不包含 TCI 信息域，则 PDSCH DMRS 由 PDCCH 的 TCI 状态获得 QCL 参考，也就是说，PDSCH DMRS 和 PDCCH DMRS 有相同的 QCL 参考源。具体如下。

（1）如果 DCI 格式 1_1 中包含 TCI 信息域

● 如果从收到 PDCCH 到对应的 PDSCH 传输所间隔的时间（后简称调度间隔）大于等于 Threshold-Sched-Offset，则根据 DCI 中的 TCI 信息域获取 QCL 参考。

● 反之，与最近的包含 CORESET 的时隙中 ID 最低的 CORESET 保持相同的 QCL（以最近一次出现的 ID 最低的 CORESET 为默认的 QCL 参考）。

（2）如果 DCI 格式 1_1 中不包含 TCI 信息域，或者用 DCI 格式 1_0 调度

● 如果从收到 PDCCH 到对应的 PDSCH 传输所间隔的时间大于等于 Threshold-Sched-Offset，则根据调度该 PDSCH 的 PDCCH 的 TCI 状态获取 QCL 参考。

● 反之，与最近的包含 CORESET 的时隙中 ID 最低的 CORESET 保持相同的 QCL。

上述门限 Threshold-Sched-Offset 主要用于 PDCCH 的译码以及接收波束的调整。

R16 中，对于基于 S-DCI 的 NC-JT 传输，TCI 指示方案是在 R15 的 TCI 指示方案的基础上扩展而来的。具体而言，也是由 RRC 配置可用的 TCI 状态集合，然后再从 MAC-CE 中选择出 8 个 TCI 状态组合。在每种组合中，可以包含一个或两个 TCI 状态。然后，这 8 种组合分别对应于 DCI 中 TCI 信息域所指示的 8 个取值。

对于 FR2 的 NC-JT 传输，也需要相应的机制来确认两个默认的 TCI 状态。引入两个默认 TCI 状态的一个原因在于，某些 URLLC 业务对传输的时延非常敏感，要求在 Threshold-Sched-Offset 门限之内就能够进行 PDSCH 传输。因此，当被调度 PDSCH 所在

的 Serving Cell 中至少有一个 TCI 状态包含 QCL TypeD，则 S-DCI 传输时通过以下方式定义默认 QCL 参考。

● 在 MAC-CE 激活的 TCI 状态组合中寻找包含两个 TCI 状态且排序最靠前的组合。以上述组合中的两个 TCI 状态所包含的参考信号作为默认的 QCL 参考。如果所有的组合都只包含一个 TCI 状态，则根据 R15 的规则确定出一个默认的 TCI 状态。

● 在门限内，终端根据默认的 TCI 状态进行缓存。解出 DCI 之后，如果 PDSCH 的传输在门限之内，则终端使用缓存的数据进行 PDSCH 接收；如果 PDSCH 的传输在门限之外，则终端可以根据 DCI 中指示的 TCI 状态进行 PDSCH 接收。

需要注意的是，能否支持两个默认的 TCI 状态，即 Threshold-Sched-Offset 门限之内能否进行 NC-JT 传输属于终端能力。

为了确定每个 DMRS 端口与 TCI 状态之间的对应关系，R16 规范中定义了 DMRS 的 CDM 组与 TCI 状态的映射。具体的映射方式为：为终端分配的 DMRS 端口中的第一个端口所属的 CDM 组对应到第一个 TCI 状态，属于另一个 CDM 组的 DMRS 端口对应于第二个 TCI 状态。

3.3.3 M-DCI 方案

1. 整体方案

采用基于 M-DCI 的 NC-JT 传输，主要是考虑到对于非理想回传的传输点，在协作传输点之间难以实时协调，针对不同传输点进行独立调度更加合理。而且，多个传输点的信道条件相对独立，如果分别从两个传输点确定调度资源，其选择可能会有很大的差别。因此，从调度和资源分配的角度考虑，各 TRP 通过多个 DCI 独立调度相应的 PDSCH 具有更好的灵活性。

在 M-DCI 方案中，独立的 DCI 分别调度从不同传输点传输的 PDSCH，指示用户反馈 HARQ-ACK 的时间点以及所用资源。终端根据 DCI，分别接收来自不同传输点的 PDSCH。各 PDSCH 的时频资源可以不重叠、部分重叠或完全重叠。终端还需要根据配置的反馈方式，进行独立或联合的 HARQ-ACK 反馈。

在实际的部署中，传输点之间的链路可能是支持高吞吐量和非常低回传时延的相对较理想回传链路，也可能是使用 xDSL、微波等方式的非理想回传链路。基于 M-DCI 的

NC-JT 传输方案主要是针对非理想回传情况引入的，当然也可以用于理想回传情况。

在理想回传条件下，终端既可以联合反馈来自不同传输点的 PDSCH 所对应的 HARQ-ACK，也可以独立反馈。而在非理想回传条件下，独立反馈来自不同传输点的 PDSCH 所对应的 HARQ-ACK 更合适一些。因为如果终端联合反馈多个 PDSCH 的 HARQ-ACK，由于非理想回程链路的时延，部分 TRP 将不能及时收到终端的反馈，从而会影响 PDSCH 的调度。

2. PDCCH 设计

R15 的设计中，每个下行 BWP 最多可以配置 3 个 CORESET。对于 M-DCI 传输，考虑到 CORESET 0 和 BFR-CORESET 将各自占用一个 CORESET，将不足以为每个 TRP 配置一个 CORESET。因此，R16 允许每个下行 BWP 最多配置 5 个 CORESET，具体可以配置的数量取决于终端能力。

对于每个 CORESET，可以配置参数 CORESETPoolIndex（取值为 0 或 1），没有配置 CORESETPoolIndex 的 CORESET，终端可以假设其值为 0。参数 CORESETPoolIndex 的作用包括区分传输 PDSCH 的 TRP，用于生成 HARQ-ACK 码本，确定默认 QCL 参考等。

3. PDSCH 设计

在 M-DCI 传输中，为了尽可能降低不同 TRP 传输的 PDSCH 之间的干扰，不同的 PDSCH 可以使用不同的扰码进行加扰。具体的，基站可以配置两个扰码初始化值并分别关联到不同的 CORESETPoolIndex。这样，根据 CORESET 的 CORESETPoolIndex 就可以确定该 PDSCH 的扰码初始化值。

基于 M-DCI 的 NC-JT 传输，终端接收来自不同 TRP 的 PDSCH 在时频域全部/部分重叠时，一个 PDSCH 的 DMRS 与另一个 PDSCH 的 DMRS 以及 PDSCH 数据之间将产生干扰，导致信道估计以及接收性能下降。因此 R16 规定，对于资源重叠的情况，两个 PDSCH 的数据和 DMRS 之间不能碰撞。

在 NR 和 LTE 同频共存的场景中，NR 的基站可以将 LTE CRS 的配置信息传递给终端，并在映射下行数据时避开 LTE CRS，避免彼此的干扰。NC-JT 传输涉及多个 TRP，可能会与多个小区的 CRS 发生冲突，R16 支持向终端传递多个 LTE 小区的 CRS 配置信息，并在数据映射时避开这些 LTE CRS。

在 R15 中，当 PDCCH 与对应的 PDSCH 的间隔小于门限 Threshold-Sched-Offset，终端将采用默认的 QCL 参考接收 PDSCH，也就是终端按照最近时隙中 ID 最小的 CORESET 的 QCL 假设来接收 PDSCH。在 M-DCI NC-JT 传输中，终端需要确定来自于不同 TRP 的 PDSCH 默认 QCL 参考。按照 R15 的默认 QCL 规则，不同的 PDSCH 的默认 QCL 是相同的，意味着这段时间内的 PDSCH 不能从多个 TRP 传输，限制了多点协作传输技术的使用。

R16 对于 M-DCI NC-JT 传输方案的默认 QCL 关系做了一定的修改，即终端维护两个默认的 QCL 参考，每个默认的 QCL 参考对应于一个 TRP。具体的，终端基于 CORESET PoolIndex=0 和 CORESETPoolIndex=1 的 CORESET 分别确定默认 QCL 参考，在 Threshold-Sched- Offset 之内分别基于两个默认 QCL 参考接收数据。

4. 上行信道设计

基于 M-DCI 的 NC-JT 传输，终端接收来自不同 TRP 的 PDSCH，并按指示来反馈 HARQ-ACK 码本。终端可以针对不同 TRP 的 PDSCH 分别生成 HARQ-ACK 码本，并分别反馈。终端也可以针对不同 TRP 的 PDSCH 联合生成 HARQ-ACK 码本并反馈。前者为独立反馈，后者为联合反馈，如图 3-2 所示。对于联合反馈，终端将来自不同 TRP 的 PDSCH 所对应的 HARQ-ACK 信息组合在一起，使用一个 PUCCH 资源反馈 HARQ-ACK 给某个 TRP，然后再由该 TRP 传递给其他 TRP。对于独立反馈，终端将来自不同 TRP 的 PDSCH 所对应的 HARQ-ACK 信息分别反馈。承载 HARQ-ACK 码本的 PUCCH 资源与 PDCCH/PDSCH 之间有对应关系。

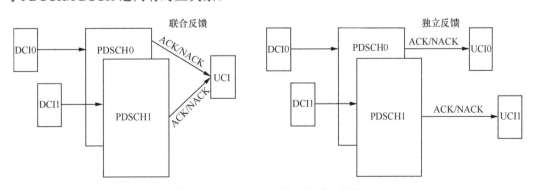

图 3-2 HARQ-ACK 联合和独立反馈

联合反馈 HARQ-ACK 机制适合于传输点间为理想回传的场景。使用独立反馈时，不同 TRP 的 PUCCH 资源之间需要保持 TDM 关系。为了满足这一条件，需要在传输点之间进行协调。而联合反馈时，当针对两个 TRP 的 PUCCH 资源重叠时，可以将其复用在一起传输。而不同 TRP 的 PUCCH 资源不重叠时又可以各自独立传输。从 PUCCH 资源利用的角度考虑，联合反馈方式效率更高。对于联合 HARQ-ACK 反馈，终端是通过 CORESETPoolIndex 来确定不同 TRP 传输的 PDSCH 对应的 HARQ-ACK 信息在联合 HARQ-ACK 码本中的位置。

独立反馈 HARQ-ACK 机制比联合反馈更加稳健，不会因为遮挡而同时丢掉两个 TRP 的 HARQ-ACK 信息。对于独立 HARQ-ACK 反馈，终端需要将同一个 TRP 传输的 PDSCH 的 HARQ-ACK 信息置于一个 HARQ-ACK 码本。R16 通过 CORESET 配置的参数 CORESETPoolIndex 来区分 TRP，即将通过 CORESETPoolIndex=0 的 CORESET 调度的 PDSCH 对应的 HARQ-ACK 信息置于一个 HARQ-ACK 码本，而 CORESETPoolIndex=1 的 CORESET 调度的 PDSCH 对应的 HARQ-ACK 信息置于另一个 HARQ-ACK 码本。

对于独立 HARQ-ACK 反馈，如果终端在重叠的 OFDM 符号内传输多个 PUCCH，会导致 PAPR 上升，因此 R16 仍然不支持 PUCCH 的并发传输。为了保证 PUCCH 传输的质量和及时性，R16 支持终端在时隙内以时分复用的方式通过不同的 PUCCH 资源将 HARQ-ACK 信息反馈给不同的 TRP。

3.3.4　URLLC 增强方案

1. 整体方案

NR R16 除了对 eMBB 业务的传输增强，也考虑了对 URLLC 业务的传输增强。URLLC 要满足高可靠和低时延的要求。NR R15 支持了 URLLC 业务所需的基本功能。R16 阶段针对 URLLC 业务的支持进一步做了增强，典型业务场景主要包括：

● 工业自动化精准控制；

● 娱乐游戏等交互类业务，包括 AR/VR；

● 交通管理，包括远程驾驶控制；

● 智能电网管理。

当多个 TRP 之间的信道相关性很弱时，可以通过空间、时间、频率域重复传输冗余的信息，改善传输的可靠性。因此，R16 引入了基于多点协作传输的 URLLC 增强方案。在 R16 中，只针对 PDSCH 完成了标准化，针对其他信道的增强将根据需要在后续标准化版本中考虑。

针对不同类型的 URLLC 业务需求，PDSCH 采用了不同复用方式的 NC-JT 增强传输方案。

● 方案 1（SDM）：在一个时隙内，重叠的时频资源上，同一个传输块被分散到两个 TRP 上分别传输。

● 方案 2（FDM）：在一个时隙内，两个 TRP 分别使用不同的频域资源传输同一个传输块的一个冗余版本（RV）的不同部分，或是分别传输同一个传输块的独立的 RV。

● 方案 3（时隙内 TDM）：在一个时隙内，两个 TRP 分别使用不同的时域资源传输同一个传输块的独立的 RV。

● 方案 4（时隙间 TDM）：两个 TRP 分别使用不同的时隙传输同一个传输块的独立的 RV。

这 4 类传输复用方案，在适用场景上是有所区别的。对于业务量较大的 URLLC 业务，或者要求资源利用率高的情况，SDM 方案优于 FDM 和 TDM 方案。从可靠性方面来讲，FDM 方案由于不同 TRP 传输资源完全不重叠，性能方面会有优势。从时延特性来讲，方案 4 适用于对时延要求较低的 URLLC 业务，而对于时延要求高的业务，则应优先采用方案 1～3。对于 FR2，当终端不具备同时接收多个 TRP 信号的能力时，就只能考虑 TDM 的传输方案，即方案 3 或者方案 4。

2. SDM 方案

SDM 方案（方案 1）中，在一个时隙内重叠的时频资源上，一个传输块被分为不同数据层在不同的 TRP 上通过空分复用方式进行传输。每个 TRP 发送的数据层所对应的一组 DMRS 端口关联到一个 TCI 状态，不同的 TRP 可以分别发送同一个 RV 的不同部分，或者各自发送一个独立的 RV。在 SDM 方案中，最大支持两个 TRP 进行协作，即只支持两个 TCI 状态。两个 TRP 分别通过不同的数据层组和相应的 DMRS 端口组发送同一个 RV 的不同部分。该方案和前述 S-DCI NC-JT 传输机制相同。

3. FDM 方案

FDM 方案（方案 2）中，在同一个时隙内两个 TRP 分别使用不同的频域资源传输同一个 RV 的不同部分，或者分别传输不同的 RV。相对于 SDM 方案，各数据层间没有干扰，因此性能更为可靠。同时，由于不同 TRP 的频域资源不重叠，各 TRP 可以使用相同的 DMRS 端口，DMRS 的开销较小。但是，由于需要占用更多频域资源，FDM 方案的频谱利用效率劣于 SDM。

方案 2 包含以下两种方案。

（1）方案 2a：一个 RV 的不同部分分别通过各 TRP 所使用的 PRB 资源组进行传输。

（2）方案 2b：每个 TRP 在所使用的 RB 资源组上传输独立的 RV，两个 TRP 发送的 RV 可以相同或不同。

相对于方案 2a，方案 2b 的编码增益较小。但是由于两个 TRP 可以发送独立的 RV，如果两个 RV 都可以独立译码，则方案 2b 在某个 TRP 深衰落或被遮挡时有更好的译码性能。对于方案 2b，如果终端对两个 RV 进行软合并，其实现复杂度较高。

FDM 方案中各 TRP 使用不同的 PRB 资源组，因此两个 TRP 使用的 DMRS 端口来自于相同的 CDM 组。FDM 方案中允许每个 TRP 传输不超过两层数据。

不同的 TRP 对应的频域资源分配是方案 2 设计的一个重点。具体而言，可能的方案包括：① 频域资源在不同 TRP 间平均分配方案；② TRP 间灵活的频域资源分配的方案。如果可以根据各 TRP 的信道条件独立调整相应的 MCS，则灵活的频域资源分配方案能获得一定的性能增益，但是这种方式在 S-DCI 的设计框架下需要对 DCI 的内容进行重新设计，较难实现。因此 R16 最终支持的是频域资源在 TRP 之间按照一定的规则平均分配。

对于方案 2a，只需要指示单个的 RV，因此可以使用 R15 的 RV 域进行指示；对于方案 2b，则通过 RV 域从 4 个 RV 组合选择一个，每个 RV 组合包括两个 TRP 应使用的 RV。

4. 时隙内 TDM 方案

时隙内 TDM 方案（方案 3）在一个时隙内每个 TRP 使用一份时域资源，且各份时域资源之间互不重叠。其中一份时域资源对应一个传输时机。在 TDM 传输方案中，不同 TRP 对应的是同一组 DMRS 端口，且来自于同一个 CDM 组。方案 3 同样要求数据层数不超过两层。由于各 TRP 占用的时域资源不重叠，在重复传输中各 TRP 使用相同的一组 DMRS 端口。

方案 3 的不同传输时机传输的 RV 可以相同或不同。由于最多只能使用两个 TRP 传输，在一个时隙内使用超过两次重复不会带来明显的增益。此外，重复传输次数增加会导致 DMRS 开销增加，反而造成传输性能下降。因此，一个时隙内的重复传输次数最多为 2。重复传输次数通过 TCI 信息域指示的 TCI 状态个数隐式指示。第一次传输的具体资源分配在 DCI 中指示，包括传输起始的符号位置和传输符号长度。第二次传输的时域起始位置和第一次传输之间可以有一定的间隔，该间隔由基站配置。

方案 3 的 RV 指示和方案 2b 相同。使用方案 3 时，如果 TCI 信息域对应到两个 TCI 状态，那么 TCI 状态 0 对应的 TRP 占用第一个传输时机并传输第一个 RV，而 TCI 状态 1 对应的 TRP 占用第二个传输时机和第二个 RV。

5. 时隙间 TDM 方案

时隙间 TDM 方案（方案 4）中，每份时域资源都关联一个 TCI 状态，各份时域资源之间互不重叠。其中一份时域资源对应一个时隙传输时机。在 R16 中，方案 4 更类似于 R15 时隙聚合（Slot Aggregation）传输方式在多点协作传输场景下的扩展。与方案 3 类似，由于各 TRP 占用的时域资源不重叠，在重复传输中各 TRP 使用相同的一组 DMRS 端口。方案 4 的每个时隙的传输起始符号位置和传输符号长度都相同，不同传输时机传输的 RV 可以相同或不同，重复传输的次数在 DCI 中动态指示。

对于方案 4，由于有多个传输时机，因此需要定义两个 TCI 状态（TCI 状态 0 和 TCI 状态 1）所对应的传输时机以及所传输的 RV。R16 支持以下两种方案。

（1）方案 a：两个 TCI 状态依次循环映射到配置的多个传输时机上，4 次传输时，TCI 状态映射的图样是#0#1#0#1。

（2）方案 b：两个 TCI 状态连续循环映射到配置的多个传输时机上，4 次传输时，TCI 状态映射的图样是#0#0#1#1；对于 4 次以上的传输，则重复该图样；对于 8 次传输，则 TCI 状态映射的图样是#0#0#1#1#0#0#1#1。

DCI 中的 RV 域指示第一个 TCI 状态对应的 RV 序列初始值，第二个 TCI 状态对应的 RV 序列初始值使用 RV 加偏移值计算，其中，偏移值通过高层信令配置，可选集合为 {0, 1, 2, 3}。

▌▌▌ 3.4 上行满功率发送

3.4.1 基本原理

在 R15 中，对于基于码本的 PUSCH 传输，基站可以为终端配置一个用途为"码本"的 SRS 资源集，最多包含两个 SRS 资源，所有 SRS 资源的天线端口数相同。当 PUSCH 为单端口传输时，PUSCH 的传输功率为终端根据 PUSCH 功率控制公式计算出的功率，此时 PUSCH 可以满功率传输（PUSCH 可达到的最大传输功率为终端支持的最大输出功率）。当 PUSCH 为多端口传输时，PUSCH 的传输功率为根据 PUSCH 功率控制公式计算出的功率乘以缩放系数 N/M 后的功率，其中，N 表示功率非零的 PUSCH 端口的数量，M 表示终端支持的一个 SRS 资源的最大天线端口数量。在这种功率控制规则下，如果 PUSCH 功率非零的端口数量小于终端支持的一个 SRS 资源的最大天线端口数量，前述缩放系数将小于 1，无法实现 PUSCH 的满功率传输。

基站可以为终端配置的码本子集取决于终端的相干传输能力。当两个天线端口无法相干传输时，两个天线端口对应的天线单元发射通路相互间的功率差、相位差在不同的时刻可能发生较大变化。如果一层数据使用不能相干传输的天线端口同时传输，这种变化有可能导致基站调度的预编码矩阵与 PUSCH 实际传输时的信道不匹配，从而影响 PUSCH 的传输性能。R15 上行码本的设计考虑了终端的相干传输能力，并通过配置码本子集来避免用不能相干传输的天线端口传输一层数据。NR 系统定义了以下 3 种相干传输能力，通过终端支持的码本子集来表征。

● 全相干：所有的天线都可以相干传输。

● 部分相干：同一相干传输组内的天线可以相干传输，相干传输组之间不能相干传输，每个相干传输组包含两个天线。

● 非相干：没有天线可以相干传输。

R15 协议规定相干传输能力为非相干的终端（NC-UE）和部分相干的终端（PC-UE）只允许配置使用一部分码本子集。结合 PUSCH 的功率控制规则，这些终端在进行低秩（数据层数较小）MIMO 传输时不能达到满功率。在实际系统中，位于小区边缘的终端信噪比通常比较低，为了保证信号质量，基站往往会调度终端进行低秩传输，且以尽可能大的发送功率发送。无法满功率传输将影响低信噪比区域终端的性能，进而影响小区覆盖。

NC-UE 和 PC-UE 在低秩时无法实现满功率传输是由于码本子集限制和 PUSCH 的功率控制规则。对码本子集限制进行增强或对 PUSCH 功率控制规则进行增强都可以实现 PUSCH 的满功率传输。R16 从这两个角度出发，设计了 PUSCH 的满功率传输方案。

终端可以达到的最大输出功率通过终端的功率等级来表征，其取值与终端的功率放大器（PA，Power Amplifier）结构有关。R15 NR 设计了一种适用于所有 PA 结构下的终端的 PUSCH 功率控制规则。实际上，在相同的功率等级下，不同的 PA 结构对应的 PUSCH 满功率传输能力不同。例如，如果终端的每个 PA 都可以满功率传输（每个 PA 都可以达到终端的功率等级所对应的最大输出功率），则终端使用任意一个预编码矩阵都可以实现满功率传输。但如果终端只有一部分 PA 可以满功率传输，则只在使用特定预编码矩阵时才具备满功率传输能力。因此，终端的 PA 结构是 PUSCH 满功率传输的一个重要因素。R16 上行满功率发送的传输方案考虑了不同终端的 PA 结构。

对于每个 PA 都可以满功率传输的终端，R16 允许基站为终端配置一种特定的满功率传输模式，称之为 Mode 0 满功率传输模式。如果终端的一个或多个 PA 不能满功率传输，Mode 0 满功率传输模式不再适用。为了使得全部或部分 PA 不能满功率传输的终端也可以实现满功率传输，R16 引入了 Mode 1 和 Mode 2 这两种满功率传输模式。

3.4.2 Mode 0 方案

Mode 0 满功率传输模式通过使用新的 PUSCH 的功率控制规则实现 PUSCH 的满功率传输，即将 PUSCH 的功率缩放系数固定为 1。PUSCH 的传输功率为终端根据 PUSCH 功率控制公式计算出的功率，SRS 资源配置、码本子集、码本子集的配置限制等沿用 R15 协议的规定。

3.4.3 Mode 1 方案

在 R15 PUSCH 功率控制规则的限制下，只要允许终端使用所有端口都为非零功率的预编码矩阵进行上行传输就可以实现 PUSCH 的满功率传输。Mode 1 方案沿用了 R15 的 SRS 资源配置方式和功率控制规则，通过引入新的码本子集实现满功率传输。

R15 的码本子集包括 3 种配置："非相干""部分和非相干""全、部分和非相干"。"非相干"对应的码本子集（非相干码本子集，NC-CBS）中所有的预编码矩阵的任意一个数据层只对应一个非零功率的天线端口。"部分和非相干"对应的码本子集（部分相干码本子集，PC-CBS）除包含非相干码本子集中的预编码矩阵外，还包含符合以下条件的预编码矩阵：任意一个数据层对应的非零功率天线端口数不大于 2 且至少一个数据层对应的非零功率天线端口数等于 2。"全、部分和非相干"对应的码本子集（全相干码本子集，FC-CBS）除包含部分相干码本子集中的预编码矩阵外，还包含符合以下条件的预编码矩阵：至少一个数据层对应的非零功率天线端口数等于 SRS 资源的天线端口数。基站只能为非相干的终端（NC-UE）配置非相干码本子集；为部分相干的终端（PC-UE）只能配置非相干码本子集或部分相干码本子集；为全相干的终端（FC-UE）则可以配置任意一个码本子集。

为了使得 NC-UE 和 PC-UE 可以满功率传输，最直接的方式是允许为终端配置不包含非零功率天线端口的预编码矩阵（可以满功率传输的预编码矩阵）。综合开销、性能和灵活性等因素，Mode 1 的码本子集的设计为在 R15 码本子集限制的基础上，针对不能满功率传输的数据层数增加一些可以满功率传输的预编码矩阵。Mode 1 码本子集的设计没有针对不同的 PA 结构分别设计，而是适用于所有 PA 结构下的终端。

非相干码本子集虽然可以被配置给任意相干传输能力的终端，但其设计应主要考虑 NC-UE 的特性。NC-UE 的任意两个天线都不能相干传输。因此，对于每一种可以满功率传输的天线选择特性，NC-CBS 中只需要包含一个预编码矩阵。表 3-2 给出了 Mode 1 非相干码本子集相对于 R15 NR 系统非相干码本子集新增的预编码矩阵。除秩为 1 的 4Tx 非相干码本子集外，针对其他无法满功率传输的秩，Mode 1 非相干码本子集都新增了一个可以满功率传输的预编码矩阵指示（TPMI）编号最小的预编码矩阵。秩为 1 的 4Tx 非相干码本子集新增的预编码矩阵为，在 CP-OFDM 波形和 DFT-s-OFDM 波形下的上行码本中都包含的、TPMI 编号相同且最小的可以满功率传输的预编码矩阵。

R15 4Tx 部分相干码本子集只在秩为 1 时不能满功率传输。因此，Mode 1 4Tx 部分相干码本子集只需针对秩为 1 的预编码矩阵进行增强。Mode 1 4Tx 部分相干码本子集的设计主要考虑 PC-UE 的特性。在 PUSCH 实际传输时，相对于基站确定预编码矩阵的时刻，PC-UE 在相干传输天线组间无法保证相位差的稳定性，但在相干传输天线组内是可以保证天线间相位差的稳定性的。相对于只包含一个所有天线端口都为非零功率的预编码矩阵，在部分相干码本子集中包含多个在同一个相干天线组内具有不同的相位差的所有天线端口都为非零功率的预编码矩阵可以获得更好的性能。因此，Mode 1 4Tx 部分相干码本子集新增了 4 个所有天线端口都为非零功率的预编码矩阵，包含了相干天线组内的多个天线相对相位关系组合（$[1\ 1]^T$、$[1\ j]^T$、$[1\ \ -1]^T$、$[1\ \ -j]^T$）。

表 3-2　Mode 1 的码本子集

码本子集类型	预编码矩阵
2Tx NC-CBS	R15 2Tx NC-CBS+$\dfrac{1}{\sqrt{2}}\begin{bmatrix}1\\1\end{bmatrix}$（秩=1:TPMI=2）
4Tx NC-CBS	R15 4Tx NC-CBS+ $\dfrac{1}{2}\begin{bmatrix}1\\-1\\j\\-j\end{bmatrix}$（秩=1:TPMI=13）， $\dfrac{1}{2}\begin{bmatrix}1&0\\0&1\\-1&0\\0&-j\end{bmatrix}$（秩=2:TPMI=6）， $\dfrac{1}{2}\begin{bmatrix}1&0&0\\0&1&0\\1&0&0\\0&0&1\end{bmatrix}$（秩=3:TPMI=1）
4Tx PC-CBS	CP-OFDM: R15 4Tx NC-CBS+$\dfrac{1}{2}\begin{bmatrix}1\\-1\\1\\-1\end{bmatrix}$，$\dfrac{1}{2}\begin{bmatrix}1\\-1\\j\\-j\end{bmatrix}$，$\dfrac{1}{2}\begin{bmatrix}1\\-1\\-1\\1\end{bmatrix}$，$\dfrac{1}{2}\begin{bmatrix}1\\-1\\-j\\j\end{bmatrix}$（秩= 1: TPMI = 12～15） DFT-s-OFDM: R15 4Tx NC-CBS+$\dfrac{1}{2}\begin{bmatrix}1\\-1\\1\\1\end{bmatrix}$，$\dfrac{1}{2}\begin{bmatrix}1\\-1\\-j\\j\end{bmatrix}$，$\dfrac{1}{2}\begin{bmatrix}1\\-1\\j\\-j\end{bmatrix}$，$\dfrac{1}{2}\begin{bmatrix}1\\-1\\-1\\-1\end{bmatrix}$（秩=1: TPMI = 12～15）

3.4.4 Mode 2 方案

根据 R15 PUSCH 的功率控制规则，若 PUSCH 为单端口传输，则 PUSCH 的功率缩放因子为 1，即可以实现满功率传输。这意味着如果终端没有可以满功率传输的 PA，终端支持通过天线虚拟化的方式来实现单端口的满功率传输。

Mode 2 方案采用了与 R15 相同的码本子集配置的限制，通过新的 SRS 资源配置方式和新的 PUSCH 功率控制规则，允许非相干或部分相干的终端通过天线虚拟化或者可以满功率传输的 PA 在使用特定预编码矩阵时达到 PUSCH 的满功率传输。Mode 2 允许终端上报可以满功率传输的预编码矩阵，终端使用这些预编码矩阵可以进行 PUSCH 的满功率传输。

对于 Mode 2 方案，SRS 资源集中可以最多配置 4 个 SRS 资源（R15 最多可以配置两个 SRS 资源）。当配置多个 SRS 资源时，多个 SRS 资源的天线端口数量可以相同或不同，且最多可以被配置两个不同的空间波束。

对于 4Tx 终端来说，一个 SRS 资源的天线端口数量可以为 1、2 或 4。因此，如果 SRS 资源集内的 SRS 资源可以配置不同的天线端口数，那么需要考虑将 SRS 资源数从 R15 最大为 2 扩展至更多。与配置 3 个 SRS 资源相比，配置 4 个 SRS 资源并不增加 SRS 资源指示（SRI，SRS Resource Indicator）的开销，还可以增加基站配置的灵活度。因此，Mode 2 支持在 SRS 资源集中最多配置 4 个 SRS 资源。

为了不对终端提出关于波束赋形能力的额外要求，R16 规定用于基于码本的 PUSCH 的 SRS 资源集中的 SRS 资源最多可以被配置两个不同的空间波束。

Mode 2 方案采用如下功率控制规则。

（1）对于终端上报的支持满功率传输的预编码矩阵，PUSCH 的功率缩放系数为 1。

（2）对于其他预编码矩阵：

● 如果只配置了一个 SRS 资源，PUSCH 的功率缩放系数为非零功率的 PUSCH 天线端口数与 SRS 资源的天线端口数的比值；

● 如果配置了多个 SRS 资源，PUSCH 的功率缩放系数为非零功率的 PUSCH 天线端口数与 SRI 指示的 SRS 资源的天线端口数的比值。

根据 Mode 2 的功率控制规则，无论终端支持的一个 SRS 资源的最大 SRS 端口数量是多少，只要不包含零功率的 PUSCH 天线端口，PUSCH 就可以满功率传输。终端分别

上报 2 端口和 4 端口支持满功率传输的预编码矩阵。

 ## 3.5 参考信号增强

3.5.1 基本原理

NR 在 R15 版本已经完成了各类参考信号的设计评估以及标准化，但是在后续的研究中发现 CSI-RS 以及 DMRS 在一些端口组合配置下，参考信号部分的 PAPR 会高于数据部分的 PAPR，引起 PA 的限幅处理，要求更高成本的设备支持或者造成在现有指标设计的设备上出现系统性能受限、覆盖下降的问题。因此在 R16 中专门考虑评估并解决这个系统设计缺陷，主要涉及 CSI-RS 和 DMRS。R16 参考信号增强的设计目标就是在考虑后向兼容性的前提下通过对 DMRS 的增强来解决参考信号部分高 PAPR 的问题，使得参考信号和数据部分的 PAPR 基本相同。因为 CSI-RS 的 PAPR 问题只部分存在于有波束赋形的 CSI-RS 中，且可以通过基站的实现方式避免，因此在 R16 中没有对其进行标准化增强。

3.5.2 基于 CP-OFDM 波形的 PDSCH/PUSCH 的 DMRS 增强

R15 CP-OFDM 波形的 PDSCH/PUSCH 的 DMRS 在每个符号上的基准序列由阶数为 31 的 Gold 序列生成，

$$r(n) = \frac{1}{\sqrt{2}}\left(1 - 2 \cdot c(2n)\right) + j\frac{1}{\sqrt{2}}\left(1 - 2 \cdot c(2n+1)\right)$$

其中，Gold 序列由如下公式初始化，

$$c_{\text{init}} = \left(2^{17}\left(N_{\text{symb}}^{\text{slot}} n_{\text{s,f}}^{\mu} + l + 1\right)\left(2N_{\text{ID}}^{n_{\text{SCID}}} + 1\right) + 2N_{\text{ID}}^{n_{\text{SCID}}} + n_{\text{SCID}}\right) \bmod 2^{31}$$

其中，l 是时隙内 OFDM 符号序号，$n_{\text{s,f}}^{\mu}$ 是无线帧内的时隙编号，$N_{\text{symb}}^{\text{slot}}$ 是一个时隙内

的 OFDM 符号数，参数 $n_{SCID} \in \{0,1\}$ 在 DCI 中指示，用于确定参考信号序列使用的具体扰码，扰码 $N_{ID}^0, N_{ID}^1 \in \{0,1,\cdots,65\,535\}$ 则通过高层信令配置。

各个 DMRS 端口的序列是使用基准序列映射得到的。R15 的 DMRS 序列由基序列重复映射到不同的 CDM 组得到。对于基站和终端发送来讲，参考信号部分的高 PAPR 会出现在对应于同一终端跨 CDM 组的 DMRS 端口分配组合中。如数据层数为 2 的数据传输时对应分配 DMRS 端口 {0, 2} 的组合，其对应端口 0 和端口 2 的 DMRS 序列值会完全相同，这样的序列映射导致参考信号的 PAPR 会高于数据部分。

在上行和下行的 DMRS 端口分配的组合中，都存在很多高 PAPR 的组合。通过仿真评估验证[20]，DMRS 的 PAPR 比数据部分会高出 2~4dB，其数值与具体的端口分配情况有关，并随着 DMRS 端口分配中占用的 CDM 组数目的增加而增加。同时如果链路对于 DMRS 部分采用削峰后，会导致 EVM 指标恶化，链路吞吐量会显著下降。

PAPR 问题可以通过实现方式在一定程度上解决。例如，避免使用导致高 PAPR 的端口组合配置，或者采用子带预编码等。但是各种实现方案都无法从根本上解决各种配置下可能出现的高 PAPR 问题，因此 R16 对 DMRS 序列初始值做了优化，即对不同 CDM 组的 DMRS 端口应用不同的序列初始化值。修改之后 DMRS 可以达到基本和数据部分相同的 PAPR。

R16 将 Gold 序列初始化的公式为：

$$c_{init} = \left(2^{17} \left(N_{symb}^{slot} n_{s,f}^{\mu} + l + 1 \right) \left(2 N_{ID}^{\bar{n}_{SCID}^{\lambda}} + 1 \right) + 2^{17} \left\lfloor \frac{\lambda}{2} \right\rfloor + 2 N_{ID}^{\bar{n}_{SCID}^{\lambda}} + \bar{n}_{SCID}^{\lambda} \right) \bmod 2^{31}$$

其中，$\bar{n}_{SCID}^{\lambda}$ 由下式得到：

$$\bar{n}_{SCID}^{\lambda} = \begin{cases} n_{SCID} & \lambda = 0 \text{或} \lambda = 2 \\ 1 - n_{SCID} & \lambda = 1 \end{cases}$$

这里引入新的参数 λ，即 DMRS 端口所在的 CDM 组编号，对应不同的 CDM 组内的 DMRS 端口生成的初始化值 c_{init} 不同。

基站可以通过 RRC 信令配置终端使用 R15 DMRS 序列或者 R16 DMRS 序列。

3.5.3 基于DFT-s-OFDM波形的PUSCH/PUCCH的DMRS增强

研究发现，对于使用 DFT-s-OFDM 波形和 π/2 BPSK 调制的上行传输，基于 Zadoff-

Chu（ZC）序列的 DMRS PAPR 会比数据部分高出至少 1.6dB[21]。同时，对于同一长度的一组 ZC 序列，其 PAPR 差别也非常大。例如，对于长度为 96 的一组 ZC 序列，PAPR 的范围为 2.9～3.7dB，即使是中值 3.3dB，也比数据部分高出 1.3dB。

R16 对 DFT-s-OFDM 波形和 $\pi/2$ BPSK 调制的上行传输也做了增强。具体的，长度大于等于 30 时使用 Gold 序列替代 ZC 序列，并和数据一样使用 $\pi/2$ BPSK 调制，从而保证了 DMRS 和数据部分一致的 PAPR 性能。而对于长度小于 30 的短序列，则通过计算机搜索得到。

3.6　小结

本章介绍了 NR R16 针对大规模多天线技术所做的增强，主要包括以下内容。

（1）信道状态信息反馈增强

信道状态信息反馈增强是 MIMO 技术演进中不可或缺的主要议题。NR R15 针对不同的部署场景设计了低精度和高精度两种码本，具有不同的终端复杂度和上行反馈开销。高精度码本以多级 CSI 反馈为主要框架，每个用户数据流通过多个 DFT 向量的线性合并来提高反馈精度。R16 在现有框架下进一步延伸，一方面对高精度反馈的开销进行压缩，增强其实用性；另一方面也将高精度 CSI 反馈扩展到更高阶（rank=3～4）的传输。

（2）多点/多面板传输

NR R15 在早期进行了多点/多面板协作传输的研究，但是由于时间关系没有进一步展开，仅支持了基本的多点传输方案，例如，动态传输点选择等。NR R16 针对非相干联合传输方案（NC-JT）和下行控制信令等方面进行设计，给出了一个完整的解决方案。利用多点/多面板传输带来的分集增益提升 URLLC 传输可靠性也是 R16 的重要部分。

（3）波束管理

在 R15 中引入的波束管理主要集中在下行，而在上行数据信道，上行 SRS 测量和上行控制信道方面则不够灵活。鉴于网络性能通常受到上行链路的限制，上行波束管理是 R16 弥合上下行用户体验差距的一个重要领域。R16 针对波束管理的增强包括支持更灵活的上行波束管理机制，以及降低上下行波束管理的开销和时延的机制。同时，R16 也支持了辅小区的波束失效恢复过程以及基于 L1-SINR 的波束上报。

（4）上行满功率传输

在 R15 上行码本子集限制和关于基于码本的 PUSCH 的功率控制规则的限制下，非相干和部分相干能力的终端在上行低秩 MIMO 时不能达到满功率传输，这将影响上行性能和覆盖。为此，R16 上行满功率传输对 PUSCH 的上行传输进行了增强，针对具有不同 PA 能力的终端分别设计了上行满功率传输方案。

（5）低 PAPR 参考信号

R15 设计的 DM-RS 和 CSI-RS 在一些特定的配置组合下的峰均功率比会高于数据传输的 PAPR，限制了上下行传输的性能。R16 将对 DMRS 进行修改，使 DMRS 的 PAPR 降到和数据相当的水平。

第**4**章

Chapter 4
定位技术

支持各种定位技术以提供可靠的和准确的用户设备（UE）位置一直是 3GPP 标准的关键研究领域之一。3GPP 在 R16 完成了基于新空口（NR）信号进行 UE 定位的第一个标准版本，弥补了 R15 标准不支持基于 NR 信号进行 UE 定位的不足。本章着重向读者介绍 NR R16 定位技术和标准设计，包括各种基于 NR 信号的上、下行定位技术，UE 和基站定位测量，上、下行定位参考信号设计，定位过程以及基于 NR 信号进行 UE 定位的性能。此外，本章还将向读者介绍 NR R16 所支持的各种定位协议架构和高层定位过程。

4.1 概述

3GPP 标准所支持的 UE 定位方法有多种，其中，包括基于非蜂窝网络无线电信号的定位技术，例如，利用全球导航卫星系统（GNSS，包括 BDS、GPS 等）发送的无线信号进行定位的方法；基于 UE 携带的定位传感器（加速度计、陀螺仪、磁力计、大气压传感器等）所提供的测量信息进行定位的方法；以及基于无线蜂窝通信网络（4G LTE 等）本身发送的参考信号进行定位的方法等。前两种方法不依赖于无线蜂窝通信网络信号，常称为非 RAT 定位（RAT-Independent），后一种方式依赖于无线蜂窝通信网络信号，常称为 RAT 定位（RAT-Dependent）。

5G 无线蜂窝通信网络系统（5G-RAN）对 UE 位置的定位精度和性能提出了比 4G 无线蜂窝通信网络系统更严格的要求。例如，3GPP TS 22.261[1]为此专门定义了 7 个定位性能级别，其水平绝对定位精度要求从最低 10m 到最高 0.3m，垂直绝对定位精度要求从最低 3m 到最高 2m。各定位性能级别的定位精度所采用的置信度均为 95%，但所对应的定位服务可用性有 95%、99% 和 99.9% 三种。为了满足 5G 定位需求，5G NG-RAN 系统同时支持 RAT 定位和非 RAT 定位技术。为此，R15 标准已支持 4G 标准所支持的各种非 RAT 定位方法：如网络辅助的 GNSS 定位、蓝牙定位、地面信标系统定位、传感器（加速度计、陀螺仪、磁力计、大气压传感器等）定位等。同时，R15 标准还支持利用 4G LTE 信号的 RAT 定位方法：如增强型小区定位（E-CID）、下行观测到达时间差定位（OTDOA）和上行到达时间差定位（UTDOA）。然而 R15 标准尚不支持利用 NR 信号的 RAT 定位方法。为了弥补这个缺陷和提高 NR UE 的定位性能，尤其在 GNSS 不能正常工作的室内环境下的定位性能，3GPP 在 R16 标准中引入了以下基于 NR 信号的 RAT 定位方法。

● NR 增强小区 ID 定位法（E-CID）。

● NR 下行链路到达时差定位法（DL-TDOA）。

● NR 上行链路到达时差定位法（UL-TDOA）。

● NR 多小区往返行程时间定位法（Multi-RTT）。

● NR 下行链路离开角定位法（DL-AoD）。

● NR 上行链路到达角定位法（UL-AoA）。

与基于 LTE 信号的 RAT 定位方法相比，基于 NR 信号的 RAT 定位方法具有独特的优势，其中包括：NR 比 LTE 支持更大的载波带宽和更高的载波频段（如高于 6GHz 的频段）以及更普遍地采用大规模天线阵列技术进行 NR 参考信号的发送和接收。这些因素都有利于提高定位测量精度和定位性能。

对于基于 NR 信号的 RAT 定位方法，R16 所定义的目标性能指标包括两类：政策监管的紧急服务定位性能指标和商业应用定位性能指标（TR 38.855[3]）。以覆盖 80% 的用户为基准，紧急服务定位性能指标包括：UE 水平定位误差范围 50m、垂直定位误差范围 5m 和定位时延 30s;商业应用定位性能指标包括:UE 水平定位误差范围在室内为 3m、在室外为 10m、UE 垂直定位室内外误差范围 3m 和定位时延 1s。3GPP 对基于 NR 信号的 RAT 定位方法也进行了性能评估。基本结论是：在 TR38.855[3] 所定义的仿真假设下，NR R16 RAT 定位精度性能可以满足 R16 所定义的目标性能指标，具体评估方法和评估结果可参见 4.9 节以及 TR 38.855[3]。

4.2　NR R16 定位技术介绍

本节介绍 3GPP R16 标准所引入的基于 NR 信号进行 UE 定位的基本方法和原理, 包括 NR E-CID、DL-TDOA、UL-TDOA、Multi-RTT、DL-AoD、UL-AoA 和基于上述方法组合的 NR RAT 混合定位技术。采用这些方法来进行 UE 定位需要按照 3GPP 协议所规定的定位协议架构和信息流程进行。具体 3GPP 定位协议架构和流程以及定位服务器 (LMF)、基站 (gNB) 和 UE 之间的信息交流可参见 4.7 节以及有关的 3GPP 协议标准 (例如, TS 38.305[8], TS 37.355[12], TS 38.273[34] 等)。

4.2.1　NR E-CID 定位技术

小区 ID (CID) 定位技术利用 UE 服务小区的信息 (如服务小区天线的位置) 来估计 UE 的位置。对比 CID, 增强型小区 ID (E-CID) 定位技术还利用 UE 的无线电资源管理 (RRM) 测量来提高 UE 位置估计精度。E-CID 定位不要求 UE 专为定位目的而提供额外的测量。

R15 标准仅支持 LTE E-CID, 即利用 LTE RRM 测量估计 UE 位置。NR R16 标准增加了 NR E-CID, 即可利用 UE 提供的 NR RRM 测量来估计 UE 位置。在 NR R16 标准中, 可用于 NR E-CID 的 RRM 测量包括 (TS 38.215[7]) 同步参考信号接收功率 (SS-RSRP)、同步参考信号接收质量 (SS-RSRQ)、信道状态信息参考信号接收功率 (CSI-RSRP) 和信道状态信息参考信号接收质量 (CSI-RSRQ)。

NR E-CID 采用基于网络的定位方式, 即 UE 将获取的 RRM 测量值上报给 LMF, 由 LMF 利用上报的 RRM 测量值以及其他已知信息 (例如, 各小区收发点 (TRP) 的地理坐标) 来计算 UE 的位置。3GPP 标准并没有定义 NR E-CID 的具体算法。常用的方法是由 UE 所上报的 RRM 测量值 (参考信号接收功率或参考信号接收质量) 结合假设的信道路径损耗模型推导出 UE 与发送参考信号的 TRP 之间的距离, 然后由 TRP 的地理坐标、UE 与 TRP 的距离以及 TRP 参考信号发送方向计算出 UE 的位置。由于假设的信道路径损耗模型与真实信道路径损耗的差异, 以及 RRM 测量值的测量误差, 所推导的 UE 和 TRP 之间的距离与 UE 和 TRP 之间的真实距离误差一般较大, 因而 E-CID 定位的精度一

般较低。

值得一提的是，LTE E-CID 的测量值主要是时间提前量（Time Advance，T_{ADV}）（TS 36.214[2]），利用 T_{ADV} 可估算 UE 与服务小区 TRP 之间的距离，用于 LTE E-CID 定位计算。NR R16 E-CID 的测量值中不包括时间提前量。然而，NR 引入了新的 Multi-RTT 方法（具体介绍可见 4.2.4 节），该方法利用 UE 收发时间差（UE Rx-Tx Time Difference）和 gNB 收发时间差（gNB Rx-Tx Time Difference），不仅估算 UE 与服务小区 TRP 之间的距离，而且估算 UE 与相邻小区 TRP 之间的距离，一起用于 NR E-CID 定位计算。关于 UE 收发时间差和 gNB 收发时间差测量值的详细介绍可参见 4.3 节。

4.2.2　NR DL-TDOA 定位技术

在 DL-TDOA 定位方法中，UE 根据 LMF 提供的 DL-TDOA 辅助数据，得知 UE 周围 TRP 发送下行链路定位参考信号（DL PRS）的配置信息，通过接收各 TRP 发送的 DL PRS，获取下行链路定位参考信号到达时差（DL PRS RSTD）。然后，由 UE 获取的 DL PRS RSTD 和其他已知信息（例如，TRP 的地理坐标），用基于网络的定位方式或基于 UE 的定位方式来计算 UE 的位置。若采用基于网络的定位方式，则由 UE 将获取的 DL PRS RSTD 测量值上报给 LMF，由 LMF 利用上报的测量值以及其他已知信息（例如，TRP 的地理坐标）来计算 UE 的位置。若采用基于 UE 的定位方式，则由 UE 自己利用获取的 DL PRS RSTD 以及其他由网络提供的信息（例如，TRP 的地理坐标）来计算 UE 自身的位置。关于 NR 定位测量值（例如，DL PRS RSTD）的详细介绍可参见 4.3 节。

NR R16 标准没有定义 NR DL-TDOA 定位的具体算法。每个 DL PRS RSTD 测量值为 UE 从两个 TRP（其中一个为参考 TRP）接收 DL PRS 的到达时间之差。由每个 DL PRS RSTD 测量值（当转换为距离时）可构成一条双曲线，双曲线的焦点为这两个 TRP 所在的位置，双曲线上的任意点到两个 TRP 的距离之差为 RSTD 测量值。UE 即位于双曲线之上的某个点。若 UE 由 N 个 TRP 获得 $N{-}1$ 个 DL PRS RSTD 测量值，则可构成一个有 $N{-}1$ 个双曲线方程的方程组。UE 的位置可由计算该双曲线方程组得到（见参考文献 [13][29]）。图 4-1 显示了一个用 NR DL-TDOA 进行二维 UE 定位的例子，其中，UE 由 3 个 TRP 得到 2 个 DL PRS RSTD 测量值 $RSTD_{2,1}$ 和 $RSTD_{3,1}$（TRP1 为参考 TRP），由 $RSTD_{2,1}$ 和 $RSTD_{3,1}$ 构成 2 个双曲线。UE 位置可由计算这 2 个双曲线的交点得到。

一般而言，每个 DL PRS RSTD 测量值都有一定的测量误差。因而，利用 NR DL-TDOA 定位时，希望 UE 能从较多的 TRP 获得更多和更准确的 RSTD 测量值，以降低测量误差对 UE 位置计算的影响，得到更准确的 UE 位置。这要求合理和优化地设计 DL PRS（如信号序列、映射模式、静音模式等），让 UE 由尽可能多的 TRP 接收到 DL PRS 并获得准确的 RSTD 测量值。关于 NR R16 DL PRS 设计的详细介绍可参见 4.4 节。

值得一提的是，NR DL-TDOA 定位方法要求各 TRP 之间时间准确同步，TRP 之间时间同步的准确性将直接影响 NR DL-TDOA 的定位性能。

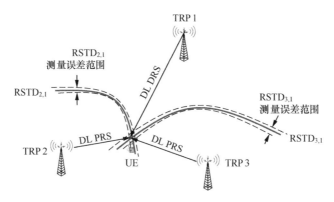

图 4-1　NR DL-TDOA 定位方法示意图

4.2.3　NR UL-TDOA 定位技术

在 NR UL-TDOA 定位方法中，UE 服务基站先要为 UE 配置发送上行链路定位参考信号（SRS-Pos）的时间和频率资源，并将 SRS-Pos 的配置信息通知 LMF。LMF 将 SRS-Pos 的配置信息发给 UE 周围的 TRP。各 TRP 根据 SRS-Pos 的配置信息去检测 UE 发送的 SRS-Pos 并获取 SRS-Pos 到达时间与 TRP 本身参考时间的相对时间差（UL RTOA）。UL-TDOA 一般采用基于网络的定位方式，即各 TRP 将所测量的 UL RTOA 传送给 LMF，由 LMF 利用各 TRP 提供的 UL RTOA 以及其他已知信息（例如，TRP 的地理坐标）来计算 UE 的位置。

UL-TDOA 可采用与 DL-TDOA 类似的方法计算 UE 的位置。设共有 N 个 TRP 通过测量某个 UE 发送的 SRS-Pos 获得 N 个 UL RTOA 测量值 $RTOA_i$ $(i=1,\cdots,N)$，测量值

RTOA$_i$ 主要取决于 UE 与 TRPi 的距离、UE 时钟与 TRPi 的时钟之间的时偏以及测量误差。若从这 N 个 TRP 中选某个 TRP（例如，TRPj）作为参考 TRP，并利用其余 TRP 测量的 UL RTOA 减去参考 TRP 测量的 UL-RTOA，便得到 N–1 个 TDOA：TDOA$_{i,j}$=RTOA$_i$ – RTOA$_j$ (i=1, …, N; $i \neq j$)。若 TRPi 的时钟与 TRPj 的时钟完全同步，则 TDOA$_{i,j}$（当转换为距离时）代表了 UE 到 TRPi 与 UE 到参考 TRPj 的距离之差（若 TRPi 的时钟与 TRPj 的时钟不是完全同步，则 TDOA$_{i,j}$ 还包括 TRPi 的时钟与 TRPj 的时钟之间的时偏）。UE 与各 TRP 之间时偏的影响已在相减时被消除了。于是，与 RSTD 测量值类似，由每个 TDOA$_{i,j}$ 测量值可构成一条双曲线：双曲线的焦点为 TRPi 和 TRPj，双曲线的点到 TRPi 和 TRPj 的距离差为 TDOA$_{i,j}$，UE 位置为双曲线上的某个点。于是，与 DL-TDOA 类似，UE 的位置可由计算 N–1 个 TDOA 测量值所构成的 N–1 个双曲线方程得到。图 4-2 显示了一个由 3 个 TRP 获得 UL-TDOA 测量值来进行 UE 二维定位的例子。

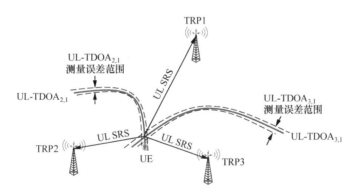

图 4-2　NR UL-TDOA 定位方法示意图

　　UL-TDOA 定位的关键之一是让尽量多的相邻 TRP 测量到 UE 发送的 SRS-Pos 信号。UE 发送上行信号的最大功率一般远小于 TRP 发送下行信号的最大功率，且在无线通信系统中，上行信号的发送功率还受到服务基站的功率控制。当 UE 靠近服务基站时，服务基站会要求 UE 降低信号发送功率以减小 UE 之间的相互干扰。这些因素会造成 SRS-Pos 信号难以被与 UE 距离较远的相邻 TRP 测量到。为了让尽量多的相邻 TRP 测量到 SRS-Pos 信号，NR 对 SRS-Pos 信号采用了开环功率控制。基站可将用于开放功率控制的路径损耗参考 TRP 配置为相邻 TRP 而不局限于服务 TRP。这样一来，当距离 UE 较远的 TRP 配置为路径损耗参考时，UE 可以增大 SRS-Pos 的传输功率，这有利于相邻 TRP 测量 SRS-Pos 信号。关于 SRS-Pos 更多内容的详细介绍可参见 4.5 节。

与 DL-TDOA 类似，UL-TDOA 定位方法要求各 TRP 之间时间同步，TRP 之间时间同步的准确性将直接影响 UL-TDOA 的定位性能。相比 DL-TDOA，UL-TDOA 的一个主要缺点是从系统资源角度来看，发送 SRS-Pos 信号所需要的上行无线电资源与需要定位的 UE 数量成正比，而 DL-TDOA 所需的下行无线电资源与需要定位的 UE 数量无关。

4.2.4 NR Multi-RTT 定位技术

Multi-RTT 定位方法采用的测量值为 UE 所测量的、来自各 TRP 的 DL PRS 的到达时间与 UE 发送 SRS-Pos 的时间差（称为 UE Rx-Tx 时间差）以及各 TRP 所测量的、来自 UE 的 SRS-Pos 的到达时间与 TRP 发送 DL PRS 的时间差（称为 gNB Rx-Tx 时间差）。如图 4-3 所示，UE 与某 TRP 之间的信号往返行程时间（RTT）可通过 UE 由该 TRP 的 DL PRS 所测量的 UE Rx-Tx 时间差 $\left(t_{\mathrm{UE}}^{\mathrm{Rx}} - t_{\mathrm{UE}}^{\mathrm{Tx}}\right)$ 加上该 TRP 由该 UE 的 SRS-Pos 所测量的 gNB Rx-Tx 时间差 $\left(t_{\mathrm{TRP}}^{\mathrm{Rx}} - t_{\mathrm{TRP}}^{\mathrm{Tx}}\right)$ 得到，而 UE 与该 TRP 的距离可由 1/2 RTT 乘以光速得到。值得指出的是，用此方法获取 RTT 时，不要求 UE 与 TRP 时间精确同步。

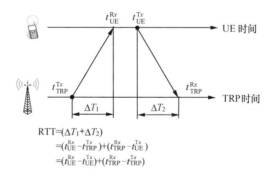

图 4-3　信号往返行程时间（RTT）示意图

从 UE 和各 TRP 的信号发送和接收的角度来说，支持 Multi-RTT 定位基本相当于同时支持 DL-TDOA 和 UL-TDOA。

（1）在 UE 端，UE 根据服务基站所给的 SRS-Pos 配置发送 SRS-Pos，且 UE 由 LMF 提供的辅助数据，得知周围各 TRP 发送 DL PRS 的配置信息。根据各 TRP 的 DL PRS 配置信息，UE 接收各 TRP 发送的 DL PRS，得到 DL PRS 的到达时间，然后 UE 根据测量得到的 DL PRS 到达时间与 UE 自己发送 SRS-Pos 的时间之差，得到 UE Rx-Tx 时间差。

（2）在 TRP 端，各 TRP 由 LMF 提供的辅助数据得到 UE 发送 SRS-Pos 的配置信息，并根据 SRS-Pos 配置信息，接收 UE 发送到 SRS-Pos，得到 SRS-Pos 的到达时间。然后各 TRP 再根据测量得到的 SRS-Pos 到达时间与本身发送 DL PRS 的时间之差，得到 gNB Rx-Tx 时间差。

Multi-RTT 定位方法一般采用基于网络的定位方式。UE 将获取的 UE Rx-Tx 时间差上报给 LMF，各 TRP 也将获取的 gNB Rx-Tx 时间差提供给 LMF，由 LMF 利用 UE Rx-Tx 时间差和 gNB Rx-Tx 时间差，得到 UE 与各 TRP 之间的距离，然后再加上其他已知信息（例如，TRP 的地理坐标），计算出 UE 的位置。

图 4-4 以二维定位为例，显示了 NR Multi-RTT 定位的基本原理。设 UE 由 N 个 TRP 获取了 UE Rx-Tx 时间差，且这 N 个 TRP 对该 UE 获取了 gNB Rx-Tx 时间差。于是由这 N 对 UE Rx-Tx 时间差和 gNB Rx-Tx 时间差，可得出 UE 到这 N 个 TRP 的距离 $\{r_1, r_2, \cdots, r_N\}$。UE 的位置应位于以这 N 个 TRP 为中心，$\{r_1, r_2, \cdots, r_N\}$ 为半径的圆周上。UE 的位置可由计算这些圆周的交点得到[17-18]。

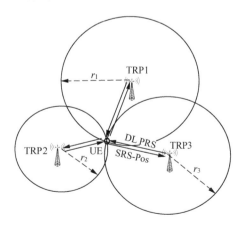

图 4-4　NR Multi-RTT 定位方法示意图

相对于 DL-TDOA 和 UL-TDOA，Multi-RTT 定位方法的主要优点是不要求各 TRP

之间的时间完全同步。其主要代价是 Multi-RTT 定位所需的系统资源（主要是时频资源）和实现复杂度基本上相当于同时支持 DL-TDOA 和 UL-TDOA 定位。同时，Multi-RTT 也面临一些与 UL-TDOA 同样的问题，例如，如何让尽量多的相邻 TRP 准确地测量 UE 发送的 SRS-Pos 信号。

4.2.5　NR DL-AoD 定位技术

在 NR DL-AoD 定位方法中，UE 根据 LMF 提供的周围 TRP 发送 DL PRS 的配置信息来测量各 TRP 的 DL PRS 并将 DL PRS RSRP 测量值上报给 LMF。LMF 利用 UE 上报的 DL PRS RSRP 以及其他已知信息（例如，各 TRP 的各个 DL PRS 的发送波束方向）来确定 UE 相对各 TRP 的角度，即 DL-AoD，然后利用所得的 DL-AoD 以及各 TRP 的地理坐标来计算 UE 的位置。

NR R16 标准没有定义如何由 DL PRS RSRP 来确定 UE 相对各 TRP 的 DL-AoD，也没有定义如何由 DL-AoD 来确定 UE 的位置。图 4-5 以二维定位为例，显示 NR DL-AoD 定位的一种简单实现方法。图中假设 UE 由 TRP1 的 DL PRS1 和 DL PRS2 测量到 RSRP1 和 RSRP2。由 RSRP1 和 RSRP2 以及 DL PRS1 和 DL PRS2 的波束方向之间的夹角 α 可估算 TRP1 到 UE 方向与 DL PRS1 的波束方向之间的夹角 α_1（例如，$\alpha_1 = \alpha \cdot$ RSRP2/（RSRP1+RSRP2））。然后，由已知的 DL PRS1 的波束方向角 β_1 和估算的 α_1 可得出由 TRP1 到 UE 的 AoD 角 θ_1。类似的，可通过由 TRP2 DL PRS 所测量的 DL PRS RSRP 估算出 TRP2 到 UE 的 AoD 角 θ_2，然后利用 θ_1、θ_2，TRP1 和 TRP2 的坐标，和已有的角度定位算法（例如，见参考文献[16][23][27-29]）来计算 UE 的位置。

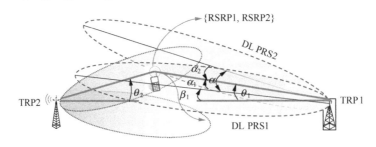

图 4-5　NR UL-TDOA 定位方法示意图

4.2.6　NR UL-AoA 定位技术

在 UL-AoA 定位方法中（见图 4-6），各 TRP 需根据 LMF 提供的 SRS-Pos 配置信息接收 UE 发送的 SRS-Pos，获取 UL AoA（包括上行方位角 A-AoA 和上行俯仰角 Z-AoA），并将获取的 UL AoA 报给 LMF。LMF 利用各 TRP 提供的 UL AoA 以及其他已知信息（例如，TRP 的地理坐标）来计算 UE 的位置。

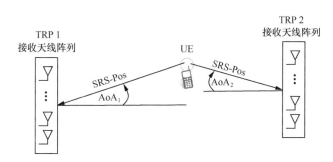

图 4-6　NR UL-AoA 定位示意图

NR R16 标准既没有定义 TRP 如何由 UE SRS-Pos 获取 UL AoA，也没有定义 LMF 如何由 UL AoA 来确定 UE 的位置。估计 UL AoA 的算法有多种，简单的方法是直接用接收波束的方向作为 UL AoA。这种简单方法的角度估计分辨率较低。分辨率较高的方法是通过接收天线阵列接收 UL SRS-Pos 信号（见图 4-6），利用信号和噪声子空间之间的正交性，通过有效的算法（例如，MUSIC[20]、ESPRIT[21]等）将观察空间分解成两个子空间：信号子空间和噪声子空间，并由信号子空间估计 SRS 的到达方向 UL AoA。一旦获得 UL AoA，就可利用已有的算法（例如，参考文献[16][23][27-29]）来计算出 UE 的位置（见图 4-6）。

4.2.7　NR RAT 混合定位技术

以上介绍的各种 NR 定位方法也可根据定位的需求而混合使用，即通过发送和检测上、下行定位信号，在 UE 端和/或 TRP 端同时得到多种与 UE 位置有关的测量信息，如 RSTD、UL RTOA、DL AoD、UL AoA、UE Rx-Tx 时间差、gNB Rx-Tx 时间差，以及参考信号接收功率等，从而进行混合定位。在上行定位中，最典型的是结合 UL-TDOA 定位和 UL-AoA 定位。在 NR UL-TDOA 定位过程中，LMF 可根据定位算法和性能的需求来要求各 TRP 在测量 UL RTOA 的同时也测量 UL-AoA，然后利用 UL RTOA 和 UL AoA 测量值计算 UE 的位置。在下行定位中，典型的是结合 DL-TDOA 定位和 DL AoD 定位。LMF 可根据定位算法和性能的需求来要求各 UE 在测量 RSTD 的同时也测量 DL PRS RSRP。利用 DL PRS RSRP 可得 DL AoD，然后利用 RSTD 和 DL AoD 测量值一起计算 UE 的位置。类似的，在 NR Multi-RTT 定位的过程中，LMF 可根据定位算法和性能的需求来要求 UE 在测量 UE Rx-Tx 时间差的同时，测量 DL PRS RSRP；也可要求 TRP 在测量 gNB Rx-Tx 时间差的同时，测量上行 SRS RSRP。由 DL PRS RSRP 可得 DL AoD；由上行 SRS RSRP 可得 UL AoA，然后可用 RTT、DL AoD 和 UL AoA 测量值一起计算 UE 的位置。已有的各种混合定位的算法可参见参考文献[16][23][27-29]。

4.3 定位测量值

如 4.2 节所述，NR 下行定位技术包括 NR DL-TDOA 和 NR DL AoD；上行定位技术包括 NR UL-TDOA 和 NR UL AoA；上下行混合定位技术包括 NR Multi-RTT。针对每种定位技术，NR 分别定义了相应的定位测量值用于 UE 位置的计算。本节分别介绍 UE 端的定位测量值和基站端的定位测量值。

4.3.1 UE 定位测量值

1. DL PRS RSTD

下行 RSTD 用于 NR DL-TDOA 技术，每个 DL PRS RSTD 测量值为 UE 接收的两个 TRP（其中，一个为参考 TRP）下行子帧开始时刻之间的差值。具体的，TRP j 与参考 TRP i 之间的 $RSTD_{j,i}$ 为 UE 接收 TRP j 的下行子帧的开始时刻与 UE 接收 TRP i 的下行子帧的开始时刻之间的时间差，其中，TRPi 的下行子帧需是与 TRPj 的下行子帧在时间上最接近的子帧。对于频率范围 1（FR1），下行 RSTD 的参考点为 UE 的天线连接点；对于频率范围 2（FR2），下行 RSTD 的参考点为 UE 的天线[7]。

  每个 TRP 可配置多个 DL PRS 资源（关于 PRS 资源的定义可参见 4.4 节），这些 DL PRS 资源均可以用于确定此 TRP 的子帧开始时刻。确定子帧开始时刻的具体方法不在标准中限定。例如，它可以是此 TRP 所有 PRS 资源的各传播路径的最早到达时间（TOA），也可以先由各 PRS 资源测量各自的传播路径最早的 TOA，然后从中选择功率最大的传播路径的 TOA 作为该 TRP 的子帧开始时刻。

  UE 接收参考 TRP 的下行子帧的开始时刻定义为 RSTD 参考时间。网络侧可指示用于确定 RSTD 参考时间的 PRS 资源并允许 UE 重选其他用于确定 RSTD 参考时间的 PRS 资源。支持 UE 重选的目的是 UE 可以根据测量结果选择测量质量更好的 PRS 资源用于确定参考时间，有利于降低 RSTD 的测量误差。具体指示信息与过程如下。

  （1）网络侧：网络侧可通过参数 nr-DL-PRS-ReferenceInfo 提供用于确定 RSTD 参考时间有关的信息。nr-DL-PRS-ReferenceInfo 可选地包括：一个 TRP ID、一个 DL PRS 资源集合 ID 和/或一个或多个 DL PRS 资源 ID。

  （2）UE 侧：UE 一般会优先由网络侧所指示的 DL PRS 资源中选择一个 DL PRS 资源或者 DL PRS 资源集合作为确定 RSTD 参考时间的 PRS 资源或资源集合。UE 也可根据 PRS 测量质量等特性，采用其他的 PRS 资源作为确定 RSTD 的参考时间的 PRS 资源。此时，UE 需要上报其选定的 DL PRS 资源 ID 或者 DL PRS 资源集合。

  对于每对 TRP，UE 可以上报多个 DL RSTD 测量值，其中每个 RSTD 基于不同的 DL PRS 资源对，或者基于不同的 DL PRS 资源集合对（从每个 DL PRS 资源集合中选择一个 DL PRS 资源），但有相同的 RSTD 参考时间 DL PRS 资源或 DL PRS 资源集合。上报 DL RSTD 的个数 M 由 UE 能力决定，M 的最大值为 4。采用 $M>1$ 的设计主要是考虑到多波束多径的影响，这有利于提高位置计算精度。

2. DL PRS RSRP

  NR DL PRS RSRP 的定义与 LTE DL PRS RSRP 的定义基本相同，其定义为测量频带内 PRS 资源占用的资源单元（RE）的功率的线性平均值。对于 FR1，DL PRS RSRP 的参考点为 UE 的接收天线连接点；对于 FR2，DL PRS RSRP 的测量基于经某个接收分支的天线单元所合并后的信号。当 UE 使用多个接收分支时，上报的 DL PRS RSRP 取值不低于任一独立接收分支测得的 DL PRS RSRP 值[7]。DL PRS RSRP 的测量值主要用于 DL AoD 技术。对于每个 TRP，UE 可以最多上报 8 个下行 PRS RSRP 测量值。

根据 4.2 节 DL AoD 定位技术的讨论，LMF 利用 UE 上报的 DL PRS RSRP 以及其各 TRP 的各个下行 PRS 的发送波束方向来确定 UE 相对各 TRP 的角度，即 DL AoD。然后利用所得的 DL AoD 以及各 TRP 的地理坐标来计算 UE 的位置。在 UE 上报信息中，LMF 仅能够获得 DL PRS 资源的 ID，无法获知相应资源的发送波束的角度信息。因此，除 UE 上报外，基站也需要将每个 TRP 的每个 DL PRS 资源的方位角和俯仰角上报给 LMF。R16 标准中规定，基站可以上报在全局坐标系或者局部坐标系中定义 DL PRS 资源的方位角和俯仰角。

3. UE 收发时间差

UE 收发时间差（Rx-Tx Time Difference）定义为某一 TRP 的下行子帧的接收时间与上行子帧的发送时间之差。其中，下行子帧的接收时间为 UE 检测到的下行子帧的第一径的接收时间，上行子帧的发送时间为与所述下行子帧最近的上行子帧的发送时间。与下行 RSTD 类似，每个 TRP 传输的多个 DL PRS 资源均可以用于确定此 TRP 的下行子帧的第一径的接收时间。对于 FR1，接收时间的参考点为 UE 接收天线连接点，发送时间的参考点为 UE 发送天线连接点；对于 FR2，接收时间的参考点为 UE 的接收天线，发送时间的参考点为 UE 的发送天线[7]。

UE Rx-Tx 时间差用于 Multi-RTT 定位技术。根据 4.2 节的讨论，UE 与每个 TRP 之间的信号往返行程时间（RTT）可由 UE Rx-Tx 时间差加上相应的 TRP Rx-Tx 时间差得到。在标准中 TRP Rx-Tx 时间差称为 gNB Rx-Tx 时间差。这种方式不需要多个 TRP 之间的同步，多个 RTT 测量值可以独立得到。

根据 UE Rx-Tx 时间差的定义，UE 的接收时间根据 DL PRS 资源确定，而 UE 的发送时间由与此 DL PRS 资源所在的下行子帧最近的上行子帧确定。对于同一个 TRP，根据 UE 的能力，UE 可以被配置最多上报 4 个 UE Rx-Tx 时间差，其中，每个 UE Rx-Tx 时间差由不同的 DL PRS 资源或资源集合确定。所述的 DL PRS 资源或资源集合可以位于不同的定位频率层（定位频率层的定义见 4.4.1 节）。

4. 其他上报量

上报 DL PRS RSTD、DL PRS RSRP 和 UE 收发时间差测量值时，UE 还可以同时上报以下信息。

（1）用于确定此测量值所对应的 PRS 资源 ID 或者 PRS 资源集合 ID。PRS 资源 ID 上报可以使网络侧根据 PRS 资源的波束信息获得 UE 的角度信息，有利于进一步提高位置计算精度。

（2）与测量值相关联的时间戳（Time Stamp），其中包括系统帧号以及时隙号。时隙号的取值根据上述 LMF 配置的 PRS 资源所在的时隙位置来确定，此 PRS 资源为 RSTD 参考时间所对应的 PRS 资源。时间戳的上报用于指示此次测量值的有效时间。

4.3.2 基站定位测量值

1. 上行 RTOA

上行 RTOA 用于 NR UL-TDOA 定位技术。上行 RTOA 的定义为基站接收到的包含 SRS 的子帧开始时间相对于 LMF 配置的参考时间的相对时间。UE 发送的各个 SRS 资源均可以用于确定基站接收到的包含 SRS 的子帧开始时间。上行 RTOA 的测量值参考点，根据不同的基站类型分别定义（具体见 TS 38.215[7]）。

2. 上行 SRS RSRP

上行 SRS RSRP 定义为配置的测量频率带宽内承载 UL SRS 的 RE 功率的线性平均。对于 FR1，上行 SRS RSRP 的参考点为基站的接收天线连接点；对于 FR2，上行 SRS RSRP 基于某个接收分支的天线单元的合并信号进行测量。当基站使用多个接收分支进行上行 SRS RSRP 测量时，上报的上行 SRS RSRP 取值不低于任一接收分支的上行 SRS RSRP 测量值[7]。

类似于 DL PRS RSRP，上行 SRS RSRP 可以用于获取上行角度信息，如上行 AoA，进行基于角度的定位；也可以用作一种测量质量指示，在 UL TDOA 定位或者在 UL AoA 定位中与其他测量值共同上报。

3. gNB 收发时间差

gNB 收发时间差（Rx-Tx Time Difference）定义为 TRP 接收到的 UE 发送的包含 SRS 资源的上行子帧接收时间与该 TRP 的下行子帧发送时间之差。其中，上行子帧接收时间为基站检测到的第一径的接收时间，所述的下行子帧为与所述上行子帧最近的下行子帧。UE 发送的多个 SRS 资源均可以用于确定基站接收到的包含 SRS 资源的子帧开始时间，每个基站可根据接收信号质量从中选择一个 SRS 资源用于确定 gNB 收发时间差。上行子帧接收时间的参考点以及下行子帧发送时间的参考点根据不同的基站类型分别定义[7]。

4. 上行角度测量值

NR 系统中由于大规模天线的引入使得高精度的角度估计得以实现。考虑到基站侧使用二维天线阵列，R16 中定义的上行角度测量值（UL AoA）包括水平到达角（A-AoA）和垂直到达角（Z-AoA）。由于 UE 可以发送多个 SRS 资源，每个资源对应不同发送波束，可以针对每个 SRS 资源定义一个角度测量值。但是这种方式增加了上报开销和计算复杂度，且对于提高定位精度的效果不明显，因此 R16 中的上行 AoA 针对每个 UE 定义。上行 AoA 定义为相对于参考方向估计出的 UE A-AoA 和 Z-AoA。角度信息既可以定义为相对于天线阵列的角度，也可以定义为相对于绝对地理方向的角度。R16 中支持两种参考方向的定义，可以由网络侧进行配置。

（1）参考方向由全局坐标系定义

● 对于 A-AoA，参考方向为地理北方，逆时针方向角度为正。

● 对于 Z-AoA，参考方向为垂直方向，0° 指向垂直方向，90° 指向水平方向。

（2）参考方向由信道模型中的局部坐标系定义[30]

● 对于 A-AoA，参考方向为局部坐标系的 x 轴方向，逆时针为正。

● 对于 Z-AoA，参考方向为局部坐标系的 z 轴方向，0° 指向 z 轴方向，90° 指向 x–y 平面。

5. 基站定位测量值上报

当上报上述的 UL RTOA、上行 SRS RSRP、gNB 收发时间差和角度测量值时，基站

还可以同时上报以下信息。

（1）gNB 的接收波束方向可以用来确定 UE 的角度信息，此接收波束方向可以由 DL PRS 指示，即接收波束方向与 DL PRS 的发送波束的方向相同。因此，基站可以上报用于确定测量值的接收波束方向所对应的 DL PRS 资源/资源集 ID。LMF 基于基站上报的有关接收波束方向信息，可以估算 UE 的角度信息，进一步提高定位性能。

（2）与测量值相关联的时间戳，其中包括系统帧号以及对应于上报子载波间隔的时隙号，用于指示此次上报测量值的有效时间。

当上报的 UL AoA 为局部坐标系到达角时，基站需要同时上报将局部坐标系的角度转换为全局坐标系的天线阵列方向角{α（Bearing Angle），β（Downtilt Angle），γ（Slant Angle）}（{α, β, γ}角的定义见 TR 38.901[30]）。

4.3.3　定位测量值的取值范围和分辨率

定位测量值需要经过量化后上报。量化精度取决于测量值的取值范围和分辨率。NR R16 中支持的定位测量值可以划分为时间测量值（DL RSTD，UE Rx-Tx 时间差，UL RTOA，gNB Rx-Tx 时间差）和角度测量值（UL AoA，局部坐标系的方向角{α, β, γ}）两大类。对于时间测量值，一种方式是采用固定分辨率，另一种方式是采用可变分辨率。考虑到室内室外的不同应用场景，时间测量值取值的动态范围较大，考虑不同的定位精度要求，采用可变分辨率的方式更加合适。时间测量值的上报分辨率为：$T=T_{c} \cdot 2^{k}$，其中，$1T_{c}=0.509\text{ns}$[4]，k 取值由 LMF 配置[9]。对于角度测量值，根据 UE 的位置和天线阵列的方向，不同角度测量值的动态范围可能不同。例如，UE 在水平维度的分布范围通常大于垂直维度的分布范围，因此水平到达角的动态范围会大于垂直到达角的动态范围。较优的量化方式是对水平到达角和垂直到达角分别定义取值范围和分辨率。为避免标准过于复杂，角度测量值采用了一致的固定分辨率 0.1 度。

4.3.4　定位测量值质量指示

为了能够将测量值合理地用于定位计算，每个定位测量值均对应一个测量质量指示。LTE 定位测量值的测量质量指示包含 3 个域，分别是误差分辨率、误差取值和误差采样点个数。其中，误差分辨率指示了误差取值的量化步长，误差采样点个数指示了计算误差取值时所使用的测量值的个数。参考 LTE 的定义，NR 定位测量值的测量质量指示包括以下两个域。

（1）误差取值：指示测量值不确定性的最优估计值。

（2）误差分辨率：指示误差取值所在指示域的量化步长。

对于时间测量值，误差取值域的位宽为 5bit，误差分辨率由 UE 在 {0.1, 1, 10, 30}m 选择并上报，以满足室内室外的不同定位精度要求。对于角度测量值，误差取值域的位宽为 8bit，误差分辨率固定为 0.1 度。

4.4 下行定位参考信号

在下行定位技术方案（DL-TDOA, DL-AoD）和上下行联合定位技术方案（Multi-RTT）中，UE 通过接收和测量各个基站发送的下行定位参考信号（PRS），获得定位测量值。表 4-1 给出了下行定位参考信号与定位测量值和定位技术之间的映射关系。

表 4-1 下行定位参考信号与定位测量值和定位技术之间的映射关系

定位参考信号	UE 定位测量值	支持的定位技术方案
R16 DL PRS	DL RSTD	DL-TDOA
R16 DL PRS	DL PRS RSRP	DL-TDOA，DL-AoD，Multi-RTT
R16 DL PRS / R16 SRS for Positioning	UE 收发时间差	Multi-RTT

注：上表中的 R16 SRS 也用于 Multi-RTT 计算。

DL PRS 的设计是 NR RAT 定位系统设计的关键之一，其基本设计原则如下。

（1）DL PRS 序列应具有良好的互相关特性并且有足够多的序列个数，以支持在不同的网络部署情况下，UE 能够检测到多个 TRP 的 DL PRS。

（2）支持 DL PRS 发送波束扫描和接收波束扫描。

（3）支持灵活的 DL PRS 时域资源配置（如不同的 OFDM 符号个数），在 PRS 处理后 SINR、时域资源开销和测量性能 3 个方面取得折中测量值。

（4）支持灵活的 DL PRS 频率资源配置（如各种不同的带宽、子载波间隔等），以满足不同应用场景下的定位精度。

本节将首先介绍 DL PRS 资源/资源集/定位频率层、映射图样、序列和带宽设计，然后介绍 DL PRS 的配置。

4.4.1　DL PRS 设计

1. DL PRS 资源/资源集/定位频率层设计

NR R16 定位与 LTE 定位的主要区别之一在于，NR 支持下行定位参考信号（DL PRS）多波束扫描操作，包括基站侧的下行发送波束扫描和 UE 侧的下行接收波束扫描。为了支持 NR 定位过程的下行多波束扫描操作，NR R16 DL PRS 资源和 PRS 资源集的设计中充分借鉴了 R15 的各种下行参考信号的设计，包括 SS/PBCH 块（SSB）和 SSB 集合，CSI-RS 资源和 CSI-RS 资源集。

类似 NR SSB 和 CSI-RS 资源的概念，一个 NR DL PRS 资源为一个 TRP 的一组下行时频资源，每个 DL PRS 资源具有一个 DL PRS 资源 ID。也类似 NR SSB 集合和 CSI-RS 资源集的概念，一个 DL PRS 资源集为同一个 TRP 的一组 DL PRS 资源的集合。DL PRS 资源集中的每个 DL PRS 资源关联到单个 TRP 发送的单个空间发送滤波器（发送波束）。

DL PRS 资源集的主要作用是区分不同的下行发送波束，实现不同下行发送波束的重复传输，并且有利于实现 UE 的接收波束扫描。例如，一个 DL PRS 资源集包含的不同的 DL PRS 资源可以采用不同的下行发送波束，且可以在一个发送周期内重复多次。

如图 4-7 所示，假设系统配置 1 个 DL PRS 资源集有 2 个 DL PRS 资源，2 个 DL PRS 资源的下行发送波束方向不同，DL PRS 资源重复因子为 2。网络没有配置 DL PRS 和 SSB 之间的 QCL 关联关系。在 1 个 DL PRS 发送周期内，UE 接收并且测量 2 个重复的 DL PRS 资源集中相同 PRS 资源 ID（相同的下行发送波束）的 DL PRS 资源，并且判断最优接收波束。在 1 个 DL PRS 发送周期内，UE 分别采用接收波束 1 和接收波束 2 接收并测量重复传输的 PRS 资源 1，根据一定的准则判断最优接收波束。例如，根据 RSRP 最大准则判断最优接收波束为接收波束 1，然后基于接收波束 1 进行测量获得测量值 1。同理，UE 分别采用接收波束 1 和接收波束 2 接收重复传输的 PRS 资源 2，并判断最优接收波束。最后，UE 基于某种准则（例如，选择信号质量最优的值，或者计算平均值），对测量值 1 和测量值 2 进行合并之后获得最终的测量值 3，并且向 LMF 上报。

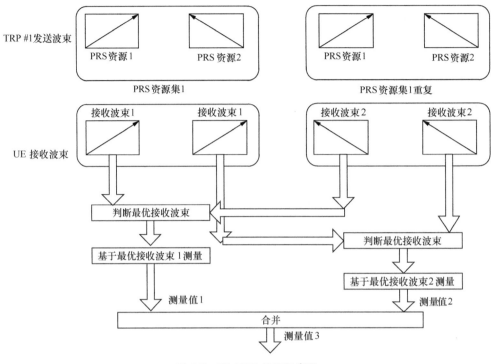

图 4-7　DL PRS 处理示意图

　　在以上的例子中，UE 如何针对 2 个 DL PRS 资源进行合并处理以获得上报的测量值，通过 UE 算法实现，可以针对 2 个 DL PRS 资源进行合并处理，也可以针对 2 个 DL PRS 资源的测量值进行合并处理。

　　NR 引入了 DL PRS 定位频率层的定义，以区分同频和异频测量 DL PRS。DL PRS 定位频率层的定义为跨 1 个或多个 TRP 的 DL PRS 资源集的集合，这些 DL PRS 资源集中的 DL PRS 具有相同 SCS、CP 类型、中心频点、起始频率参考点（Point A）、PRS 带宽和起始 PRB 位置。PRS 资源的频域起始 PRB 位置是相对于 Point A，其中，Point A 是由每个 PRS 定位频率层分别配置的。每个 UE 可以配置 1 个或者最多 4 个 PRS 定位频率层。UE 是否支持多于 1 个 PRS 定位频率层的配置取决于 UE 的能力。

　　下面给出 DL PRS 资源/资源集/定位频率层的三级设计以及相互关系。

　　（1）DL PRS 资源定义为 1 个用于 DL PRS 传输的资源单元（RE）集合。在时域上，该 RE 集合可以包含 1 个时隙中 1 个或多个连续符号。

（2）DL PRS 资源集是同一个 TRP 的一组 DL PRS 资源的集合。DL PRS 资源集中的每个 DL PRS 资源关联到单个 TRP 发送的单个空间发送滤波器（发送波束）。1 个 TRP 可配置 1 个或 2 个 DL PRS 资源集。UE 是否支持 2 个 DL PRS 资源集的配置取决于 UE 的能力。

（3）DL PRS 定位频率层是一个或跨多个 TRP 的，具有相同 SCS、CP 类型、Point A、PRS 带宽和起始 PRB 位置的 DL PRS 资源集的集合。

DL PRS 资源/资源集/定位频率层的相互关系如图 4-8 所示，关于 DL PRS 信号设计的详细描述可参见 4.4.1 节，DL PRS 配置可参见 4.4.2 节。

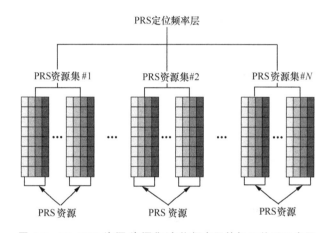

图 4-8　DL PRS 资源/资源集/定位频率层的相互关系示意图

2. DL PRS 资源单元映射图样设计

1 个 DL PRS 资源在时域上占用 1 个或若干个连续的 OFDM 符号，在频域上占用多个连续的 PRB 并且以梳齿的方式支持多个不同的 DL PRS 资源在不同的子载波上复用。

DL PRS 资源单元映射图样的作用是帮助区分各个 TRP 的 DL PRS，合理和灵活地配置 PRS 发射功率和资源开销，以满足一定的定位测量性能。PRS 资源单元映射图样设计主要考虑以下 3 个因素。

● DL PRS 资源的梳齿尺寸（Comb Size）。
● DL PRS 资源的 OFDM 符号个数。
● DL PRS 资源的 PRS 图样（梳齿尺寸、OFDM 符号个数之间的关系和 RE 偏移）。

（1）DL PRS 资源的梳齿尺寸

LTE DL PRS 只支持一种子载波间隔为 15kHz 和梳齿尺寸为 6 的 DL PRS 资源单元映射图样。相对于 LTE，NR DL PRS 设计重点考虑了以下 3 个方面：第一，5G NR 支持不同的带宽、不同的参数集（Numerology）和不同的载频；第二，5G NR 支持多波束操作；第三，在定位需求方面，5G NR 需要满足的定位精度要求高于 4G，并需要满足多种不同的定位需求。基于以上考虑，DL PRS 资源支持了多个梳齿尺寸配置{2，4，6，12}。

（2）DL PRS 资源的 OFDM 符号个数

PRS 资源的 OFDM 符号个数的 TRP 设计准则是在 PRS 资源的配置上，能折中考虑接收的 PRS SINR、资源开销和测量性能等多方面因素。具体的，1 个 PRS 资源包含的 OFDM 符号个数越多，UE 在接收端进行相干合并累积处理后的 SINR 越大，测量性能越好，但资源开销越大；反之，1 个 PRS 资源包含的 OFDM 符号个数越少，资源开销越小，但 UE 在接收端的处理后 PRS SINR 越小，测量性能越差。基于以上原因，DL PRS 资源的 OFDM 符号个数可灵活配置为{2, 4, 6, 12}中的一个。

（3）DL PRS 资源的 PRS 图样（梳状因子、OFDM 符号个数之间的关系和 RE 偏移）

NR R16 DL PRS 资源在相邻的 OFDM 符号上的相对 RE 偏移采用预定义表格方式，由 DL PRS 梳齿尺寸 N 和 OFDM 符号个数 M 组合条件给出（参见表 4-2）。目前只支持 $N \leq M$，而不支持 $N>M$ 的配置，其原因在于 $N>M$ 的配置下，UE 无法通过相干合并得到等效梳状因子为 1 的接收信号，于是需要额外的算法处理自相关 TOA 估计时产生的旁瓣，从而增加了 UE 实现复杂度并有可能造成 TOA 估计误差。

表 4-2　DL PRS 支持的梳齿尺寸 N、OFDM 符号个数 M 组合条件下的相对 RE 偏移

符号个数 M ＼ 梳齿尺寸 N	2	4	6	12
2	{0, 1}	{0, 1, 0, 1}	{0, 1, 0, 1, 0, 1}	{0, 1, 0, 1, 0, 1, 0, 1, 0, 1, 0, 1}
4	NA	{0, 2, 1, 3}	NA	{0, 2, 1, 3, 0, 2, 1, 3, 0, 2, 1, 3}
6	NA	NA	{0, 3, 1, 4, 2, 5}	{0, 3, 1, 4, 2, 5, 0, 3, 1, 4, 2, 5}
12	NA	NA	NA	{0, 6, 3, 9, 1, 7, 4, 10, 2, 8, 5, 11}

下面以梳齿尺寸为 4 和 4 个 OFDM 符号{N=4，M=4}为例，进一步说明表 4-2 相对

RE 偏移设计的优点：第一，UE 可以利用前两个 OFDM 符号进行相干合并，从而得到等效梳齿尺寸为 2 的接收信号，TOA 自相关函数的旁瓣较小，TOA 估计性能更好；第二，UE 可以基于前两个 OFDM 符号相干合并后的自相关函数做 TOA 估计，而不需要等待 4 个 OFDM 符号都接收完成之后再做 TOA 估计，从而降低了定位测量时延。

3. DL PRS 序列设计

DL PRS 序列设计要求当多个 TRP 的 DL PRS 使用相同的时频资源时，须保持各个 TRP 之间 DL PRS 的干扰随机化和良好的序列互相关特性。设计时考虑了以下 3 个关键因素。

● DL PRS 序列 ID 个数。

● DL PRS 序列类型。

● DL PRS 的 Gold 序列初始化函数设计。

（1）DL PRS 序列 ID 个数

LTE DL PRS 序列个数是 4096（每个 TRP 最多配置 3 个 DL PRS），目的是用于保持各个下行 TRP 之间的干扰随机化和良好的序列互相关特性。NR R16 DL PRS 序列个数也采用了 4096。采用相同 DL PRS 序列个数的原因是，来自同一个 TRP 的不同波束之间已采用时分复用（TDM），且 DL PRS 资源采用的 Gold 序列初始化函数已包含了时域位置信息（例如，时隙和 OFDM 符号索引），因而不需要额外增加 DL PRS 序列 ID 个数来区分 DL PRS 资源采用的序列。

（2）DL PRS 序列类型

针对 NR R16 DL PRS 序列类型，3GPP 主要讨论了以下 3 种设计方案。

● 方案 1：TS 38.211 协议中已定义的长度为 31 阶的 Gold 序列。

● 方案 2：Zadoff-Chu（ZC）序列。

● 方案 3：新的 PRS 序列（具体方案参见参考文献[33]）。

其中，ZC 序列相对于 Gold 序列的优势在于：ZC 序列在时域和频域的发送功率都是恒定的，从而峰均功率比（PAPR）性能优于基于 Gold 序列调制的 QPSK 信号。文献[33] 定义的新序列相对于 Gold 序列的优势在于：自相关函数在主瓣两侧的旁瓣更小，从而获得了更优的估计性能。然而，在 3GPP R16 定位讨论过程中，通过配置合适的 PRS 参数以及静音（Muting）机制（见 4.4.2 节），采用 Gold 序列的性能能够满足定位需求。同时，由于 CSI-RS 的伪随机序列采用伪随机 Gold 序列，DL PRS 序列同样采用 Gold 序列使得 NR DL PRS 和 CSI-RS 能够进行 RE 级的资源复用，从而简化了基站和 UE 的实现。因此，NR R16 DL PRS 采用了 Gold 序列。

（3）DL PRS Gold 序列初始化函数设计

Gold 序列初始化函数的设计要求区分每个 TRP 的 DL PRS，保持各个 TRP 的 DL PRS 之间的干扰随机化和良好的序列互相关特性。LTE DL PRS 序列采用长度为 31 阶的伪随机 Gold 序列。

NR DL PRS 采用了不同于 LTE DL PRS 的 Gold 序列初始化函数。NR DL PRS Gold 序列初始化函数的设计进一步考虑了与 NR CSI-RS 的 RE 复用，使得 Gold 序列初始化函数既能支持 CSI-RS 序列，也能支持 PRS 序列，并且在所有配置下不能产生相同的初始化函数值。NR DL PRS Gold 序列初始化函数如下式所示：

$$c_{\mathrm{init}}=\left[a\left\lfloor\frac{n_{\mathrm{ID}}}{1024}\right\rfloor+\left(2^{10}\left(N_{\mathrm{symb}}^{\mathrm{slot}}n_{\mathrm{s,f}}^{\mu}+l+1\right)\left(2\left(n_{\mathrm{ID}}\bmod1024\right)+1\right)+\left(n_{\mathrm{ID}}\bmod1024\right)\right)\right]\bmod2^{31}$$

其中，$a=2^{22}$，n_{ID} 的取值范围为 0~4095。相对于 CSI-RS Gold 序列初始化函数 c_{init}，NR DL PRS Gold 序列初始化函数 c_{init} 有两个不同点：① n_{ID} 替换为 $n_{\mathrm{ID}}\bmod 1024$；② 增加了一个偏移量：$a\left\lfloor\dfrac{n_{\mathrm{ID}}}{1024}\right\rfloor$。因此，当 n_{ID} 的取值范围为 0~1023 时，PRS 的 c_{init} 函数与 CSI-RS 的 c_{init} 函数完全相同；当 n_{ID} 的取值范围为 0~4095 时，满足不同的 n_{ID} 对应不同的 c_{init} 函数的要求。

4. PRS 端口与带宽

LTE 只支持单端口发送 PRS，NR R16 定位讨论了是否支持单端口和两端口发送 PRS。两端口发送 PRS 的潜在优点是，UE 基于两端口发送的交叉极化 PRS，有可能估计出相位差并且识别直接视线（Line of Sight）和非直接视线（None Line of Sight）信道，提高测量精度和 UE 位置计算精度。然而，两端口发送 PRS 将引入更多的资源开销，且 PRS 两端口相对于单端口的潜在优势在于，仿真结果中并没有得到充分证实。最终，NR R16 只采用了单端口发送 PRS。

NR R16 DL PRS 带宽和起始 PRB 位置是基于 DL PRS 定位频率层来定义的，即同一个 DL PRS 定位频率层的所有 DL PRS 资源集合或 DL PRS 资源的 DL PRS 带宽和起始 PRB 位置全部相同，不同的 DL PRS 定位频率层的 DL PRS 带宽和起始 PRB 位置不相同。主要原因在于，基于 DL PRS 定位频率层定义可以简化系统设计和减少信令开销。具体设计如下：同一个 DL PRS 定位频率层的所有 DL PRS 资源集具有相同的 DL PRS 带宽和起始 PRB 值。DL PRS 起始 PRB 参数的颗粒度为 1，最小值为 0，最大值为 2176。DL PRS 带宽配置的颗粒度为 4PRB，最大值取决于 UE 向网络上报的 UE 处理 DL PRS 带宽能力，且 DL PRS 带宽不小于 24PRB。

4.4.2 DL PRS 配置

1. DL PRS 资源集和 DL PRS 资源到时频域物理资源的映射

DL PRS 资源集和 DL PRS 资源到时频域物理资源的映射包括 DL PRS 资源集到时隙的映射，以及 DL PRS 资源到时频域物理资源的映射。

NR R16 定义了两种类型的时间偏移值，第一类偏移值是基于 DL PRS 资源集的，定义了该发送 TRP 的 DL PRS 资源集相对于参考 TRP 的 SFN0 时隙 0 的偏移；第二类偏移值是基于 DL PRS 资源的，定义了该 DL PRS 资源相对于 DL PRS 资源集所在时隙和起始符号的偏移。

其中，第一类偏移由下面两个参数来定义。

● DL-PRS-SFN0-Offset 定义了发送 TRP 的 SFN0 时隙 0 相对于参考 TRP 的 SFN0 时隙 0 的时间偏移。

● DL-PRS-ResourceSetSlotOffset 定义了 DL PRS 资源集中的第一个 DL PRS 资源所在时隙相对于 SFN0 时隙 0 的时隙偏移，取值为 {0, 1, ⋯, DL-PRS-Periodicity-1}。

第二类偏移由下面两个参数来定义。

● DL-PRS-ResourceSlotOffset 定义了 DL PRS 资源相对于 DL-PRS-ResourceSetSlotOffset 的起始时隙偏移。

● DL-PRS-ResourceSymbolOffset 定义了 DL PRS 资源在起始时隙内的起始符号偏移。

2. PRS 发送周期配置

NR R16 只支持周期性 DL PRS。NR DL PRS 资源的周期是基于 DL PRS 资源集配置的，不是基于 DL PRS 资源配置的。原因在于：第一，基于 DL PRS 资源集配置使得一个 PRS 资源集内所有 PRS 资源周期相同，有利于系统配置和网络规划/优化；第二，基于 DL PRS 资源配置将增加额外的信令开销。

NR DL PRS 资源周期的取值范围设计主要考虑了以下 3 个方面。

● 配置应具有高度的灵活性，以便满足各种应用场景的不同要求。

● 取值范围应与参数集无关，即不同 SCS 的 PRS 的周期应该有相同的取值范围。

● 取值范围应该至少支持 LTE DL PRS 周期。此外，考虑到 NR R16 DL PRS 与 NR CSI-RS 之间的资源共享，还需要支持 NR CSI-RS 的周期（注：NR CSI-RS 的周期取值范围为{4, 5, 8, 10, 16, 20, 32, 40, 64, 80, 160, 320, 640}时隙）。

最终，NR R16 DL PRS 资源周期取值范围为：$\{4, 8, 16, 32, 64, 5, 10, 20, 40, 80, 160, 320, 640, 1280, 2560, 5120, 10\,240\} \cdot 2^\mu$ 时隙，其中，$\mu = \{0, 1, 2, 3\}$对应于 PRS 子载波间隔$\{15, 30, 60, 120\}$ kHz。

3. PRS 和 SSB 信号的复用

NR PRS 和 SSB 之间采用时分复用（TDM），UE 假定 NR PRS 没有映射到任何包含 SSB 的任何 OFDM 符号上。对于相邻 TRP，当接收到定位服务器（LMF）发送的包含 SSB 的配置信息的定位辅助数据时，UE 假定 PRS 没有映射到 SSB 传输占用的 OFDM 符号上。

4. PRS 静音机制

PRS 资源被静音表示 TRP 不传输该 PRS 资源，NR DL PRS 静音的目的是降低多个 TRP 在相同的时频资源上发送的 PRS 之间的干扰。PRS 静音设计涉及两个关键因素：① PRS 静音颗粒度；② PRS 静音指示方法。基于 PRS 资源级别（波束）的静音配置的灵活性较高，但配置和测量复杂度较大；反之，基于 PRS 资源集级别静音的配置简单、信令开销少，但配置的灵活性较差。出于缺乏仿真结果证明基于 PRS 资源级别静音的灵活性会对定位测量带来明显的性能增益，以及简化 PRS 静音配置和减少信令开销等方面考虑，R16 仅支持了基于 PRS 资源集级别静音的方案。如果没有配置任何静音选项，网络根据 DL PRS 配置在满足以下条件的时隙 n_f 和帧号 $n_{s,f}^\mu$ 传输 DL PRS 资源：

$$\left(N_{\text{slot}}^{\text{frame},\mu} n_f + n_{s,f}^\mu - T_{\text{offset}}^{\text{PRS}} - T_{\text{offset,res}}^{\text{PRS}}\right) \bmod 2^\mu T_{\text{per}}^{\text{PRS}} \in \left\{iT_{\text{gap}}^{\text{PRS}}\right\}_{i=0}^{T_{\text{rep}}^{\text{PRS}}-1}$$

其中，$N_{\text{slot}}^{\text{frame},\mu}$ 为一个子载波间隔为 μ 的帧的时隙个数；$T_{\text{offset}}^{\text{PRS}}$ 为时隙偏移，由高层参数 DL-PRS-ResourceSetSlotOffset 给出；$T_{\text{offset,res}}^{\text{PRS}}$ 为 DL PRS 资源时隙偏移量，由高层参数 DL-PRS-ResourceSlotOffset 给出；$T_{\text{per}}^{\text{PRS}}$ 为 DL PRS 周期，由上层参数 DL-PRS-Periodicity 给出；$T_{\text{rep}}^{\text{PRS}}$ 为重复因子，由高层参数 DL-PRS-ResourceRepetitionFactor 给出；$T_{\text{gap}}^{\text{PRS}}$ 为时间间隔，由高层参数 DL-PRS-ResourceTimeGap 给出。

NR R16 支持以下 3 种 DL PRS 静音指示选项[4][11]。

选项 1：选项 1 的静音操作是针对 DL PRS 资源集进行的。选项 1 的静音位图 $\{b^1\}$ 由高层参数 mutingOption1 中的 mutingPattern 定义。如果配置了静音位图 $\{b^1\}$，则配置在时隙 n_f 和帧号 $n_{s,f}^\mu$ 的 DL PRS 资源是否静音取决于下式计算的索引 i 所对应的静音位图 $\{b^1\}$ 的比特值 $\{b_i^1\}$。若 $\{b_i^1\}$=0，则该 DL PRS 资源集内的所有 DL PRS 资源被静音；若 $\{b_i^1\}$=1，该 DL PRS 资源集内的所有 DL PRS 资源正常传输（不被静音）。

$$i = \left\lfloor \left(N_{\text{slot}}^{\text{frame},\mu} n_f + n_{s,f}^\mu - T_{\text{offset}}^{\text{PRS}} - T_{\text{offset,res}}^{\text{PRS}}\right) \Big/ \left(2^\mu T_{\text{muting}}^{\text{PRS}} T_{\text{per}}^{\text{PRS}}\right) \right\rfloor \bmod L$$

其中，$T_{\text{muting}}^{\text{PRS}}$ 为静音重复因子，由高层参数 DL-PRS-MutingBitRepetitionFactor 给出；L 为静音位图 $\{b^1\}$ 的长度。上式表示若静音位图 $\{b^1\}$ 中某个比特值 $\{b_i^1\}$=0，则该比特值所对应的 $T_{\text{muting}}^{\text{PRS}}$ 个 DL PRS 的时间范围中的所有 DL PRS 资源集的所有 DL PRS 资源都被静音。

选项 2：选项 2 静音操作是针对 DL PRS 资源集的每个重复实例（Instance）进行的。选项 2 的静音位图 $\{b^2\}$ 由参数 mutingOption2 中的 mutingPattern 定义，位图长度等于重复因子 $T_{\text{rep}}^{\text{PRS}}$。如果配置了静音位图 $\{b^2\}$，则配置在时隙 n_f 和帧号 $n_{s,f}^\mu$ 的 DL PRS 资源是否静音取决于下式计算的索引 i 所对应的静音位图 $\{b^2\}$ 的比特值 $\{b_i^2\}$。若 $\{b_i^2\}$=0，则该 DL PRS 资源集被静音；若 $\{b_i^2\}$=1，则该 DL PRS 资源集正常传输（不被静音）。

$$i = \left\lfloor \left(\left(N_{\text{slot}}^{\text{frame},\mu} n_f + n_{s,f}^\mu - T_{\text{offset}}^{\text{PRS}} - T_{\text{offset,res}}^{\text{PRS}}\right) \bmod 2^\mu T_{\text{per}}^{\text{PRS}}\right) \Big/ T_{\text{gap}}^{\text{PRS}} \right\rfloor \bmod T_{\text{rep}}^{\text{PRS}}$$

上式表示若静音位图 $\{b^2\}$ 中某个比特值 $\{b_i^2\}$=0，则该比特值所对应的 DL PRS 资源集重复实例的所有 DL PRS 资源都被静音。

选项 3：选项 3 为同时采用选项 1 和选项 2。这时，被静音的下行 PRS 资源集为由选项 1 静音的 DL PRS 资源集与由选项 2 静音的 DL PRS 资源集的合集，即只有选项 1 和选项 2 都指示为正常传输（没有被静音）的 DL PRS 资源集才能正常传输。

图 4-9 所示为 DL PRS 静音示意，其中，$T_{\text{rep}}^{\text{PRS}} = 2$，$T_{\text{muting}}^{\text{PRS}} = 2$，$\{b^1\}=\{1,0\}$ 和 $\{b^2\}=\{0,1\}$。下面采用 4 种配置分别进行说明。

（1）配置 1：网络没有配置任何静音时，根据 DL PRS 配置传输图中 DL PRS 资源集 $\{0, 1, \cdots, 7\}$ 的所有 DL PRS 资源。

（2）配置 2：网络配置了静音位图 $\{b^1\}$，但没有配置静音位图 $\{b^2\}$ 时，DL PRS 资源集 $\{0, 1, 2, 3\}$ 对应于 $\{b_0^1\}=1$；DL PRS 资源集 $\{4, 5, 6, 7\}$ 对应静音位图 $\{b_1^1\}=0$。由于 $\{b_1^1\}=0$，DL PRS 资源集 $\{4, 5, 6, 7\}$ 的所有 DL PRS 资源被静音，DL PRS 资源集 $\{0, 1, 2, 3\}$ 的所有 DL PRS 资源正常传输。

（3）配置 3：网络配置了静音位图 $\{b^2\}$，但没有配置静音位图 $\{b^1\}$ 时，DL PRS 资源集 $\{0, 2, 4, 6\}$ 对应于静音位图 $\{b_0^2\}=0$；DL PRS 资源集 $\{1, 3, 5, 7\}$ 对应静音位图 $\{b_1^2\}=1$。由于 $\{b_0^2\}=0$，DL PRS 资源集 $\{0, 2, 4, 6\}$ 的所有 DL PRS 资源被静音，DL PRS 资源集 $\{1, 3, 5, 7\}$ 的所有 DL PRS 资源正常传输。

（4）配置 4：当网络同时配置了静音位图 $\{b^1\}$ 和静音位图 $\{b^2\}$ 时，被静音的 DL PRS 资源集为由 $\{b^1\}$ 静音的 DL PRS 资源集 $\{4, 5, 6, 7\}$ 与由 $\{b^2\}$ 静音的 DL PRS 资源集 $\{0, 2, 4, 6\}$ 的合集，即 DL PRS 资源集 $\{0, 2, 4, 5, 6, 7\}$ 的所有 DL PRS 资源被静音，只有 DL PRS 资源集 $\{1, 3\}$ 的所有 DL PRS 资源正常传输。

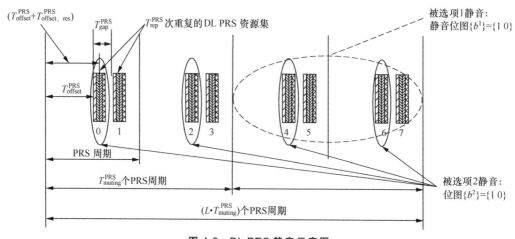

图 4-9　DL PRS 静音示意图

4.5　上行定位参考信号

上行定位参考信号的作用是提供上行定位技术方案（UL-TDOA、UL-AoA）以及上下行联合定位技术方案（Multi-RTT）的定位测量值。这些测量值包括 UL RTOA、UL-AoA（包括 A-AoA 和 Z-AoA）、上行 SRS RSRP 以及 gNB 收发时间差等。表 4-3 给出了上行定位参考信号与 gNB 定位测量值和定位技术方案之间的映射关系。

表 4-3　上行定位参考信号与 gNB 定位测量值和定位技术方案之间的映射关系[32]

定位参考信号	gNB 定位测量值	定位技术方案
R16 SRS-Pos	UL RTOA	UL-TDOA
R16 SRS-Pos	UL SRS-RSRP	UL-TDOA、UL-AoA、Multi-RTT
R16 SRS-Pos，R16 DL PRS [注]	gNB 收发时间差	Multi-RTT
R16 SRS-Pos	A-AoA 和 Z-AoA	UL-AoA，Multi-RTT

注：上表中的 R16 DL PRS 用于计算 Multi-RTT 定位方案中的 UE 收发时间差。

为了满足上述定位技术方案的定位精度需求，上行定位参考信号设计需要考虑多基站测量、上行波束扫描、上行功率控制、足够的上行覆盖以及较高的上行接收 SINR 等方面。在 NR 中新定义了一种用于定位的上行探测参考信号（SRS for Positioning），为了简化描述，在本节中以 SRS-Pos 表示。

本节首先描述 SRS-Pos 的信号设计，包括 SRS-Pos 资源、SRS-Pos 序列、SRS-Pos 资源单元映射图案以及 SRS-Pos 循环移位等内容。然后描述 SRS-Pos 的资源配置，包括 SRS-Pos 端口与带宽配置、SRS-Pos 资源类型配置以及 SRS-Pos 资源与资源集配置等内容。

4.5.1　上行定位参考信号设计

1. SRS-Pos 资源

与 NR SRS 类似，NR SRS-Pos 也引入了 SRS-Pos 资源（SRS-Pos Resource）的概念，

来定义 SRS-Pos 信号所占用的时频资源。SRS-Pos 资源配置包括如下参数。

（1）SRS-Pos 资源占用的连续 OFDM 符号数量 $N_{\text{symb}}^{\text{SRS}} \in \{1, 2, 4, 8, 12\}$：该参数由高层参数 resourceMapping 中的 nrofSymbols 配置，表示一个 SRS-Pos 资源所占用连续 OFDM 符号的数量。SRS-Pos 资源相对于 SRS 资源可以配置更多的 OFDM 符号，有利于提升 SRS-Pos 信号的覆盖范围与邻基站的接收质量。

（2）SRS-Pos 资源时域起始位置 l_0：它指示了一个 SRS-Pos 资源在一个时隙内的时域起始符号位置，它的计算方法为：$l_0 = N_{\text{symb}}^{\text{slot}} - 1 - l_{\text{offset}}$，其中，时隙内 OFDM 符号偏移量 $l_{\text{offset}} \in \{0, 1, \cdots, 13\}$ 代表从时隙结束位置向时隙起始位置反向计数符号，由高层参数 resourceMapping 中的 startPosition 配置，并且须满足 $l_{\text{offset}} \geqslant N_{\text{symb}}^{\text{SRS}} - 1$。

（3）SRS-Pos 资源频域起始位置 k_0：它代表一个 SRS-Pos 资源频域起始子载波的位置。

需要指出的是，一个 SRS-Pos 资源只能被配置在一个上行时隙之内，即不允许跨时隙配置一个 SRS-Pos 资源。

2. SRS-Pos 序列设计

由于 Zadoff-Chu 序列具有良好的自相关、互相关和低 PAPR 特性，NR SRS 序列都基于 Zadoff-Chu 序列而生成。基于同样的原因，以及出于降低实现复杂度的考虑，NR SRS-Pos 也是基于 Zadoff-Chu 序列来生成参考信号序列。

根据参数 $N_{\text{symb}}^{\text{SRS}} \in \{1, 2, 4, 8, 12\}$ 的配置，SRS-Pos 资源在一个上行时隙中最大可以占用 12 个 OFDM 符号。在符号 l' 上的 SRS-Pos 序列根据下式生成：

$$r^{(p_i)}\left(n, l'\right) = r_{u,v}^{(\alpha_i, \delta)}\left(n\right)$$

其中，$0 \leqslant n \leqslant M_{\text{sc},b}^{\text{SRS}} - 1$，$l' \in \left\{0, 1, \cdots, N_{\text{symb}}^{\text{SRS}} - 1\right\}$。上式中 $r_{u,v}^{(\alpha_i, \delta)}\left(n\right)$ 表示 SRS-Pos 信号所使用的基序列，其下标 u 表示基序列组编号，v 表示基序列组内的基序列编号。$M_{\text{sc},b}^{\text{SRS}}$ 是参考信号序列的长度，$\delta = \log_2\left(K_{\text{TC}}\right)$，$K_{\text{TC}} \in \{2, 4, 8\}$，$K_{\text{TC}}$ 表示梳齿尺寸（Comb Size）。K_{TC} 由高层参数 transmissionComb 配置，α_i 表示端口 p_i 的循环移位。

为满足定位性能的需求，需要 UE 发送的 SRS-Pos 不但被服务基站接收，而且还被尽可能多的邻基站接收。为了减少不同 UE 发送的 SRS-Pos 信号之间的碰撞以及上行干扰，SRS-Pos 的序列标识号的数量比 NR SRS 的序列标识号增加了 64 倍，即从 1024 个

ID 扩充到 65 536 个 ID，从而更好地避免了不同的 UE 在相同的时频资源上发送相同的 SRS-Pos 序列，降低了 SRS-Pos 序列之间的碰撞概率。

3. SRS-Pos 资源单元映射图案设计

一个 SRS-Pos 资源在时域占用一个或若干个连续的 OFDM 符号，在频域占用若干个连续的 PRB 并且以梳齿的方式支持多个不同的 SRS-Pos 资源在不同的子载波上复用。

一个 SRS-Pos 资源所占用的连续符号数可以被配置为：$N_{symb}^{SRS} \in \{1, 2, 4, 8, 12\}$，这些符号可以被配置在一个上行时隙中的任意位置。在频域上，NR 支持多个 SRS-Pos 资源以占用不同的频域梳齿（不同的子载波）的方式在相同的 OFDM 符号上频分复用，其中，梳齿尺寸 $K_{TC} \in \{2, 4, 8\}$。采用频域梳状配置有利于提升 SRS-Pos 信号的接收功率谱密度。相比 SRS，SRS-Pos 额外支持了 $K_{TC} = 8$，原因是当 K_{TC} 被配置成 8 时，SRS-Pos 资源可以借用不包含 SRS-Pos 信号的资源单元（RE）的功率，获得最高 9dB 的功率谱密度提升，从而提升 SRS-Pos 信号的接收 SINR。

在 SRS 中，同一个 SRS 资源内不同 OFDM 符号上的 SRS 资源单元在频域上的位置是相同的，并没有相对频域偏移。为了降低序列检测时相关运算所产生的旁瓣幅值，以增加 SRS-Pos 的邻基站可行性，SRS-Pos 采用了一种交错图案（Staggering Pattern）的设计来映射同一个 SRS-Pos 资源内的不同 OFDM 符号上的 SRS-Pos 资源单元，并且，在设计同一个 SRS-Pos 资源内的不同 OFDM 符号上的 SRS-Pos 资源单元的相对频域偏移时，考虑了最大化相邻 SRS-Pos 符号中 SRS-Pos 资源单元之间的距离的原则。根据协议 TS 38.211[4]的定义，在 OFDM 符号 l' 上的 SRS-Pos 序列为：

$$a_{nK_{TC}+k_0^{(p_i)},l'} = \begin{cases} \beta_{SRS} e^{j\alpha n} \overline{r}_{u,v}(n) & n = 0, 1, \cdots, M_{sc,b}^{RS}-1, l' = 0, 1, \cdots, N_{symb}^{SRS}-1 \\ 0 & \text{其他} \end{cases}$$

其中，

$$k_0^{(p_i)} = n_{shift} N_{sc}^{RB} + \left(k_{TC}^{(p_i)} + k_{offset}^{l'}\right) \bmod K_{TC}$$

$K_{TC} \in \{2, 4, 8\}$ 是梳齿尺寸，$M_{sc,b}^{SRS}$ 是 SRS-Pos 序列长度。对于 SRS，参数 $k_{offset}^{l'} = 0$，表示不同符号上的 SRS 资源单元频域偏移为 0。对于 SRS-Pos，参数 $k_{offset}^{l'}$ 通过定义同一个 SRS-Pos 资源内的不同 OFDM 符号上的 SRS-Pos 资源单元的相对频域偏移，定义了一套

SRS-Pos 的交错图案，该交错图案的具体配置与 SRS-Pos 资源被配置的梳齿尺寸 K_{TC} 以及其占用的 OFDM 符号数量 N_{symb}^{SRS} 有关，如表 4-4 所示。从表 4-4 中可以看出，任意一种 $\{K_{TC}, N_{symb}^{SRS}\}$ 的组合最多支持一种交错图案配置。

表 4-4 SRS-Pos 资源的参数 k_{offset}^{r}

K_{TC}	$k_{offset,}^{0} \cdots, k_{offset}^{N_{symb}^{SRS}-1}$				
	$N_{symb}^{SRS} = 1$	$N_{symb}^{SRS} = 2$	$N_{symb}^{SRS} = 4$	$N_{symb}^{SRS} = 8$	$N_{symb}^{SRS} = 12$
2	0	0, 1	0, 1, 0, 1	—	—
4	—	0, 2	0, 2, 1, 3	0, 2, 1, 3, 0, 2, 1, 3	0, 2, 1, 3, 0, 2, 1, 3, 0, 2, 1, 3
8	—	—	0, 4, 2, 6	0, 4, 2, 6, 1, 5, 3, 7	0, 4, 2, 6, 1, 5, 3, 7, 0, 4, 2, 6

图 4-10 给出了一个 SRS-Pos 资源交错图案示例，该 SRS-Pos 资源的梳齿尺寸 $K_{TC} = 8$，其占用的符号数 $N_{symb}^{SRS} = 12$。

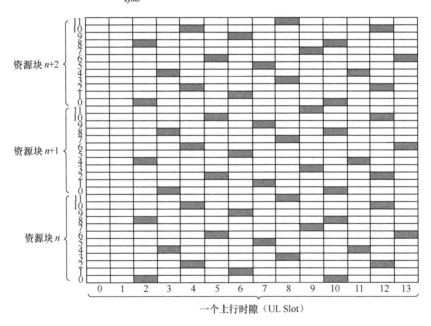

图 4-10 一个 SRS-Pos 资源交错图案示例{ $K_{TC} = 8$, $N_{symb}^{SRS} = 12$ }

4. SRS-Pos 循环移位设计

与 NR SRS 类似，为了在有限的时频资源上复用更多的用户，SRS-Pos 序列也引入了循环移位的设计。依据循环移位设计，不同的 UE 所配置的 SRS-Pos 在占用相同的时频资源的情况下，可以通过配置不同的循环移位（Cyclic Shift）来互相区分，从而有效地增加了 SRS-Pos 的容量。

在 SRS-Pos 中，可配置的循环移位的最大数量 $n_{SRS}^{cs,max}$ 与其配置的梳齿尺寸 K_{TC} 有关。当 $K_{TC} \in \{2, 4, 8\}$ 时，可配置的循环移位的最大数量 $n_{SRS}^{cs,max}$ 分别为 8，12，6，如表 4-5 所示。

表 4-5　循环移位的最大数量 $n_{SRS}^{cs,max}$ 与梳齿尺寸 K_{TC} 的映射关系

K_{TC}	$n_{SRS}^{cs,max}$
2	8
4	12
8	6

根据 TS 38.211[4]，在 OFDM 符号 l' 上的 SRS-Pos 序列为：

$$a_{nK_{TC}+k_0^{(p_i)},l'} = \begin{cases} \beta_{SRS} e^{j\alpha n} \overline{r}_{u,v}(n) & n = 0, 1, \cdots, M_{sc,b}^{RS} - 1, l' = 0, 1, \cdots, N_{symb}^{SRS} - 1 \\ 0 & 其他 \end{cases}$$

上式中循环移位 α 由下式计算得到：

$$\alpha = 2\pi \frac{n_{SRS}^{cs}}{n_{SRS}^{cs,max}}$$

其中，$n_{SRS}^{cs} \in \{0, 1, \cdots, n_{SRS}^{cs,max} - 1\}$，该参数通过高层参数 transmissionComb 中的 cyclicShift 配置。循环移位会作用到基序列 $\overline{r}_{u,v}(n)$ 的每一个序列元素上，序列元素所使用的循环移位量与其元素索引号有关，第 n 个序列元素所使用的循环移位量为 αn。

从以上设计可以看出，在一个 SRS-Pos 资源内，不同 OFDM 符号上的循环移位量相同。对于 SRS-Pos 而言，由于 SRS-Pos 资源单元映射采用了交错图案，当使用上述循环移位计算公式时，存在一些问题。例如，当以交错图案发送的 SRS-Pos 信号被基站接收后，需要反解交错图案以合并不同符号上的 SRS-Pos 资源单元，从而在基站接收机处完成 SRS-Pos 信号检测，但这时会存在相位不连续问题。此外，当多个 UE 复用到相同的

资源单元上传输 SRS-Pos 时，如果不同的 UE 被配置了不同的循环移位，在资源单元上不同 UE 的相位增量也是不同的，这就导致基站无法使用相同的相关流程来检测来自于多个 UE 的 SRS-Pos 信号[31]。而对于 SRS 资源而言，由于其资源单元映射在各个符号上是相同的，所以就不存在相位不连续的问题。

为了解决上述问题，3GPP 在 R16 阶段曾讨论过多种方案，但没有达成一致意见。这些方案的思路类似，都是引入与交错图案相关的循环移位，并在不同的符号上生成不同的循环移位调整，使得合并不同符号上的 SRS-Pos 资源单元后，SRS-Pos 子载波之间的相位偏移量相同。

4.5.2 上行定位参考信号配置

1. SRS-Pos 端口与带宽配置

如果支持多个端口发送 SRS-Pos 信号，接收 SRS-Pos 时可能会有一定的分集增益。然而考虑到 UE 的发送功率限制，从总体性能上来看，这并不一定能带来明显的增益。而且多个端口发送 SRS-Pos 会占用多个 SRS-Pos 资源。单端口发送 SRS-Pos 有利于提高 SRS-Pos 信号在基站接收机侧的功率谱密度，可以提高 SRS-Pos 信号的覆盖范围与信号质量。因此最终 R16 只支持单端口发送 SRS-Pos。

SRS-Pos 传输带宽的配置设计需要考虑很多因素，例如，UE 可用传输功率、激活的 UL BWP 的带宽、资源使用情况、测量精度需求等。与 NR SRS 类似，SRS-Pos 支持的最大带宽是 272 PRB。SRS-Pos 支持的最小带宽是 4 PRB，带宽配置粒度是 4 PRB。SRS-Pos 信号带宽由高层参数 freqHopping c-SRS 配置，c-SRS∈{0,1,…,63}，其中，每个索引号代表一种 SRS-Pos 带宽配置。为了提升定位准确性，往往需要选取较大的 SRS-Pos 带宽，以容纳较长的序列，尤其是使用了梳齿映射之后更是如此。

对于一个 NR UE，每个服务 TRP 最大可以配置 4 个 UL BWP，但在任一时刻只能激活一个 UL BWP，UE 只能在激活的 UL BWP 中传输 SRS-Pos。

2. SRS-Pos 资源类型配置

为了提高 SRS-Pos 配置和发送的灵活性，SRS-Pos 支持由高层参数 resourceType 配置如下 3 种资源类型。

（1）周期性 SRS-Pos（Periodic SRS-Pos）。

（2）半持续 SRS-Pos（Semi-Persistent SRS-Pos）。

（3）非周期 SRS-Pos（Aperiodic SRS-Pos）。

Multi-RTT 定位需要同时配置相互匹配的 DL PRS 传输周期和 SRS-Pos 传输周期，以便支持 UE 由 DL PRS 测量 UE 收发时间差，同时支持基站由 SRS-Pos 测量 gNB 收发时间差。为了支持 Multi-RTT 定位，周期性和半持续 SRS-Pos 所支持的周期值为 NR SRS 和 DL PRS 的周期值的并集。周期性 SRS-Pos 的周期配置由高层参数 resourceType 中的 SRS-PeriodicityAndOffset-p 配置。半持续 SRS-Pos 的周期配置由高层参数 resourceType 中的 SRS-PeriodicityAndOffset-sp 配置。

按照上述原则，周期性 SRS-Pos 和半持续 SRS-Pos 所支持的周期配置如表 4-6 所示。可配置的周期值与子载波间隔 SCS（Subcarrier Spacing）的配置有关，而 SRS-Pos 资源在一个周期内的以时隙为单位的偏移量可以是{0, 1, …, 周期值–1}的任意数值。

表 4-6　在不同子载波间隔设置下可配置的周期值

子载波间隔 SCS	可配置的周期值（时隙）
15kHz	{1, 2, 4, 5, 8, 10, 16, 20, 32, 40, 64, 80, 160, 320, 640, 1280, 2560, 5120, 10 240}
30kHz	{1, 2, 4, 5, 8, 10, 16, 20, 32, 40, 64, 80, 160, 320, 640, 1280, 2560, 5120, 10 240, 20 480}
60kHz	{1, 2, 4, 5, 8, 10, 16, 20, 32, 40, 64, 80, 160, 320, 640, 1280, 2560, 5120, 10 240, 20 480, 40 960}
120kHz	{1, 2, 4, 5, 8, 10, 16, 20, 32, 40, 64, 80, 160, 320, 640, 1280, 2560, 5120, 10 240, 20 480, 40 960, 81 920}

为了支持按需（On-Demand）定位场景，仅当需要定位服务时才发送 SRS-Pos，R16 引入了半持续 SRS-Pos 和非周期 SRS-Pos。与周期性 SRS-Pos 相比，半持续 SRS-Pos 和非周期 SRS-Pos 仅在需要时传输，从而提高了资源使用效率，降低了 UE 的功耗，并且减少了定位时延。发送 SRS-Pos 之前，服务小区须通过 RRC 信令向 UE 发送 SRS-Pos 的各项配置信息。对于周期 SRS-Pos，UE 在收到 SRS-Pos 的各项配置信息后即开始 SRS-Pos 传输；对于半持续 SRS-Pos，服务小区可通过 MAC-CE 消息来动态地激活（Activate）或去激活（Deactivate）SRS-Pos 传输。对于非周期 SRS-Pos，服务小区则通过下行控制指示（DCI）触发每次 SRS-Pos 传输。需要指出的是，UE 是否支持非周期

SRS-Pos 传输取决于 UE 自身的能力。

3. SRS-Pos 资源与资源集配置

在 SRS-Pos 配置中，由于 SRS-Pos 可能服务于多种定位方法，需要用于测量包括 UL RTOA、UL AoA、上行 SRS RSRP 以及 gNB 收发时间差等在内的多种测量值，并且还需要被多个 TRP 接收，所以对 UE 所能支持的 SRS-Pos 资源数量有一定的需求。但是，配置过多的 SRS-Pos 资源集或 SRS-Pos 资源会增加 UE 的复杂度。综合考虑下，NR 规定 UE 在每个 UL BWP 中最多可以配置 16 个 SRS-Pos 资源集，每个 SRS-Pos 资源集中最多可以配置 16 个 SRS-Pos 资源，并且 UE 在每个 UL BWP 上所有 SRS-Pos 资源集中最多可以配置 64 个 SRS-Pos 资源。

▌▌▌ 4.6 物理层过程

本节主要介绍支持定位测量的上、下行物理层过程。

4.6.1 下行物理层过程

1. PRS 定时

UE 在估计时间测量值时，需要在一个预设的时间范围内进行搜索，此时间范围与 UE 和基站的位置有关。为了降低 UE 搜索 NR DL PRS 的时间和复杂度，LMF 通过 DL PRS 定时指示向 UE 提供预期的搜索时间范围。DL PRS 定时指示有以下两种候选方案。

方案 1：RSTD 期望值+RSTD 不确定性。该方案类似于 LTE DL PRS 定时指示方法，网络在定位辅助数据中向 UE 提供针对各 TRP 的 RSTD 期望值以及不确定性（测量值的搜索范围）。如图 4-11 所示，图中假设不同 TRP 发送 PRS 的时间相同，RSTD 期望值对应于参考 TRP 和相邻 TRP 之间的传输时延差，搜索 NR DL PRS 的范围对应于传输时

延差的不确定性和同步误差。其中，传输时延差可基于定位服务器存储的各 TRP 位置以及 UE 大约位置等先验信息确定。

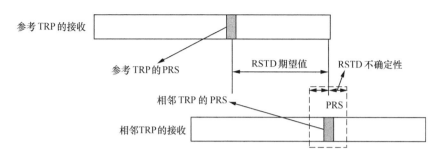

图 4-11　RSTD 期望值及 RSTD 不确定性指示

方案 2：TRP 时间同步信息+预期的传输时延差以及不确定性。TRP 时间同步信息指示参考 TRP 与另一 TRP 的时间同步信息，信令由参考 TRP 域和相邻 TRP 域构成。参考 TRP 域指示了相邻 TRP 域有效的参考时间，此参考时间由参考 TRP 的 SFN 确定。相邻 TRP 域指示了此相邻 TRP 与参考 TRP 的子帧边界偏移，单位是 T_c。此偏移由参考 TRP 的子帧 0 的开始与相邻 TRP 的最近的后续子帧的开始确定。

R16 中，对于 UE 辅助的定位方式，采用了方案 1，即配置 RSTD 的期望值和 RSTD 的不确定性用于 DL PRS 的定时指示。方案 2 由于可以获得更高精度的时延差信息，因此用于基于 UE 的定位方式。

LTE 系统中，RSTD 期望值取值范围为±800μs，对应的距离范围为±240km；RSTD 不确定性的取值范围为±100μs，对应的距离范围为±30km。根据 NR 系统中的典型网络部署，NR 中确定了 RSTD 期望值范围为±500μs，对应的距离范围是±150km。不确定性搜索空间的取值范围针对不同频点分别定义：FR1 和 FR2 频点下分别为±32μs 和±8μs，对应的距离范围分别为±9.6km 和±2.4km。

2. PRS 测量 BWP 和带宽

NR PRS 配置和 BWP 配置相互独立，即 NR PRS 的配置不受 BWP 配置带宽的约束。当 UE 没有配置测量间隙（Measurement Gap）时，UE 只需要在已激活的下行 BWP 内，测量与激活下行 BWP 子载波间隔相同的 PRS 资源。在 FR2，标准不要求 UE 在接收其他下行信号或信道的同一个 OFDM 符号上同时接收 PRS 资源。

当配置了测量间隙时，UE 可在配置的测量间隙内，测量已激活下行 BWP 内、与激活下行 BWP 子载波间隔相同或不相同的 PRS 资源，或测量已激活下行 BWP 之外（包括同频或异频）的 PRS 资源。UE 根据需要，通过 RRC 信令申请测量间隙配置。在测量间隙内，UE 不处理其他下行信道和信号。

3. PRS 波束管理

PRS 波束管理既包括发送波束管理，也包括接收波束管理。其目的是辅助 UE 快速准确地确定一个 PRS 资源的最优接收波束方向。波束管理在 MIMO 技术中研究较为深入，基于 MIMO 的研究结果，NR 支持以下 3 种 PRS 接收波束管理方案。

（1）方案 1：DL PRS 可以配置为和来自服务小区 TRP 或相邻小区 TRP 的下行参考信号之间具有 TypeD 的准共址（QCL）关系，这里两个信号具有 QCL TypeD 关系表示这两个信号有相同的波束方向。

（2）方案 2：UE 对使用相同发送波束的 DL PRS 资源执行接收波束扫描。

（3）方案 3：UE 使用相同的接收波束来接收利用不同下行波束发送的 DL PRS 资源。

方案 1 通过网络侧配置的 QCL TypeD 信息，由配置的 QCL 源参考信号的接收波束直接获得 PRS 资源的接收波束。一个 PRS 资源的 QCL 源参考信号可以是同一个 TRP 下的一个 SSB 或者同一个 TRP 下的另一个 DL PRS 资源。方案 2 通过接收波束扫描获得 PRS 资源的最优接收波束方向，可以通过发送多个具有相同 QCL TypeD 参数的 PRS 资源来实现。方案 3 可以通过方案 1 来实现，例如，网络侧将同一个 PRS 资源作为 QCL TypeD 的源参考信号配置给所有的目标 PRS 资源，这样 UE 可以使用相同的接收波束来接收这两个 PRS 资源。为了保证 UE 的正确接收，只有在相同 TRP 的各个 PRS 资源之间才能够配置 QCL 关系。

除了 QCL TypeD，NR 还支持 PRS 资源与 SSB 的 QCL TypeC 关系，这里 QCL TypeC 关系表示相同的平均时延和多普勒频移。如果 UE 已经检测到某个 SSB，该信息可以帮助 UE 识别和接收与该 SSB 有 QCL TypeC 关系的 PRS。例如，帮助确定搜索 PRS 的窗口范围；在高速移动场景中帮助确定 UE 在接收 PRS 时进行多普勒频移补偿。为了获得准确的下行定时估计值，具有 QCL TypeC 关系的 PRS 资源和 SSB 应该来自相同的 TRP，保证相同的平均时延和多普勒频移。

DL-AoD 定位需要根据 UE 上报的、由多个 PRS 资源（波束）所测量的 RSRP 值的相对大小关系来确定 UE 的角度信息。为了获得准确的 PRS RSRP 取值的相对大小关系，要求 UE 使用相同的接收波束进行测量来自同一个 TRP 的多个 PRS 资源，提供 PRS RSRP 的测量值。因此，在进行 PRS RSRP 上报时，对于每个 TRP，UE 均可以指示哪些 PRS RSRP 是使用相同的接收波束所测得的。

4.6.2　上行物理层过程

如前所述，在 NR 中新定义了一种用于定位的上行探测参考信号（SRS-Pos）。本节主要描述了 SRS-Pos 定时提前调整、SRS-Pos 功率控制与 SRS-Pos 波束管理等与定位相关的上行物理层过程的内容。

1. SRS-Pos 定时提前调整

在 NR 中，UE 上行发送定时通过定时提前（TA，Timing Advance）调整来控制，以确保各 UE 的所有上行信号到达同一小区的时间保持对齐，避免上行信号之间相互干扰。在 R16 中，一个 UE 发送的 SRS-Pos 可被多个小区接收，以支持 NR 多点定位。由于从该 UE 到这些小区的距离不同，从该 UE 到这些小区的到达时间和其他 UE 上行信号的到达时间就会不同。这样 SRS-Pos 信号和其他 UE 的上行信号之间可能存在相互干扰。

对于 SRS-Pos 定时提前（TA）的计算方法，有如下两种可能的方案。

● 方案 1：基于服务小区进行 TA 计算。

● 方案 2：基于需要接收 SRS-Pos 的目标小区调整配置的 TA，以便向该邻小区发送 SRS-Pos。

方案 1 就是 NR SRS 所使用的方案，不需要对协议做任何改动，但 TA 调整相对于较远的邻小区存在一定的偏差。方案 2 是对 NR SRS 所使用的方案的改进方案，可以和邻小区的 TA 保持一致。然而方案 2 有一些实际问题，最主要的问题是 UE 发送给邻小区的 SRS-Pos 容易干扰到该 UE 服务小区的其他上行信号；另外，由于 UE 上行功率的限制，距离 UE 很远的小区通常不会协助该 UE 进行上行定位。在典型上行定位场景中，参与到定位的小区与 UE 之间的距离相差不会太大，一般在 CP 范围以内，所以让 UE 基于邻小区调整 TA 的必要性和有益效果并不明显，反而会引发比较严重的问题，最终，SRS-Pos 采用了方案 1 进行 TA 计算。

2. SRS-Pos 功率控制

对 UE 上行信号进行发射功率控制的目的是，解决远近效应问题、降低上行信号的互相干扰水平。UE 上行信号（如 SRS）一般只发给服务小区，因而上行信号功率控制通常是不考虑邻小区的。与其他上行信号不同的是，SRS-Pos 的上行功率控制需要考虑各种定位应用场景。在定位过程中，SRS-Pos 信号不仅要发给本小区基站，还需要发给邻小区基站。

R16 SRS-Pos 发射功率控制基于对需要接收 SRS-Pos 的目标小区的下行信号进行测量。该方案的优点是，SRS-Pos 的发射功率能依据预期发送的小区的路径损耗进行功率调整，从而保证 SRS-Pos 的发射功率是合理和有效的。该方案的缺点是，复杂度较高，而且下行信号的测量准确度为 SRS-Pos 的功率控制精度带来一定的限制。

NR SRS-Pos 只支持开环功率控制。当 UE 被配置在服务 TRP "c" 的载波 "f" 的激活上行 BWP "b" 上发送 SRS-Pos 资源集时，UE 在 SRS-Pos 发送时机 "i"，根据下式计算 SRS-Pos 发射功率 $P_{\mathrm{SRS},b,f,c}\left(i,q_{\mathrm{s}}\right)$：

$$P_{\mathrm{SRS},b,f,c}\left(i,q_{\mathrm{s}}\right) = \min \begin{Bmatrix} P_{\mathrm{CMAX},f,c}\left(i\right) \\ P_{\mathrm{O\_SRS},b,f,c}\left(q_{\mathrm{s}}\right) + 10\lg\left(2^{\mu} \cdot M_{\mathrm{SRS},b,f,c}\left(i\right)\right) + \alpha_{\mathrm{SRS},b,f,c}\left(q_{\mathrm{s}}\right) \cdot PL_{b,f,c}\left(q_d\right) \end{Bmatrix}(\mathrm{dBm})$$

其中，$P_{\mathrm{CMAX},f,c}\left(i\right)$ 指 UE 在 SRS-Pos 发送时机 "i"，以及在服务小区 "c" 的载波 "f" 上配置的最大输出功率；$P_{\mathrm{O\_SRS},b,f,c}\left(q_{\mathrm{s}}\right)$ 指服务小区 "c" 的载波 "f" 的激活上行 BWP "b" 上的 SRS-Pos 资源集 "q_{s}" 的功率控制参数 P_0。$M_{\mathrm{SRS},b,f,c}\left(i\right)$ 指以资源块数量表示的，在 SRS-Pos 发送时机 "i"，服务小区 "c" 的载波 "f" 的激活上行 BWP "b" 上的 SRS-Pos 的带宽。μ 是子载波间隔指示；子载波间隔被配置为 15、30、60 和 120kHz 时，μ 分别为 0、1、2 和 3。$\alpha_{\mathrm{SRS},b,f,c}\left(q_{\mathrm{s}}\right)$ 指服务小区 "c" 的载波 "f" 的激活上行 BWP "b" 上的 SRS-Pos 资源集 "q_{s}" 的路径损耗部分补偿因子，由高层参数 α 配置。SRS-Pos 资源集 "q_{s}" 由高层参数 SRS-PosResourceSetId 指示。$PL_{b,f,c}\left(q_d\right)$ 是 UE 计算的下行路径损耗估计值。对于 SRS-Pos 资源集 "q_{s}"，该路径损耗是通过 UE 使用其服务小区或非服务小区的索引号为

q_d 的参考信号资源进行估计的。与 SRS-Pos 资源集"q_s"相关联的参考信号资源的索引 q_d 的配置由 pathlossReferenceRS-Pos 提供。

在 SRS-Pos 功率控制中，所述用于估算下行路径损耗的关联参考信号资源可以是 SSB 或者 DL-PRS 资源。对于每个涉及的 TRP（包括服务小区和邻小区），由高层向 UE 提供关联参考信号资源的时频资源占用信息以及每个资源元素的能量（EPRE）功率配置信息等作为协助信息。对于 SSB 或 DL-PRS 作为路径损耗参考信号时，通过 RRC 信令配置的信息如下所示。

（1）当 SSB 作为路径损耗参考信号时，需要配置小区标识号信息、SSB 时频资源位置信息、子载波间隔、SSB 索引号信息、SSB 功率信息。

（2）当 DL-PRS 作为路径损耗参考信号时，需要配置 DL-PRS 资源识别号信息、DL-PRS 功率信息。

采用上述 SRS-Pos 功率控制方案的一个问题是，如果 UE 距离目标小区较远或干扰较强，UE 可能无法根据所配置的 SSB 或 DL-PRS，成功测量服务小区或邻小区的路径损耗 $PL_{b,f,c}\left(q_\mathrm{d}\right)$。在这种情况下，NR 协议规定 UE 使用服务小区 SSB 中的参考信号资源作为路径损耗参考信号，也就是使用该 SSB 所包含的辅同步信号（SSS）作为路径损耗参考信号。

为了限制 UE 的测量复杂度，NR 规定了 UE 在其所配置的所有 SRS 资源集中要能够最多同时保持的 4 个路径损耗估计以支持各种非定位用途的上行传输（如 PUSCH/PUCCH/SRS 等）。除此之外，NR 还规定了 UE 能够额外同时保持 N 个不同的路径损耗估计（测量值）用于 SRS-Pos 的功率控制，其中，$N = \{0, 4, 8, 16\}$，而 N 的取值取决于 UE 的能力。对于每个配置的 SRS-Pos 资源集，最多只能配置一个路径损耗参考。而且，UE 同时保持的所有 SRS-Pos 资源集的不同的路径损耗参考的数量，可以小于 SRS-Pos 资源集的数量。

3. SRS-Pos 波束管理

对于 NR FR2，UE 发送 SRS-Pos 时可以进行波束方向控制。波束控制的关键是如何设置合适的波束方向，使得波束能够对准目标小区，以便目标小区能够正确地接收 SRS-Pos。当 UE 发送 SRS-Pos 目标小区是邻小区时，波束对准尤为重要。

NR 支持以下 3 种 SRS-Pos 的波束控制方案。

（1）方案 1：配置 SRS-Pos 与其服务小区或邻小区的下行参考信号之间的空间关系。

（2）方案 2：SRS-Pos 在多个 SRS-Pos 资源上进行发送波束扫描，不同的 SRS-Pos 资源配置不同的波束方向。

（3）方案 3：SRS-Pos 在多个 SRS-Pos 资源上使用固定的发送波束方向，该方案适用于 FR1 和 FR2。

以上 3 种上行发送波束管理方案各有其应用场景。方案 1 适用于有上、下行信道互易性的场景；方案 2 可以独立实施，适用于没有上、下行信道互易性的场景；方案 3 适用于 UE 使用宽波束发送 SRS-Pos 的场景。在以上 3 种方案中，方案 2 的性能最好，但缺点是具有较高的开销与较大的时延；方案 3 最简单，但不能保证性能；方案 1 介于方案 2 和方案 3 之间，在性能与开销之间取得了平衡。

按照方案 1，UE 可以基于目标小区下行信号的接收波束进行自身的 SRS-Pos 发送波束配置。图 4-12 所示为方案 1 中配置 SRS-Pos 与 SSB 之间的空间关系信息（spatial RelationInfo）。图 4-12 中 UE 在确定了下行 SSB 接收波束（SSB Index = 2 的 SSB 波束）之后，就能够根据下行接收波束，确定上行 SRS-Pos 发送波束。

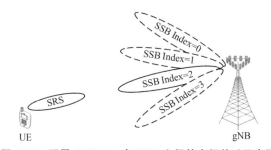

图 4-12　配置 SRS-Pos 与 SSB 之间的空间关系示意图

方案 1 需要确定哪些下行参考信号可以用来作为 SRS-Pos 的空间关系信息，还要确定这些下行参考信号中哪些参数需要通知给 UE，以便 UE 根据下行参考信号确定上行 SRS-Pos 发送波束方向。R16 协议定义了如下可以被配置为 UE 发送 SRS-Pos 的空间关系信息的下行参考信号。

（1）对于 UE 的服务小区：下行参考信号 SSB、CSI-RS 或 DL-PRS 可以用作空间关系信息。

（2）对于 UE 的邻小区：下行参考信号 SSB 或 DL-PRS 可以用作空间关系信息。

邻小区的 CSI-RS 用于 RRM 时，精度不足以用于波束关联，所以邻小区的 CSI-RS 不能作空间关系关联。除了以上所说的下行参考信号，SRS 或 SRS-Pos 也可以用作空间关系信息。

虽然多种参考信号都可以用作 UE 空间关系信息，但对于每个 SRS-Pos 资源，只能配置一个参考信号资源作为空间关系信息。对于 SSB、DL-PRS、SRS 或 SRS-Pos 作为空间关系信息时，通过 RRC 信令配置的信息如下所示。

（1）当 SSB 作为空间关系信息时，需要配置小区标识号信息、SSB 时频资源位置信息、子载波间隔信息、SSB 索引号信息、SSB 功率信息（可选）。

（2）当 DL-PRS 作为空间关系信息时，需要配置 DL-PRS 资源识别号信息。

（3）当 SRS 或 SRS-Pos 作为空间关系信息时，需要配置 SRS 或 SRS-Pos 资源识别号信息、UL BWP 识别号信息、服务小区标识号信息。

4.7 定位协议架构和高层定位过程

4.7.1 定位架构

5G 定位架构包括 UE、（R）AN、接入和移动性管理功能（AMF）、定位管理功能（LMF）、网关移动位置中心（GMLC）、网络开放功能（NEF）、位置检索功能（LRF）和统一数据管理功能（UDM）等功能模块。这些模块的功能简介如下。

（1）UE 根据定位请求获取位置测量信息，在本地计算位置或将测量信息转发至 LMF 进行位置计算。

（2）（R）AN 参与对目标 UE 进行定位的过程，向 LMF 提供定位相关信息，并在 AMF 或 LMF 和目标 UE 之间传输定位消息。

（3）GMLC 是外部 LCS 客户端请求定位服务时，访问公共移动网（PLMN）的第一个节点，GMLC 从 UDM 获取路由信息以及 UE LCS 隐私属性，进行隐私检查，然后根据路由信息转发定位消息。

（4）LRF 为发起互联网多媒体子系统（IMS）紧急会话的 UE 提供路由信息，可与 GMLC 进行合设。

（5）UDM 存储 UE 的 LCS 隐私设置和路由信息。

（6）AMF 管理从 GMLC、NEF 或 UE 接收到的定位请求，为定位请求选择 LMF，支持加密辅助数据的广播。

（7）LMF 负责管理和调度对 UE 进行定位所需的资源，当从服务 AMF 接收到定位请求时，LMF 与 UE 和接入网络交互获取定位辅助信息或位置信息。

UE 和 LMF 之间沿用了 4G 系统的 LTE 定位协议（LPP），LMF 和 gNB 之间采用了 NR 专用的 NR 定位协议 A（NRPPA）。

5G 网络架构支持两种表现形式，即参考点形式和服务化接口形式。其中参考点形式的架构由网络功能以及不同网络功能之间的接口组成，可体现出不同网络功能之间如何交互。例如，（R）AN 节点通过 N2 接口连接至 AMF，二者之间的信令交互通过 N2 接口传输。服务化接口形式的架构由一条总线和不同网络功能提供的服务组成，网络功能可通过总线向通过授权的其他网络功能提供服务。

5G 定位架构也支持参考点形式和服务化接口形式，以下分别基于这两种形式介绍漫游和非漫游场景下的 5G 定位架构[34]。非漫游场景指 UE 注册到归属地公共移动网络（HPLMN），漫游场景指 UE 注册到拜访公共移动网络（VPLMN）。

在非漫游场景下，基于参考点形式的 5G 定位架构如图 4-13 所示。该架构体现了不同网络功能之间的逻辑连接以及不同网元之间使用的接口，例如，GMLC 通过 NL2 接口向 AMF 发送定位消息，AMF 在 LMF 和（R）AN 之间中转定位消息。

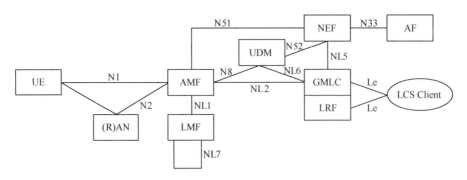

图 4-13　基于参考点形式的 5G 定位架构（非漫游场景）

在非漫游场景下，基于服务化接口形式的 5G 定位架构如图 4-14 所示。在该架构中，NEF、UDM、AMF、LMF 和 GMLC 提供的服务都连接到同一总线上，被授权的网络功能可通过总线调用某个网络功能提供的服务。以 GMLC 提供的服务为例，其提供的服务以 Ngmlc 命名，GMLC、AMF 和 NEF 可通过总线调用 GMLC 提供的服务。

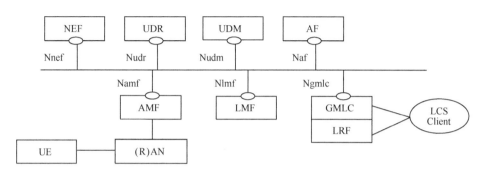

图 4-14　基于服务化接口形式的 5G 定位架构（非漫游场景）

在漫游场景下，基于参考点形式的 5G 定位架构如图 4-15 所示。UE 的所有定位请求都被发送到 HPLMN 内的 HGMLC，由 HGMLC 负责选择 VPLMN 内的 VGMLC，并将定位请求发送给 VGMLC。

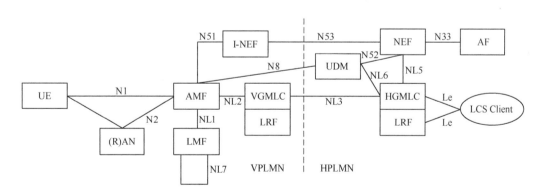

图 4-15　基于参考点形式的 5G 定位架构（漫游场景）

在漫游场景下，基于服务化接口形式的 5G 定位架构如图 4-16 所示。

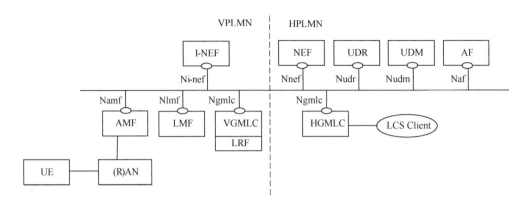

图 4-16 基于服务化接口形式的 5G 定位架构（漫游场景）

4.7.2 定位功能概述

1. LMF 选择

运营商网络中可部署多个 LMF。当 AMF 接收到定位请求或接收到 UE 发送的事件报告时，AMF 根据本地可用信息或通过请求 NRF 选择 LMF。在推迟的移动被叫位置请求过程中（该过程的介绍可见 4.7.3 节），当 AMF 向 LMF 发送从 UE 接收到的事件报告时，AMF 可向 LMF 提供新的 LMF 的信息，如果 AMF 未提供该信息，LMF 可根据运营商配置选择新的 LMF。选择 LMF 考虑的参数包括定位请求的服务质量（如定位精度、回复时延），接入类型，LMF 能力、负载和位置等信息。

2. GMLC 选择

运营商网络中可部署多个 GMLC。AMF、LMF、NEF、LCS 客户端和 GMLC 均支持 GMLC 选择功能。LCS 客户端根据本地配置或通过 DNS 解析选择 GMLC。NEF、LMF、AMF 和 GMLC 可根据本地配置或通过请求 NRF 选择 GMLC。在漫游场景下，HPLMN 内的 GMLC 负责选择 VPLMN 内的 GMLC。

3. 接入类型选择

5G 网络支持通过 3GPP 接入网络或非 3GPP 接入网络对 UE 进行定位。当 UE 同时通过 3GPP 接入网络和非 3GPP 接入网络连接至核心网时，GMLC 和 LMF 需要选择通过哪种接入网络对 UE 进行定位。GMLC 根据从 UDM 获取的 UE 使用的接入类型、服务 AMF 标识以及 UE 在接入类型内的连接状态，选择定位接入类型以及 AMF。LMF 根据定位请求的 QoS 需求、UE/网络定位能力以及 AMF 提供的 UE 在每种接入类型内的连接状态选择定位接入类型。

4. UE LCS 隐私

UE LCS 隐私功能允许 UE 和/或应用功能（AF）控制哪些 LCS 客户端和 AF 可获取 UE 位置信息。UE LCS 隐私属性存储在 UDM 中，当 GMLC 或 NEF 接收到 LCS 客户端或 AF 的定位请求时，GMLC 或 NEF 根据从 UDM 获取的 UE LCS 隐私属性进行隐私检查，如果不允许该 LCS 客户端或 AF 获得 UE 的位置信息，则 GMLC 或 NEF 拒绝定位请求。

UE LCS 隐私属性包括隐私级别和位置隐私指示。其中，隐私级别包括不允许定位、允许定位且通知用户、允许定位且不需要通知用户等级别。位置隐私指示为允许/不允许对 UE 进行定位，UE 或 AF 可设置该参数。

隐私重写指示（POI）用于指示触发定位请求的业务是否可重写用户的 LCS 隐私属性，取值为"可重写"和"不可重写"，只有监管类的业务（如紧急业务）才能使用 POI。

4.7.3 定位过程

5G 定位过程包括移动被叫位置请求过程、移动主叫位置请求过程、推迟的移动被叫位置请求过程、位置业务开放过程、UE 位置隐私设置过程和辅助数据广播等过程。以下分别简要介绍不同的定位过程。

1. 移动被叫位置请求过程

LCS 客户端或 AF 通过该过程请求目标 UE 当前的位置。当 GMLC 接收到 LCS 客户端或 AF 的位置请求，GMLC 从 UDM 获取 UE LCS 隐私属性并进行隐私检查，如检查结果为允许对 UE 进行定位，GMLC 从 UDM 获取 UE 使用的接入类型以及连接状态和 AMF 的信息，GMLC 选择接入类型和 AMF，并将定位请求发送给 AMF。AMF 选择 LMF，将定位请求发送给 LMF；LMF 选择定位方法，并触发对 UE 的定位过程。定位结束之后，LMF 向 AMF 返回 UE 位置信息，AMF 将位置信息返回给 GMLC。

2. 移动主叫位置请求过程

UE 通过该过程获得自身的位置信息。UE 通过非接入层（NAS）消息，将定位请求发送给 AMF，AMF 选择 LMF，然后将定位请求发送给 LMF。LMF 发起对 UE 的定位过程，并将定位结果返回给 AMF，AMF 通过 NAS 消息将位置信息返回给 UE。如果 UE 请求向 LCS 客户端发送位置信息，则 AMF 还将位置信息发送给 GMLC。

3. 推迟的移动被叫位置请求过程

当 LCS 客户端或 AF 请求推迟的移动被叫位置时，LCS 客户端或 AF 提供事件类型以及事件参数。当 UE 监测到相关的事件发生时，UE 通过 AMF 向 LMF 发送位置信息，LMF 将位置信息发送给 GMLC，GMLC 将其进一步发送给 LCS 客户端或 AF。事件类型包括周期性、区域（例如，UE 进入或移出目标区域）或运动（例如，UE 不同位置之间的直线距离超过特定门限）。UE、LCS 客户端或 AF 均可请求取消推迟的移动被叫位置请求过程。

在位置上报阶段，UE 移动可能会导致 AMF 的改变，进而导致 LMF 的改变，例如，LMF 与新的 AMF 距离较远导致资源利用率低。AMF 重选 LMF 后，将 UE 发送的事件报告和新的 LMF 的信息发送给 LMF，LMF 将 UE 的位置上下文以及事件报告发送给新的 LMF。如果 AMF 未重选 LMF，LMF 也可根据运营商配置的信息决定重新选择 LMF。

4. 位置业务开放过程

运营商网络内的网元或外部 AF 可通过 NEF 请求目标 UE 的位置，NEF 根据请求的位置精度和 UE LCS 隐私属性选择使用 GMLC 位置服务或 AMF 位置服务（AMF

提供的事件开放服务）获取 UE 的位置，例如，当位置精度低于小区标识时可选择 AMF 位置服务，当 UE LCS 隐私属性要求用户确认是否可向 AF 提供位置信息时选择 GMLC 位置服务。然后将位置请求发送给 GMLC 或调用 AMF 的事件开放服务，以获取 UE 的位置。

当选择 AMF 位置服务时，NEF 也可通过 UDM 向 AMF 发送事件开放服务的订阅请求，AMF 通过 UDM 向 NEF 返回 UE 的位置。

5. UE 位置隐私设置过程

UE 可通过位置隐私设置过程更新 UDM 中存储的位置隐私指示。在该过程中，UE 通过 NAS 消息将位置隐私指示发送给 AMF，AMF 将其存储在 UDM 中。如果其他网元（例如，GMLC、NEF）向 UDM 订阅了 UE LCS 隐私属性改变事件的通知，则 UDM 向相关网元发送更新后的 UE LCS 隐私属性。

6. 辅助数据广播过程

UE 计算位置时需要使用从网络获得的辅助数据，UE 在空口广播消息中获得辅助数据。该辅助数据是由 LMF 决定并发送给 AMF，AMF 将其发送给 NG-RAN，NG-RAN 在空口广播辅助数据。

如果 LMF 提供的辅助数据是经过加密的，LMF 还向 AMF 提供了加密密钥。UE 为了解密通过空口接收到的辅助数据，向 AMF 发送携带请求密钥指示的注册请求消息，AMF 通过注册接受消息将密钥发送给 UE。

在 5G 定位中，特别引入了按需（On-Demand）方式的广播辅助数据的过程，这是与 4G 系统不同的。我们在 4.7.5 节中进行了详细的介绍。由于其他的 RAN 定位流程与 4G 系统没有大的区别，所以本书不再详细介绍。

4.7.4 定位安全

定位安全问题主要涉及广播的辅助数据的安全、定位服务签约信息保存以及蓝牙和 WLAN 的定位安全与隐私。

1. 辅助数据加密密钥的分发

5G 系统对于定位服务中广播的辅助数据与 4G 系统的定位服务相同，可以采用加密的方式下发辅助数据。因此，5G 核心网需要为 UE 分发加密广播辅助数据的密钥。LMF 首先向 AMF 分发密钥，密钥会保存在 AMF 中。当 UE 需要请求辅助数据的加密密钥时，UE 可以通过注册请求过程向 AMF 请求获取加密密钥。获得密钥后，UE 能够解密由 LMF 加密的广播辅助数据。获取辅助数据加密密钥的过程与 UE 定位过程不相关。

由于 5G NR 支持多种定位技术，每一种定位技术的辅助信息都是不同的，辅助数据不同，需要的密钥也不同。因此，下发密钥时还需要携带密钥标识以及密钥消息，还有一组适用的跟踪区域和一组适用的广播辅助数据类型。

2. 定位服务的签约信息存储

LCS 签约信息、LCS 隐私属性以及路由信息建议存储在 UDM 中。AMF、GMLC 或者 NEF 可以通过 Nudm 接口（见图 4-14 或图 4-16）访问 UDM。

3. 定位服务的隐私

对于定位服务所面临的安全问题还集中体现在隐私信息的泄露方面，尤其是 WLAN 和蓝牙的定位方式需要重点考虑。

对于要求 UE 向网络发送 WLAN 或蓝牙测量值的定位模式，网络应向 UE 提供白名单信息列表。对于 WLAN 定位方式，该列表是基本服务集标识符（BSSID）和/或服务集标识符（SSID）的列表。对于蓝牙定位方式，该列表是一个蓝牙公共地址（MAC 地址）和蓝牙设备名称（本地名称）的列表。如果 UE 从网络接收到此列表，则 UE 会仅对与接收列表中指示到的白名单信息匹配的设备点进行测量（WLAN 方式）或向匹配的设备点发送测量结果（蓝牙方式），以避免 UE 对邻区信息的隐私窥视。

4.7.5 广播定位辅助数据

与 LTE 系统不同，在 NR 系统中，按需点播系统消息的特性被引入了。在 NR R16

系统中，R15 按需点播系统消息特性也继续沿用，以获取承载在系统消息上的定位辅助数据，并做了进一步增强。

NR R16 还引入了通过广播进行定位辅助数据播发的机制。相对 LTE 定位系统的广播获取定位辅助数据，NR R16 有两个方面的增强。第一，在空闲态（RRC_IDLE/RRC_INACTIVE）下，支持 R15 的按需点播系统消息方式来获取定位辅助信息。更进一步的，R16 支持在连接态（RRC_CONNECTED）下，采用按需点播系统消息方式来获取定位辅助信息。第二，由于 R16 引入了更为丰富多样的定位技术，因此辅助数据内容也得到了增强，包括新引入了高精度定位的辅助数据内容和基于 NR 无线网络定位技术所需辅助的数据内容。

下面将详细介绍 NR R16 引入的在空闲态（RRC_IDLE）和连接态（RRC_CONNECTED）按需点播系统消息的机制和流程。

1. 空闲态下获取广播定位辅助数据

在 5G 网络下，需要定位辅助数据的空闲态终端可以通过按需点播系统消息的方式，直接从基站获取所需辅助信息，不再需要进入连接态通过专有信令承载 LPP 获取定位辅助数据。广播辅助数据的概念沿用了 LTE 的理念，将大量终端需要的相同的信息，通过广播方式播发给终端，从而减少网络资源的消耗。更进一步的，NR 通过按需点播系统消息的方式，减少了网络广播资源的消耗和网络能源的消耗。

在空闲态下按需获取系统消息中的定位辅助数据的流程与获取其他系统消息流程一样，其中，网络所拥有的定位辅助数据类型表通过系统消息块 1（SIB1）消息播发给终端。具体流程如下（见图 4-17）。

（1）终端通过读取 SIB1 中的 PosSchedulingInfoList 信息，得知网络具有哪些可申请的定位辅助数据类型。

（2）终端通过消息 1（MSG1）或者消息 3（MSG3）申请需要的定位系统消息块（POSSIB）信息。

① 基于消息 1 请求的方式：如果 SIB1 中配置可选参数 SI-Requestconfig，意味着终端可以选择使用 SIB1 中带来的配置指示发送 MSG1，来申请需要的 POSSIB 信息。

② 基于 MSG3 请求的方式：终端也可以通过 MSG3（RRCSystemInfoRequest）使用

小区分配专用前导码序列（Preamble），来申请所需的 POSSIB 信息。

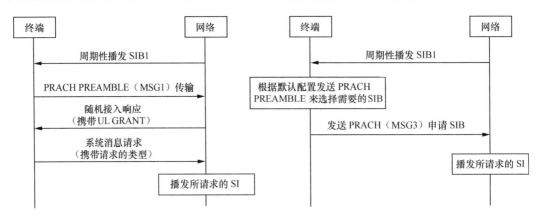

图 4-17　基于消息 1 和消息 3 的请求流程对比图

（3）网络侧响应终端请求，并广播相应的定位辅助数据。

① 基于 MSG1 请求的方式：网络收到系统消息（SI）请求，在 MSG2 上发送随机接入响应（RAR）确认信息给 UE，确认消息中携带所收到的前导码序列的编号。网络将在对应系统消息上广播终端点播的定位辅助数据。

② 基于 MSG3 请求的方式：网络收到 SI 请求，在 MSG4 上发送确认信息给 UE。网络在对应系统消息上广播终端点播的定位辅助数据。

2. 连接态下获取广播定位辅助数据

由于 5G 场景下，存在大量终端在连接态（RRC_CONNECTED）请求同样的辅助数据用于定位业务的场景（例如，V2X 场景）。如果所有的终端都通过 RRC 专有承载 LPP，获取同样的辅助数据（例如，A-GNSS 等星历和差分辅助信息），这将会给网络带来极大的空口资源和网络能源的浪费。

为了解决这样的场景，NR R16 定位特性引入了支持终端在连接态请求定位辅助数据的增强功能。

（1）当终端决定要获取定位辅助数据时，首先通过上行专有信令申请所需的辅助数据类型（注：网络通过 SIB1 广播自己所能携带的辅助数据类型给终端）。

（2）网络收到终端发送的请求命令之后，根据终端请求的定位辅助数据类型，有如下两种方式响应终端需求。

① 网络通过系统消息广播给终端，流程与空闲态播发广播辅助数据一样。

② 当该终端存在所配置的 BWP 上没有公共搜索空间（CSS）时，终端是无法正常获取其他 SI 消息的。因此网络在这种异常情况下，可以自行决定以专有信令的方式把定位辅助数据发送给终端。

4.8　非 RAT 相关定位方法

4.8.1　概述

在 5G 系统的第一个版本中就有对终端进行定位的需求，但由于相关需求引入比较晚，所以在 5G 标准的第一个版本中并未花费大量的时间研究支持基于 5G 系统的信号的定位，而是尽可能复用了 4G 系统的定位方法，通过对 4G 信号的测量进行定位。对于 5G 系统本身而言，只能支持基于 NR 小区标识或者小区分裂的标识进行的定位方法（CID 的方法）。4G 定位相关的信息可以通过 5G 系统进行透传。对于与接入技术无关（RAT-Independent）的定位方法，如 A-GNSS、Wi-Fi、大气压传感器等定位方法对于 4G 系统和 5G 系统是通用的。在本节中，我们简单介绍非 RAT 相关的定位方法。

4.8.2　A-GNSS

网络辅助的 GNSS 定位方法是通过无线接入网为终端提供卫星导航系统的辅助数据，辅助终端更快地搜索到卫星信号并进行定位相关的测量来完成终端的定位。目前，5G 系统重用了 4G 系统定义的协议，在终端和服务器之间采用了 4G 系统定义的 LPP 来传输辅助数据以及位置相关的信息。目前支持的定位导航系统包括[8]：美国的 GPS 和现代化的（Modernized）GPS、欧洲的伽利略（Galileo）、俄罗斯的 GLONASS、广域差分增强系统（SBAS）、日本的准天顶卫星系统（QZSS）以及中国的北斗导航卫星系统（BDS）。

目前印度的卫星导航系统也在进行相关的标准化工作。

为了提高 A-GNSS 的定位精度，4G 和 5G 系统陆续支持了高精度定位相关的实时动态载波相位差分（RTK）、精确点定位（PPP）、状态空间表达（SSR）等相关辅助数据的提供，大幅度提升了 A-GNSS 的定位精度。在 R16 的定位中，特别针对 SSR 进行了增强。

上述多个卫星导航系统可以独立定位，也可以进行多系统的混合定位以提升定位精度和扩大适用的场景。

4.8.3　大气压力传感器定位

大气压力传感器的定位方法是，通过终端的大气压力传感器的测量对终端的垂直高度进行定位。定位服务器可以通过无线网络发送辅助数据给终端，终端可以将大气压力传感器对气压的测量结果上报给定位服务器进行位置计算。通常将该方法与其他方法结合在一起实现对终端的三维定位。

4.8.4　WLAN 定位

WLAN 定位主要是根据终端对 WLAN AP 发送的信号进行测量，并上报 AP ID 和测量结果等信息给定位服务器，定位服务器结合数据库中的信息对终端位置进行计算。定位服务器可以通过无线移动网络提供给终端 WLAN 相关的辅助数据帮助终端尽快完成相关 AP 的监测和测量。

4.8.5　蓝牙定位

蓝牙定位的方式和原理基本与 WLAN 定位一样。终端测量蓝牙的信标（Beacon）信号，并上报测量结果给定位服务器，定位服务器然后结合相关的数据库进行位置计算。定位服务器可以通过无线移动网络提供给终端蓝牙相关的数据帮助终端尽快完成相关的蓝牙信号测量。定位服务器可以根据终端上报的信息进行位置计算。蓝牙定位技术也经常与 WLAN 定位技术联合使用，可以提升定位精度。

4.8.6　TBS 定位

地面信标系统（TBS）定位方法是通过在地面上部署一些信标发射器，即专门用于发送定位信号的发射器，让终端进行这些定位信号的测量，来实现终端的定位。现在已经支持两大类的信号，一种是都市信标信号（MBS）；另一种是定位参考信号（PRS）。定位服务器可以提供 TBS 的相关辅助数据。终端可以自己计算位置，也可以将测量结果上报给定位服务器进行计算位置。

4.8.7　惯导定位

惯导定位是利用终端内置的加速度传感器、陀螺仪、磁力仪等对终端位移情况进行测量，可计算出终端相对于某个位置或者某个时间内的相对位移。终端通过将相对位移的信息上报给定位服务器，定位服务器可以计算出终端的绝对位置。该方式通常要与其他定位方法结合使用，如 A-GNSS 和惯导相结合的混合定位等。

4.9　定位性能

在 NR R16 定位 SI 研究过程中，首先确定了 R16 关注的两种定位业务需求（政策监管的常规定位需求和商业应用定位需求）和 3 种应用场景（Indoor Office、UMi 和 UMa）。以覆盖 80%的用户为基准，定义了最低性能目标：第一，针对政策监管的常规定位需求，水平方向的定位误差小于 50m，垂直方向的定位误差小于 5m，定位时延小于 30s；第二，针对商业应用定位需求，水平方向的定位误差室内小于 3m，室外小于 10m，垂直方向的定位误差小于 3m，定位时延小于 1s[3]。

3GPP 在 NR R16 定位 SI 研究过程中，给出了基于蜂窝网络的定位技术方案的定位精度性能的评估结果。基本结论是[3]：在 TR38.855 定义的仿真假设下，基于蜂窝网络的定位技术方案的定位精度性能可以满足政策监管的常规定位需求和商业应用定位需求。3 种定位技术方案的评估结果分别参见表 4-7～表 4-9。

表 4-7　下行定位技术方案的评估结果

应用场景	定位方案（公司数）	是否满足常规定位需求（附加条件）	是否满足商业应用定位需求（附加条件）
Indoor Office	DL-TDOA（12 家公司）	是	是（没有基站间同步误差）；否（有基站间同步误差）
	DL AoD（1 家公司）	是（FR2）	是（FR2）
	DL-TDOA+AoD 的联合定位（1 家公司）	是（FR2）	是（FR2，没有基站间同步误差）；否（FR2，有基站间同步误差）
UMi	DL-TDOA（12 家公司）	是	是（没有基站间同步误差）；否（有基站间同步误差）
	DL AoD（1 家公司）	是（FR2）	是（FR2）
	AoD+ZoD（1 家公司）	否	否
	AoD+ZoD+服务 TRPTA（1 家公司）	是	不适用
UMa	DL-TDOA（12 家公司）	是	是（没有基站间同步误差，7 家公司）

表 4-8　上行定位技术方案的评估结果

应用场景	定位方案（公司数）	是否满足常规定位需求（附加条件）	是否满足商业应用定位需求（附加条件）
Indoor Office	UL-TDOA（8 家公司）	是	是（没有基站间同步误差，8 家公司）；否（建模了基站间同步误差，4 家公司）
	UL AoA（3 家公司）	是	是
UMi	UL-TDOA（6 家公司）	是	是（没有基站间同步误差，4 家公司）；否（有基站间同步误差，4 家公司）
	UL AoA（1 家公司）	是	否
UMa	UL-TDOA（5 家公司）	是（3 家公司）	是（室外 UE，没有基站间同步误差，3 家公司）；否（有基站间同步误差，4 家公司）
	UL AoA（1 家公司）	否	否

表 4-9　上行+下行联合定位技术方案的评估结果

应用场景	定位方案（公司数）	是否满足常规定位需求（附加条件）	是否满足商业应用定位需求（附加条件）
Indoor Office	Multi-RTT（5 家公司）	是	是
Indoor Office	E-CID，即单 TRPRTT+上行 AoA（1 家公司）	是	是
UMi	Multi-RTT（3 家公司）	是	是
UMi	E-CID，即单 TRPRTT+上行 AoA（1 家公司）	是	是
UMa	Multi-RTT（2 家公司）	是（室外 UE，2 家公司）	否（室外 UE，2 家公司）
UMa	E-CID，即单 TRPRTT+上行 AoA（1 家公司）	是	否

4.10　小结

本章对 R16 标准引入的各种基于 NR 信号定位的 RAT 定位方法和基本原理进行了详细介绍，并给出了支持各种 NR RAT 定位方法的 UE 和基站定位测量值，下行 PRS 设计、SRS-Pos 设计，支持 NR RAT 定位测量的上、下行物理层过程，5G 定位架构、定位功能模块。此外，本章还对 5G 标准所支持的各种非 RAT 定位方法进行了介绍，最后简要地介绍了 3GPP 针对基于蜂窝网络的定位技术方案的定位精度性能的评估结果。

需要指出的是，尽管 3GPP 在 R16 为支持监管和商业定位引入了各种 NR 定位技术，在 TR 38.855[3]所定义的 NR R16 定位性能目标还远不能满足 TS 22.261 中定义的 5G 定位服务的高精度定位要求[1]。为了满足新应用和垂直行业带来的更高精度的定位要求，3GPP 已决定在 R17 中进一步开展 NR 定位增强工作[35]，其目标包括研究支持各种商业用途的高定位精度（水平和垂直）、降低时延、提升网络可扩展性、减少信令开销、减少网络和终端设备功耗以及实现低复杂性等解决方案。

第5章

Chapter 5

终端节能技术

第 五代移动通信系统的目标不仅要提供更大的系统容量和更高的数据速率，而且要确保更高的能量效率。提高 5G 终端能量效率，可直接延长电池寿命、提升终端体验，对 5G 网络顺利部署且得到广泛应用至关重要。根据对 4G 智能终端的功耗研究，大部分的能耗发生在终端处于连接态下。R16 终端节能主要针对 RRC 连接态的终端，从物理层与高层角度进行了优化，而 RRC 空闲/非激活态则仅从高层角度优化了 RRM 测量的能耗。基站通过发送节能信息辅助终端执行节能操作，为终端带来了显著的节能增益。

▌▌▌ 5.1 概述

　　NR 为支持多样的应用场景和业务以及更大的候选频谱范围（52.6GHz 以内），对参数集、带宽、时延、天线都进行了新的设计。这些设计对终端功耗都带来了新的挑战。

　　（1）灵活的参数集：LTE 支持频域 15kHz 子载波间隔，单一的子载波间隔难以满足 NR 系统的需求。这是由于 NR 需要支持 52.6GHz 以内的频谱范围，并且部署场景和业务的多样性也要求支持更多的子载波间隔。为此，NR 支持 15kHz、30kHz、60kHz、120kHz 和 240kHz 等多种子载波间隔。和 LTE 相比，在相同的时间单位内，NR 终端需要处理更多的信息，从而导致终端能耗增加。例如，对于控制信道而言，如果子载波间隔为 30kHz，终端要在 0.5ms 内完成 PDCCH 盲检 36 次，相比于 LTE 每 1ms 内完成盲检 44 次，增加了终端的处理复杂度和能耗。

　　（2）更大的带宽：NR 支持多系统带宽设计，最小为 5MHz，最大为 100MHz（FR1）和 400MHz（FR2）系统带宽，目的是提供高速率的数据传输。NR 的一个载波最大可以支持 400MHz/100MHz 的带宽，相比于 LTE 的一个载波最大 20MHz 而言，增加了终端的射频和基带部分的处理能耗。同时，类似于 LTE，NR 也采用了载波聚合或双连接技术以大幅度提高系统传输速率，NR 协议规定终端可以支持最多 16 个载波。但是，当终端无数据传输时，终端将会在大量激活的辅小区（SCell）上始终执行 PDCCH 监听操作，造成严重的终端能量浪费。为了使得激活小区数量自适应数据传输，R15 中采用了辅小区激活/去激活技术，有数据传输时利用 MAC CE 信令的激活对应辅小区，否则去激活该辅小区。MAC-CE 信令配置的生效时延相对较大，尤其对于辅小区的去激活而言，带来没有必要的终端能耗。

（3）更低的时延：NR 支持基于时隙的资源调度，为了支持 URLLC 等对时延敏感的业务，NR 也支持基于微时隙（Mini-Slot）的调度。相比于 LTE，NR 可以在更短的时间内完成 HARQ-ACK 信息的反馈，对数据的处理有更严苛的时间要求。为保证数据的及时处理，即使没有数据传输，终端也需要不断进行信道的检测，从而导致没有必要的终端能耗。

（4）更多的终端天线：相比于 LTE 而言，为满足 5G 对高数据率和大容量传输的需求，大规模天线技术是一项必需的关键技术。对于终端，大规模天线所能提供的波束赋形增益可以补偿高频段通信的路径损耗，使得利用高频段丰富的频谱资源进行移动通信成为可能。基于此，NR R15 中终端可以支持最大 8 天线的接收和 4 天线端口的发送，在部分频段上，终端的 4 天线接收为必备的能力。但是实际数据使用的数据层数是通过 DCI 指示确定的，即使终端不必使用全部天线端口收发数据，终端在收到 DCI 指示之前仍然需要保持对所有天线端口的收发和处理能力。

基于以上分析，针对 NR 灵活的参数集带来的对于 PDCCH 的处理复杂度和能耗的增加，可以考虑对于特定的 PDCCH 降低盲检次数、放松 PDCCH 处理时间等。进一步地研究表明[1]，对于典型的业务应用而言，仅有 PDCCH 监听而没有数据传输的时间占比达 50% 以上，相应的终端能耗占整个能耗的 50% 以上。对于更大的带宽，可以考虑进一步降低信令指示辅小区的激活和去激活的配置时延。对于终端更多的天线端口配置，可以根据传输的数据需求考虑进一步降低天线端口数量。对于时域上不同的业务的时延需求，考虑自适应调整终端的调度时间间隔来降低能耗。

围绕 NR 以上特点和终端的能耗占比，NR R16 对终端节能技术进行了研究，包括降低 PDCCH 监听的节能方案、时域自适应调整的节能方案、频域自适应调整的节能方案、天线域自适应调整的节能方案，以及调整最大传输层数的节能方案。另外，可以通过优化 DRX、RRM 测量放松，以及终端网络协同等措施，进一步地降低终端能耗。

5.2 技术原理

本小节主要介绍终端节能的基本技术方案及其节能原理和节能增益评估。包括减少 PDCCH 监听、时域/频域/天线域的自适应，以及 RRM 测量放松。

5.2.1 PDCCH 监听减少

类似于 LTE，NR 也支持通过采用不连续接收（DRX，Discontinuous Reception）技术减少终端不必要的 PDCCH 监听行为。在 RRC 连接态的 DRX 技术主要针对终端数据业务的突发特性，控制终端进行不连续的 PDCCH 监听，从而降低终端能耗，提升电池使用时间。基站为终端配置 DRX 周期，每个 DRX 周期由"On Duration"和"Opportunity for DRX"两个时间段组成，如图 5-1 所示[3]。在"On Duration"时间段内，终端处于激活期，监听并接收 PDCCH；在"Opportunity for DRX"时间段内，终端处于休眠期，不接收数据调度相关的 PDCCH，以节省终端能耗。DRX 的激活期的时长受 RRC 配置的定时器和数据到达情况影响：当 DRX 激活期内有数据传输时，会延长 DRX 的激活期时长。

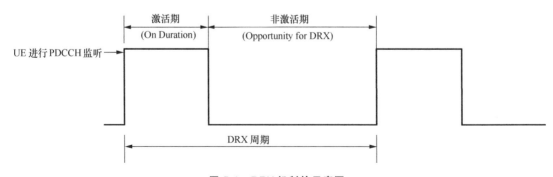

图 5-1 DRX 机制的示意图

在配置 DRX 机制的情况下，即使没有数据接收，终端也要对 PDCCH 进行解调译码。同时，为了能够准确地进行 PDCCH 解调译码，终端还需要持续地执行信道跟踪、信道估计等信号处理过程。基于 LTE 系统对终端的 PDCCH 监听行为的统计，约 90% 的 PDCCH 监听中没有该终端的调度信息[1]。可见，减少终端不必要的 PDCCH 监听可以在一定程度上实现终端节能。根据现有的 DRX 技术，终端只在 DRX 激活期内进行 PDCCH 监听，可以在一定程度上减少终端对 PDCCH 的监听。但是目前机制下，即使采用 DRX 技术，终端在每个 DRX 激活时间内也有大量的无效 PDCCH 监听。因此，如何有效地减少终端的 PDCCH 监听行为，是实现终端节能的一个主要问题。为了进一步减少终端对 PDCCH 的监听，可以采用动态调整 DRX 相关参数、利用物理层信道/信号触发减少 PDCCH 监听、直接中断 PDCCH 监听以及直接对 PDCCH 监听行为进行简化等方式[4-6]。

1. DRX 自适应

DRX 自适应主要考虑 DRX 参数配置与终端业务不匹配的场景，如终端在没有数据传输的情况下，较长时间处于激活状态并持续进行 PDCCH 监听，导致终端不必要的能耗。DRX 自适应通过选择合适的 DRX 参数配置，如 DRX 周期长度、激活期长度（DRX On-Duration）或非激活定时器（Inactivity Timer）长度等，适应终端当前业务，减少不必要的 PDCCH 监听。

对于 DRX 参数配置调整，一方面，可以由基站根据终端业务 QoS 情况、移动速度等信息，通过动态信令触发终端调整 DRX 参数，或基于终端辅助信息来选择终端适用的 DRX 参数；另一方面，也可以由终端自行选择特定的 DRX 操作并通知基站，如重启非激活定时器、提前进入非激活态。基于评估分析，采用 DRX 自适应可以获得 8%~70% 的终端节能增益[7]。DRX 自适应要求 DRX 参数与终端业务传输特性具有较高的匹配度，当两者匹配度不高时就会增加数据传输时延，评估结果显示，调整 DRX 参数会引入 2%~323% 的额外数据传输时延[7]。

通过专用的动态信令，即节能信号，又称为唤醒信号（WUS，Wake-Up Signal），触发终端在 DRX 激活期的醒来或休眠可以进一步实现终端节能。基站通过 WUS 指示终端在接下来的 DRX 激活期内是否进行相应的 PDCCH 监听，具体过程可以参见图 5-2。终端在特定时间进行节能信号检测，如果节能信号指示终端睡眠，终端在接下来的 DRX

周期处于休眠状态；反之，终端在接下来的 DRX 周期醒来进行 PDCCH 监听。另外，DRX 非激活期间，终端会处于休眠状态，并在 DRX 周期开始时间之前醒来，为后续节能信号的检测做准备工作。节能信号在触发终端是否唤醒的同时，可以用来触发按需的参考信号发送。发送的参考信号可以用于信道时频跟踪和信道估计，辅助 PDCCH 的解调解码；也可以用来进行信道状态信息（CSI）的估计，或者是 RRM 测量，使得基站可以快速地获取信道状态信息，提高终端的系统吞吐量以及降低终端的能耗。基于评估分析，通过节能信号触发 DRX 激活期的唤醒或睡眠相比于 R15 的 DRX 配置，可以获得 8%～50%的终端节能增益[7]。如果配合辅助参考信号进行 DRX 激活期的唤醒准备，还可以额外获得 4%～10%的终端节能增益[7]。

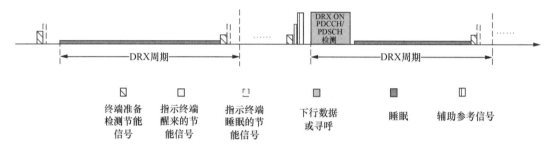

图 5-2　节能信号用于睡眠或唤醒的过程

2. PDCCH 监听跳过以及休眠信号

PDCCH 监听为周期性动作，当监听周期配置为较小的数值时，持续的 PDCCH 监听而没有数据业务会导致终端不必要的能耗。基站可以通过动态信令向终端发送 PDCCH 监听跳过信息，指示终端跳过下一个或后续几个 PDCCH 监听时机，或直接指示终端进入休眠状态直至下一个 DRX 周期。当基站通过动态信令指示终端后续的 DRX 周期直接进入休眠状态，不进行相应的 PDCCH 监听时，节能信号也称为休眠信号（GTS 信号，Go-To-Sleep 信号）。基于评估分析，PDCCH 监听跳过方案相对于 R15 的 DRX 配置可以获得 9%～83%的终端节能增益，同时也会增加 0.1%～75%的传输时延以及约 1%的信令开销[7]。

对于载波聚合（CA）场景，终端需要对所有激活的辅小区进行 PDCCH 持续监听。当终端不需要在辅小区进行数据传输，而辅小区的去激活计时器尚未超时，这种持续监

听行为也会令终端耗电。因此，基站也可以通过动态信令触发终端跳过对辅小区进行 PDCCH 监听或进入休眠状态。

3. PDCCH 监听周期自适应

PDCCH 监听周期需要与终端业务相匹配。通常情况下，为保证数据传输的时延，基站需要为终端配置较为频繁的 PDCCH 监听。但是当终端无数据业务传输时，频繁地进行 PDCCH 监听会导致不必要的能耗。基站通过动态信令自适应调整 PDCCH 监听周期，调整激活期内的 PDCCH 监听密度可以降低终端能耗。基于评估分析，自适应调整 PDCCH 监听周期相对于 R15 的 DRX 配置可以获得 5%～63.8%的终端节能增益，同时也会增加 1.25%～38%的传输时延以及约 1.3%的信令开销[7]。

4. PDCCH 监听的聚合等级或盲检个数自适应

终端的 PDCCH 监听过程就是 PDCCH 的盲检测过程，需要在基站配置的搜索空间关联的控制资源集（CORESET）上进行信道估计和信道译码。考虑到终端处理的复杂度以及处理时延等因素，NR R15 对每个搜索空间集中不同聚合等级（AL）下的候选 PDCCH 个数以及终端盲检次数进行了限定。减少不同聚合等级下的候选 PDCCH 个数或终端盲检次数，可以令终端进行调度信息监听的同时，减少终端的信道估计和信道译码处理。减少终端盲检次数可以获得 1.4%~11%的节能增益[7]。

5.2.2　时域自适应节能

对系统吞吐量、时延性能影响不大的情况下，避免没有必要的 PDCCH 监听，可以降低 PDCCH 的处理能耗，达到终端节能的效果。NR 支持非常灵活的时域调度，PDCCH 和 PDSCH 之间的时间偏移值可以根据需要灵活调整，并在 DCI 中指示。PDSCH 和 PDCCH 可以在同一个时隙或者不同时隙，前者称为本时隙调度，后者为跨时隙调度。由于调度时隙偏移的指示信息包含在 DCI 中，在解码出一个 DCI 之前，终端并不知道这个 DCI 调度的 PDSCH 是在哪个时隙。从接收处理的角度，终端要按照本时隙调度的假设，在接收完 PDCCH 符号之后立即为可能的 PDSCH 接收做准备。另外，终端也需要尽早解调出 DCI，以满足本时隙调度的处理时间要求。

对于大多数情况而言，终端基于 PDSCH 和 PDCCH 在同一时隙出现的假设并不成立。相关联的，为接收 PDSCH 所做的准备也没有实际效果，造成无谓的能耗。跨时隙调度节能技术，就是让终端提前知道本次调度是跨时隙调度还是本时隙调度。从而，如果是跨时隙调度，则终端在接收完 PDCCH 符号之后，可以避免没有必要的 PDSCH 采样和缓存，降低能耗。同时，由于跨时隙调度的处理时间较为宽松，终端可以减少 PDCCH 的处理能力，进一步降低能耗。仿真分析表明[7]，PDCCH 和 PDSCH 之间的时隙偏移最小值为 1 时隙时，终端配置为跨时隙调度，可以获得 13%~18%的节能增益，相应的终端感知吞吐量（UPT，User Perceived Throughput）下降 0.3%~5%；当 PDCCH 和 PDSCH 之间的时隙偏移最小值为 2~3 时隙时，终端可以获得 13%~25%的节能增益，相应的终端感知吞吐量下降 7%~13%；当 PDCCH 和 PDSCH 之间的时隙偏移最小值≥4 时隙时，终端可以获得 2%~25%的节能增益，相应的 UPT 下降了 32%。

5.2.3　频域自适应节能

频域上，NR R15 支持基于 RRC 信令和动态信令的带宽部分（BWP，Bandwidth Part）的切换。频域自适应节能包括终端自适应切换 BWP，匹配业务的动态变化，在切换之后的 BWP 上，采用按需参考信号完成快速的信道跟踪和测量，进一步降低终端的能耗。仿真分析表明[7]，基于 R15 DCI 和定时器（Timer-Based）的 BWP 切换，在宽带和窄带的 BWP 之间切换，窄带的 BWP 接收能耗更低，可以获得 8.5%~31%的节能增益。进一步的，终端可以根据业务特性、数据量大小、信道状态等向基站推荐能耗最优的 BWP，则终端的节能增益可以达到 16%~45%，相应的数据传输时延下降 4%。

在 CA/DC（Carrier Aggregation/Dual Connection）的工作模式下，NR 支持基于 RRC 和 MAC-CE（Medium Access Control-Control Element）的激活/去激活辅小区（SCell，Secondary Cell）。以上两种配置方式基于高层信令，相对于物理层（层 1）的配置时延较大，会导致没有必要的终端能耗。根据业务的变化实现快速的 SCell 的激活/去激活，可以进一步节能。具体设计包括基于 DCI 信令的 SCell 的快速激活/去激活，调整激活 SCell 上 PDCCH 监听和搜索空间配置，基于小区的有效节能方式，非激活 SCell 上的 CSI/RRM 测量和波束管理等。仿真分析表明[7]，稀疏的业务到达或是较长时间的非激活状态，大量的 PDCCH 监听没有数据调度，快速的 SCell 的激活/去激活可以获得 12%~57.75%的节能增益；当业务到达比较密集时，仅少量的 PDCCH 监听没有数据调度，此时快速的 SCell 的激活/去激活可以获得 2%~7%的节能增益，相应的时延下降 0.1%~2.6%。

NR R16 引入了辅小区休眠技术，通过 DCI 信令进行休眠行为（Dormancy Behaviour）和正常激活（Non-Dormancy）行为的转换。处于正常激活行为时，终端在辅小区上执行 PDCCH 监听及相应的背景活动；处于休眠行为时，终端不执行 PDCCH 监听，只执行相应的背景活动，从而降低终端的能耗。

5.2.4 天线域自适应节能

对于多天线的终端，终端的能耗随着射频链路个数、收发天线个数和面板数的增加而增加。在无数据传输，只有小包传输，或者信道条件较好的情况下，终端采用较少的接收天线或射频链路，会显著降低终端的能耗。NR R16 节能评估结果表明，终端将 4 接收天线自适应地调整为 2 接收天线时，可以获得高达 30%的节能增益[7]，而由此带来的时延增加约在 4%。因此，恰当地降低接收天线数有利于终端节能。

在数据传输过程中，终端可以基于无线信道条件及数据层数调整接收天线的数量，其中终端接收天线数量不能低于数据层数。因此，基站提前通知终端最大的数据层数，终端可以对接收天线数进行调整，从而降低终端的能耗。

5.2.5 无线资源管理测量节能

无线资源管理（RRM，Radio Resource Management）测量主要用于支持终端在 RRC_IDLE/INACTIVE 状态下进行小区选择或小区重选功能，或在 RRC_CONNECTED 状态下进行移动性管理。根据对终端耗能的统计分析，RRM 测量是终端主要耗能功能之一。在 RRC_IDLE/INACTIVE 状态下，终端基于 SSB 进行 RRM 测量。为了不在每个 SSB 上都进行测量，基站会为终端配置 SSB 测量时间配置（SMTC），指示终端在特定的时间窗内进行测量。在 RRC_CONNECTED 状态下，终端可以通过 SSB 或 CSI-RS 进行 RRM 测量。

当终端配置了 DRX，终端进行 RRM 测量会存在以下额外能耗情况：RRM 测量处于

DRX 激活期时，终端为了进行 RRM 测量，仍需要在 DRX 激活前做好前期准备，如信道跟踪和同步等操作；DRX 激活期与 SMTC 测量窗口没有对齐时，即 DRX 激活期与 SMTC 发生在不同时刻，终端需要在 DRX 非激活期醒来进行 RRM 测量，待 RRM 测量结束后，终端会继续睡眠，直到下一次 RRM 测量或 DRX 激活期开始。这种醒来睡去的过程，则需要额外的上电（Power Ramp-Up）和去电（Power Ramp-Down）过程。根据终端能耗分析，以及终端睡眠状态不同，这个过程令终端不同限度地消耗一定能量。

R15 RRM 测量方案是基于宏蜂窝场景下的移动终端设计的，在某些特定情况下，如室内场景、低速移动终端（相对小区重选或切换）等，终端不必要频繁地执行 RRM 测量。在满足 RAN4 对终端的 RRM 测量性能要求[8]的前提下，可以放松对终端的 RRM 测量要求。在 RRC 空闲态/非激活态/连接态下，主要从时域、频域以及引入额外按需参考信号等方面，对终端的 RRM 测量进行放松，实现终端节能[9-10]。

在时域上，RRM 放松或自适应方案可以从以下几个方面考虑。

（1）基站对 RRM 测量周期进行扩展。在 RRC 连接态下，根据 RRM 的测量要求，当终端没有配置 DRX 时，RRM 测量周期是 200ms 或 SMTC 周期的整数倍[8]，其中，SMTC 是 RRC 信令配置的 RRM 测量窗口。而当终端配置了 DRX 时，RRM 测量周期是 DRX 周期的倍数，如 5 倍 DRX 周期。对于信道状态变化较慢时，如低速移动终端或静止终端，较短的 DRX 周期配置会导致终端频繁地上报 RRM 测量结果，这种情况，RRM 周期可以进一步扩展。

（2）减少 RRM 测量周期内测量样本个数。在 RRC 空闲态/非激活态下，为了保证 RRM 测量值不受信道的瞬时衰落的影响，终端通常会对多个测量值进行平滑，每个测量值称为测量样点值。RRM 测量的样点值个数沿用了 LTE 系统的经验值，即每个 RRM 测量周期内需要 5 个测量样本值。对于信道状态变化较慢时，如低速移动终端，在满足 RRM 测量精度要求的前提下，每个 RRM 测量周期内的测量样本个数可以适当减少。

在频域上，RRM 测量包括同频测量和异频测量。处于空闲态时，终端依据 S 准则开启 RRM 测量。具体的，当服务小区信号 RSRP 和 RSRQ 满足 Srxlev>$S_{IntraSearchP}$ 和 Squal>$S_{IntraSearchQ}$ 时，终端不需要进行同频邻区测量，其中，$S_{IntraSearchP}$ 和 $S_{IntraSearchQ}$ 是 RRC 配置的门限值；否则，终端要进行同频邻区的 RRM 测量，还要根据一定的频率优先级进行异频邻区的 RRM 测量。根据 RAN4 对同频 RRM 的测量要求，终端测量且维持至少 8 个异频邻小区。频域的节能方案包括以下内容。

（1）终端所属的服务小区具有较好的信道质量以及最高的频率优先级时，终端在一段时间内不会重选至其他小区。这时，在不影响小区选择或移动性的情况下，可以减少测量的同频邻小区个数、减少测量的异频频点个数，对 RRM 测量放松，以实现终端节能。

（2）对 S 准则进行优化。基站配置额外的自适应 RSRP/RSRQ 门限值，记为放松门限值，终端根据配置的门限值自行选择 RRM 测量放松。当服务小区的 RSRP 和 RSRQ 不满足 S 准则，但高于放松门限值时，只进行部分同频邻区的测量，如 4 个。当服务小区的 RSRP 和 RSRQ 不满足放松门限值时，再进行所有同频邻区的测量。

此外，引入额外的按需参考信号辅助终端进行 RRM 测量也有一定的节能效果。按需参考信号可以缩短 RRM 测量与 DRX 激活期的时间差，减少终端在非激活时刻醒来进行 RRM 测量的次数。按需参考信号测量也可以辅助网络进行其他的操作，例如，AGC、时频偏同步等，从而减少终端在 RRM 测量上不必要的能耗。用于辅助 RRM 测量的备选参考信号有：CSI-RS（包括 TRS）、SSS、SSB、PSS、节能信号、PDCCH/PDSCH 的 DMRS 信号，或引入新的参考信号等[7]。

RRM 测量放松可以是基站向终端发送 RRM 测量放松信令，可以是终端根据网络侧参数配置的自适应放松，也可以是基于终端辅助信息，如终端的状态信息，辅助网络指示终端减少 RRM 测量次数[10]。另外，还可以引入额外的参考信号，来辅助 RRM 测量，提高 RRM 测量精度，减少终端被唤醒的次数，实现终端节能。

5.3 DRX 优化

考虑到终端在 DRX 激活期内不必要的 PDCCH 监听，DRX 机制需要做进一步优化，包括以下两种方式。

1. 多套 DRX 配置

基站在配置业务传输时，根据终端业务的特征，如时延需求、数据包间隔等信息，将不同业务匹配到不同物理特性的服务小区上，如视频业务会配置到较大传输带宽的服务小区。由于不同的业务在不同服务小区传输，终端在不同服务小区上监听 PDCCH 的时刻以及时长的需求就会不同。配置多套 DRX 可以解决不同小区承载的业务需求不同的问题。具体方案为，一个 MAC 实体包括多组 DRX 配置，每组 DRX 配置的部分参数不同，且每个 DRX 分组独立控制部分 DRX 定时器的开启和关闭。例如，基站根据业务特征以及服务小区特征，将 MAC 实体下的服务小区进行了 DRX 分组。每个 DRX 分组的部分定时器的取值是不同的，如 DRX 激活定时器以及非激活定时器，且每个 DRX 分组维护独立的定时器开启、重启和关闭。通过这种方式，可以达到终端节能的效果，但是会增加终端处理复杂度。

在高频段，由于终端需要支持波束扫描等功能，终端长时间持续维持在激活态会造成较高的能耗，迫切需要终端进一步节能。因此，针对同时支持 FR1 和 FR2 的终端，可以配置不同的 DRX 分组，具体方案如下[11]。

（1）针对同时配置了 FR1 和 FR2 载波的终端，基站在同一个 MAC 实体中定义两个 DRX 分组：默认主 DRX 组（Primary DRX Group，针对 FR1）和第二 DRX 组（Secondary DRX Group，针对 FR2）。

（2）基站将两个 DRX 分组中的定时器，包括 drx-onDurationTimer 和 drx-Inactivity Timer，分别配置不同的数值。

（3）终端的 MAC 实体分别维护两个 DRX 分组的定时器运行。为了保证第二 DRX 组内的载波尽快进入非激活期，基站将第二 DRX 组内的 DRX 参数：drx-onDurationTimer 和 drx-InactivityTimer 设置为小于主 DRX 组的 DRX 参数值，具体方案如图 5-3 所示。

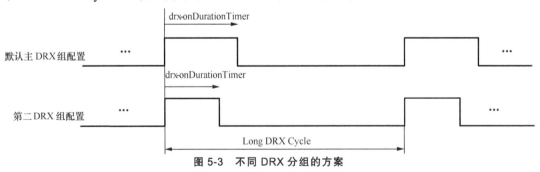

图 5-3　不同 DRX 分组的方案

2. DRX 节能信号

基站可以通过节能信号指示终端的 MAC 实体是否启动一个邻近 DRX 周期的

drx-onDurationTimer（终端是否在下一个 drx-onDurationTimer 期间被唤醒）或多个 DRX 周期是否进入非激活状态不进行 PDCCH 监听。节能信号用于指示多个 DRX 周期的方案，会增加终端对 DRX 相关定时器管理的复杂度，此外，还会影响基站的调度灵活性[12-16]，基站很难预测节能信号指示 DRX 的个数，一旦基站预测的 DRX 个数与终端业务特性不匹配或基站调度拥塞，则会影响终端的业务传输。为了避免上述问题，一个节能信号只控制一个邻近 DRX 周期的 drx-onDurationTimer 的开启与关闭，具体过程如图 5-4 所示[17]。

当节能信号指示终端在一个邻近 DRX 周期处于非激活状态时，会影响已配置的周期 L1-RSRP、周期 L1-SINR 以及周期 CSI 等测量上报。由于周期性测量上报主要用于链路质量维护，为了减少上述影响，基站通过配置参数 ps-TransmitPeriodicCSI 和 ps-Transmit-OtherPeriodicCSI 指示终端在 DRX 非激活期是否继续周期性测量上报。

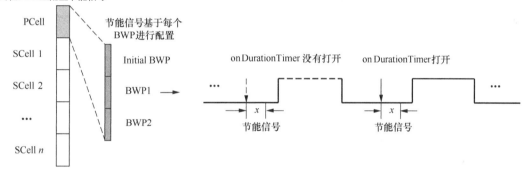

图 5-4　DRX 节能信号的方案

5.4　辅小区休眠行为

5.4.1　辅小区休眠行为引入

类似于 LTE，NR 也采用了载波聚合或双连接技术以大幅度提高系统传输速率，终端可以支持最多 16 载波。即便没有数据传输终端仍将在激活的辅小区（SCell）上执行

PDCCH 监听，这将会严重浪费终端能量。为了使激活小区数量适应数据传输，R15 中引入了辅小区激活/去激活技术，有数据传输时利用 MAC CE 信令的激活辅小区，否则去激活该辅小区。基站在辅小区上进行数据传输，需要终端在辅小区上预先完成 CSI 测量/上报。根据对辅小区激活时延的要求[8]，R15 完成辅小区激活过程的时间为 T_{HARQ}、$T_{activation\_time}$ 和 $T_{CSI_Reporting}$3 部分之和，如图 5-5 所示。其中，T_{HARQ} 是终端从收到传输 MAC CE 的 PDSCH 到完成对应 HARQ-ACK 反馈的时间；$T_{activation\_time}$ 为辅小区激活时延，包括终端解析 MAC CE、辅小区射频上电、AGC 及时频跟踪所需要的时间；$T_{CSI\_Reporting}$ 为 CSI 上报时延，对应终端的 CSI-RS 接收、处理及 CSI 上报的时间。其中，$T_{activation\_time}$ 时间占比最大，终端需要根据 SMTC 窗口内配置的 SSB 资源在辅小区执行 AGC 与时频跟踪操作，而 SMTC 的典型配置周期是 20ms，导致 NR 辅小区激活时延明显长于 LTE。综上所述，辅小区激活是较漫长的过程，对应较大的传输时延与终端能耗。

图 5-5　NR 辅小区激活过程

为了降低上述辅小区激活时间，快速获取辅小区的 CSI 上报，可以考虑基于层 1 信令辅小区激活去激活机制。虽然，相对于解码 PDCCH/PDSCH、解析 MAC CE，终端解码层 1 信令需要的时间更短，但是为确保基站与终端对辅小区激活/去激活的理解一致，该 DCI 信令也需要 HARQ 过程，而且辅小区时频跟踪过程的时间也没有降低，导致 $T_{activation\_time}$ 时间占比远大于层 1 信令降低的时延。即使考虑利用层 1 信令同时触发非周期的 TRS 用于时频跟踪，仍存在 TRS 接收与 CSI 测量的时间开销。从而，基于 DCI 信令辅小区激活/去激活机制并不能解决根本问题。因此，NR 引入了基于 DCI 信令的休眠行为，终端侧以较小的能耗开销，向基站上报关于辅小区的 CSI。所谓休眠行为是指终端在辅小区上不执行 PDCCH 监听，只进行一些测量及上行信号发送。执行休眠行为的终端在辅小区上始终保持时频同步，进行 CSI 测量，与 R15 的辅小区激活过程相比，省去了激活过程的时间，同时相对于普通的激活态而言，终端能耗显著降低。

5.4.2 辅小区休眠行为状态转换

休眠行为与正常激活行为的转换过程如图 5-6 所示,基站利用 MAC CE 激活辅小区,辅小区当前激活的 BWP 可以是休眠 BWP 也可以是普通 BWP。对于激活态的辅小区,基站通过基于 DCI 的 BWP 切换机制,在休眠 BWP 与普通 BWP 之间进行转换。当前处于激活态的辅小区,不管当前激活的 BWP 是休眠 BWP 还是普通 BWP,均可以通过现有机制（MAC CE 或者 SCellDeactivationTimer 超时）进入到非激活态。

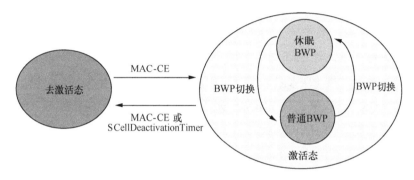

图 5-6　休眠行为与正常激活行为的转换

5.4.3 DRX 激活期内辅小区休眠行为指示

为了支持辅小区的休眠行为,R16 在激活期内支持两类 DCI 用于在携带休眠指示信息[19]。第一类 DCI 既可以调度主小区的数据又可以指示辅小区的休眠行为,即在原 DCI 格式 0_1 与 1_1 的基础上增加一个 X1 比特的辅小区休眠指示字域。辅小区休眠指示字域是一个长为 X1 比特的比特图,每个比特对应一组辅小区的休眠行为。其中,比特"1"表示终端需要继续驻留当前所处的正常激活 BWP 或者切换到 RRC 信令配置的特定正常激活 BWP,而比特"0"表示继续驻留或切换到休眠 BWP。考虑到在现有 DCI 的基础上增加额外比特会影响调度 DCI 及其激活期外节能信号的性能,故 X1 上限定为 5 比特。考虑到切换到休眠 BWP 后无法在辅小区上接收 PDCCH 以及进行数据重传[20],R16 只支持在主小区传输该类 DCI。基于辅小区组的指示方法虽然开销较低,但是颗粒度较大,有时难以取得很好的节能性能,故 R16 还引入了不支持数据调度的第二类 DCI。

第二类 DCI 不支持数据调度，仅采用 DCI 格式 1_1。第二类 DCI 中的辅小区休眠指示字段是一个长为 N1 比特的比特图，每个比特对一个辅小区的休眠行为进行独立指示，有助于实现节能增益最大化。在 DCI 格式 1_1 中重新利用了 MCS、NDI、RV、HARQ Process Number、天线端口字段承载休眠指示信息。由于第二类 DCI 采用 DCI 格式 1_1，为避免与正常调度数据传输的 DCI 混淆，频域分配（FDRA，Frequency Domain Resource Allocation）采用全 1 或者全 0 与正常调度 DCI 进行区分。由于第二类 DCI 同样不能在休眠 BWP 上传输，为简单起见，第二类 DCI 也仅在主小区上传输。

对于第一类 DCI，一旦终端向基站反馈 PDSCH 对应的 HARQ-ACK，基站即可确认 PDCCH 是否译码正确。但是第二类 DCI 由于不调度 PDSCH，若不支持 HARQ-ACK，一旦 PDCCH 丢包，基站无法获知终端辅小区休眠行为，造成基站和终端理解不一致。因此，R16 支持对第二类 PDCCH 反馈 HARQ-ACK。类似于非调度的 SPS 释放 PDCCH 对应的 HARQ-ACK 反馈，第二类 PDCCH 采用了基于动态码本的 HARQ-ACK 反馈机制，不支持基于半静态码本的 HARQ-ACK 反馈。

对于激活期外，则采用基于 PDCCH 的节能信号指示休眠行为，具体介绍见 5.5.1 节。

▍▍▍ 5.5 节能信号设计

无论是时域、频域、空域，还是 PDCCH 监听减少的节能方案，都需要节能信号/信道进行触发。节能信号设计直接影响了节能信号检测的可靠性以及终端的节能增益。在 DRX 激活期外利用节能信号触发 DRX 自适应是终端节能增益的最主要来源之一，本节将主要介绍非激活期节能信号设计。

非激活期内发送的物理层节能信号有两类候选设计：基于序列的节能信号与基于 PDCCH 的节能信号。基于序列的节能信号的检测不需要解调/解码模块，比基于 PDCCH 的节能信号检测具有更低的复杂度与能耗，而且仿真结果表明基于序列的节能信号误检性能明显优于附加了 24bit CRC 的 PDCCH[21]。但是在携带信息数和可扩展性上，基于序列的节能信号携带的节能信息比基于 PDCCH 的节能信号差很多。为了支持更多的节能功能以及方便将来扩展，R16 支持了基于 PDCCH 的节能信号。为了减少对产品设计的影响，重用了 R15 中的 PDCCH 设计，不对信道编码部分做任何改动。下面对节能信号支持的功能、传输信道、DCI 格式展开具体介绍。

5.5.1 节能信号功能

在 DRX 激活期之前发送的节能信号需要考虑支持多种功能[22]。

（1）唤醒指示：通过节能信号指示终端在后续 DRX 周期是否被唤醒。当终端检测到 WUS，进入激活期进行 PDCCH 监听；否则，终端在后续 DRX 周期继续睡眠，节省能耗。唤醒指示在节能信号的 DCI 中可以用 1 比特指示，"1"表示被唤醒；"0"表示睡眠。WUS 触发 drx-onDurationTimer 开始运行，从而终端进入激活期并执行 PDCCH 监听。唤醒后续 DRX 周期是激活期外发送节能信号最主要的功能，所以该节能信号又被简称为 WUS-PDCCH。

（2）休眠行为指示：通过节能信号在激活期外指示终端在激活期内的辅小区休眠行为达到省电目的，该行为可以由激活期外的 WUS-PDCCH 触发。为了降低节能信号 DCI 开销，在激活期外的辅小区休眠行为指示采用了类似第一类 DCI 的指示方法。WUS-PDCCH 中携带的辅小区休眠指示字段是一个长为 X2 比特的比特图，每个比特对应一组辅小区的休眠行为，X2 上限定为 5 比特。与在激活期内触发辅小区休眠行为的 DCI 不同，激活期外的 WUS-PDCCH 既不调度任何数据，也不会对应任何 HARQ-ACK 反馈。

（3）触发 BWP 快速切换[23]：节能信号在激活期外触发终端执行 BWP 切换。R15 终端最多配置 4 个 BWP。没有数据传输时，终端在默认 BWP 上，降低能耗。如果大的下行数据包在终端正处于非激活期时到达，基站可利用 WUS-PDCCH 指示终端在 DRX 激活期开始处从小 BWP 直接切换到 BWP。终端快速切换到新的 BWP，不但有利于终端节能，还可以有效提高系统吞吐量与时延性能。

（4）触发按需参考信号（On-Demand RS）[24]：通过 WUS-PDCCH 触发按需参考信号如非周期 CSI-RS/ TRS/SRS 的发送。节能信号可以在激活期外触发非周期 CSI-RS 发送及非周期的 CSI 上报，使得基站快速获得下行信道状态信息。节能信号还可以根据需要触发非周期 TRS 以及非周期 SRS，辅助从较长睡眠周期醒来的终端执行时频跟踪或者为基站快速提供上行信道信息。按需参考信号可以有效改善 DRX 激活期之初的数据调度，从而提高频谱效率、降低传输时延、促进终端节能。

除了上面的节能功能，还可以考虑 WUS-PDCCH 触发 MIMO 层数自适应，指示激活期内的跨时隙调度等功能。限于时间等因素，最终 R16 只支持了 WUS-PDCCH 唤醒指示与辅小区休眠行为指示功能，其他节能功能可在 NR 后续版本继续扩展。基站通过节能信号将上述两个节能信号功能信息（简称节能信息）发送给终端，指示终端进行相应的节能操作。

5.5.2 节能信号传输信道

本节主要从频域、时域以及空域的角度对节能信号的传输信道做具体说明。

1. 频域资源配置

WUS-PDCCH 的频域发送位置在主小区当前激活的 BWP 上。这种设计的优势在于当终端检测节能信号且有新的数据到达时，终端不需要进行 BWP 切换。尤其当数据到达比较繁密时，这种设计不会增加 BWP 切换的额外能耗。同时，WUS-PDCCH 的 CORESET 也配置在公共搜索空间，不支持 UE 专属的搜索空间。这种设计一方面不占用过多 CORESET 专用配置，避免影响其他数据发送；另一方面也可以提升在高频多波束场景下节能信号的可靠性。

2. 节能信号的偏移量（PS-Offset）

WUS-PDCCH 在 DRX 激活期前发送，需要对具体位置进行限定。由于 WUS-PDCCH 采用了基于 PDCCH 的信道传输，可以通过现有的 PDCCH 搜索空间配置方式进行配置。但 PDCCH 监听周期的最大取值为 2560 时隙，而 DRX 周期的最大取值为 10 240ms，二者很难对齐。因此，WUS-PDCCH 在重用了现有的搜索空间集配置的基础上，引入节能信号的偏移量。

偏移量的使用方式如图 5-7 所示。终端在 DRX 激活期前 PS-Offset 毫秒开始监听节能信号，节能信号具体的监听机会由搜索空间集合的检测周期和时隙偏移确定，监听范围由搜索空间集合的监听时隙数量和符号位置确定。此外，基站还要为终端预留充分的准备时间，用于后续 DRX 激活期唤醒而进行的预处理过程，具体参见最小时间间隔相关介绍。对于终端配置的任意一个搜索空间集合，如果 PS-Offset 与 DRX 激活期起始位置之间有多个监听时隙数量时，终端只需要在第一个完整的监听时隙数量内进行节能信号的监听即可。偏移量单位是毫秒，通过高层信令进行配置[26]。

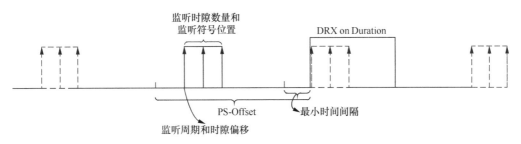

图 5-7　节能信号的监听机会示意图

3. 最小时间间隔

在 DRX 激活期前，终端除了完成节能信号的检测，获得终端信息之外，还可能需要完成从 DRX 非激活期到激活期状态转换所需要的预备过程，如 CSI 测量/上报、SRS 发送以及 BWP 切换等。那么，在接收到节能信号之后还应该为终端预留一定的处理时间，该时间为最小时间间隔。最小时间间隔是节能信号的最后一个监听时机距离 DRX 起始时间之间的时间间隔的最小值，用于限制终端在 DRX 激活期前完成节能信号监听，具体如图 5-7 所示。最小时间间隔与子载波间隔以及终端处理能力有关，取值单位为时隙。每个子载波间隔都对应两个候选值，分别对应着终端在该子载波下的不同处理能力，由终端根据自身处理能力或喜好上报给基站。当节能信号的监听机会位于最小时间间隔内时，终端不需要进行节能信号的监听。

4. 无效的监听机会

当节能信号配置不当时，不可避免地会与其他的物理信道或信号发生冲突，影响后续终端的节能行为。为了不对现有系统中的物理信道、参考信号或物理层过程产生干扰，R16 规定，如果节能信号的候选 PDCCH 与其他物理层信道/信号所在资源发生冲突时，则终端不进行节能信号的候选 PDCCH 的监听。当一个监听机会上的所有节能信号的候选 PDCCH 均无法进行监听时，该监听机会视为"无效的监听机会"。

节能信号与其他物理信道/信号发生冲突主要包括多种情况。典型的有节能信号与 SSB 发生冲突、节能信号与上行符号发生冲突、节能信号与 BWP 切换过程发生冲突、节能信号与测量间隔发生冲突、节能信号与 LTE 的 CRS 参考信号发生冲突[27]。

在 DRX 激活期之前，当所有节能信号的监听机会均为"无效的监听机会"时，终端无法获知后续节能信息，因此，终端恢复原有的 DRX 周期行为，即在 DRX 起始时刻醒来进行常规的 PDCCH 监听。

当在 DRX 激活期之前配置了有效监听机会，但是终端没有检测到节能信号，终端可以基于基站配置的参数来决定是否在下一个 DRX 周期监听 PDCCH，即终端没有检测到节能信号时的行为由基站配置的参数控制。如果基站没有配置该参数，终端默认在没有检测到节能信号时，下一个 DRX 周期不监听 PDCCH。此外，如果终端的辅小区配置了休眠 BWP，但终端在有效的监听机会没有检测到节能信号，终端则继续驻留在当前激活的 BWP，直到接收到新的 BWP 切换指示或 BWP 去激活计时器超时。

5. 多个监听机会配置

NR 引入了大规模天线的波束赋形技术，尤其是在 FR2 频段。基站根据确定的波束方向发送节能信号，并通过 RRC 信令和 MAC CE 通知给终端发送波束相应的传输配置指示（TCI，Transmission Confirgation Indication）状态。当终端经过一段时间的睡眠之后，基站发送波束与终端接收波束之间最优的对应关系可能发生改变，如图 5-8 所示。为了提高终端在 DRX 激活期前对节能信号的接收性能，可以为终端配置多个节能信号的监听机会，分别关联不同的波束信息。

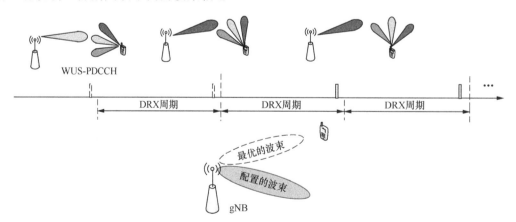

图 5-8 节能信号的赋形传输示意图

节能信号的发送波束配置方法与 NR R15 一致，由 CORESET 的 TCI 进行指示。基站可以在多个 WUS-PDCCH 监听机会上关联不同的波束，即节能信号关联的波束信息由波束管理的参考信号（如 CSI-RS 或 SSB 资源）的发送波束确定。这样，终端可以在多个监听机会上接收节能信号，以获得接收性能较优的节能信号。基站也可以在多个 WUS-PDCCH 搜索空间集上关联同一个波束，用于节能信号重复发送。终端基于已配置的发送波束信息，即 TCI 状态，在不同监听机会上进行节能信号接收测量，从而获得最佳接收质量的节能信号。

此外，终端还可以在多个监听机会上重复接收节能信号，避免基站在某些监听机会因与其他信道/信号冲突而无法发送节能信号（无效的监听机会），从而提高节能信号的接收性能。如果终端配置了多个监听机会进行节能信号监听，对于某个特定 DRX 周期的多个监听机会所携带的节能信息需要保持一致。

6. 与长短 DRX 的关联

当终端配置了短 DRX 周期时，根据 DRX 机制[28]，终端同时存在两种 DRX 配置。长 DRX 周期的起始位置会随着业务数据到达时刻的变化而变化，一旦有数据到达，终端则进入短 DRX 周期。当定时器 drx-ShortCycleTimer 超时时，终端才开始进入长 DRX 周期。这意味着终端需要根据数据传输情况在长短 DRX 周期之间转换。节能信号如果与长短 DRX 周期相关联，它的配置方法以及监听情况就会变得很复杂。按照传统的搜索空间集的配置方法为节能信号进行监听周期配置，就会存在节能信号要么在 DRX 周期前没有监听机会，要么在一个 DRX 周期内出现多次监听机会的问题。当短 DRX 周期值较小时，在短 DRX 周期前监听节能信号的节能增益不明显。例如，当短 DRX 周期为 20ms 时，终端在检测到节能信号指示进入睡眠状态，而终端还没进入睡眠就要准备进行节能信号监听。对于短 DRX 周期最合适的方案是，节能信号指示终端连续睡眠几个短 DRX 周期，而根据 5.3 节所述，节能信号只能关联一个 DRX 周期。此外，节能信号可以用于指示一组终端，意味着这组终端会同时监听一个节能信号。由于短 DRX 周期的起始与数据到达时间相关，如果一组终端数据到达的情况存在差异，这组终端无法同时出现短 DRX 周期时，则无法进行节能信号的监听。因此，节能信号不适用于短 DRX 周期，仅应用于长 DRX 周期。

5.5.3 节能信号 DCI 格式

WUS-PDCCH 被定义为一种用于节能的专用 PDCCH，因此需要遵循 PDCCH 的设计原则。下面针对节能信号的 CRC 加扰、DCI 载荷、DCI 格式与搜索空间进行具体介绍。

1. PS-RNTI

R16 定义的 WUS-PDCCH 只能在非激活期内传输，终端只在 DRX 的非激活期内监听 WUS-PDCCH。考虑到 C-RNTI 等加扰的 PDCCH 不能在非激活期内传输，所以新定义了 PS-RNTI（Power Saving RNTI）专用于 WUS-PDCCH 的 CRC 加扰。R16 终端在非激活期检测到 PS-RNTI 加扰的 PDCCH，即可确定是节能信号，该 PDCCH 并不调度 PDSCH。

2. DCI 载荷大小

WUS-PDCCH 对应 DCI（WUS-DCI）的大小直接影响节能信号的检测性能。R15 协议规定终端需要检测的不同的 DCI 大小的个数不能超过 4，其中 C-RNTI 加扰的 DCI 载荷数量不能超过 3。为不增加终端检测复杂度，新增的 DCI 格式需要考虑上述 DCI 载荷预算。若遵循此限制，则需要将节能信号的 DCI 载荷与现有的 DCI 载荷，如 DCI 格式 1_0 的大小对齐。然而，WUS-PDCCH 并不在激活期内传输，R15 终端在激活期外可以只检测一种 DCI 载荷，即所有 DCI 载荷可都与 DCI 格式 1_0/0_0 的长度对齐。R16 的 WUS-DCI 的大小不受激活期内 DCI 大小预算的限制，可灵活配置。

3. DCI 格式

如 5.5.1 节所述，R16 支持的节能信息包括唤醒指示以及辅小区休眠指示。NR 将为支持节能的每个 R16 终端分别配置终端专属的节能信息。NR 在 R15 支持终端专属（UE Specific）DCI 和组公用（Group Common）DCI。由于 NR 中 PDCCH 对应的 DCI 载荷需要附加 24 个 CRC 比特，故终端专属 DCI 格式对应较大的 CRC 开销，而组公用 DCI 携带的多个终端的节能信息可以共享 CRC 比特,可以显著降低 CRC 开销。同时组公用 DCI 需要携带多个终端的节能信息,为了提高组公用 DCI 的检测性能,每个终端的节能信息应可能较少,一定程度限制了节能效果。此外,一般来说,由于终端专属 DCI 相对于承载多个终端节能信息的组公用 DCI 具有更少的 DCI 载荷,因此在小区边缘或者接收质量不佳的终端采用终端专属 DCI 格式可以显著提高节能信号的检测性能。因此,从技术上看,两种 DCI 格式都有合理性,但是两种 DCI 格式标准化复杂度会增加很多,因此 R16 终端节能仅支持一种 DCI 格式,即组公用 DCI。当基站为多个终端配置相同的 PS-RNTI 时,节能信号可以携带多个终端的节能信息,当 PS-RNTI 只配置给一个终端时则退化成终端专属 DCI。

R16 标准中,通过 DCI 格式 2_6 对 WUS 指示。如图 5-9 所示,基站通过 RRC 信令配置 DCI 大小,每个终端节能信息的起点 S 及其所占据的长度 L,而且每个节能信息的分组必须存在 1 比特的唤醒指示,后面为 $L-1$ 比特的辅小区休眠行为指示,其中,辅小区休眠行为指示比特数可以为 0,不同终端分配的节能信息长度也可以互不相同。

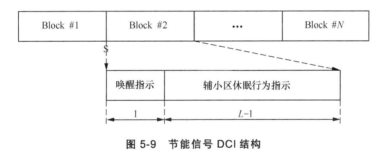

图 5-9 节能信号 DCI 结构

5.6 跨时隙调度节能技术

根据 5.2.2 节的介绍,跨时隙调度是重要的时域节能技术之一。本小节介绍跨时隙调度节能技术,主要包括跨时隙调度节能技术原理、节能技术流程以及节能方案指示。其中,本节将重点介绍跨时隙调度节能方案指示设计,包括指示信令的配置方法、应用时延以及其他跨时隙调度节能技术参数。

5.6.1 跨时隙调度节能技术原理

R16 支持了基于跨时隙调度时域节能方案，该方案通过提前配置跨时隙调度的参数——最小调度时隙偏移，使得终端提前知道是否为跨时隙调度。当配置为跨时隙调度时，终端可以避免没有必要的 PDSCH 的采样和缓存，并可以降低 PDCCH 的处理速度，关掉部分组件进入睡眠模式。数据接收或发送时刻到来时，终端再醒来进行 PDSCH 的采样和缓存，从而降低终端能耗，达到节能的效果。基于此，跨时隙调度节能方案的设计，围绕如何让终端提前知道最小调度时隙偏移的配置展开。其中，最小调度时隙偏移指 PDCCH 到 PDSCH 之间的最小时隙间隔 K_{0min} 和 PDCCH 到 PUSCH 之间的最小时隙间隔 K_{2min}。

5.6.2 跨时隙调度节能技术流程

NR R15 中，通过 DCI 中时域资源分配（TDRA，Time Domain Resource Allocation）信息指示随后的数据为跨时隙调度或本时隙调度，但是终端提前不知道数据是本时隙调度还是跨时隙调度，所以需要在接收 DCI 的同时，准备 PDSCH 的接收，或者准备 PUSCH 的发送。跨时隙调度时，终端会存在没有必要的 PDSCH 的采样和缓存，从而给终端带来无谓的能耗。NR R16 中，跨时隙调度的节能方案可以通过跨时隙调度节能参数最小调度时隙偏移提前通知终端是跨时隙调度还是本时隙调度，从而减少没有必要的 PDSCH 的采样和缓存。当配置为跨时隙调度时，最小调度时隙偏移 K_{0min}/K_{2min} 可以配置为大于等于 1 个时间间隔（单位：时隙）；当配置为本时隙调度时，最小调度时隙偏移 K_{0min}/K_{2min} 可以配置为 0。跨时隙调度节能方案的工作流程如图 5-10 所示。

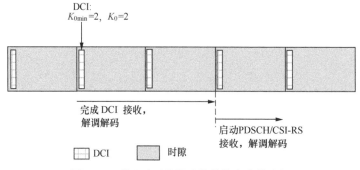

图 5-10 基于跨时隙调度的节能方案的流程

基站配置最小调度时隙偏移 K_{min}，并发送指示信息给终端，图 5-10 中，K_{0min} 配置为 2；终端接收最小调度时隙偏移 K_{min}，终端根据最小调度时隙偏移的指示进行 PDCCH 的解调解码，不去缓存或者发送信号/数据（包括 PDSCH、PUSCH，或者非周期 CSI-RS）。终端可以进入睡眠模式，直到 K_{0min} 个时隙之后醒来进行信号/数据的接收/发送。

5.6.3 跨时隙调度节能方案指示

1. 跨时隙调度节能技术指示信令的配置方法

基站配置跨时隙调度的最小调度时隙偏移 K_{min}，R16 采用了基于 DCI 的方式。进一步的，跨时隙调度的方案主要针对终端激活期间的节能设计。在跨时隙调度节能方案中，终端需要确切地知道 K_0/K_2 的最小值，DCI 指示跨时隙调度的最小调度时隙偏移采用直接指示的方式。激活的下行 BWP 或上行 BWP 调整最小调度时隙偏移时，可以通过 RRC 信令配置一个或两个最小调度时隙偏移，限制 K_0/K_2 不小于最小调度时隙偏移值。此时，最小调度时隙偏移是基于每个 BWP 配置的，即每个 BWP 都可以配置一个或两个最小调度时隙偏移，当配置为两个值时，可以用 1bit 指示从两个候选值中选择一个值；当配置为一个值时，可以用 1bit 指示是否对激活的 TDRA 列表做跨时隙调度节能方案的限制。

考虑到调整最小调度时隙偏移，会增加 DCI 的处理时延，有些情况下不支持对最小调度时隙偏移 K_{0min} 的调整。表 5-1 给出了一些不支持调整最小调度时隙偏移 K_{0min} 的情况。

表 5-1 不支持调整最小调度时隙偏移 K_{0min} 的情况

RNTI 类型	PDCCH 搜索空间类型
SI-RNTI	Type 0 公用
SI-RNTI	Type 0A 公用
RA-RNTI、TC-RNTI	Type 1 公用
P-RNTI	Type 2 公用

除此之外，还包括 C/CS/MCS-C-RNTI 加扰的默认 TDRA 列表的 CORESET#0 的 PDCCH 的搜索空间，以及竞争/非竞争的 RACH 过程中，RAR UL Grant 对应的 PUSCH 的调度也不支持调整最小调度时隙偏移的跨时隙调度方案。其中，RAR UL Grant 对应的 PUSCH 的调度，如果采用跨时隙调度，则会增加 RACH 时延；C/CS/MCS-C-RNTI 加扰

的默认 TDRA 列表的 CORESET#0 的搜索空间，主要用于系统消息传输和 URLLC 业务，从而不考虑调整最小调度时隙偏移。

对于一个激活的 BWP，可能存在收不到 DCI 指示的最小调度时隙偏移的情况，例如，当 RRC 重新配置 BWP 信息，或者 BWP 定时器到期后发生了 BWP 切换，或者 DCI 丢失，或者 DCI 没有发送。为解决这个问题，标准采用配置默认值的方式，即当没有收到最小调度时隙偏移指示信息时，使用默认值作为最小调度时隙偏移指示。如果 RRC 配置了一个最小调度时隙偏移，则选择该配置的最小调度时隙偏移作为默认值；如果 RRC 配置了两个最小调度时隙偏移，则选取 RRC 配置序号的最小序号对应的最小调度时隙偏移作为默认值。

基于以上分析，跨时隙调度最小调度时隙偏移的指示应用在终端激活期，需要 1bit 指示最小调度时隙偏移，标准定义了基于 DCI 格式 0_1/1_1 中增加 1bit 的指示方式，即 DCI 格式 0_1 和 DCI 格式 1_1 都可以用来指示最小调度时隙偏移。新增加的比特为 Minimum applicablescheduling offset indicator。DCI 格式 0_1 和 DCI 格式 1_1 分别用于上下行调度。R16 对 DCI 格式 0_1 和 DCI 格式 1_1 联合指示最小调度时隙偏移值 K_{0min} 和 K_{2min}。

引入最小调度时隙偏移值指示后，DCI 中 TDRA 指示的 K_{0min}/K_{2min} 不能小于 DCI 格式 0_1/1_1 指示的最小调度时隙偏移 K_{0min} 和 K_{2min}。标准上限定了终端不希望接收无效的 TDRA，即不能接收到比配置的最小调度时隙偏移还要小的 K_{0min}/K_{2min} 值。R16 定义了跨时隙调度的最小调度时隙偏移 K_{0min}/K_{2min} 的范围如下。

● 从基站侧，基于 RRC 配置的最小调度时隙偏移 K_{0min}/K_{2min} 的取值范围为 0~16 个时隙。

● 从终端侧，在本载波调度下，终端上报的最小调度时隙偏移的取值包括：{15, 30}kHz 时取值为{1, 2, 4, 6}时隙；{60, 120}kHz 时取值为{2, 4, 8, 12}时隙。最终基站采用的最小调度时隙偏移通过基站实现。

2. 跨时隙调度节能技术指示的应用时延

在上一节中，介绍了最小调度时隙偏移 K_{min} 可以通过 DCI 格式 0_1/1_1 信令动态指示。假设基站在时隙 n 指示的改变的最小调度时隙偏移 $K_{min}(n)$，因为本次指示的最小

调度时隙偏移 $K_{\min}(n)$ 和前一次指示的最小调度时隙偏移 $K_{\min}(n-1)$ 不同，则可能会存在 $K_{\min}(n-1)$ 和 $K_{\min}(n)$ 的作用时间不清晰，基站和终端理解不一致等问题。标准定义从基站在时隙 n 发送最小调度时隙偏移 $K_{\min}(n)$ 到终端完成承载 $K_{\min}(n)$ 的 DCI 的解调解码的时间间隔为最小调度时隙偏移的应用时延。

R16 采用了基于对最小调度时隙偏移和固定时间间隔取最大值的操作配置应用时延。

（1）对于 PDCCH 监听起始位置不大于前 3 个符号的

假设终端在时隙 n 接收到调度载波上的最小调度时隙偏移改变的指示的 DCI，终端可以在调度载波的时隙 $(n+X)$ 使用指示的改变的最小调度时隙偏移，应用时延 X 定义为

$$X = \max\left(\left\lceil K_{0\mathrm{minOld}} \cdot \frac{2^{\mu_{\mathrm{PDCCH}}}}{2^{\mu_{\mathrm{PDSCH}}}} \right\rceil, Z_{\mu}\right)$$

其中，$K_{0\mathrm{minOld}}$ 是改变之前的被调度载波上激活的最小调度时隙偏移，μ_{PDCCH} 和 μ_{PDSCH} 是 PDCCH 和 PDSCH 对应的参数集，μ 和 Z_{μ} 的配置如表 5-2 所示。

表 5-2 μ 和 Z_{μ} 的配置

μ	Z_{μ}
0	1
1	1
2	2
3	2

（2）对于 PDCCH 监听起始位置大于前 3 个符号的

考虑到 PDCCH 本身的接收和解析的时延，当 PDCCH 监听的起始位置大于前 3 个符号时，DCI 携带的信息可能需要在下一个时隙才能获得，所以需要额外的时延，即 Z_{μ} 在表 5-2 的基础上需要增加一个额外的时隙。

3. 其他跨时隙调度节能技术参数

影响下行发送时刻从而影响终端能耗的信号还包括 PDCCH 发送到非周期 CSI-RS 的发送的时隙间隔。对于下行发送而言，PDCCH 到非周期 CSI-RS 的最小时隙间隔只要不

大于下行最小调度时隙偏移 K_{0min}，则终端不会在接收 PDSCH 之前接收其他信号，从而不会导致额外的能耗。所以从节能增益最大化的角度，NR R16 中确定了 PDCCH 到非周期 CSI-RS 的最小时隙间隔和 PDCCH 到 PDSCH 之间的最小调度时隙偏移 K_{0min} 相同。

5.7 最大 MIMO 层数自适应节能技术

1. 下行最大 MIMO 层数自适应

NR R15 根据频段的不同规定终端最少配置 2 个或者 4 个接收天线，终端上报所能支持的最大流数。基站利用高层信令为每个 R15 终端配置小区级别的最大 MIMO 层数，即该小区所配置的多个 BWP 都对应该最大 MIMO 层数。所以，即使当前终端驻留在默认 BWP 上，并没有下行数据传输，终端仍然需要基于高层指示的最大 MIMO 层数做数据接收准备，即激活的接收天线链路数不会低于所配置的最大 MIMO 层数。因此，基站最好根据终端的业务特征动态配置最大 MIMO 层数，利于终端自适应改变接收天线数，从而降低终端能耗。

最大 MIMO 层数动态自适应方案主要有两种，第一种是直接利用 DCI 通知最大 MIMO 层数；第二种是利用 RRC 信令为每个 BWP 配置最大 MIMO 层数，通过 BWP 切换实现最大 MIMO 层数的切换。方案一可以在同一个 BWP 内动态改变最大 MIMO 层数，由于不需要 BWP 切换，所以时延较低，但是需要引入额外的 DCI 指示开销。而方案二直接利用 R15 的 BWP 切换机制只要配置不少于两个 BWP 即可实现最大 MIMO 层数的自适应改变，可避免额外的信令开销，所以被 R16 采纳。NR 下行可配有最多 4 个 BWP，基站为每个 BWP 基站分别配置最大 MIMO 层数。

2. 上行最大 MIMO 层数自适应

类似于下行传输，如果基站为终端配置了上行最大 MIMO 层数，终端发送天线数就可以利用 BWP 切换机制自适应地改变，有利于降低能耗。R15 支持两种 PUSCH 传输方案：基于码本的传输和非码本的传输。对于基于码本的传输，终端发送的端口数受限于 SRS 资源的端口数，而 SRS 资源是基于每个 BWP 配置的，另外基站还可以通过高层信

令为每个 BWP 配置上行传输的 MIMO 层数。对于非码本上行传输,基站为终端配置 SRS 资源集合,该集合中的每个 SRS 资源只有一个端口,而 SRS 资源集合中包含的 SRS 资源个数是基于每个 BWP 配置的。因此,上行 MIMO 传输,R15 通过基于每个 BWP 配置的 SRS 资源或者最大 MIMO 层数等效于为终端配置了上行最大 MIMO 层数,终端可根据基站指示自适应降低发射天线数。

 ## 5.8 终端网络协同

5.8.1 释放偏好上报

终端可能较长一段时间内都没有传输或接收数据的需求,若能提早释放终端空口连接则能减少终端能耗。随着终端的智能化发展,智能化的终端可以较快、较准确地预测终端在后续时间内是否有数据发送,是否需要保持 RRC 连接,如当上传或者下载文档完成时,终端可以很快知道可以释放当前连接。R15 机制中,若终端在网络侧配置的 dataInactivityTimer 内没有数据传输,终端会主动释放 RRC 连接,并向高层上报释放原因为 RRC 连接失败。但高层收到 RRC 连接失败原因之后,则会重新触发 NAS 相关过程恢复 RRC 连接,导致终端又重新恢复到 RRC 连接态。因此,现有机制中并不能实现终端自动释放 RRC 连接并保持在 RRC 空闲态。考虑到网络侧控制着空口连接的释放,R16 支持终端向网络侧上报释放偏好。终端上报释放偏好时,可以只上报期望释放 RRC 连接,也可以上报期望释放进入何种 RRC 状态。网络侧基于终端侧上报,可以更准确、更快地释放终端的空口连接,从而减少终端能耗。

5.8.2 配置参数偏好上报

LTE 中,允许终端通过上报一个 PPI(Power Preference Indication)告知网络侧希望节能。但是上报信息中只有 1 比特指示,网络侧收到后,并不知道终端具体期望的是什么,需要怎么做。因此 NR 中并未沿用 LTE 机制,而是期望能上报一些具体的信息,辅助网络侧配置合适的参数。

DRX 参数配置是终端体验和能耗两者之间的一个均衡。配置长 DRX 周期，虽然可以节省更多的终端电量，但同时会引入更长的时延，会影响终端体验。而随着终端的智能化发展，智能化的终端侧可以根据终端之前的行为和喜好，准确预测某个应用程序激活时对应的业务模型是什么，终端期望的终端体验是什么，因此 R16 支持终端上报所期望的 DRX 参数配置，辅助网络侧配置合适的 DRX，从而减少终端能耗。但 DRX 参数中有些参数对能耗影响小，且有些参数（包括 drx-onDurationTimer 和 drx-StartOffset）与网络侧实际调度相关。因此针对节能而上报的 DRX 参数偏好，只包括 preferredDRX-InactivityTime、preferredDRX-LongCycle、preferredDRX-ShortCycle 和 preferredDRX-ShortCycleTimer 参数[16]。

激活的载波个数、总的带宽大小和 MIMO 层数，影响着终端能耗，终端对于这些参数的上报也能带来一定的节能效果。终端基于获得的信息，可以准确、快速地判断当前所期望的业务量需要的带宽、载波个数等情况，从而帮助网络侧配置合适的参数，减少终端能耗[32]。因此，针对节能，R16 终端可以上报所期望的总载波个数、FR1 上的总带宽、FR2 上的总带宽、MIMO 层数，辅助网络侧配置合适的参数。

跨时隙调度机制中，需要网络侧配置 K0 和 K1 参数。如果终端能上报所偏好的 K0 和 K1 参数，可以帮助网络侧配置合适的 K0 和 K1 参数，从而进一步减少终端能耗。因此，R16 终端可以上报所偏好的 K0 和 K1 参数，辅助网络侧进行节能。

5.9 RRM 测量放松

终端在 IDLE/INACTIVE 态，需要执行 RRM 测量，从而实现小区重选，保证终端的移动性。SI 阶段的评估结果显示[7]，当测量周期放松 4 倍时（假设每个测量周期内使用一个 SSB 资源集合），能带来 17.9%～19.7%的节能增益。且进一步的仿真表明，此时终端速率为 3km/h 时，终端的切换失败概率小于 0.26%。因此，如果终端处于静止或者低移动性，可以在不影响终端移动性能的情况下，适当放松测量，减少终端能耗。

另外，当终端处于小区中心时，R15 机制已允许在满足一定条件下终端可以不进行同频和/或同等及低优先级的异频测量，从而减少终端能耗。但当终端虽然未处于小区中心和小区边缘时，终端执行小区重选的需求也并不迫切，此时终端也可以适当放松 RRM 测量（如加大 RRM 测量周期），从而减少终端能耗[33]。

网络侧可以只配置低移动性判断准则或者未处于小区边缘判断准则作为 RRM 测量放松的触发条件，网络侧也可以同时配置低移动性判断准则和未处于小区边缘判断准则。网络侧同时配置上述两个准则时，会额外配置此时终端是需要同时满足两个准则还是只需要满足其中的任一个准则才能执行 RRM 测量放松。

RRM 测量放松规则如下。

● 如果网络侧配置低移动性判断准则或者未处于小区边缘判断准则中的一个作为 RRM 测量放松的触发条件，当终端满足所配置的 RRM 测量放松条件时，终端可以以更长的测量周期执行针对邻小区的 RRM 测量。

● 如果网络侧配置低移动性判断准则和未处于小区边缘判断准则同时满足作为 RRM 测量放松的触发条件，当终端满足所配置的 RRM 测量放松条件时，终端可以不执行针对邻小区的 RRM 测量。

5.10 小结

本章从物理层及其高层角度介绍了 R16 终端节能标准设计方案，该方案包括终端能耗分析、节能技术原理、R16 标准化的激活期外节能信号触发 DRX 自适应、辅小区休眠行为节能、跨时隙调度节能、MIMO 层数自适应节能和高层 RRM 测量放松节能及其终端网络协同技术。

R16 主要优化了 RRC 连接态终端节能，对于 RRC 空闲态节能的研究和标准化将在 R17 继续进行。同时，R16 在激活期外传输的节能信号仅支持唤醒指示与辅小区休眠行为指示，在激活期内只标准化了跨时隙调度与 MIMO 层数自适应，以及 SCell 休眠节能。R16 研究的其他连接态节能方案，如激活期内其他 PDCCH 监听降低技术将可能在 NR 后续版本中引入。

第6章

Chapter 6

V2X

车联网是 5G 最重要的应用之一。继 LTE V2X（Vehicle to Everything）完成标准化之后，3GPP 也进行了基于 5G NR 的 V2X 业务类型和应用场景的研究[1]。根据研究内容，将 5G NR V2X 的业务主要归纳为如下四大类。

● 车辆编队：辅助车辆自动编队行驶。编队中的车辆为了执行编队动作，需要从引领车辆接收周期性数据，这些数据可以帮助车队内的车辆间保持非常小（如果以时间计的话，百毫秒级）的安全距离，为车队内的非引领车辆的自动驾驶提供辅助。

● 高级驾驶：辅助半自动或全自动驾驶。车辆之间的距离相对较大，每辆车或路侧单元（RSU，Road Side Unit）利用各自的传感器收集并与附近的车辆或 RSU 分享收集到的数据，从而使得附近区域的车辆间能够根据周边的信息协调好各自的行进路线和驾驶行为。这种应用可以有效避免碰撞，保证道路安全和提高道路通行效率。

● 外延传感器：辅助车辆、RSU、行人设备和 V2X 应用服务器间交互本地传感器或实时视频的原始或处理后的数据，从而帮助车辆获得仅依赖于其自身传感器所无法获得的更全面的周边状态信息，提高车辆对周围环境的认知。

● 远程驾驶：辅助远程操控乘车人无法自行操控车辆，或一些需要进入危险环境的无人驾驶车辆。典型的，如基于云计算的公共交通这种运营环境相对稳定、相对可预测的应用。另外，基于云的后端业务平台的访问，也一并归为此类应用。

针对这四大应用类型，3GPP 于 2018 年 6 月启动了 NR V2X 的研究项目[2]，由此开始了 5G NR V2X 的正式研究工作。在此研究工作的基础上，2019 年 3 月 5G NR V2X 的工作项目完成立项[3]，开启了 V2X 的标准化工作。

6.1 NR V2X 总体架构和设计

NR V2X 的四大业务类型对 NR V2X 的设计也提出了多方面的需求。除速率需求外，对时延及可靠性方面也有比较高的需求，如车辆编队、高级驾驶等对时延和可靠性要求均非常高。在实际部署中需要考虑不同的 5G NR 网络覆盖情况，根据相互通信的 V2X UE 所处的实际网络覆盖情况，存在以下 3 种不同的场景。

● 有网络覆盖。

● 没有网络覆盖。

● 部分网络覆盖。

LTE V2X 的设计思路是以 PC5 为主体，LTE 网络 Uu 能力作对应延伸。NR V2X 的整体设计思路与 LTE V2X 类似，采用 NR Sidelink（直连通信）为主，5GNR 网络 Uu 能力作对应延伸。在具体设计中，NR V2X 中也采用了以 NR 上行链路为基础的 Sidelink 的设计。不过考虑到设计的复杂度和增益，NR V2X 只支持基于 CP-OFDM 波形的 Sidelink，而不支持基于 DFT-s-OFDM 的 Sidelink[9]。

基于上述基本设计架构，NR V2X 将 Sidelink 的设计作为首要目标，其中包括如下内容。

● NR Sidelink 的单播、组播和广播设计。

● NR Sidelink 的物理层结构和流程设计。

● NR Sidelink 的同步机制设计。

● NR Sidelink 的资源分配机制设计。

● NR Sidelink 的 L2/L3 协议设计。

在 Sidelink 设计的基础上还需要考虑 NR Uu 接口上对应能力的延伸，通过 Uu 接口设计来保证不同场景下的 Sidelink 资源优化使用，如利用 NR Uu 接口对 Sidelink 上的 UE 进行资源分配和配置。同时考虑到未来 UE 对 LTE V2X 和 NR V2X 的双模支持以及未来网络的演进，这一部分工作又进一步细分为：

● LTE Uu 和 NR Uu 控制 NR Sidelink 所必要的增强；

● NR Uu 控制 LTE Sidelink 所必要的增强。

为支持 NR V2X 本身及 NR V2X 与 LTE V2X 共存的正常工作，还要进行一些必要的辅助流程或机制的设计，其中包括：RAT 和接口选择、QoS 管理、同一设备内 NR Sidelink 和 LTE Sidelink 间的共存机制及 NR Sidelink 的目标工作频率等的研究。

针对不同的网络覆盖场景，NR Sidelink 支持网络控制的资源分配方案（模式 1）和 UE 自主选择的资源方案（模式 2）。模式 2 方案中，UE 根据检测（Sensing）的结果进行资源的选择，最大限度地避免 UE 之间的资源冲突。

为兼顾效率和公平性与实现资源的灵活使用与指示，NR Sidelink 设计中引入了 SCI（Sidelink Control Indicator）。SCI 设计思路和 DCI（Downlink Control Indicator）类似，对 UE 占用的资源和调制编码等信息进行指示。这赋予了 UE 进行灵活选择资源和调制编码信息的灵活度。SCI 要兼具指示 PSSCH（Pysical Sidelink Share Channel）解调所必要信息的功能和作为检测目标信道的功能。参考 NR 中 DCI 的设计，SCI 中 PSSCH 解调相关信息包括 PSSCH 传输占用的时频资源信息，还有该 PSSCH 使用的 MCS 等级、HARQ、MIMO 和功控等相关的信息。但对于正在检测和寻找资源的 UE 而言，理论上它们只需要知道 PSSCH 占用的资源情况，无须知道 MCS、HARQ 等其他解调相关信息。为了提高检测的效率，NR Sidelink 的 SCI 的设计中引入了两级 SCI 的设计。

两级 SCI 把 SCI 分为两个部分，分别承载不同功能的信息。

● 第一级 SCI 由 PSCCH 承载，用于传输检测时需要获得的时频资源占用指示信息、优先级信息、解调第二级 SCI 所需的信息等其他必要信息。

● 第二级 SCI 进一步指示额外的、PSSCH 解调所必要的相关信息。

对于只进行资源检测的 UE，可以只解调第一级 SCI 的信息，从而减少检测目标信道的开销。

为保证数据传输的可靠性，Sidelink 设计中引入了重传机制。在具体的信道设计上，UE 会进行固定重传或者采用 HARQ 来提升数据传输可靠性。

NR Sidelink 定义了 PSSCH 和 PSCCH，其中 PSSCH 是承载 UE 业务数据的信道，是一种共享信道，类似于 Uu 上的 PDSCH/PUSCH，而 PSCCH 承载检测解调相应 PSSCH 所必需的 SCI[4]。NR Sidelink 引入了 PSFCH（Physical Sidelink Feedback Channel），支持对 PSSCH 的 HARQ-ACK 反馈[5]。

6.2　NR V2X 同步机制

　　UE 在进行 NR Sidelink 通信之前，首先需要完成 Sidelink 的时间与频率同步并获取广播信息。UE 开机后，会根据配置或者预配置的同步优先级规则进行同步源搜索，候选同步源包括 GNSS、gNB/eNB、NR UE 等。当 UE 搜索到优先级最高的同步源并与其建立同步之后，UE 会将同步信息以 NR Sidelink 同步信号块（S-SSB）的形式发送出去。

　　NR Sidelink 同步机制主要涉及如下 5 个方面。

● Sidelink 同步信号（SLSS）设计。

● Sidelink S-SSB 结构设计。

● 物理 Sidelink 广播信道（PSBCH）内容设计。

● Sidelink S-SSB 资源配置。

● Sidelink 同步优先级设计。

6.2.1　NR SLSS 设计

　　NR Sidelink 同步信号设计包括 Sidelink 主同步信号（S-PSS）与辅同步信号（S-SSS）的序列类型设计、序列长度设计以及符号重复等内容。

　　LTE V2X 的同步信号采用的是 Zadoff-Chu 序列，但 Zadoff-Chu 序列对于载波频率偏移的抵抗性能不如 m 序列，所以，为了获得更好的频偏抵抗能力，以及尽量复用 NR Uu 的同步信号序列设计方案，在 NR Sidelink 中，使用了 m 序列和 Gold 序列分别作为 NR S-PSS 和 S-SSS 的序列。LTE V2X 所采用的同步信号序列长度为 63，在 NR Sidelink 中，为了进一步提升同步序列的检测成功率，NR Sidelink 的同步信号序列长度为 127。

　　在 LTE V2X 中，PSSS 和 SSSS 都使用了符号重复的设计，以提升信号检测成功率。在 NR Sidelink 中，继续沿用了 LTE V2X 的同步信号符号重复的设计，即 S-PSS 和 S-SSS 在一个时隙中分别占用两个连续的符号，并且 S-PSS 或 S-SSS 所占用的两个符号中分别使用了相同的同步信号序列。

　　考虑到 NR Uu 中物理小区 ID（PCI，Physical Cell ID）已经从 504 扩容到 1008，

NR Sidelink 的 SL-SSID 也从 336 扩容到 672，以应对覆盖范围更小的小区与更多的接入终端。

当终端通过检测 S-PSS 和 S-SSS 分别获取了 S-PSS ID（$N_{\text{ID,S-SSS}}^{\text{SL}}$）和 S-SSS ID（$N_{\text{ID,S-PSS}}^{\text{SL}}$）之后，通过下式计算 SL-SSID（$N_{\text{ID}}^{\text{SL}}$）：

$$N_{\text{ID}}^{\text{SL}} = N_{\text{ID,S-SSS}}^{\text{SL}} + 336 \times N_{\text{ID,S-PSS}}^{\text{SL}}$$

其中，$N_{\text{ID,S-SSS}}^{\text{SL}} \in \{0, 1, \cdots, 335\}$，并且 $N_{\text{ID,S-PSS}}^{\text{SL}} \in \{0, 1\}$。

6.2.2　NR S–SSB 结构设计

NR Sidelink 引入了 S-SSB，以支持同步信号的重复传输或波束扫描。一个 S-SSB 在频域所占用的 PRB 个数与子载波间隔无关，其带宽固定为 11 个 PRB。一个 S-SSB 在时域占用一个时隙。S-SSB 中包括 S-PSS、S-SSS 以及 PSBCH 3 类信号或信道，并在 S-SSB 所在时隙的最后一个符号上放置保护间隔（GP），如图 6-1 所示。

图 6-1　S-SSB 结构示意图（常规 CP 和扩展 CP）

S-SSB 的第一个符号上放置 PSBCH，这种设计既可以使得接收端在该符号上进行 AGC 调整，又可以降低 PSBCH 的码率，提升了 PSBCH 的解码性能。S-SSB 所在时隙的最后一个符号用作 GP。为了尽可能地提升 PSBCH 的解码性能，标准中规定在一个 S-SSB 中，除了分配给 S-PSS 和 S-SSS 的 4 个符号之外，其余符号都全部被 PSBCH 所占用，这样，在常规 CP 情况下，PSBCH 占用 9 个符号，在扩展 CP 情况下，PSBCH 占用 7 个符号。在频域上，PSBCH 占满了 11 个 RB 的 132 个子载波。

PSBCH 的解调参考信号 DMRS 采用阶数为 31 的 Gold 序列。在时域上，所有 PSBCH

符号上都包含 DMRS。在频域上，每 4 个资源单元（RE，Resource Element）包含一个 DMRS RE。

另外，考虑到 S-PSS/S-SSS 序列长度为 127，而 S-SSB 占用了 11 个 PRB，11 个 PRB 共包含 132 个子载波，所以当长度为 127 的 S-PSS/S-SSS 序列进行频域映射时，会出现无法占满 132 个子载波的情况。R16 标准规定尽量将 S-PSS/S-SSS 放在 S-SSB 所占用的带宽的中心位置，即将 S-PSS/S-SSS 映射到子载波编号 $k=2\sim12$ 的 127 个子载波上，其中，k 是相对于 S-SSB 频域起始子载波位置的相对子载波编号。而映射了 S-PSS/S-SSS 的 4 个 OFDM 符号上未映射 S-PSS/S-SSS 的 5 个子载波需要置为 0。

一个 S-SSB 内 S-PSS/S-SSS/DMRS 或 PSBCH 与时域符号或频域子载波之间的映射关系如表 6-1 所示。

表 6-1　一个 S-SSB 内 S-PSS/S-SSS/PSBCH 与 OFDM 符号及子载波的映射表

S-SSB 中包含的信号或信道	相对于 S-SSB 时域起始符号位置的符号编号 l	相对于 S-SSB 频域起始子载波位置的子载波编号 k
S-PSS	1, 2	$2\sim128$
S-SSS	3, 4	$2\sim128$
Set to 0	1, 2, 3, 4	0, 1, 129, 130, 131
PSBCH	0, 5, 6, $\cdots$, $N_{\text{symb}}^{\text{S-SSB}}-1$	0, 1, $\cdots$, 131
DMRS for PSBCH	0, 5, 6, $\cdots$, $N_{\text{symb}}^{\text{S-SSB}}-1$	0, 4, 8, $\cdots$, 128

6.2.3　NR PSBCH 内容设计

PSBCH 包括在 S-SSB 中，用于通知 Sidelink 定时信息、NR Uu 的 TDD UL-DL 时隙配置信息以及覆盖内指示信息等。

1. 定时信息

R16 PSBCH 中包含以下定时信息：
● Sidelink 无线帧号（DFN，Direct Frame Number）；

● 无线帧内时隙编号（Slot Number）。

DFN 在 PSBCH 载荷中占用 10bit，可以指示[0，1023]个 Sidelink 无线帧，用于指示当前 S-SSB 所处的 DFN。时隙编号在 PSBCH 载荷中占用 7bit，用于指示当前 S-SSB 所处的 Sidelink 无线帧内的时隙编号。时隙编号的取值范围与 Sidelink 子载波间隔有关。当 Sidelink 子载波间隔为 120kHz 时，时隙编号的取值范围为[0, 79]；当 Sidelink 子载波间隔为 30kHz 时，时隙编号的取值范围为[0, 19]。DFN 和时隙编号分别作为无线帧级以及时隙级的定时信息，通过 PSBCH 通知给终端，可以使得终端获得当前接收的 S-SSB 所处的无线帧号以及时隙编号信息。

2. TDD UL-DL 时隙配置信息

在 V2X 系统中，为了避免进行 Sidelink 通信的 V2X UE 与进行空口通信的 NR Uu UE 之间的相互干扰，V2X UE 只能在上行载波或上行时隙中发送或接收 Sidelink 数据，也就是说所有的 Sidelink 通信仅仅会发生在上行载波或上行时隙中。在 NR Uu 中，一个 TDD 配置周期内的时隙格式包括下行时隙、灵活时隙或上行时隙，因此，需要将 NR Uu 时隙格式信息通知给 V2X UE，这样 V2X UE 就可以在上行时隙中进行 Sidelink 通信，以避免对 NR Uu UE 的通信产生干扰。

在 V2X 系统中，进行 Sidelink 通信的 UE 包括位于基站覆盖内的 UE 以及位于基站覆盖外的 UE。基站覆盖内的 UE 可以接收到基站发送的 TDD 时隙格式配置信息，从而获得上行时隙的位置。但覆盖外 UE 无法获得上行时隙的位置，因此，需要在 PSBCH 中携带 TDD 配置信息，并将 PSBCH 发送给覆盖外 UE。

LTE 只有 8 种 TDD 子帧配置，所以在 LTE PSBCH 中仅需要 3bit 来指示 TDD 配置信息。但在 NR 的设计中，TDD 上下行时隙配置非常灵活，对于时隙级别的半静态上下行配置，可以支持单周期和双周期的配置。如果支持所有半静态的 NR Uu 口上下行时隙配置信息，整体开销将非常大，单周期指示的开销超过 30bit，如果配置双周期，上下行配置指示开销将会更大。因此，NR V2X TDD 配置指示设计的难点在于如何使用很小的开销，来通知 NR Uu 的 TDD 配置信息。为了限制 TDD 配置信息的开销，NR R16 规定 TDD 配置信息在 PSBCH 载荷中占用的比特数为 12bit。

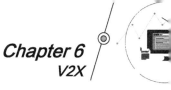

3. 覆盖内指示信息

在 LTE V2X PSBCH 中，显式地包括有 1bit 的覆盖内信息，用来指示终端处于基站覆盖内还是覆盖外。在 R16 标准化过程中讨论了隐式通知覆盖指示信息的方案，即以 PSBCH DMRS 序列携带该信息，并在接收端以盲检 DMRS 序列的方式获得该覆盖指示信息。隐式通知的优点是可以降低 PSBCH 开销，同时还可以让终端在解码 PSBCH 之前就获取覆盖内指示信息。但是，为了尽量复用 LTE V2X 的同步机制以降低标准化的工作量，最终 R16 还是沿用了 LTE V2X 的机制，即在 PSBCH 载荷中显式地以 1bit 表示覆盖内指示信息。

6.2.4   S-SSB 资源配置

关于 S-SSB 周期值，为了降低配置复杂度，仅仅支持了一个周期值。对于所有的 S-SSB 子载波间隔，S-SSB 的周期都是 160ms。

为了提升 S-SSB 的检测成功率，扩大 S-SSB 的覆盖范围，R16 中规定在一个 S-SSB 周期内，支持重复传输多个 S-SSB，并且为了保持 S-SSB 配置的灵活性，在一个周期内 S-SSB 的数量是可配置的，具体配置方案见表 6-2。

表 6-2   一个周期内 S-SSB 的数量配置

频率范围	子载波间隔	一个周期内 S-SSB 的数量
FR1	15kHz	1
	30kHz	1, 2
	60kHz	1, 2, 4
FR2	60kHz	1, 2, 4, 8, 16, 32
	120kHz	1, 2, 4, 8, 16, 32, 64

对于 FR1，一个周期内支持最多传输 4 个 S-SSB；对于 FR2，一个周期内支持最多传输 64 个 S-SSB。

由于 S-SSB 的时域资源需要保持一定的灵活性，以适应 NR Uu 灵活的 TDD UL-DL 时隙配置，所以 S-SSB 的时域资源配置不能采取固定设置的方式，而是可配置的。同时，为了简化配置参数，R16 规定利用参数 1 和参数 2 来指示 S-SSB 时域资源配置，并且一个 S-SSB 周期内两个相邻的 S-SSB 的时间间隔相同，图 6-2 所示为一个周期内 S-SSB 资源配置示意。

● 参数 1：首个 S-SSB 时域偏移量（sl-TimeOffsetSSB-r16），表示一个 S-SSB 周期内第一个 S-SSB 相对于该 S-SSB 周期起始位置的偏移量，该偏移量以时隙数量为单位表示，取值范围为[0, 1279]。

● 参数 2：两个相邻 S-SSB 时域间隔（sl-TimeInterval-r16），表示一个 S-SSB 周期内两个相邻的 S-SSB 之间的时间间隔，该时间间隔也以时隙数量为单位表示，取值范围为[0, 639]。

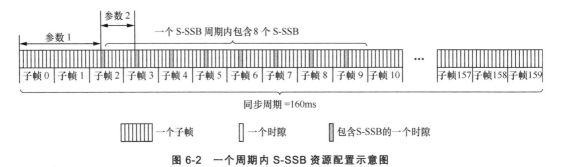

图 6-2　一个周期内 S-SSB 资源配置示意图

6.2.5　Sidelink 同步优先级设计

NR Sidelink 同步优先级规则包括基于 GNSS 的同步优先级规则以及基于 gNB/eNB 的同步优先级规则，并且通过配置或预配置的方式，通知终端采用基于 GNSS 的同步优先级规则，或者采用基于 gNB/eNB 的同步优先级规则。相比 LTE V2X，NR Sidelink 的基于 GNSS 的同步优先级规则与基于基站的同步优先级规则采用了对称的设计方式，规则更加简洁，见表 6-3。

对于基于 GNSS 的同步优先级规则，R16 支持通过配置或预配置的方式使得 P3/P4/P5 无效，也就是支持在基于 GNSS 的同步优先级规则中不配置与 gNB/eNB 相关的同步优先级。

当终端搜索到两个及两个以上同步源时，终端可以选择优先级最高的同步源作为同步参考。当终端搜索到两个及两个以上的同步源具有相同的优先级时，使用 S-SSB RSRP 强度作为同步源选择的原则，即哪个同步源的 S-SSB RSRP 高，终端就选择哪个同步源作为同步参考。

表 6-3　Sidelink 同步优先级规则表

同步优先级	基于 GNSS 的同步优先级	基于 gNB/eNB 的同步优先级
P0	GNSS	gNB/eNB
P1	直接同步到 GNSS 的 UE	直接同步到 gNB/eNB 的 UE
P2	间接同步到 GNSS 的 UE	间接同步到 gNB/eNB 的 UE
P3	gNB/eNB	GNSS
P4	直接同步到 gNB/eNB 的 UE	直接同步到 GNSS 的 UE
P5	间接同步到 gNB/eNB 的 UE	间接同步到 GNSS 的 UE
P6	其余具有最低优先级 UE	其余具有最低优先级 UE

6.3　物理层结构

NR Uu 支持两种波形：CP-OFDM 和 DFT-s-OFDM，两种波形各有特点。CP-OFDM 的发送接收无须做 DFT 操作，相对于 DFT-s-OFDM 处理更加简单。同时，CP-OFDM 具有较强的干扰消除能力，而且资源分配更加灵活，数据可以与 DMRS 复用在同一个 OFDM 符号上。DFT-s-OFDM 比 CP-OFDM PAPR 值更低，需要更少的功率回退，覆盖上有一定的增益。对于 V2X 来说，覆盖问题不突出，经过讨论，NR Sidelink 仅支持 CP-OFDM 波形。CP-OFDM 的子载波间隔和 CP 长度与 NR Uu 设计一致。

6.3.1　时频结构

NR Sidelink 时域结构和 NR Uu 的时域结构一致。无线帧长度定义为 10ms，一个无线帧内包含 10 个子帧（Subframe），每个子帧长度为 1ms。一个子帧进一步分割为若干个时隙（Slot），具体的个数取决于子载波间隔。一个时隙固定包括 14 个 OFDM 符号。

每个时隙的第一个符号作为 AGC 符号，第一个符号为同时隙中第二个符号的完全复制映射。在每个时隙中，PSSCH 的起始符号为时隙中的第二个符号。PSSCH 和 PSFCH 之间预留一个 OFDM 符号为 GP 符号，每个时隙的最后一个 OFDM 符号为 GP 符号，具体结构如图 6-3 所示。

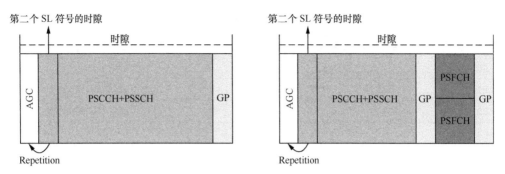

图 6-3　时隙结构示意图

NR Sidelink 的频域结构和 Uu 的频域结构也基本相同。PRB 为基本资源单位,每个 PRB 包括 12 个子载波。NR Sidelink 同样支持 BWP 配置。但限定对任一 Sidelink 载波,只支持一个 BWP,这与 Uu 接口最多支持 4 个 BWP 有所不同。支持 BWP 减少并不意味着 Sidelink 不能做更细的资源划分,只不过 Sidelink 是在 BWP 的基础上引入了资源池 (Resource Pool)的概念来实现资源的进一步划分。

图 6-4 所示为 Sidelink BWP 的配置方式。Sidelink BWP 的频域起始位置和宽度由参数 locationAndBandwidth 确定。每个时隙内可以用于 Sidelink 的资源的时域信息由起始位置参数 startSLSymbols 和 OFDM 符号持续长度参数 lengthSLSymbols 给出。对于 S-SSB 时隙,其中作为 Sidelink 传输的 OFDM 起始符号位置和连续 OFDM 数量为预定义值。Sidelink BWP 的配置中还需要给出子载波间隔和CP类型,它们分别由参数 subcarrierSpacing-SL 和 CyclicPrefix-SL 给出。

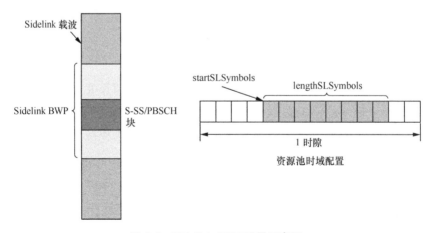

图 6-4　Sidelink BWP 配置示意图

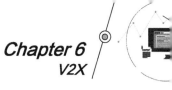

6.3.2　资源池配置

NR Sidelink 的资源分配和数据收发都在资源池内完成。Sidelink 资源池的定义对于整个 NR Sidelink 的设计非常关键。NR Sidelink 中 UE 的行为都是基于资源池来定义的。Sidelink UE 在 Sidelink 载波或 Sidelink BWP 上的行为是由 UE 在每一个资源池上的行为集合组成的。这些行为包括 Sensing，PSCCH/PSSCH 的发送和检测，PSFCH 的发送和检测。

频域上，资源池必须定义在一个 BWP 内部。在一个给定的载波上，可以为 UE 配置一个或者多个资源池，如图 6-5 所示。UE 可以在一个资源池内发送，或者在一个资源池内接收。资源池不区分传输类型，单播、组播和广播共享资源池。资源池内频域的基本单位是子信道（Subchannel）。资源池由 numSubchannel 个连续的子信道构成，每个子信道包括 subchannelsize 个连续的 PRB。

每个资源池在时域周期性地出现，周期由参数 periodResourcePool 给定。周期内属于一个资源池的时隙由参数 timeresourcepool 以位图的形式给出。

每个资源池，预配置或者配置以下信息。

● 一个参数集，包括子载波间隔和 CP 长度。

● 至少预配置或配置一个 MCS 表。

● 只配置一种 1st Stage SCI Format。

● 只配置一种子信道大小。

● 预先配置好 PSCCH 时域占用的符号个数。

● PSFCH 在频域占用的 PRB。

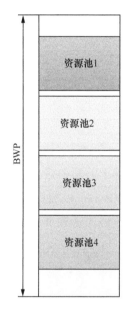

图 6-5　BWP 与资源池频域配置

● 每个发送资源池中，对每个优先级对应的每个 CBR 范围，配置最大的 HARQ 传输或重传次数，取值范围可以为 $1 \sim 32$；如果是盲重传和基于 HARQ 反馈的传输或重传，重传次数应该是二者之和。

● PSFCH 最小反馈时间 K，$K=2$ 或 3。

● 预配置好 PSFCH 传输使用的 Cyclic Shift:{1, 2, 3, 6}。

Sidelink 资源池中的子信道是 UE Sensing 的基本颗粒度，PSCCH 的发送也限制在一个子信道内，不同的子信道不能相互交叠，如图 6-6 所示。由于 PSCCH 除了用于调度 PSSCH，还需要指示资源占用情况，因此 NR 限定 PSCCH 占用的 PRB 数目不能大于 UE Sensing 的频域颗粒度中所包含的 PRB 数目。

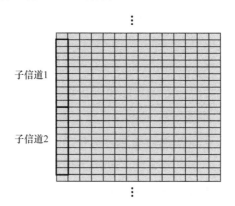

图 6-6　子信道配置示意图

基于前面的定义，图 6-7 所示为 BWP 中资源池的示例。对于每个 Sidelink UE，每个 BWP 上可以配置多个 Sidelink 资源池[18]。Sidelink BWP 中的资源池配置最大支持 16 个接收资源池和 8 个发送资源池。

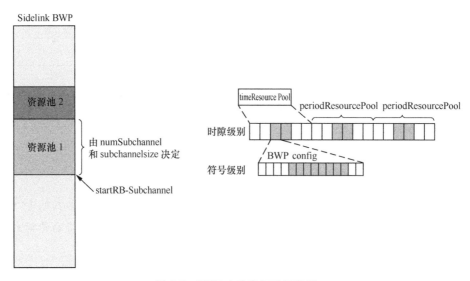

图 6-7　BWP 中的资源池示意图

BWP 的基本粒度为子信道，子信道可包含的 RB 个数为：{10，15，20，25，50，75，100}。一个子信道最多承载一个 1st Stage SCI。

6.3.3 PSSCH

PSSCH 在时域内以时隙为单位。一个时隙内可以用于 NR Sidelink 传输的符号由参数 startSLSymbols 和 lengthSLSymbols 确定，分别为起始符号位置和符号个数。PSSCH 从 startSLSymbols+1 开始。如果时隙中映射了 PSFCH，则 PSFCH 传输的 OFDM 符号不能用于 PSSCH 传输，并且邻近 PSSCH 的一个 OFDM 符号不能用于 PSSCH 传输。一个时隙内的最后一个作为保护间隔用于 Sidelink 的符号固定，不能用于 PSSCH 传输。

PSSCH 在频域占用一个或者多个子信道，采用 NR Uu 相同的 LDPC 编码，支持发送一个 TB，最大传输两个数据层。PSSCH 的调制方式支持 QPSK、16QAM、64QAM，以及 256QAM。PSSCH 的 MCS 表格，仍然使用 NR Uu 设计好的 3 个 MCS 表格，低谱效的 64QAM MCS 表格是可选的 UE 特性；对于每个资源池，至少（预）配置一个 MCS 表。

PSSCH DMRS 重用了 NR Uu 的 Type 1 DMRS 设计，最多支持两个端口，且两个端口属于同一个 CDM 组 0。为了支持不同移动速度，PSSCH DMRS 可以配置为 2、3 或者 4 个 DMRS 符号。DMRS 符号的位置取决于 PSSCH（以及关联的 PSCCH）占用的 OFDM 符号数目、PSCCH 占用的 OFDM 符号数目和 DMRS 符号数目。

6.3.4 PSCCH

PSCCH 的信道编码为 Polar 编码，调制方式为 QPSK，支持两级 SCI 设计。PSCCH 承载第一级 SCI，用于传输 Sensing 时需要获得的时频资源占用指示信息、优先级信息等。第二级 SCI 包括解调所需的信息等其他必要信息，在 PSSCH 中承载。PSCCH 承载的第一级 SCI 信息定义为 SCI Format 0_1[22]。

SCI Format0_1 承载包括以下内容。

● 优先级指示：3bit。

● 频率分配指示：当高层信令配置的最大资源数（maxNumResource）为 2 时，

包含 $\left\lceil \log_2\left(\dfrac{N_{\text{subChannel}}^{\text{SL}}\left(N_{\text{subChannel}}^{\text{SL}}+1\right)}{2}\right)\right\rceil$ bit；当高层配置最大资源数为 3 时，包含

$$\left\lceil \log_2\left(\frac{N_{\text{subChannel}}^{\text{SL}}\left(N_{\text{subChannel}}^{\text{SL}}+1\right)\left(2N_{\text{subChannel}}^{\text{SL}}+1\right)}{6}\right)\right\rceil \text{ bit}.$$

● 时域分配指示：当高层信令配置的最大资源数为 2 时，包含 5bit；当高层配置最大资源数为 3 时，包含 9bit。

● 资源保留指示：$\left\lceil \log_2 N_{\text{reservPeriod}}\right\rceil$ bit，其中，$N_{\text{reservPeriod}}$ 为高层配置的资源保留信息。

● DMRS 图样：当高层参数配置了 PimePatternPsschDmrs 时使用，否则为 0bit。

● 第二级 SCI 格式：取决于高层配置。

● Beta_offset 指示：2bit。

● DMRS 端口数：1bit。

● MCS 信息：5bit。

● 保留信息比特。

对于 SCI 格式 0_1 频率占用信息的指示，不仅需要指示当前时隙中的频域资源占用，还要预留未来一定时间间隔内用于可能重传的一个或两个时隙（由参数 maxNumResource 指示）[20]。由于 NR 中明确定义对于每个 TB，一个周期内最大支持 32 次传输，因此需要支持从本时隙起的未来最近的 31 个 Sidelink 时隙内（逻辑时隙，不包含当前时隙）一个或两个时隙的各种分配方式，以便于 UE 未来可能的 Sidelink 传输。根据该需求，频域资源指示的比特数取决于资源池中的子信道个数 $N_{\text{subChannel}}^{\text{SL}}$ 和最大资源数（maxNumResource）。根据 maxNumResource 取值为 2 和 3，频率占用信息的计算有所不同。

对于 SCI 格式 0_1 时域占用信息的指示，需要考虑从本时隙起的未来 31 个 Sidelink 时隙内（不包含当前时隙）的调度。如只预留 1 个时隙时（maxNumResource=2），有 31 种可能，5bit 即可指示；如果需要预留 2 个时隙（maxNumResource=3），则有 $\binom{32}{2}=465$ 种可能，因此需要 9bit 指示。

除了频域位置和时域位置信息以外，SCI 格式 0_1 中还需提供指示信息辅助 UE 获

得承载在 PSSCH 中的第二级 SCI（SCI 格式 0_2）的相关信息。第二级 SCI 在 PSSCH 中的映射与 PSSCH 的 DMRS 图样直接相关，其映射起始于 PSSCH 中的第一个包含 DMRS 的 OFDM 符号，如图 6-8 所示。因此，PSCCH 承载的 SCI 格式 0_1 中还需要对 PSSCH 的 DMRS 图样进行指示。

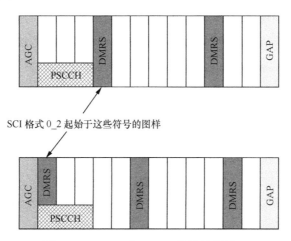

图 6-8　PSSCH 中 DMRS 位置示意图

另外一个问题是，组播的 HARQ-ACK 反馈类型可能有所不同，从而导致第二级 SCI 的比特负荷不同。这需要 SCI 格式 0_1 通过第二级 SCI 格式字段来显式指示是否需要反馈和采用哪种类型反馈。

LTE V2X PSCCH 与 PSSCH 采用 FDM 复用方式，每个时隙均需要等待整个时隙接收完毕后，才开始解码 SCI，且需要 SCI 解码成功后才可以进行信道估计以及数据解码。NR Sidelink 没有直接沿用 FDM 复用方式，主要问题在于时延及控制信道设计等方面的考虑。NR Sidelink PSCCH 与 PSSCH 之间采用 TDM 复用。PSCCH 在时域的起始位置为每个时隙的第二个符号，其中，第一个符号用于 AGC，为第二个符号的重复映射。PSCCH 时域占用的 OFDM 符号数为 2 或 3，具体收发端使用的 PSCCH 符号个数是基于资源池进行配置或预配置的。PSCCH 符号上没有占用的 PRB 由 PSSCH 进行填补，最终是每个符号在频域上占用的带宽都是相同的。这种做法既解决了资源利用率的问题，又解决了由于频带宽度不同导致的转换间隔的问题。

PSCCH 的频域起始位置为其相对应的 PSSCH 的最低 PRB。对于 PSCCH 频域宽度，主要支持{10，12，15，20，25}PRBs，映射规则为频域优先映射，即先频域后时域的映射方式。

第二级 SCI 由 PSSCH 对应的资源承载。第二级 SCI 的映射规则也是频域优先映射。以 PRB 为粒度，在 PSSCH 资源上进行映射，直到映射完一整个符号才会从下一个相邻符号开始映射。第二级 SCI 的时域映射起始位置为第一个承载 PSSCH DMRS 的符号，与第一列 PSSCH 的 DMRS 穿插映射在同一符号上，映射满一个时域符号后，接着从相邻的下一个符号开始映射，直到映射完全部内容。具体的细节如图 6-9 所示。

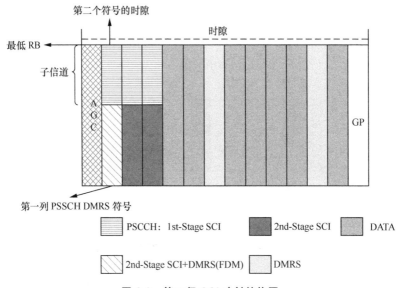

图 6-9　第二级 SCI 映射结构图

当 PSSCH 为两层传输时，第二级 SCI 将以相同的调制符号分别映射到两层上。

6.3.5　DMRS

类似于 NR 的 PDCCH 和 PDSCH 采用了不同的 DMRS 结构，基于 PSCCH 和 PSSCH 的差异性，作为 PSCCH 和 PSSCH 解调所必需的参考信号 DMRS 在 Sidelink 中也做了差异化设计。对于 PSCCH 的 DMRS 图样，频域沿用了 NR R15 中 PDCCH 的 DMRS 图样，时域要求每个 PSCCH 符号都有对应的 DMRS。对于 PSSCH 的 DMRS 图样，只支持 Type 1 的 DMRS 图样。DMRS 时域上基于 PSCCH 的时域跨度（2 个或者 3 个 OFDM 符号）和 PSSCH 的时域跨度（6~13 个 OFDM 符号），定义的时域图样见表 6-4[19]。

表 6-4 PSSCH DMRS 时域位置配置

l_d 符号数	DMRS 位置 $\bar{l}$					
	PSCCH 时域跨度（2 个符号）			PSCCH 时域跨度（3 个符号）		
	PSSCH DMRS 数			PSSCH DMRS 数		
	2	3	4	2	3	4
6	1, 5			1, 5		
7	1, 5			1, 5		
8	1, 5			1, 5		
9	3, 8	1, 4, 7		4, 8	1, 4, 7	
10	3, 8	1, 4, 7		4, 8	1, 4, 7	
11	3, 10	1, 5, 9	1, 4, 7, 10	4, 10	1, 5, 9	1, 4, 7, 10
12	3, 10	1, 5, 9	1, 4, 7, 10	4, 10	1, 5, 9	1, 4, 7, 10
13	3, 10	1, 6, 11	1, 4, 7, 10	4, 10	1, 6, 11	1, 4, 7, 10

关于 DMRS 序列，可参考标准 38.211[19]对于 PSCCH 和 PSSCH DMRS 序列的生成部分。PSCCH 和 PSSCH DMRS 序列生成与 NR Uu 接口的 DMRS 序列生成原理相同。

基于不同的 DMRS，NR Sidelink 定义了两种 L1SL-RSRP，分别为：

● 在 PSCCH 已经成功检测，对该 PSCCH 伴随的 DMRS 测量所得的 L1 SL-RSRP；

● 在 PSCCH 已经成功检测，对该 PSCCH 伴随的 PSSCH 的 DMRS 测量所得的 L1 SL-RSRP。

每个资源池中具体使用哪个 L1 SL-RSRP 是可配的，但不可以混用。相应的，Sensing 将基于资源池关于 L1 SL-RSRP 的配置来进行资源占用的评估。

6.3.6 PSFCH

Sidelink PSFCH 采用类似于 NR PUCCH 格式 0 的设计，基于循环正交序列的设计。该序列映射在单个 PRB 的单个 OFDM 符号上。为支持 PSFCH 的 AGC 训练，时域进行 1 个符号的重复。在每个 PRB 上，支持{1, 2, 3, 4, 6}对循环移位。

为了简化设计，NR Sidelink 限定 PSFCH 仅用于 HARQ-ACK/NACK 反馈，仅支持 1bit 信息传输。同时，为了避免在 NR Sidelink 设计中引入类似于 NR Uu 中 CSI 反馈与 HARQ-ACK/NACK 之间复用所需要的复杂设计问题，在 NR Sidelink 中，CSI 的反馈仅支持基于 MAC-CE、利用 PSSCH 承载的反馈,而不再设计特定的物理层上行控制信道来传输 CSI。

在资源池中,可用于 PSFCH 的时隙由高层信令配置参数 periodPSFCHresource 指示[18]。该配置支持每 $N \in \{0, 1, 2, 4\}$ 个 Sidelink 时隙发送一个 PSFCH,具体如图 6-10 所示。当配置为 0 时代表没有 PSFCH 反馈。在配置了 PSFCH 反馈时,存在 PSFCH 反馈的时隙可以采用 FDM 的方式进行 PSFCH 反馈,从而降低多个 PSSCH 需要进行 PSFCH 反馈时的冲突概率,在频域上是通过位图指示的 PRB 的集合来实现的。为了避免 Sidelink 的 PSFCH 的收/发与 PSSCH 的发/收之间发送冲突,NR Sidelink 在存在 PSFCH 时隙中,PSFCH 和 PSSCH 只能是 TDM 的,不支持 FDM 的复用方式。

考虑到 PSSCH 的处理时延,进一步规定 PSSCH 和 PSFCH 间的最小时间间隔为 {2, 3} 个 Sidelink 时隙,具体数值由参数 MinTimeGapPSFCH 指示[18],该参数是一个基于资源池的配置参数。

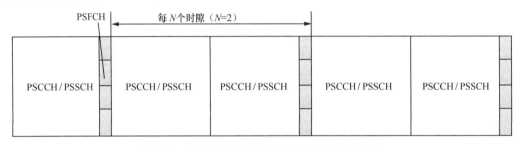

图 6-10 PSFCH 资源的时域配置示意图（N=2）

PSFCH 占用时隙的末尾 3 个符号（包括了 AGC 以及 GP 符号,其中第一个符号为第二个符号的副本,即承载了反馈序列,同时也用于 AGC 处理）,如图 6-11 所示。

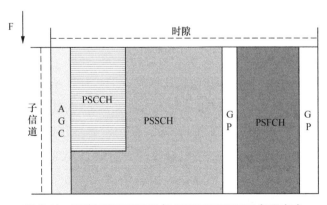

图 6-11 系统层面 PSFCH 与 PSCCH/PSSCH 复用方式

6.3.7 AGC

NR Uu 口设计认定的下行链路的传输功率是相对恒定的，所以 UE 在做下行接收时，不需要频繁地做 AGC。而对于 Sidelink，每个时隙接收的信道，如 PSCCH/PSSCH，或 PSFCH 都可能是来自于不同的 UE，因此相邻 Sidelink 时隙的接收功率可能差别非常大。在一个时隙内，不同时刻的接收功率也可能不一样，如 PSSCH 与 PSFCH。因此，UE 需要不断地做 AGC 来适应接收信号的变化。NR Sidelink 设计中，每个 Sidelink 时隙中的第一个符号都留作 AGC 训练。同时，每个 PSSCH 将占用 PSCCH 分配的所有子信道的整个时隙的可用时间资源，从而保证每个时隙中可用于 PSCCH/PSSCH 传输的符号上频域负载是一样的，从而避免 PSCCH 传输的符号和 PSSCH 传输的符号上的频域负载不一样的情况。AGC 符号复制待发送信道的第一个符号。类似的，在 PSFCH 时隙内，PSFCH 与 PSSCH 间也引入了 AGC 符号。

▌▌▌ 6.4 物理层过程

6.4.1 HARQ 过程

R14/R15 LTE V2X 中只有广播通信，仅支持数据块（TB，Transmission Block）盲重传。NR R16 V2X 为了支持更高级的 V2X 业务，一方面需要支持广播、组播和单播通信；另一方面需要支持更高的可靠性，因而在 NR Sidelink 中引入了对于组播和单播的 HARQ 传输机制。

Sidelink HARQ 传输的方法有两种：一种是盲重传，也就是终端根据自己的业务需求或者配置，预先确定重传的次数和资源；另一种是基于 HARQ 反馈的自适应重传，也就是根据 ACK/NACK 反馈的信息确定是否需要进行数据的重传。

NR Sidelink 组播通信支持以下两种 HARQ 反馈机制。

（1）HARQ-NACK 反馈

一个 PSSCH 的所有 Rx UE 共享相同的 PSFCH 资源，任何一个 UE 未能正确接收 PSSCH，则在共享的 PSFCH 资源上发送 HARQ-NACK 信息，如图 6-12 所示。这种机制主要的问题是无法区分 DTX/ACK 的状态，因此当发生 PSCCH 漏检时，Tx UE 无法发现 PSSCH 传输错误，可靠性要差一些。

（2）HARQ-ACK/NACK 反馈

一个 PSSCH 的每个 Rx UE 都有自己独立的 PSFCH 资源，每个 Rx UE 根据自己是否正确接收 PSSCH 在对应的 PSFCH 资源上发送 HARQ-ACK/NACK 信息。这种机制主要用于面向连接的组播的通信方式（类型 1），需要根据组播成员 ID 以及来源 ID 来确定各自的 PSFCH 资源，如图 6-13 所示。这种机制的优点是可以区分 DTX 状态，从而提高 HARQ 传输的增益。主要的应用场景是组内 UE 比较少的时候，否则 PSFCH 资源的分配会出现问题。

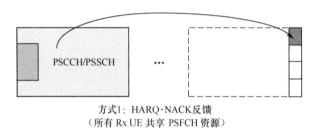

方式1：HARQ-NACK反馈
（所有 Rx UE 共享 PSFCH 资源）

图 6-12　NR Sidelink 组播 HARQ-NACK 反馈

方式2：HARQ-ACK/NACK反馈
（每个Rx UE配置单独PSFCH资源）

图 6-13　Sidelink 组播 HARQ-ACK/NACK 反馈

NR Sidelink 单播通信的 HARQ 反馈沿用了 Uu 口的设计，采用 HARQ-ACK/NACK 的方式进行反馈。

NR Sidelink 组播支持两类通信方式。

● 类型 1：面向连接的组播，有明确的组 ID 信息，以及组内成员的信息，例如，编队行驶中的车辆。

● 类型 2：无连接的组播，类似于广播的通信方式，是一种基于距离的动态建组的组播，需要明确指示当前业务的通信距离，例如，组启动，或者驾驶策略协调等。

类型 1 组播通信可以使用 HARQ-ACK 或者 HARQ-ACK/NACK 反馈机制；类型 2 组播通信由于没有明确的建组过程，无法知道组播内确切的用户数，只能采用 HARQ-NACK 反馈机制。在面向无连接的组播通信方式中，需要进一步限定 Rx UE 的范围，也就是限制 HARQ-NACK 反馈的 UE 范围，主要考虑两方面的因素。

● V2X 业务是一种邻近类的业务，Tx UE 和 Rx UE 之间距离越近，从安全角度考虑，越需要可靠接收；远距离 UE 是否能可靠接收对于系统运行的影响不大。

● 从系统资源的利用率角度考虑，避免由于远距离 UE 反馈 NACK 导致的重传，可以进一步提高系统的资源利用率。

如图 6-14 所示，虚线范围是 Tx UE 发送的业务需要被 Rx UE 可靠接收的范围，而实线范围表示在这个范围内 Rx UE 可能会正确接收 PSCCH，对于虚线和线之间的 Rx UE 不要求进行 HARQ 反馈。

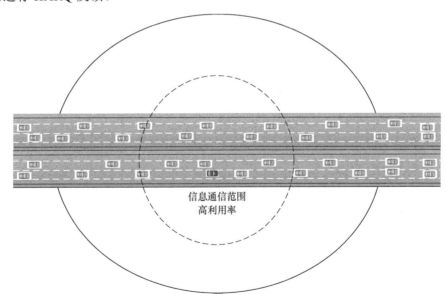

图 6-14　基于距离的目标 Rx UE 的确定方法

NR Sidelink 支持基于 Tx-Rx UE 距离的方式确定哪些 Rx UE 需要进行 HARQ 反馈。

这种方式需要 Tx UE 通知自身的地理位置信息和目标距离信息,而 Rx UE 根据自身的地理位置信息计算获取 Tx-Rx 的距离并与目标距离进行比较判断是否需要反馈。考虑信令开销的原因,Tx UE 通过 SCI 中携带的 Zone ID 表征自己的地理位置。Rx UE 使用 Tx UE 的 Zone ID 指示的最接近 Rx UE 的 Zone 中心位置与其自身位置之间的距离。目标通信距离也在 SCI 中指示。

当资源池配置中包括 PSFCH 资源的情况下,可以通过 SCI 动态指示是否采用基于 HARQ 反馈的传输,以及 HARQ 反馈的类型。

UE 接收到 PSSCH 之后,按照固定的映射规则从 PFSCH 资源集合中选择一个 PSFCH 资源传输对应的 HARQ 信息。为了避免不同 UE 之间的 PSFCH 资源的冲突,PSFCH 的资源由 PSSCH 传输资源映射得到。由 PSSCH 资源到 PSFCH 资源映射,根据资源池的配置参数可以使用以下两种方案之一。

● 基于 PSSCH 的时隙编号以及起始的子信道的编号映射 PSFCH 候选资源集合。

● 基于 PSSCH 的时隙编号以及 PSSCH 传输占用的子信道的编号映射 PSFCH 候选资源集合。

两者的差别在于映射是基于 PSSCH 传输的所有子信道还是仅仅基于起始子信道。基于起始子信道映射的主要优点是简单,且只要 PSSCH 传输的第一个子信道不发生冲突,PSFCH 的资源就不会发生冲突,但是其主要问题在于 PSFCH 候选资源集合的大小受限于 PSFCH 资源的配置。当采用组播 HARQ-ACK/NACK 反馈机制时,如果组内 UE 个数比较多,会出现 PSFCH 资源不足的问题。基于所有子信道映射的主要优点在于能够提高 PSFCH 资源的效率,也就是说当一个 PSSCH 占用多个子信道的时候,会潜在增加 PSFCH 候选资源的数量,可以更好地支持组播 HARQ-ACK/NACK 反馈。

图 6-15 所示为一个 periodPSFCHresource=4,子信道个数 numSubchannel=2,子信道大小 subchannelsize=10PRB 的例子,其中,MinTimeGapPSFCH=2,用于 PSFCH 反馈的 PRB 资源数为 N_f=16。在此示例中,共有 8 个 PSSCH,其中,0、2、5 三个 PSSCH 需要反馈。受 MinTimeGapPSFCH 所限,图 6-15 中所示的 3 个 PSSCH 需要在时隙 $n+2$ 进行反馈。每个 PSSCH 映射的 PSFCH 候选资源集合包括两个 PRB,根据 PSSCH 所在索引,分别包括 PRB {0, 1},{4, 5} 和 {10, 11}。

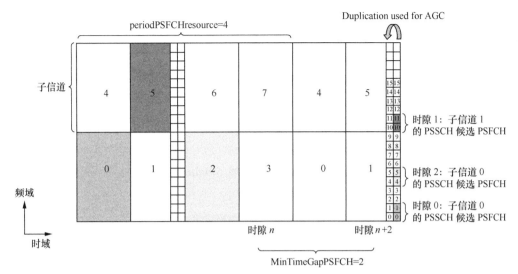

图 6-15　PSFCH 与 PSCCH 映射关系示意图

在确定 PSFCH 候选资源集合之后，需要进一步确定 PSFCH 传输的资源，其具体的确定方法如下（优先选择频域资源，频域资源不足时选择码域资源）：

$$\text{PSFCH}_{\text{index}} = \left(P_{\text{ID}} + M_{\text{ID}}\right) \bmod \left(L \cdot Y\right)$$

● P_{ID} 为 Tx UE 发送的 PSSCH 关联的 SCI 中携带的截短的层 2 来源 ID。

● M_{ID} 的取值根据 HARQ 反馈的模式的不同而不同，具体如下：

－　单播时，$M_{\text{ID}}=0$；

－　组播 HARQ-NACK 反馈机制时，$M_{\text{ID}}=0$；

－　组播 HARQ-ACK/NACK 反馈机制时，M_{ID} 为 Rx UE 的组播成员 ID。

● L 表示的是 PSFCH 候选资源的 PRB 个数。

● Y 表示的是在一个 PRB 中能够承载的 ACK/NACK 反馈的循环移位对的个数。

在 PSFCH 的资源确定方法中，引入来源 ID 的目的是避免 PSSCH 选择相同资源时的 PSFCH 资源的冲突；引入组播成员 ID 的目的是保证组内接收同一个 PSSCH 的不同 UE 可以选择到不同的 PSFCH 资源。组播成员 ID 是由 NAS 提供的[24]，取值范围为 0～ X–1，X 是组的大小，组的大小也是由高层提供的。

由于在一个资源池中单播、多播、广播业务是共享的，这可能存在一些冲突情况。

● 情况 1：每个 Sidelink UE 都可能同时在进行多个业务，自己也需要发送 PSSCH，就可能面临着在同一个 PSFCH 时刻，既有发送的需求也有接收的需求。

● 情况 2：UE 在一定时间间隔内接收多个不同 UE 发送的 PSSCH，可能需要在同一个 PSFCH 时隙内对多个 PSSCH 进行反馈。这时，尽管每个 PSSCH 对应的 PSFCH 之间没有冲突，但 Sidelink UE 需要决定如何进行反馈，是同时发送多个 PSFCH 还是选择性地发送其中一个、两个或多个进行反馈。

● 情况 3：UE 在一定时间间隔内，在连续的 Sidelink 时隙中收到同一个 Tx UE 发送的多个 PSSCH 需要在同一个 PSFCH 时刻反馈。

对于上述 3 种情况，NR 支持了比较简单、实用的机制，即根据 PSSCH 中业务的优先级高低来选择发送。当存在多个优先级相同的 PSSCH 时，UE 可以选择同时发送其中的 M 个，M 取决于 UE 支持并发传输的能力。

6.4.2　功率控制

NR Sidelink 功率控制主要包含以下两种机制。

（1）　基于 Uu 下行路径损耗（DL-Pathloss）的开环功率控制

这种功率控制主要的应用场景是 Sidelink 和 Uu 上行传输共载波，通过基于 DL-Pathloss 的功率控制达到控制对 Uu 上行干扰的目的。这种功率控制机制可以用于广播、组播和单播通信。

（2）基于 NR Sidelink 路径损耗（SL-Pathloss）的开环功率控制

这种功率控制仅用于 Sidelink 单播通信，通过 Rx UE 反馈的 RSRP 信息，Tx UE 估计 SL-Pathloss，从而进行开环的功率控制。

结合上述的两种功率控制方式，UE 可以配置为 "DL-Pathloss Only" "SL-Pathloss Only" 或者 "both DL-Pathloss and SL-Pathloss" 3 种功率控制方式的一种。当配置为 "both DL-Pathloss and SL-Pathloss" 时，UE 取两种功率控制计算结果的最小值作为功率控制的结果。

基于 SL-Pathloss 功率控制的整体流程如图 6-16 所示。在单播通信中，Rx UE 通过接收到 Tx UE 的 PSSCH 中的 DMRS 进行 SL-RSRP 的测量，并将测量到的 SL-RSRP 反馈给 Tx UE，Tx UE 根据接收到的 SL-RSRP 进行 SL-Pathloss 的估计，从而进行基于 SL-Pathloss 的功率控制。Rx UE 反馈的是 L3 滤波之后的 RSRP。Tx UE 采用与 L3-RSRP

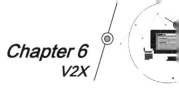

相同的 L3-Filter 对发送功率进行 L3 滤波，Tx UE 根据 L3 滤波后的 PSSCH 发送功率减去 Rx UE 反馈的 L3-RSRP，从而获得 SL-Pathloss 的估计结果。

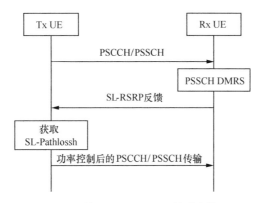

图 6-16　基于 SL-Pathloss 的功率控制

6.4.3　CSI 反馈

Sidelink CSI 反馈仅支持在单播通信中进行，其具体的操作流程如图 6-17 所示，其中 Sidelink CSI-RS 传输的资源和天线端口的个数都是通过 PC5-RRC 信令进行交互的。NR Sidelink 不支持周期性的 CSI-RS 的传输，最重要的原因在于半双工的限制。在一个载波上的任意时隙，一个 UE 要么处于接收状态，要么处于发送状态，如果增加额外的、周期性的 CSI-RS，会带来两方面的影响：一方面，CSI-RS 发送的时隙无法接收其他 UE 的 V2X 业务，会影响 V2X 通信的可靠性；另一方面，在 CSI-RS 发送的时隙也无法进行资源占用的感知，会对资源选择有比较大的影响。这也是 NR Sidelink 上不支持周期性的 CSI 反馈的原因。

由于 PSFCH 仅支持 Sidelink ACK/NACK 的传输，CSI 不能通过 PSFCH 承载。NR Sidelink CSI 反馈通过 MAC-CE 携带。MAC-CE 的方式相对于物理层的信令来说，会有比较大的时延，但是可靠性较高。在 Rx UE 反馈 CSI 的过程中，如果 Rx UE 正好有 PSSCH 传输，则 CSI 伴随着 PSSCH 的传输反馈给 Tx UE，如果 Rx UE 没有 PSSCH 传输，则 CSI 可以通过仅 CSI 的方式传输给 Tx UE，但是仅 CSI 的传输也复用 PSSCH 资源选择的机制。

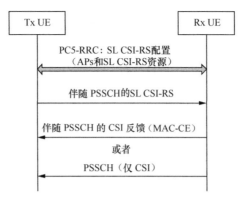

图 6-17 Sidelink CSI 测量和反馈的流程

6.5 资源分配

NR Sidelink 支持两种资源分配方式：模式 1 和模式 2。模式 1 是由网络控制 Sidelink 传输所使用的资源；模式 2 是由 UE 在配置或者预配置的资源池内自主选择 Sidelink 传输所使用的资源。

6.5.1 模式 2 资源分配过程

模式 2 资源选择主要解决如何降低 UE 间使用相同资源的概率，以及 UE 间碰撞带来的相互干扰，进一步考虑以下 3 个方面。

（1）定义与识别 UE 可使用资源，在该资源上可以最小化碰撞概率并不和其他 UE 产生干扰。

（2）UE 开始在认为合适的资源上进行发送后的评估反馈机制。

（3）当获得反馈，发现正在使用资源不合适时的调整机制。

NR Sidelink 引入了检测（Sensing）机制来实现 UE 对可用资源的寻找。UE 通过检测，获得目标资源中的资源占用信息，从中选择一些可用资源供后续传输使用。NR Sidelink 在第一级 SCI 中包含了检测相关的信息。UE 在发送数据时在第一级 SCI 中携带特征信息，包括资源预留信息和优先级信息等，以便其他 UE 能检测到该信息，从而尽可能避免发生碰撞。

模式 2 中，Sidelink UE 依赖检测来获取 Sidelink 传输所需要的资源。高层基于业务需求触发 Sidelink UE 在某个时刻和确定好的 PSSCH/PSCCH 上进行相关传输。但对于 Sidelink UE 而言，并不知道什么时候会有业务到达，为了确保时延敏感业务的时延要求，只能在所有可能的时刻进行检测，以避免业务到达时，临时启动检测而无法满足要求。

为确保时延敏感业务需求，NR Sidelink 的检测中引入了提前检测的概念。提前检测中采用基于预配置的 T_0 来确定一个检测时间窗的开始时刻。为保证在时刻 n 可以进行业务发送，在 $n-T_0$ 时刻需要进行检测。进一步的，NR 规定检测的窗口大小为 $\left[n-T_0,\ n-T_{\mathrm{proc},0}\right)$，在这个时间窗内的每个 Sidelink 时隙构成一个检测机会，其中，$T_{\mathrm{proc},0}$ 为 UE 处理 SCI 所需要的时延。NR 还规定了另外一个与 UE 处理时延相关的参数 $T_{\mathrm{proc},1}$，其代表 UE 准备业务发送时间。$T_{\mathrm{proc},0}$ 和 $T_{\mathrm{proc},1}$ 一起联合表示 UE 从 SCI 接收检测到发送 PSCCH/PSSCH 所需要的收发转换时间。

为了保证资源的及时预留或 T_{RPDB}（Remaining Packet Delay Budget）被进一步压缩，一个检测时间窗对应的资源选择窗口（资源预留窗口）不能迟于 $n-T_{\mathrm{proc},1}$，即 UE 在能力许可的条件下（$T_{\mathrm{proc},1}$ 只是对所有 UE 提出的最低要求），允许 UE 更早地预留资源。NR 定义了资源选择窗口 $\left[n+T_1, n+T_2\right]$，当（$T_1$，$T_2$）在满足 $T_1 \leq T_{\mathrm{proc},1}$，t2min_Selection Window $\leq T_2 \leq T_{\mathrm{RPDB}}$ 的情况下，UE 可以自由选择 T_1 和 T_2，其中，t2min_Selection Window 为给定物理层优先级（$prio_{\mathrm{TX}}$）下的资源选择窗口的结束时刻，t2min_Selection Window 配置的值大于 T_{RPDB}，否则 t2min_Selection Window 默认等于 T_{RPDB}，T_2 也只能等于 T_{RPDB}。检测窗口和资源选择窗口的时间关系图如图 6-18 所示。

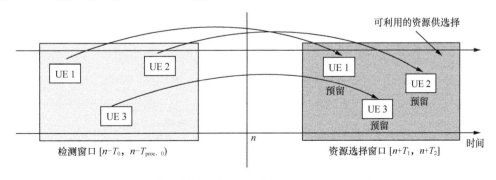

图 6-18　检测窗口和资源选择窗口的时间关系图

Sidelink UE 在检测过程需要利用的信息，除了上面提到的 $prio_{TX}$，还包括如下内容。

● 资源池的指示信息。

● PSSCH/PSCCH 传输所需要的子信道数，L_{subCH}。

● 可选的信息，如以毫秒为单位的资源预留持续时间，P_{rsvp_TX}。

Sidelink UE 需要对待评估资源集合，即 $\left[n+T_1, n+T_2\right]$ 内的资源，基于检测窗口中的 SCI 检测情况，对每个子信道为可能的起始位置的连续 L_{subCH} 个子信道进行评估，其中，符合要求的连续 L_{subCH} 个子信道将作为一个候选资源。完成所有资源评估后，候选资源集合将会形成。

图 6-19 所示为 Sidelink UE 对检测窗口中每个候选 Sidelink 时隙进行检测和资源预留的过程。

步骤 1：收集解调的 PSCCH 和 RSRP_L_{subCH} 等检测信息。

步骤 2：排除 Sidelink UE 自己发送的资源。

步骤 3：比较 RSRP_L_{subCH} 和 Th(p_i)，如果 RSRP_L_{subCH} ≤ Th(p_i)，则作为候选资源。

步骤 4：如果候选单时隙资源数少于总资源数 M_{total} 的 20%，提高 Th(p_i)3 个 dB，继续执行步骤 2。

步骤 5：UE 向高层上报候选资源。

其中，RSRP_L_{subCH} 为根据 PSCCH 或 PSSCH 上的 DMRS 进行的在每 L_{subCH} 个子信道上测量到的 L1-RSRP_L_{subCH}。

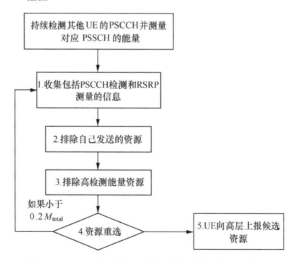

图 6-19 UE 检测窗口中的资源选择过程示意图

在检测过程中，UE 周围的环境也在不断变化，因此 UE 需要在特定的条件重新执行步骤 1 和步骤 2，此时需要确定重新执行步骤 1 的触发条件。NR 根据 RSRP 来衡量是否重新执行步骤 1，且所有重新评估和资源重新筛选只针对已经预选，但未实际完成预留的资源，而不能对 SCI 已经发送且明确指示的预留资源。该原则的确认，也产生了一个新的问题：已经被发出的 SCI 指示预留资源到底指哪些，这个预留资源定义的范围到底有多大？这可能有 3 种情况。

● 指已发出的 SCI（指示初始传输的 SCI）中所指示的当前时隙中的资源。

● 指已发出的 SCI（指示初始传输的 SCI）中所指示的 32 个时隙中的额外 2 个/3 个时隙中的资源。

● 指已发出的 SCI（指示初始传输的 SCI）中所指示的 32 个时隙中的额外 2 个/3 个时隙中的资源，以及每隔 sl-MultiReserveResource 中的重复的 2 个/3 个时隙中的资源。

如果所述问题是针对情况 2 和情况 3，则存在太多的局限性。因为一旦被指示预留的资源就不再能变动。如果是针对情况 1，它允许对该 SCI 中预留的另外 1 个/2 个资源，及周期性预留的资源做重新评估和选择，也允许对已经选定但还没有发出 SCI 指示预留的资源做重新评估和选择。

综合上述分析，Sidelink 设计中，还是将涉及 UE 自主实现的资源重新评估过程做了具体定义。就是在上面介绍的资源评估的基础上，额外定义了资源重新评估的过程。

● 对于由时隙 m 中的 SCI（指示初始传输）第一次指示预留/预选择的时隙 k 中的资源（其中，$k \geq m$）进行步骤 1 的资源重新评估。资源评估过程至少在 $m-T_3$ 时刻完成。

● 如果时隙 k 中原来预选的资源不再属于重新识别的可用资源时，则执行步骤 2 来完成资源重新选择。

这里将 UE 在其他时刻是否重新评估资源留作 UE 自主实现范畴，如 UE 在 $m-T_3$ 时隙之前是否重新评估资源，或 $m-T_3$ 时隙之后、m 时隙之前的这个时间区间内是否重新做资源评估，不做具体约定或限制。

相对于资源重新评估的过程，NR Sidelink 设计中进一步引入抢占机制，为更高优先级业务的 UE 提供更好的传输机会。进一步考虑在 m 时隙之后，对时隙 m 中的 SCI 指示预留/预选择的时隙 k_1 和时隙 k_2（$k_2 > k_1$）中的资源也可以进行重新评估或重新选择。

对于抢占机制，可以通过设定具体抢占的优先级门限 $P\_preemption\{0\cdots7\}$ 来指示是否需要做抢占。在这种情况下，UE 在资源重新评估的过程中，发现检测到的 SCI 中指示的优先级 $prio_{TX}$ 高于自己的优先级 $prio_{TX}$，且检测到的 SCI 中指示的优先级 $prio_{TX}$ 高于设定的优先级门限 $P\_preemption$ 时，才触发抢占。

6.5.2 模式 1 资源分配过程

相对于模式 2 中 UE 自主获得 Sidelink 传输资源的过程，模式 1 主要是通过基站 gNB 调度或半静态配置资源，辅助 UE 省去了检测、资源评估（再评估）和选择（再选择）的过程。由于模式 1 Sidelink UE 和模式 2 Sidelink UE 需要支持在同一个资源池中的共存和共享，所以模式 1 Sidelink UE 在获得基站 gNB 分配的资源后，在做 Sidelink 传输时，其使用的 SCI 与模式 2 Sidelink UE 所使用的 SCI 并无二致。因此关于模式 1，就是在现有 NR R15 设计的基础上，引入了基于 DCI 格式 3_0 动态调度、Configured Grant（CG）Type 1 和 Configured Grant（CG）Type 2 的 Sidelink 资源获取方式。

动态调度主要针对 Sidelink 突发业务，PSCCH/PSSCH 的发送由 DCI 格式 3_0 进行调度控制和指示，TB 的重传次数由网络决定。动态调度的调度时序如图 6-20 所示，是指 UE 接收到包含 DCI 的 PDCCH 之后，何时在 Sidlink 上开始发送。DCI 格式 3_0 中指示了 DCI 时隙和 Sidelink 发送第一个时隙之间的偏移量 K_{SL}。在 Sidelink 配置的资源池中，接收到 DCI 后，UE 在资源池中不早于 $T_{DL} - T_{TA}/2 + K_{SL} \times T_{slot}$ 的第一时隙发送 PSSCH 和 PSCCH。T_{DL} 是包含 DCI 的下行时隙起始时间，T_{TA} 是定时提前量，T_{slot} 是 Sidelink 时隙长度。接收端 UE 接收到 PSSCH 和 PSCCH 后在 PSFCH 完成 HARQ-ACK 反馈。发送端 UE 在接收到 PSFCH 以后，会生成 1bit 信息，通过 PUCCH 资源上报给基站。PUCCH 的时频资源位置在 DCI 中指示。

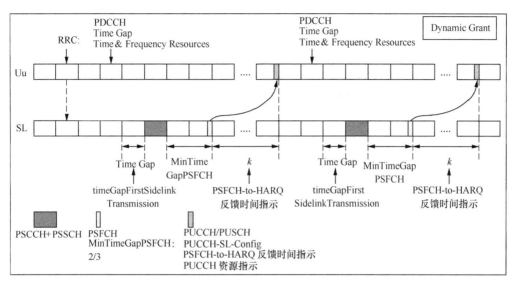

图 6-20 动态调度时序图

CG Type-1 通过 RRC 信令设置所有的传输参数，包括 CG 配置索引、时间偏移、时频资源分配、周期等。当 UE 接收到 RRC 配置后，由周期和偏移给定的时刻，开始进行传输。一个 CG 周期内，只允许有一个新的 TB 发送，一个 TB 的最大重传次数根据每个 CG 的优先级来配置。

CG Type-1 的调度时序如图 6-21 所示。UE 在 Sidelink 上的所有参数都由 RRC 信令配置。

● timeOffsetCGType1 指示 Sidelink 的 CG 资源首次发送的时间偏移。由于没有 DCI 参与激活，因此这个时间偏移就相当于激活时间点。

● periodSlCG 指示一个 CG 的周期。

● MinTimeGapPSFCH 指示每个 CG 周期内 PSFCH 的时域位置，PSFCH 距离对应的 PSCCH/PSSCH 的时隙偏差为 2 或 3。

● periodPSFCHresource 指示 PSFCH 资源的时域周期，PSFCH 资源在时域中出现的时隙间隔可以是 0、1、2、4 个时隙。

● sl-ACKToUL-ACK 指示 UE 收到 PSFCH 后，通过 PUCCH 将 Sidelink HARQ-ACK 信息上报给基站的时间。每个 CG 周期最后一个资源，与 PUCCH 之间的时隙偏移可以是 0~15 个时隙。如果存在 Uu 与 Sidelink 的时域不同步的情况，PUCCH 的时隙计算以 Uu 与 Sidelink 最后一个 PSFCH 的重叠资源为起始时隙。

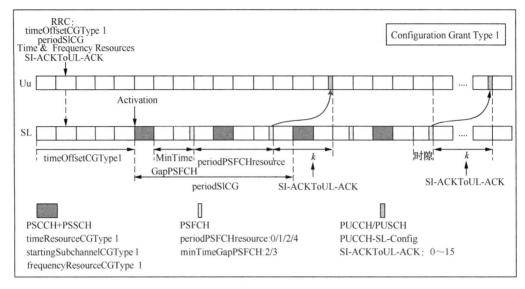

图 6-21 CG Type 1 调度时序图

CG Type 2 调度时序与动态调度一样，都是由 DCI 来指示。RRC 信令负责配置 CG 配置索引、周期等，其他传输参数通过 DCI 激活。当 UE 接收到激活命令后，如果缓存中有数据，会根据预先配置的周期进行传输。一个 CG 周期内，只允许有一个新的 TB 发送，一个 TB 的最大重传次数根据每个 CG 的优先级来配置。

CG Type 2 的调度时序如图 6-22 所示。UE 在 Sidelink 上的参数由 RRC 信令配置和 DCI 指示。

● DCI 格式 3_0 包含的 Time Gap 信息域指示了 DCI 时隙和 Sidelink 发送第一个时隙之间的偏移量 K_{SL}。

● periodSlCG 指示一个 CG 的周期。

● MinTimeGapPSFCH 指示每个 CG 周期内 PSFCH 的时域位置，PSFCH 距离对应的 PSCCH/PSSCH 的时隙偏差为 2 或 3。

● periodPSFCHresource 指示 PSFCH 资源的时域周期，PSFCH 资源在时域中出现的时隙间隔可以是 0、1、2、4 个时隙。

● DCI 格式 3_0 包含的 PSFCH-to-HARQ Feedback Timing Indicator 信息域，指示 UE 收到 PSFCH 后，通过 PUCCH 将 Sidelink HARQ-ACK 信息上报给基站的时间。每个 CG 周期最后一个资源，与 PUCCH 之间的时隙偏差可以是 0~15 个时隙。如果存在

Uu 与 Sidelink 的时域不同步的情况，PUCCH 的时隙计算以 Uu 与 Sidelink 最后一个 PSFCH 的重叠资源为起始时隙。

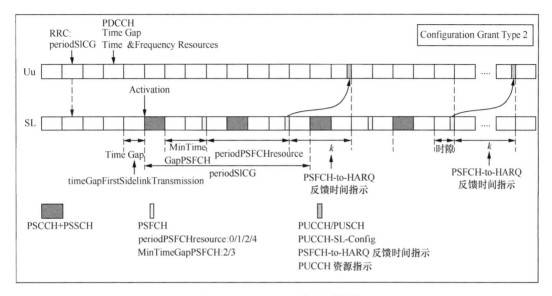

图 6-22　CG Type 2 调度时序图

在 R16 设计目标中还有 LTE Uu 控制 NR Sidelink，和 NR Uu 控制 LTE Sidelink 两种交叉控制的实现。在实际设计中，在复杂度上取了折中。

● 当 NR Uu 控制 LTE Sidelink 时，LTE Sidelink 模式 4 的资源配置由 NR Uu 专用信令配置；对于 LTE Sidelink 模式 3，只支持半持续 SPS，辅之以引入了 DCI 格式 3_1 来激活或去激活半静态资源分配。

● 当 LTE Uu 控制 NR Sidelink 时，NR Sidelink 的模式 2 资源由 LTE Uu 通过高层信令配置；NR Sidelink 的模式 1 只支持 Configured Grant Type 2 的半静态资源分配方式，无须 DCI 激活/去激活，也不支持动态调度。

6.6　小结

本章从同步机制、物理层结构、物理层过程和资源分配方式等几个方面对 NR

Sidelink 的设计展开介绍。NR Sidelink 的整体设计最大化重用了 NR 中的设计。为支持 V2X 的新型应用场景，NR Sidelink 支持单播、组播以及广播通信方式，并为了提高传输可靠性对单播和组播引入了 HARQ-ACK 反馈机制。结合 NR Sidelink 的典型工作模式和时延要求，引入了网络侧辅助资源分配的模式 1 和 UE 自主获得资源分配的模式 2 两种资源分配方式。考虑到 LTE V2X 和 NR V2X 的双模支持以及未来网络的演进，NR Uu/Sidelink 可以实现与 LTE Uu/Sidelink 之间的交叉控制。

Chapter 7

5G 超高可靠
低时延通信增强

超 高可靠低时延通信（URLLC）是 5G 三大应用场景之一，NR 各版本持续增强 URLLC 技术将极大推进交通安全和控制、能源、工业应用和控制等技术的应用和发展。NR R15 以使能 1ms 空口时延和 99.999% 可靠性为目标，定义了一些 URLLC 的基础特性，低时延方面包括数据信道映射类型 B、自包含 TDD 帧结构和时隙格式指示、快速处理能力、上行免授权调度等；高可靠方面包括时隙聚合和重复传输、低误码 MCS/CQI 表格等；多业务复用方面包括下行抢占指示和 CBG 反馈/调度。

URLLC 应用场景多种多样，很多应用场景对时延和可靠性有更高的性能要求。NR R16 以使能更高性能要求为目标，例如，更高可靠性（99.9999%）和更低时延（0.5ms 到 1ms 量级）对 URLLC 技术进行了增强。

7.1 5G 超高可靠低时延通信增强综述

NR R16 URLLC 的整体设计以 NR R15 设计为基础，对下行控制信道、上行控制信息反馈、上行数据信道和上行免调度授权进行了增强，并补齐了上行多用户复用以及终端内多业务复用等技术。NR R16 URLLC 的设计分为研究阶段[1]和标准化阶段[2]。

研究阶段从 2018 年下半年开始持续到 2019 年 3 月，输出研究报告 TR 38.824 [3]。研究阶段讨论并识别了电网差动保护、工厂自动化、远程驾驶、智能交通、增强现实和虚拟现实等典型应用场景的性能要求和业务模型，对 NR R15 URLLC 的基本性能做了初步评估，研究了物理下行控制信道、上行控制信息增强、物理上行共享信道、调度和 HARQ 增强、上行多用户复用和终端内多业务复用等，根据研究结果给出了标准化阶段标准化工作的范围的建议。

标准化阶段从 2019 年 4 月开始，持续到 R16 结束。标准化阶段引入的各增强技术和特性或多或少对提高 URLLC 业务传输可靠性和减少 URLLC 业务传输时延均有帮助。结合各增强或特性的主要增益，标准化阶段主要从以下几个方面进行增强和特性补充。

（1）物理下行控制信道（PDCCH）增强

● 新 DCI 格式：新 DCI 格式信息域可配置，支持更小的 DCI 大小，提升 URLLC 业务传输可靠性，降低 PDCCH 阻塞概率。

● PDCCH 检测能力提升：基于 Span 定义 PDCCH 盲检测上限和信道估计控制信道单元（CCE）上限，支持时隙内多个 PDCCH 检测时机，减少 URLLC 业务传输时延，降低 PDCCH 阻塞概率。

（2）上行控制信息（UCI）反馈增强

● 时隙内多 PUCCH 承载 HARQ-ACK：一个时隙内支持基于子时隙的多个可承载 HARQ-ACK 的物理上行控制信道（PUCCH）传输，减少物理下行数据信道 HARQ-ACK 反馈时延和 URLLC 业务传输时延。

● 不同业务的 HARQ 码本独立反馈：同时构建两个针对不同业务的 HARQ 码本，不同 HARQ 码本独立反馈，减少物理下行数据信道 HARQ-ACK 反馈时延和 URLLC 业务传输时延。

（3）物理上行数据信道（PUSCH）增强

PUSCH 重复类型 B：针对一个传输块（TB），一个上行授权（UL Grant）或一个上行免授权配置可在一个时隙内调度两个或更多 PUSCH 传输，以及调度两个或更多 PUSCH 传输在连续几个时隙内跨时隙边界传输，减少 URLLC 业务传输时延并提高 URLLC 业务传输可靠性。

（4）上行免授权调度增强

支持多套激活的上行免授权调度配置：引入多套激活的上行免授权调度配置，使 URLLC 业务启动更及时并同时保证足够的重复传输次数，以此来减少 URLLC 业务传输时延并提高 URLLC 业务传输可靠性。

（5）下行半持续调度（SPS）增强

支持多套激活的下行半持续调度配置：引入多套激活的下行半持续调度配置，使 URLLC 业务启动更及时并同时保证足够的重复传输次数，以此来减少 URLLC 业务传输时延并提高 URLLC 业务传输可靠性。

（6）上行终端间多业务复用

● 上行取消指示：引入 UL 取消指示，一个用户的 URLLC 业务达到时可取消另一个用户已调度的 eMBB 传输，以此来及时启动 URLLC 业务传输，并减少 URLLC 业务传输时延。

● 上行功率控制增强：引入上行功率控制增强，一个用户的 URLLC 业务与另一个用户已调度的 eMBB 传输冲突时，提高 URLLC 业务的上行发射功率，从而保证 URLLC 业务传输可靠性的同时降低对另一个用户 eMBB 性能影响。

（7）上行终端内多业务复用

● 物理层业务优先级指示：引入优先级指示，使高优先级的业务先进行传输。

● 不同业务优先级间上行信道的抢占规则：引入不同业务优先级间上行信道的抢占规则，使不同优先级业务冲突时高优先级的业务先传输。

7.2 5G URLLC R16 标准化设计

7.2.1 物理下行控制信道增强

1. DCI 格式

（1）标准化动机

NR R15 存在两种调度 PDSCH/PUSCH 的 DCI 格式，即 DCI 格式 0_0/1_0 和 DCI 格式 0_1/1_1，这两种 DCI 格式的比特数均较大。为了保证 URLLC 业务的可靠性，首先需要保证 PDCCH 的可靠性。而保证 PDCCH 可靠性的一种方式为降低 DCI 的负荷大小（Payload Size），使得在使用相同资源时，降低 DCI 的码率，从而提高 DCI 的可靠性。通过如图 7-1 所示的链路仿真结果，可以看出 DCI 的负荷大小（不包含 CRC24bit）从 40bit 降到 24bit，有 1～2dB 的性能增益。

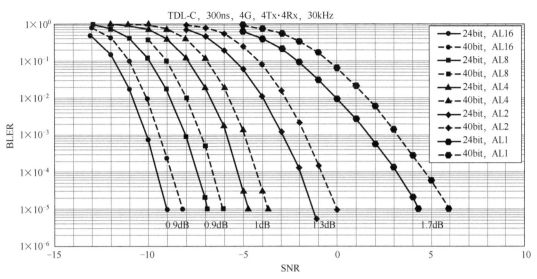

图 7-1　DCI 链路性能

因此 R16 研究阶段得出结论要设计新的 DCI 格式，该新 DCI 格式信息域的大小可以配置，使得该新 DCI 格式的大小最小相较于 R15 的 DCI 格式 0_0/1_0 有 10～16bit 的缩减，并且为了不限制该新 DCI 格式的使用场景，最大可以大于 R15 的 DCI 格式 0_0/1_0。

（2）标准化内容

为了实现新 DCI 格式信息域的大小可以配置，且使能大小最小相较于 R15 的 DCI 格式 0_0/1_0 有 10～16bit 的缩减，标准化阶段对 DCI 格式 0_0/1_0 和 DCI 格式 0_1/1_1 中的各个信息域进行了研究，得到新 DCI 格式 0_2/1_2。下面简述下行新 DCI 格式 1_2 和上行新 DCI 格式 0_2 中各信息域在设计过程中的关键信息。

① 下行新 DCI 设计

● DCI 格式识别（Identifier for DCI Format，1bit）：用于在 UL DCI 和 DL DCI 大小相同时，区分是 DL DCI 还是 UL DCI；该信息域的比特数不能缩减，新 DCI 格式中仍然为 1bit。

● Carrier Indicator（0、1、2 或 3bit）：RRC 参数配置该信息域的比特数。

● BWP Indicator（0、1、2bit）：和 R15 相同。

● 频域资源分配：支持调度粒度可配置的类型 1 资源分配，可配置的调度粒度基于虚拟 RBG。类型 1 资源分配指示调度的起始虚拟 RBG 和调度的连续虚拟 RBG 的个数。具体虚拟 RBG 的大小是通过高层信令配置的。例如，BWP 中有 100RB，若类型 1 资源分配以 RB 为粒度进行资源分配，则需要 13bit，但若以 4RB 为粒度，则仅需要 9bit，比特数有了大幅度降低。对于 URLLC 来说，为了保证时延，时域符号个数会比较少，为保证可靠性频域带宽比较大，从而频域粒度变大并不会对调度灵活性有明显降低。DCI 格式 1_2 同时也支持版本 15 的类型 0 资源分配，类型 0 资源分配和类型 1 资源分配可动态切换。

● 时域资源分配（0、1、2、3、4bit）：取决于高层配置的时域资源表格的大小，如表格配置 4 行，则需要 2bit。为了保证调度灵活性和时延，时域资源的参考位置可以配置为以 PDCCH 开始符号为边界。如对于长度为 2 的下行数据调度，如果 PDCCH 开始符号为符号 3，则下行数据的开始符号可以为符号 3，长度为 2。时域资源表格可以只配置一个资源，随着 PDCCH 位置的不同，可以调度不同位置的数据信道，从而在保证时延的同时，减少时域资源分配指示比特数。由于跨时隙调度时，PDCCH 和 PDSCH 不在一个时隙中，导致无法以 PDCCH 开始符号为参考，因此，参考位置为 PDCCH 开始符号，仅适用于同时隙调度的情况。

● VRB-to-PRB 映射（0、1bit）：RRC 参数配置该信息域比特数，如果配置为 0bit，则不采用交织方式。

● PRB Bundling Size Indicator（0、1bit）：根据 RRC 参数配置确定该信息域的比特数。

● Rate Matching Indicator（0、1、2bit）：根据 RRC 参数配置确定该信息域的比特数。

● ZP CSI-RS Trigger（0、1、2bit）：根据 RRC 参数配置确定该信息域的比特数。

● MCS（5bit）：和 R15 相同，固定为 5bit。

● 新数据指示（1bit）：用于识别调度的数据是新传还是重传；该信息域的比特数不能缩减，新 DCI 格式中仍然为 1bit。

● 冗余版本（0、1、2bit）：RRC 参数配置该信息域的比特数；如果配置为 0bit，则使用 RV 0；如果配置为 1bit，则动态指示 RV 0 或者 RV 3；若配置为 2bit，则和 NR R15 机制相同。

● HARQ 进程号（HARQ Process Number）（0、1、2、3、4bit）：若高层配置该信息域为 Mbit，该 HARQ 进程号指示域的值可依次映射到 HARQ 进程 $0 \sim 2^M - 1$。

● DAI（Downlink Assignment Index（0、1、2、4bit））：RRC 参数配置该信息域

比特数。

● PDSCH-to-HARQ_Feedback Timing Indicator（0、1、2、3bit）：新 RRC 参数配置该域的比特数。

● TPC Command for Scheduled PUCCH（2bit）：和 R15 相同，固定为 2bit。

● PUCCH Resource Indicator（0、1、2、3bit）：RRC 参数配置该信息域的比特数。

● 天线端口（s）（0、4、5、6bit）：RRC 参数配置该域是否存在；若存在，则基于 R16 新引入的 DMRS 参数配置采用与 R15 相同的方式确定具体的比特数。

● Transmission Configuration Indication（0、1、2、3bit）：新增 1bit 或者 2bit，且新 RRC 参数配置该域的比特数。

● SRS Req 终端 st（0、1、2、3bit）：RRC 参数和 SUL 配置确定该信息域的比特数。

● DMRS Seq 终端 Nce Initialization（0、1bit）：RRC 参数配置该信息域是否存在。

● 优先级指示域（0、1bit）。

上述新下行 DCI 格式即为 DCI 格式 1_2。DCI 格式 1_2 只包含对一个传输块（TB）的调度，不包含 CBG 相关的信息域，如 CBGTI 和 CBGFI。同时，通过高层信息配置减少了 DCI 格式 1_2 相对于 DCI 格式 1_0/1_1 的指示信息数。这些简化使得 DCI 信息长度大大减少。

② 上行新 DCI 设计

● DCI 格式识别（Identifier for DCI Format，1bit）：用于在 UL DCI 和 DL DCI 大小相同时，区分是 DL DCI 还是 UL DCI；该信息域的比特数不能缩减，新 DCI 格式中仍然为 1bit。

● Carrier 指示（0、1、2、3bit）：RRC 参数配置该信息域的比特数。

● UL/SUL 指示（0、1bit）：和 R15 相同。

● BWP 指示（0、1、2bit）：和 R15 相同。

● 频域资源分配：参见与 DCI 格式 1_2 中频域资源分配。

● 时域资源分配（0、1、2、3、4、5、6bit）：取决于高层配置的时域资源表格的大小。

● Freq 终端 Ncy Hopping Flag（0、1bit）：RRC 参数配置该信息域的比特数。

● MCS：和 R15 相同。

● 新数据指示：用于识别调度的数据是新传还是重传；该信息域的比特数不能缩减，新 DCI 格式中仍然为 1bit。

● 冗余版本（0、1、2bit）：RRC 参数配置该信息域的比特数；如果配置为 0bit，则使用 RV 0；如果配置为 1bit，则动态指示 RV 0 或者 RV 3；若配置为 2bit，则和 NR R15 机制相同。

● HARQ 进程号（HARQ Process Number）（0、1、2、3、4bit）：参见与 DCI 格式 1_2 中 HARQ 进程号设计。

● DAI（0、1、2、4bit）：RRC 参数配置该信息域是否存在，若存在，则参照 R15 方式确定该信息域比特数。

● TPC Command for Scheduled PUSCH（2bit）：和 R15 相同。

● SRS Resource Indicator（0、1、2、3、4bit）：根据 RRC 参数配置确定该信息域的比特数。

● Precoding Information and Number of Layers（0、1、2、3、4、5、6bit）：根据 RRC 参数配置确定该信息域的比特数。

● 天线端口（0、2、3、4、5bit）：RRC 参数配置该信息域是否存在，若存在，则基于 R16 新引入的 DMRS 参数配置采用与 R15 相同的方式确定具体的比特数。

● SRS Req 终端 st（0、1、2、3bit）：RRC 参数和 SUL 配置确定该信息域的比特数。

● CSI Req 终端 st（0、1、2、3、4、5、6bit）：RRC 参数确定该信息域的比特数。

● PTRS-DMRS Association（0、2bit）：RRC 参数配置确定该信息域的比特数。

● Beta Offset Indicator（0、1、2bit）：RRC 参数配置该信息域的比特数，用于 UCI 复用时计算资源。

● DMRS Seq 终端 Nce Initialization（0、1bit）：RRC 参数配置该信息域是否存在，如果存在，则和 R15 确定方式相同。

● UL/SUL Indicator（0、1bit）：和 R15 相同。

● 开环功率控制参数指示域（0、1、2bit）。

从上述 DCI 格式 0_2 的设计可以看出，与下行新 DCI 格式类似，通过支持绝大多数信息域的高层参数配置实现了 DCI 长度的最小化。

③ DCI 大小对齐

新 DCI 格式的引入，可能会增加终端的盲检测次数，且终端盲检测 DCI 长度的个数是有限的，一个时隙只能盲检测 3 个 C-RNTI 加扰的 DCI 和一个其他 RNTI 加扰的 DCI，这个能力叫作 DCI Size Budget。在超过 DCI Size Budget 后，需要将 DCI 长度进行对齐，具体为：首先将 DCI 格式 0_2 和 DCI 格式 1_2 长度对齐，之后如果还是超过 DCI Size Budget，再将 DCI 格式 0_1 和 DCI 格式 1_1 长度对齐。

2. PDCCH 检测能力提升

（1）标准化动机

NR R15 定义了一个时隙用于信道估计的不重叠 CCE 个数的上限，不同子载波间隔对应的该上限值不同。以子载波间隔 15kHz 为例，假设 URLLC 每两个符号检测一次，则一个时隙有 7 个盲检测时机，按照 NR R15 的 PDCCH 检测能力，一个时隙最大信道估计的 CCE 个数为 56，则一个盲检测时机最多有 8 个 CCE；为了保证时延，保证上行调度和下行调度都能够及时实现，则需要在一个盲检测时机至少要检测一个下行 DCI 和一个上行 DCI，那么每个 DCI 最大就只能有 4 个 CCE，也就是说聚合等级最大为 4。聚合等级 4 比较低，PDCCH 占据的资源比较少，不能满足 URLLC 的可靠性要求。因此，NR R15 一个时隙中最大能进行信道估计的 CCE 的个数太少，在满足 URLLC 时延的情况下，不能满足 URLLC 的可靠性要求，需要增加最大不重叠的 CCE 的个数。

NR R15 定义了一个时隙 PDCCH 盲检测次数的上限，不同子载波间隔对应的该上限值不同。以子载波间隔 15kHz 为例，按照 NR R15 的 PDCCH 检测能力，一个时隙最大盲检测个数为 44。假设一个时隙中 CSS（公用搜索空间）的盲检测次数为 12，剩余 32 次用于 USS（UE 专用搜索空间）盲检，如果有两个 USS，每个 USS 有 4 个盲检测时机，且每个盲检测时机有 6 次盲检测，则一个 USS 需要 24 次盲检测，将剩余的 32 次盲检测优先分给第一个 USS 后，只剩余 8 次盲检测机会，不足够进行第二个 USS 的盲检测，则第二个 USS 都会被丢弃不会盲检测。终端不盲检测 PDCCH，也就是限制了 URLLC 的调度机会，增加时延。因此，NR R15 盲检测次数太少，会影响 URLLC 的时延。

基于此，NR R16 提出定义每个盲检测时间窗（Monitoring Span）的盲检测能力，在一个时隙中包含多个时间窗，一个时隙中总的盲检测能力相较于 NR R15 的盲检测能力增大，从而保证时延和可靠性。后续为了简单，将盲检测时间窗记为 Span。

（2）标准化内容

① 盲检测能力上报

为了保证终端进行 PDCCH 盲检测不超过终端能力，终端可能会上报终端能力。上报的能力为一个参数组合 (X, Y)，其中 $X \geqslant Y$。经讨论，参数 (X, Y) 的取值可以为 $(2, 2)$、$(4, 3)$ 和 $(7, 3)$。每两个连续 Span 的第一个符号之间的最小间隔为 X 个符号，除了有一个时隙最后一个 Span，每个 Span 的时间长度为终端上报的 Y 值和给终端配置的 CORESET 时间长度中的最大值。通过 (X, Y) 限制了基站能够配置的盲检测时机的密度。

基站接收到终端上报的能力后，会给终端发送配置信息，对 PDCCH 盲检测时机进行配置。配置的 PDCCH 盲检测时机不能超过终端上报的能力。

② 盲检测能力定义

针对每个参数组合 (X, Y)，定义每个 Span 信道估计最大不重叠 CCE 个数 C 和最大盲检测的候选 PDCCH 个数 M。每个 (X, Y) 组合对应的最大盲检测能力如表 7-1 和表 7-2 所示[4]。

表 7-1　(X, Y) 组合对应的最大盲检测能力

μ	每服务小区对于参数组合 (X, Y)，每 Span 支持的最大 PDCCH 检测数 $M_{\text{PDCCH}}^{\max, (X, Y), \mu}$		
	$(2, 2)$	$(4, 3)$	$(7, 3)$
0	M01	M02	M03
1	M11	M12	M13

表 7-2　(X, Y) 组合对应的最大信道估计不重叠 CCE 能力

μ	每服务小区对于参数组合 (X, Y)，每 Span 支持的非重叠 CCE 数 $C_{\text{PDCCH}}^{\max, (X, Y), \mu}$		
	$(2, 2)$	$(4, 3)$	$(7, 3)$
0	C01	C02	56
1	C11	C12	56

③ 盲检测时间窗的确定

基站接收到终端上报的能力后，会给终端发送配置信息，配置 PDCCH 盲检测时机配置内容包括开始符号、持续长度等。如图 7-2 所示，基站为终端配置了 3 个 CORESET，时间长度分别是 1 符号（记作，1 OFDM Symbol，1OS）、2 符号和 3 符号。其中 1 符号

的 CORESET 关联两个搜索空间 SS，虚线标注的是其中一个 SS 的盲检测时机，在符号 4 和符号 11，第二个 SS 的盲检测时机在符号 6。其他 CORESET 关联搜索空间 SS 的盲检测时机如图 7-2 所示。图中，该终端上报的能力能支持（2,2）、（4,3）和（7,3）。

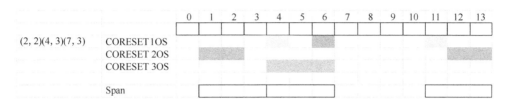

图 7-2　CORESET 与盲检测 Span 的关系

终端设备需要根据基站的配置信息，确定实际盲检测的 Span 图样，具体确定方法如下。

● 先确定 Span 的开始符号位置：从所有 CORESET 的盲检测位置中，时域最靠前的那个位置开始，例如，从图 7-2 中 2OS 的 CORESET 的第一位置的开始符号开始，即符号 1。

● 确定 Span 长度：从所有上报的 Y 中找到最小的 Y，找到所有 CORESET 最大的符号个数，然后取最大值。例如，图中的例子，最小的 Y 是 2，CORESET 最大的符号个数是 3，最大值是 3，则可以确定 Span 长度是 3 个符号。

● 下一个 Span 的开始符号为不包括在前一个 Span 中的最早的位置的开始符号，长度按照上述方法确定。

● Span 不会跨时隙的边界，跨边界的会从开始符号到时隙的边界为止结束，也就是说最后一个 Span 的长度可以小。

根据这种方法，可以看出，在上述例子中确定了 3 个 Span，最终确定的 Span 为 3 个符号，且前两个 Span 间隔 3 个符号（间隔是指开始符号之间的间隔），第二个 Span 和第三个 Span 之间的间隔是 7 个符号。

④ 盲检测时间窗内的盲检测能力确定

如果终端只上报了一个（X, Y），最终确定的盲检测时间窗符合上报的盲检测能力，则该时间窗的盲检测能力就是该（X, Y）对应的盲检测能力。

如果终端上报了多个（X, Y），且最终确定的盲检测时间窗符合所上报的多个（X, Y）组合，则最终确定的盲检测时间窗的能力为终端所上报的多个（X, Y）组合对应的盲检测能力的最大值。例如，最终确定的盲检测时间窗为（8,3），但是上报了（7,3）、（4,3）和（2,2），则可以看出这个（8,3）中的 8 是大于上报能力中任何一个能力组合，因此最终确定该盲检测时间窗的能力为（7,3）、（4,3）和（2,2）对应的盲检测能力的最大值。

⑤ 盲检测时间窗内的 PDCCH 盲检测

PDCCH 盲检测过程和 R15 中盲检测的过程类似，只需要将其中的时隙替换为确定出来的盲检测时间窗即可。

⑥ 盲检测能力选择

R16 的终端既支持 R15 的能力，也支持 R16 的能力，具体用哪种能力，是由基站发送配置信息配置的。

7.2.2 上行控制信息反馈增强

1. 子时隙 HARQ-ACK 反馈

（1）研究背景与动机

在 NR R15 标准中，终端侧的 HARQ-ACK 反馈是以时隙为单位的。也就是说，所有下行数据 PDSCH，只要 HARQ-ACK 反馈指向一个时隙，终端会将这些 HARQ-ACK 组装进一个 HARQ-ACK 码本，在一个 PUCCH 上反馈给基站。这种一个时隙的 HARQ-ACK 反馈模式必然会带来额外的反馈时延，如图 7-3 所示，PDSCH#1 的 HARQ-ACK#1 最快可以在时隙#n 的前半段反馈，PDSCH#2 的 HARQ-ACK#2 最快可以在时隙#n 的后半段反馈。这种情况下，基站调度时只能牺牲其中一个：如果把 HARQ-ACK#2 调度在时隙#n 的后半段，则 HARQ-ACK#1 的传输会被延迟，如果把 HARQ-ACK#2 调度到下一个时隙，则 HARQ-ACK#2 的反馈会被延迟。

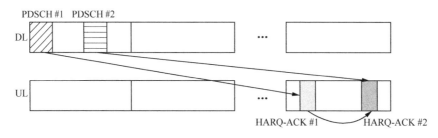

图 7-3　时隙内多份 HARQ-ACK 码本反馈

基于上述观察，在 R15 结束阶段，一些公司就提出，为了更好地支持 URLLC 应用，应该允许更细粒度的 HARQ-ACK 反馈，降低 HARQ-ACK 反馈的等待时延。在 R16 SI 阶段，各个公司首先对子时隙反馈的必要性进一步进行了验证，主要看是否存在一种业务，数据包到达十分密集且空口时延又特别小，这样才会出现连续的两个 PDSCH 紧挨着到达，对应的 HARQ-ACK 最快在同一个时隙进行反馈。从 SA1 协议可以发现，智能电网中差动保护应用的数据包到达间隔一般是 0.833ms 或 0.5ms，工业自动化应用中运动控制业务的包发送间隔也会低至 1ms。因此，至少对 15kHz 子载波间隔，单业务做子时隙 HARQ-ACK 反馈是有必要的。进一步的，一些公司提出，一些终端可能同时支持多个 URLLC 业务，这样数据到达密度会进一步增加，这种场景下支持更细粒度的 HARQ-ACK 的增益更为必要。

（2）标准化内容

标准讨论主要围绕动态码本下子时隙 HARQ-ACK 反馈增强进行，主要标准工作包括以下几点。

● HARQ-ACK 反馈定时：当引入子时隙 HARQ-ACK 反馈时，DCI 中指示的 PDSCH 到 HARQ-ACK 的反馈时延 K1 的解读变成子时隙粒度，PDSCH 所在的子时隙以该 PDSCH 结束符号所在的子时隙来识别。

● Sub-Slot 模式：标准中支持了长度是 2 符号的子时隙和长度是 7 符号的子时隙，分别对应 2 符号×7 和 7 符号×2 的子时隙图样。标准讨论了长度是 4 符号的子时隙，最终由于必要性的缺乏和潜在 PUCCH 资源配置的影响，上述 4 符号子时隙没有被同意。

● PUCCH 资源配置：标准围绕是为每个子时隙中 HARQ-ACK 反馈分别配置 PUCCH 资源还是统一配置 PUCCH 资源展开讨论，前者方案简单、对协议改动小，后者相对第一种方案 RRC 开销小。最后，第二种方案被采纳，不同子时隙中 HARQ-ACK 反馈对应一套 PUCCH 资源配置，并且这套 PUCCH 资源配置中每个 PUCCH 资源的起始符号编号是相对于子时隙的起始符号，且 PUCCH 资源的结束符号默认不会超出子时隙的结束符号。

2. 不同业务独立 HARQ-ACK 反馈

（1）研究背景与动机

在 NR R15 标准中，物理层是不区分业务类型的，URLLC 业务和 eMBB 业务是统一处理的。这个基本假设是，一个终端要么是 URLLC 终端，要么是 eMBB 终端。R16 开始讨论对于接入混合业务的终端如何更好地支持终端内业务复用，基于此提出支持不同业务的 HARQ-ACK 单独反馈，而不是指向一个时隙/子时隙的 HARQ-ACK 始终复用在一起反馈，这样可以实现单独的资源配置和选择，更好地匹配不同业务的时延/可靠性需求。例如，为了支持 URLLC 业务的 HARQ-ACK 快速可靠反馈，基站应该优先为其配置 PUCCH 格式 0 来保证低时延和高可靠性，当存在多个 URLLC PDSCH 的 HARQ-ACK 需要复用传输时，也应该为其配置时域较短、频域较宽、码率较低的 PUCCH 资源，保证在不引入更大传输时延的前提下实现低码率传输。反之，对于 eMBB HARQ-ACK，基站更倾向于调度时域较长、频域较窄的 PUCCH 资源，以更好地实现 HARQ-ACK 复用，降低资源开销，并有效降低小区边缘终端的发送功率需求。

在 R16 SI 阶段，讨论了能否通过基站调度实现上述目的。例如，通过 DCI 中 PRI 为 URLLC HARQ-ACK 和 eMBB HARQ-ACK 分配不同 PUCCH 资源提供不同的可靠性保证，同时在调度 URLLC HARQ-ACK 的时隙/子时隙不再调度 eMBB HARQ-ACK。但是实际系统中，URLLC 业务可能是突发业务，到来后又必须立即调度，基站无法为了潜在的 URLLC 业务而不去调度 eMBB 业务和对应的 HARQ-ACK 反馈。因此，最终支持 URLLC 业务和 eMBB 业务的 HARQ-ACK 单独反馈。

（2）标准化内容

标准讨论主要围绕两点进行：一是如何识别 URLLC HARQ-ACK 和 eMBB HARQ-ACK；二是哪些反馈相关高层参数需要对 URLLC HARQ-ACK 与 eMBB HARQ-ACK 分别配置。对于第一点，首先需要确定的是，物理层识别业务类型种类或者业务优先级。虽然一些特定应用中高层业务类型会有多种，例如，工厂自动化中一个终端设备最多可能支持 8 种业务流，但是为了简化设计，物理层可以支持两种业务优先级，不同优先级可以分别关联不同的业务类型集合。另外，HARQ-ACK 的识别方法也会极大地影响其他 UCI（如 SR、CSI）以及上行数据信道（PUSCH）的优先级识别方法制定。

● 对于 DCI 动态调度的 PDSCH 的 HARQ-ACK，可在 DCI 中增加 1bit 的显式比特域（最终定名为优先级指示比特域）来指示该 DCI 调度的 PDSCH 的 HARQ-ACK 的优先级取值。

● 对于 SPS（半静态调度）PDSCH 的 HARQ-ACK，SPS 配置信息中增加一个参数直接指示该 SPS PDSCH 的 HARQ-ACK 的优先级取值，如果激活 DCI 中存在优先级指示比特域，该字段取值失效。

对于第二点，基本假设是与 HARQ-ACK 反馈相关的资源高层参数都可以单独配置，基于此提出直接配置两套 PUCCH 配置，关联两个业务优先级。对部分不涉及业务优先级的参数，可以不需要单独配置，包括 multi-CSI-PUCCH-ResourceList 和 spatial RelationInfo。不同优先级的 HARQ-ACK 反馈可以单独配置的参数包括：PUCCH resource set、PUCCH format information、dl-DataToUL-ACK（PDSCH 到对应 HARQ-ACK 的定时偏移值集合 K1 Set）和 pucch-PowerControl。

最后，考虑到 SR 和 PUSCH 也可以分为两种优先级，标准支持单独配置 SR 的 PUCCH 资源和 PUSCH 携带 UCI 时的参数 UCIonPUSCH，主要包括 MCS 偏移值 γ_{offset} 和缩放因子 α。

7.2.3　物理上行数据信道增强

1. 时隙聚合 PUSCH 传输的方案和增强动机

为了增强上行传输的可靠性，NR R15 引入了时隙聚合 PUSCH 重复传输。时隙聚合 PUSCH 重复传输是指同一个传输块采用不同的冗余版本重复传输 K 次。基站通过高层参数 push-AggregationFactor 为终端配置重复次数 K，终端在 K 个连续的时隙上重复发送相同传输块，且每个时隙中承载该传输块的 PUSCH 副本在时域上占用相同的符号。第一个 PUSCH 副本的冗余版本（RV）是由上行授权信令指示的，其余 PUSCH 副本的 RV 以 {0,2,3,1} 为顺序循环。例如，第一个 PUSCH 重复的冗余版本为 RV=2，则第二个、第三个 PUSCH 重复的冗余版本分别为 RV=3、RV=1。如果一个时隙中的 PUSCH 副本对应的时域资源中至少有一个半静态下行符号，那么这个时隙中的 PUSCH 不发送。图 7-4 为时隙聚合 PUSCH 重复传输的一个示例：基站配置终端将传输块重复发送 3 次，PUSCH 副本在每个时隙中占用的都是 3～12 个符号。时隙#2 的第 8 和第 9 个符号是半静态下行符号，因此时隙#2 上待发送的第二个 PUSCH 重复丢弃而不发送。

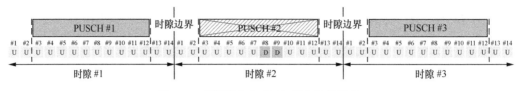

图 7-4　时隙聚合 PUSCH 重复传输示意

对于上行免授权调度的时隙聚合 PUSCH 重复，传输块的重复次数由高层参数 RepK
配置。如果基站配置了冗余版本（RV）序列 repK-RV，第 n 个传输时机关联的冗余版本
为配置的 RV 序列中第（mod（n–1，4）+1）个值。RV 序列为{0,2,3,1}时，重复传输中
的首次只能为 K 个副本的第一个传输时机；RV 序列为{0,3,0,3}，重复传输中的首次为 K
个副本中任意一个 RV=0 的传输时机；RV 序列为{0,0,0,0}，K=2/4 时重复传输中的首次
可以为 K 个副本中任意一个传输时机，K=8 时重复传输中的首次可以为 K 个副本中除最
后一个传输时机之外的任意一个传输时机。如果没有配置冗余版本序列，每一个配置授
权时隙聚合 PUSCH 副本的冗余版本为 0。对于任意的 RV 序列，当满足如下条件之一时，
终端停止重复传输：重复传输达到 K 次、在配置授权的周期内最后一个传输时机上发送
了一次重复，或者终端接收到调度同一个传输块的上行授权信令。K 个 PUSCH 重复传
输的时域长度不会比配置授权的周期长。如果一个时隙聚合 PUSCH 重复传输时机的符
号数大于周期内剩余的符号数，则丢弃这个 PUSCH 传输时机。

R15 的基于时隙的方案虽然可以有效提升 PUSCH 的可靠性，但是往往带来比较大
的时延。对于子载波间隔 15kHz 及 30kHz，一次重复 8 次时隙级传输时间在 4ms 以上。
对于 URLLC 业务，需要兼顾可靠性与时延。R16 中引入了子时隙级别的 PUSCH 聚合传
输方案，在增强 PUSCH 传输可靠性的同时，进一步降低传输时延。

2. 子时隙聚合 PUSCH 传输的候选方案

基站指示终端传输 PUSCH，如果当前时隙中的剩余可用符号数小于 PUSCH 传输所
需时域资源，按照 R15 的规则：PUSCH 传输不允许跨时隙边界，终端设备需要将 PUSCH
推迟到下个时隙传输，这会增大 PUSCH 的传输时延，如图 7-5 所示。为了解决这个问
题，R16 的 URLLC 增强引入了基于 Type B（子时隙）的 PUSCH 重复传输，适用于基
于调度的 PUSCH 和免授权调度的 PUSCH。

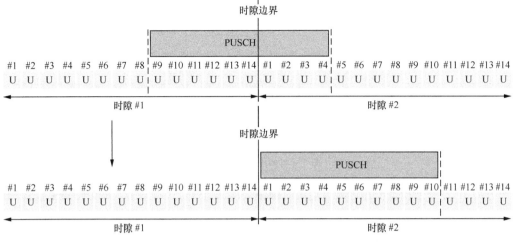

图 7-5　R15 机制影响上行传输时延

在 R16 SI 阶段，讨论了多个候选技术方案。

方案 1：迷你时隙级 PUSCH 重复（Mini-Slot Level Repetition）（见图 7-6）。上行调度信令指示第一个 PUSCH 的时域资源，其余 PUSCH 重复的时域资源通过第一个 PUSCH 和上下行符号确定，每个 PUSCH 重复占用的是连续的符号。也就是说，如果一个 PUSCH 重复占用的时域资源内存在下行符号，这个 PUSCH 丢弃不发送。这种方式允许终端在一个时隙中以背靠背的形式重复传输多个 PUSCH，但是不允许一个 PUSCH 的起始符号和终止符号分别在不同的时隙中。

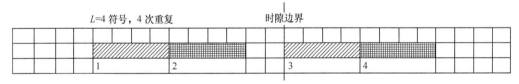

图 7-6　迷你时隙级 PUSCH 重复示意图

方案 2：多段传输（Multi-Segment Transmission）（见图 7-7）。一个上行授权指示所有 PUSCH 重复的起始符号和持续时间，持续时间可以为连续可用的多个时隙。如果一个时隙中有多个上行区间，那么在每个上行区间中传输一个 PUSCH。上行区间指时隙内可用于上行传输的一组连续符号。这种方式允许 PUSCH 的起始符号和持续时间的和 $S+L>14$，即指示的 PUSCH 时域资源横跨时隙边界。此时时隙边界将一个 PUSCH 分割为两个 PUSCH 传输。但是上行授权只能指示一个名义 PUSCH 传输，也没有重复次数的概念。这种方式的出发点是：对于相同的时频资源，重复次数少的传输会比重复次数多的传输获得更好的性能。

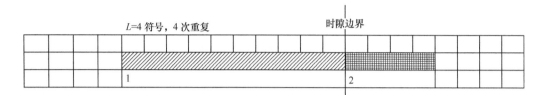

图 7-7　多段传输示意图

方案 3：N 个上行授权在连续可用的时隙中调度 N 个 PUSCH 重复，每个时隙中传输一个 PUSCH 副本。允许在前一个 PUSCH 传输结束符号之前接收下一个 PUSCH 的上行授权信令。

方案 4：上行授权信令或者第一类免授权配置信息指示第一个名义（Nominal）PUSCH 的资源，其余 PUSCH 重复的时域资源取决于第一个 PUSCH 重复和时域符号的上下行方向。基站指示的重复次数表示名义重复次数，实际重复次数可以大于名义重复次数。因为名义 PUSCH 的时域资源跨时隙边界时，会被分割为两个实际 PUSCH 传输。这种方式可以认为是方案 1 迷你时隙级 PUSCH 重复和方案 2 多段传输的结合，撷取了长处避免了短处，具有很好的灵活性（见图 7-8）。

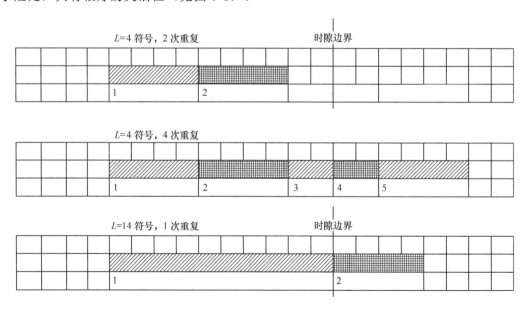

图 7-8　PUSCH 传输方案 4 示意图

方案 5：一个上行授权或者免授权指示第一个 PUSCH 重复的起始符号和持续时间 *L*，名义重复次数 *K* 和持续时间 *L* 确定全部重复传输的总资源。如果全部传输的总资源跨时隙边界或者上下行符号转换点，那么在每个上行区间内发送一个实际 PUSCH 重复，实际 PUSCH 重复的持续时间可以长于名义 PUSCH 重复的持续时间。如果全部重复传输的总资源在一个上行区间中，则每个 PUSCH 重复按照指示的时域资源发送。这种方式可以认为是方案 2 多段传输的扩展方案（见图 7-9）。

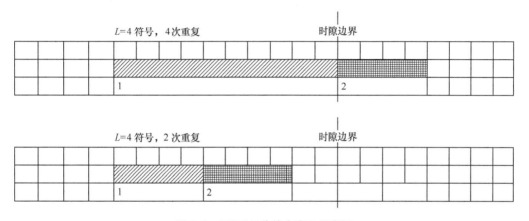

图 7-9　PUSCH 传输方案 5 示意图

方案 6：一个上行授权或者配置授权指示高层参数配置的时域资源分配表格中的一行，包含的信息有：重复次数，每个 PUSCH 重复的起始符号和持续时间。一个时隙中可以包含多个 PUSCH 副本，每个 PUSCH 副本都不会跨时隙边界，且位于一个上行区间内。这种方式保证了每个 PUSCH 副本对应的时域资源内都没有下行符号，而且实际重复次数和指示的名义重复次数相同。以增大 PUSCH 副本资源指示的复杂度为代价，降低了 PUSCH 传输的复杂度。

3. 子时隙聚合 PUSCH 传输的标准化方案

R16 标准在 WI 阶段采纳了方案 4 的实施方式作为基于 Type B 的 PUSCH 重复传输，并完善了各方面的细节。具体的，基站发送一个上行授权或者一个免授权指示一个或多个名义 PUSCH 重复传输。终端在一个时隙中传输一个或多个实际 PUSCH 副本，或者在连续多个可用的时隙中传输两个或多个实际 PUSCH 副本。基站在时域资源分配表格中增加一列，用于指示 B 类 PUSCH 重复传输的副本个数 numberofrepetition，其取值可以为{1, 2, 3, 4, 7, 8, 12, 16}。上行调度信令或者第一类免授权配置信息指示第一个名义 PUSCH 的起始符号 S 和持续时间 L，每一个名义 PUSCH 副本的持续时间 L 相同，其中，$0 \leqslant S \leqslant 13$，$1 \leqslant L \leqslant 14$，高层信令各用 4bit 分别指示 S 和 L，可以实现 $S+L>14$。名义和实际 PUSCH 副本的传输块大小（TBS）根据名义 PUSCH 的时域长度 L 确定。从第二个名义 PUSCH 开始，名义 PUSCH 副本的起始符号是上一个名义 PUSCH 副本的终止符号的下一个符号。

终端在确定实际 PUSCH 副本的时域资源之前，需要确定无效符号（Invalid Symbol）。终端确定无效符号的方式如下：

● 高层参数 tdd-UL-DL-ConfigurationCommon 或者 tdd-UL-DL-Configuration Dedicated 半静态配置的下行符号是一种无效符号；

● 高层参数 InvalidSymbolPattern 配置符号级位图（Bitmap），比特值为 1 表示相应的符号为无效符号。当 DCI 格式 0_1 或者 0_2 调度 PUSCH 重复，或者激活第二类免授权 PUSCH 重复，而且 DCI 中配置了 1bit 的无效符号图样指示信息域，当无效符号图样指示信息域值为 1 时，终端应用无效符号图样，否则终端忽略无效符号图样。如果 DCI 中不包含无效符号图样指示信息域，终端直接依照高层参数 InvalidSymbolPattern 的配置应用无效符号图样。不同的 DCI 格式独立配置无效符号图样指示信息域。

终端在确定基于 Type B 的 PUSCH 重复在每个名义 PUSCH 时域资源内的无效符号之后，其余的符号可以认为是潜在有效符号。如果一个名义 PUSCH 在时隙内连续潜在有效符号的个数大于 0，则可以映射一个实际 PUSCH 副本，一个名义 PUSCH 副本的时域资源可包含一个或多个实际 PUSCH 副本的时域资源。终端不发送单个符号的实际 PUSCH 副本，除非单个符号是基站指示的名义 PUSCH 的持续时间 L。基于 Type B 的 PUSCH 重复传输的时域资源示意如图 7-10 所示。

对于基于 Type B 的免授权 PUSCH 重复，如果在一个实际 PUSCH 副本的整个持续时间内收到了动态 SFI，且和动态下行或灵活符号碰撞，这个实际 PUSCH 副本不发送；如果在一个实际 PUSCH 副本的持续时间内的至少一个符号上没有收到动态 SFI，且和至少一个半静态灵活符号碰撞，这个实际 PUSCH 副本不发送。

第一个实际 PUSCH 副本的冗余版本（RV）由上行授权 DCI 指示，其余 PUSCH 副本的 RV 以{0,2,3,1}为顺序循环，如表 7-3 所示。配置授权 B 类 PUSCH 重复的每个实际 PUSCH 副本的 RV 根据高层参数 repK-RV 配置的 RV 序列为顺序循环。

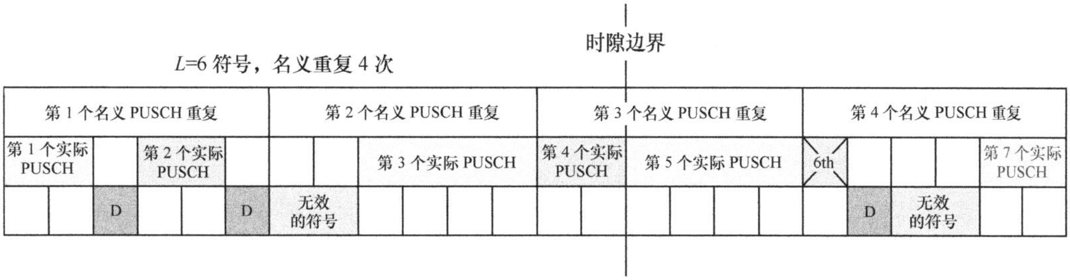

图 7-10　基于 Type B 的 PUSCH 重复传输的时域资源示意图

表 7-3　PUSCH 传输的冗余版本确定

上行授权 DCI 指示的 rv_{id}	应用在第 n 个传输时机（A 类 PUSCH 重复）实际 PUSCH 副本（B 类 PUSCH 重复）的 rv_{id}			
	$n \bmod 4 = 0$	$n \bmod 4 = 1$	$n \bmod 4 = 2$	$n \bmod 4 = 3$
0	0	2	3	1
2	2	3	1	0
3	3	1	0	2
1	1	0	2	3

在跳频方面，基于 Type B 的 PUSCH 重复传输支持两种跳频方式，跳频方式的选取可通过高层参数来配置。这两种跳频方式分别为名义 PUSCH 副本间跳频和时隙间跳频。对于连续的频域资源分配，当上行授权 DCI 中的跳频信息域值为 1，或者第一类免授权 PUSCH 传输配置了高层参数 frequencyHopping-PUSCHRepTypeB 时，终端实施 PUSCH 跳频。频率偏移的数值由不同的高层参数为 DCI 格式 0_1 和 0_2 独立配置：

● 当传输 PUSCH 的激活 BWP 带宽小于 50PRB 时，上行授权指示高层信令所配置的 2 个频率偏移值中的 1 个；

● 当传输 PUSCH 的激活 BWP 带宽大于或等于 50PRB 时，上行授权指示高层信令所配置的 4 个频率偏移值中的 1 个。

对于名义 PUSCH 副本间跳频，第 n 个名义 PUSCH 副本中实际 PUSCH 副本的起始

RB 由下面公式得到：

$$
\mathrm{RB}_{\mathrm{start}}\left(n\right)=\begin{cases}\mathrm{RB}_{\mathrm{start}} & n\bmod 2=0\\(\mathrm{RB}_{\mathrm{start}}+\mathrm{RB}_{\mathrm{offset}})\bmod N_{\mathrm{BWP}}^{\mathrm{size}} & n\bmod 2=1\end{cases}
$$

其中，$\mathrm{RB}_{\mathrm{start}}$ 为 UL BWP 内根据第一类资源分配中的资源块指示信息确定的频域起始位置，$\mathrm{RB}_{\mathrm{offset}}$ 为两跳频之间的频率偏移。

R16 还对时隙聚合 PUSCH 重复传输做了增强，并称为基于 Type A 的 PUSCH 重复传输。R16 支持在高层信令配置的时域资源分配表格中增加一列 numberofrepetitions 用于指示 A 类 PUSCH 重复传输重复次数 K。如果没有配置 numberofrepetitions，重复次数 K 由高层参数 pusch-AggregationFactor 确定。如果前述两个参数都没有配置，重复次数 $K=1$。

由于 R16 支持基于 Type A 和 Type B 两种 PUSCH 重复方式，且上行调度的 PUSCH 和配置调度的 PUSCH 的具体实施方式会有一些区别，标准引入了另外一些机制。

● 终端支持哪一种 PUSCH 重复类型是通过高层参数为 DCI 格式 0_1/0_2 独立配置的。

● 回退 DCI，即 DCI 格式 0_0 不支持 B 类 PUSCH 重复传输。

● 免授权 PUSCH 重复类型的确定方法：当高层参数 PUSCHRepTypeIndicator-ForType1Configuredgrant 配置为 pusch-RepTypeB，表明为 B 类 PUSCH 重复，否则为 A 类 PUSCH 重复。

● 免授权重复次数的确定：如果时域资源分配表格中有 numberofrepetitions，PUSCH 的名义重复次数由 TDRA 表格中的一行确定，否则重复次数由高层参数 repK 确定。

● 免授权时域资源分配表格的确定：对于基于 Type B 的 PUSCH 重复，选取 DCI 格式 0_2 和 0_1 中配置为基于 Type B 的 PUSCH 重复的一个 DCI 格式对应的时域资源分配表格；如果两个 DCI 格式都配置为基于 Type B 的 PUSCH 重复，则选取 DCI 格式 0_2 对应的时域资源分配表格。如果 DCI 格式 0_2 和 0_1 中都没配置为基于 Type B 的 PUSCH 重复，那么基站不会为配置授权配置基于 Type B 的 PUSCH 重复。

● 第二类免授权 PUSCH 的时域资源由激活 DCI 指示，PUSCH 重复类型和相应的时域资源分配表格由高层信令配置。

● 时域资源指示：PUSCH 重复传输基于 Type A 的时域资源是通过起始符号和持续时间的数值 SLIV 指示的；基于 Type B 的 PUSCH 重复传输的时域资源是通过起始符号

S 和持续时间 *L* 分别指示的，能够实现 *S*+*L*>14。

7.2.4 上行免授权传输增强

上行免授权传输，又称为上行配置的授权传输（PUSCH Transmission with a Configured Grant），作为一种低时延、低开销的上行传输方案，被 NR R15 版本所采纳，用于 URLLC 等典型业务场景的上行数据传输。为进一步满足增强型 URLLC 业务对业务多样化，以及对更低时延（0.5ms）和更高可靠性（99.9999%）的需求，上行免授权传输在 NR R16 版本做了如下增强。

● 支持在每个带宽部分（BWP）上配置并激活多套上行免授权传输配置。

● 支持多套第二类上行免授权传输（PUSCH Transmission with a Type 2 Configured Grant）配置的联合释放。

● 跨载波释放。

● 支持基于免授权的上行数据重传。

● 支持基于 Type B 的 PUSCH 重复传输。

1. 多套配置

NR R16 版本支持在一个 BWP 上配置并激活最多 12 套上行免授权传输配置，每套配置由一个索引进行标识。R15 版本支持两类上行免授权传输方式，考虑到两类上行免授权传输有各自的优点，一个 BWP 上的多套免授权传输配置可以全部是第一类（Type 1 Configured Grant），也可以是第二类（Type 2 Configured Grant），还可以部分是第一类，部分是第二类。其中，第一类免授权传输的全部参数均由基站通过高层信令配置，且配置后即可使用，因此，相比第二类免授权传输，可以实现更低的传输时延和更低的底层控制信令开销；而第二类免授权传输的部分参数由基站通过高层信令配置，其他参数由基站通过激活 DCI 进行配置，终端只有接收到激活 DCI 后，才能进行第二类免授权传输，相比第一类免授权传输，可以实现更灵活的参数重配置。具体的多套免授权传输的参数配置可以参考 3GPP 协议 TS 38.331 的 6.3.2 节。

NR R16 版本支持一个 BWP 上配置多套上行免授权传输主要有如下两个原因。

（1）支持多种业务

考虑到同一个终端可能同时存在并行的多种业务，而这些不同业务的业务特征、到达模型，以及对时延和可靠性的要求也不尽相同，因此，对免授权传输参数的配置，如调制编码方案（MCS）、资源周期、资源大小、重复传输次数等有不同的需求。这种情况下，引入多套配置，可以使能基站针对不同的业务需求配置不同的免授权传输参数，以更好地支持多业务并发。

（2）对同一种业务，支持高可靠、低时延传输

为降低传输时延，实现数据包的"即来即走"，NR R15 版本为上行免授权传输引入了"灵活起始"机制。具体的，当基站配置免授权传输的重复次数 $K>1$，且冗余版本序列为 {0000} 或 {0303} 时，允许终端从一个资源周期内的 K 个传输时机（Transmission Occasion）中关联了 RV0 的传输时机开始数据传输。一个资源周期内的 K 个传输时机与 RV 的关联关系为：第 n（$0<n \leqslant K$）个传输时机关联冗余版本序列中的第 mod（n, 4）个 RV。当免授权传输支持的 HARQ 进程数多于一个时，相邻的资源周期将关联不同的 HARQ 进程（HARQ 进程的具体确定方法可以参考 3GPP 协议 TS 38.321），这种情况下，为了避免终端侧和基站侧对 HARQ 进程的计算出现不一致的情况，数据的重复传输必须终止于资源周期内的第 K 个传输时机，即同一个数据包的重复传输不能跨过周期边界。这种情况下，当数据包的首次传输起始于资源周期内的非首个传输时机时，其重复传输次数必然小于基站配置的值，即 K。如图 7-11 所示，基站配置的重复传输次数 K 为 4，终端的数据传输起始于周期内的第 3 个传输时机，结束于第 4 个传输时机，实际重复次数为所配置的重复次数的一半。因此，这种"灵活起始"的机制虽然可以显著缩短传输时延，但是对可靠性会有影响，对时延和可靠性都有较高要求的业务来说，并不适用。

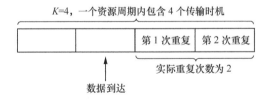

图 7-11 "灵活起始"导致实际重复次数少于配置次数

多套免授权传输配置可以解决这一问题。具体的，基站可以为同一种业务配置多套免授权传输配置，这些免授权传输配置具有相同的时域周期、传输时机大小、重复传输

次数，以及 MCS 等，但是不同的免授权传输配置的传输时机在时域错开，这样终端在准备好数据包之后，可以选择使用在时间上最近的、有可能传 K 次的免授权传输配置。具体示例如图 7-12 所示，基站为终端的某种业务类型配置了 4 套免授权传输配置，重复传输次数均为 K=4。4 套配置在时域上相互错开一个传输时机，当终端的数据在第二套配置的第一个传输时机到达时，终端可以选择使用第 3 套配置进行数据传输，这样既可以降低时延，又能保证 K=4 次重复。进一步的，基站可以通过高层参数对每一套免授权传输的"灵活起始"机制进行"开关"控制，即当基站关闭"灵活起始"机制后，对所有 RV 序列，重复传输都只能起始于资源周期内的首个传输时机。

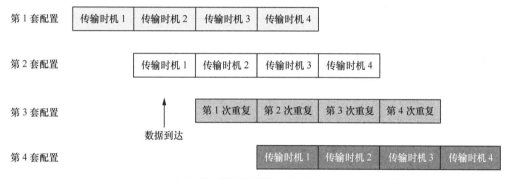

图 7-12　多套免授权传输配置用于降低时延、提高可靠性

2. 联合释放

考虑到 DCI 大小的问题，当基站在一个 BWP 配置多套第二类免授权传输配置时，这些配置只能单独进行激活，即基站每次发送激活 DCI 只能激活其中的一套，具体激活哪一套配置由激活 DCI 中的 HARQ 进程号（HPN）域来指示，即索引与 HPN 域取值相同的免授权传输配置即为激活 DCI 所要激活的配置。

与激活不同，当基站通过 DCI 释放免授权传输配置时，由于并不需要进行资源配置，没有 DCI 大小的问题，因此可以使用一个 DCI 释放多套免授权传输配置，以达到降低物理层信令开销的目的。具体的，基站可以通过高层信令配置一个包含至多 16 个"状态"的表格，其中，每个"状态"关联一套或多套免授权传输配置。此时，当基站下发释放 DCI 时，释放 DCI 中的 HPN 域用于指示其中一个"状态"，终端接收到释放 DCI 时，释放该"状态"所关联的全部免授权传输配置。该表格的一种示例如表 7-4 所示。当基站没有配置该表格时，表示与激活相同，仅支持单独释放，即一个释放 DCI 只能释放一套免授权传输配置，具体释放哪一套配置由激活 DCI 中的 HARQ 进程号（HPN）域来指示，即索引与 HPN 域取值相同的免授权传输配置即为释放 DCI 所要释放的配置。

表 7-4　高层配置用于"联合释放"的状态表格示例

状态	关联的第二类免授权传输配置的索引
0	0,1
1	2,3
2	4,5,6,7
3	0,1,2,3,4,5,6,7

当终端接收到的 DCI 被 CS-RNTI（ConfiguredScheduling RNTI）加扰，且其中的新数据指示（New Data Indicator）域被设置为 0 时，终端会触发对该 DCI 的有效性判断（Validation），以确定该 DCI 是否用于激活或释放免授权传输配置，具体的有效性判断规则可以参考 3GPP 协议 TS 38.213 的 10.2 节。

3. 跨载波释放

在 R15 版本中，DCI 格式 0_0 和 DCI 格式 0_1 都可以用来激活第二类免授权传输配置，但是只有 DCI 格式 0_0 可以用来释放第二类免授权传输配置。由于 DCI 格式 0_0 中不包含载波（Carrier）指示域，因此 R15 版本的免授权传输不支持跨载波释放，即当一个载波上的第二类免授权传输配置被另一个载波上的 DCI 格式 0_0 激活后，只能通过高层信令或 BWP 切换的方式进行释放。为了增强释放灵活性，R16 版本对第二类免授权传输配置的跨载波释放进行了增强。具体的，基站可以使用 DCI 格式 0_1 和 DCI 格式 0_2 释放第二类免授权传输配置。这两种 DCI 格式中，都包含载波指示域，当终端接收到 DCI，且判断该 DCI 用于释放第二类免授权传输配置时，根据其中的载波指示域确定所要释放的第二类免授权传输配置所在的载波。

4. 基于免授权的上行数据重传

R15 版本的免授权传输中，由于动态调度的 PUSCH 传输具有更高的优先级，当免授权传输资源与动态调度的 PUSCH 资源在时间上有重叠时，终端将取消免授权传输，而优先发送动态调度的 PUSCH。这种默认动态调度的 PUSCH 优先级高于免授权传输的机制可能会导致免授权传输数据包丢包的现象。如图 7-13 所示，当终端已经准备好一个数据包，在接下来的免授权传输资源上进行发送时，如果又收到基站下发的 DCI，调度了一个 PUSCH 传输，且该动态调度的 PUSCH 在时域上与免授权传输资源有重叠，那么按照 R15 版本关于优先级的定义，终端在重叠时刻，将取消免授权传输。此时，由于基站无法检测到任何免授权传输，也就无法进行重传调度，因此，这就导致数据包被丢掉，影响数据传输的可靠性。

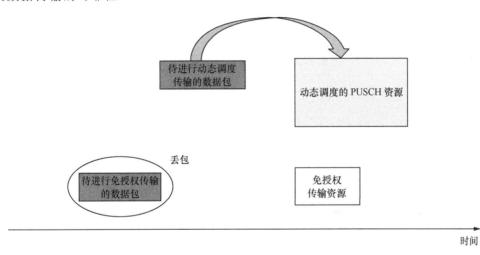

图 7-13　时域资源重叠导致丢包

为解决上述问题，R16 版本引入了物理层优先级的概念，并且支持基于免授权的上行数据重传。具体而言，基站在配置免授权传输参数时，可以为每一套免授权传输资源配置一个物理层优先级，该优先级有两个等级，高或者低。当某个待使用免授权的方式进行传输的数据包，因为免授权传输资源优先级不高于在时域上有重叠的、动态调度的 PUSCH 资源而导致未能传输时，终端可以将该数据包缓存在 HARQ 缓存中，等待在下一个对应相同 HARQ 进程的免授权资源上进行重传。如图 7-14 所示，终端在时刻 t 未能传输的数据包，可以缓存，在时刻 $t+n$ 的对应相同 HARQ 进程的免授权资源上进行重传，以避免丢包。

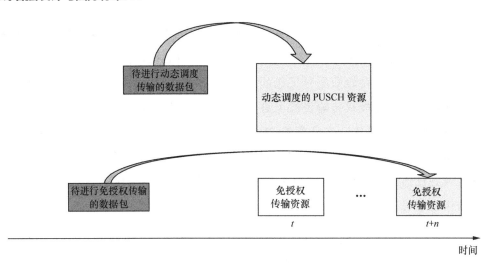

图 7-14 基于免授权的数据重传

5. 基于 Type B 的 PUSCH 重复

重复传输是保证传输可靠性的有效手段。R15 版本仅支持基于时隙的重复传输，即数据包的 K 次重复发生在连续的 K 个时隙中，其中，每个时隙最多只要一次重复。这种重复传输方式对于时延非常敏感的业务并不适用。为此，R16 版本引入了基于小时隙的重复传输，称为 PUSCH 重复 Type B。借助基于小时隙的重复传输技术，终端可以在一个时隙内发送同一个数据包的多次重复，以同时达到高可靠低时延传输的目的。对于第一类免授权传输配置，重复传输的方式由高层参数配置，当重复传输方式为 Type B 时，如果基站为 DCI 格式 0_1 也配置了 PUSCH 重复 Type B，则所使用的时域资源分配表格由 DCI 格式 0_1 决定，否则由 DCI 格式 0_2 决定。对于第二类免授权传输配置，重复传输的方式以及所使用的时域资源分配表格由激活 DCI 的 DCI 格式决定。具体的，如何确定小时隙的时域位置，可参考 7.2.3 节，在此不再赘述。

除以上增强之外，R16 版本还对上行免授权传输做了其他增强，例如，支持更多的周期配置、优化了对第二类免授权传输激活和释放的 MAC 确定机制、引入了 HARQ 进程号偏置使得多套免授权传输配置的 HARQ 进程不交叠、优化了第一类免授权传输配置的时域资源确定机制等。

7.2.5　下行半静态调度增强

1. 标准化动机

SPS 调度方式能够节省信令开销，适用于周期性小包的场景。时延敏感网络（TSN）业务的周期有如下几个特征：周期可能会较小，如一个时隙甚至更小；周期可能不是一个时隙的整数倍，这种周期可称为非整数倍周期。NR R15 SPS 的最小周期为 10ms，周期过大，远不能满足 TSN 业务的需求，因此在 SI 阶段给出结论，要对 SPS 进行增强，以满足 TSN 业务的周期小以及非整数倍周期的需求。

2. 标准化内容

（1）SPS 周期

对于 SPS 周期最小要多短，标准讨论过程中一致认为 SPS 支持 1 个时隙的周期是必要的。标准还讨论了是否支持 2 符号和 7 符号周期，但周期缩短后会带来一些其他问题，如：

● 增加上行反馈开销：周期越短，则反馈比特数越多，增加上行反馈开销；

● 增加额外标准化工作：NR R15 码本生成过程以时隙为粒度，在半静态码本生成过程中，以一个时隙中所有可能的时域资源位置来划分 PDSCH 候选时机。如果周期小于一个时隙，则会由于这些小周期，派生出一些新的时域资源位置，这些位置的反馈信息该如何反馈需要进一步标准化处理，即半静态码本是需要进一步增强的。

考虑到 TSN 业务的需求，以及额外所需标准化工作，最终 3GPP 达成结论，SPS 的周期最小为一个时隙，所有候选值可以为一个时隙的整数倍。

（2）如何实现非整数倍周期

为了实现非整数倍周期，以及为了满足低时延的需求，标准提出多套 SPS 配置的解决方案。该方案为用户配置多套 SPS，每套 SPS 都会配置对应的周期以及 PUCCH 资源等。由于配置了多套 SPS，可减少 URLLC 传输时延。例如，配置两套 SPS，第一套 SPS 的第一个 SPS PDSCH 在一个时隙内的符号为 0～3；第二套 SPS 的第一个 SPS PDSCH 在一个时隙内的符号为 7～10，两套 SPS 周期都是一个时隙，则这两套 SPS 确定出来的资源实现了半个时隙为周期，从而保证了低时延。如果 SPS PDSCH 激活位置合理，周期配置合适，能够实现非整数倍周期，例如，周期为 5 符号等。

标准引入最多可支持 8 套 SPS 配置，由于多套 SPS 配置的引入，则有以下问题需要解决：多套 SPS 是否允许联合激活/释放和多套 SPS 的反馈信息如何反馈等。

（3）多套 SPS 的激活和释放

为了保证灵活性，多套 SPS 配置允许单独激活和释放。同时为了降低 PDCCH 的开销引入了多套 SPS 配置联合释放，即一个 PDCCH 释放多个 SPS 配置。具体的，高层会为终端配置一个列表，其中，每个元素都包含多套 SPS 的 ID，则通过 DCI 指示列表中的一个元素，则指示出这个元素中的所有 SPS 都被释放；如果没配置这个列表，则就是单独释放。

① SPS 激活和释放信息域

SPS 技术须指示 HARQ 进程，因此 HARQ 进程数信息域用于指示 SPS 激活和释放。

● 如果高层配置了联合释放列表，则在该 PDCCH 使释放 PDCCH 时，该信息域指示列表中的一个元素，从而释放多套 SPS。

● 如果高层没有配置联合释放列表，则该信息域指示激活或者释放的 SPS ID。

② 激活/释放 PDCCH Validation。

终端接收到 PDCCH 后，需根据一定规则判断接收到的 PDCCH 是否为 SPS 激活 PDCCH 或 SPS 释放 PDCCH。

● 如果只配置了单套 SPS，当 DCI 的 CRC 用 CS-RNTI 加扰并且信息域 NDI 为 0，可进一步分别根据表 7-5 和表 7-6 的限制进行激活/释放 PDCCH Validation。

表 7-5　单套 SPS 配置下激活 PDCCH Validation

	DCI 格式 1_0/1_2	DCI 格式 1_1
HARQ 进程数	设置全部为 "0"	设置全部为 "0"
冗余版本	设置全部为 "0"	启用传输块：设置全部为 "0"

表 7-6　单套 SPS 配置下释放 PDCCH Validation

	DCI 格式 1_0/1_1/1_2
HARQ 进程数	设置全部为 "0"
冗余版本	设置全部为 "0"
调制与编码方案	设置全部为 "1"
频域资源分配	为 FDRA Type0 设置全部为 "0"；为 FDRA Type1 设置全部为 "1"

● 如果配置了多套 SPS，当 DCI 的 CRC 用 CS–RNTI 加扰并且信息域 NDI 为 0，可进一步分别根据表 7-7 和表 7-8 的限制进行激活/释放 PDCCH Validation。

表 7-7　多套 SPS 配置下激活 PDCCH Validation

	DCI 格式 1_0/1_2	DCI 格式 1_1
冗余版本	设置全部为 "0"	启用传输块：设置全部为 "0"

表 7-8　多套 SPS 配置下释放 PDCCH Validation

	DCI 格式 1_0/1_1/1_2
冗余版本	设置全部为 "0"
调制与编码方案	设置全部为 "0"
频域资源分配	为 FDRA Type0 设置全部为 "0"；为 FDRA Type1 设置全部为 "1"

（4）多套 SPS 的 HARQ-ACK 反馈

SPS PDSCH 的 HARQ-ACK 反馈支持以下 3 种情况：单独发送 SPS PDSCH 的 HARQ-ACK；以半静态 HARQ-ACK 码本发送 SPS PDSCH 和动态 PDSCH 的 HARQ-ACK；以动态 HARQ-ACK 码本发送 SPS PDSCH 和动态 PDSCH 的 HARQ-ACK。

① 单独发送 SPS PDSCH 的 HARQ-ACK

假设终端配置了多套 SPS，则多套 SPS PDSCH 的 HARQ-ACK 可能需要在一个时隙中反馈。多套 SPS 配置对应的 HARQ-ACK 联合在一个 HARQ-ACK 码本上反馈，具体实现方式如下。

● 生成 HARQ-ACK 反馈码本：多套 SPS 的 HARQ-ACK 先按照小区 ID 从小到大的顺序排列；再针对每个小区 ID，按照 SPS ID 从小到大的顺序排列；如果 SPS 的 ID 相同，则按照 SPS PDSCH 所在的时隙的顺序从前到后排列。多套 SPS 的 PDSCH 可能重叠，此时终端只需要接收 ID 最小的那个 SPS PDSCH，从而只须反馈该最小 ID 对应的 SPS PDSCH 的 HARQ–ACK。

● 确定 PUCCH 资源：高层配置 N（最多 4）个 PUCCH 资源，以及每个 PUCCH 资源对应的反馈比特的范围；终端设备根据多套 SPS PDSCH 的反馈比特的比特数，在 N 个 PUCCH 资源中选择出一个 PUCCH 资源，发送多套 SPS 的反馈信息。

② 以半静态 HARQ-ACK 码本发送 SPS PDSCH 和动态 PDSCH 的 HARQ-ACK

生成半静态码本的方式以及 PUCCH 资源的确定方式与 R15 一致。由于支持联合释放多套 SPS 配置，则该联合释放 PDCCH 的反馈比特（1bit）位于 ID 最小的那个 SPS PDSCH 的反馈位置。

③ 以动态 HARQ-ACK 码本发送 SPS PDSCH 和动态 PDSCH 的 HARQ-ACK

● 动态数据以及 SPS PDSCH 释放的 HARQ-ACK 反馈信息按照 R15 机制进行；按照"单独发送 SPS PDSCH 的 HARQ-ACK"生成反馈码本的方式生成 SPS PDSCH 的码本；将 SPS PDSCH 的生成的 HARQ-ACK 信息添加在动态数据的反馈信息比特之后，生成联合 HARQ-ACK 反馈码本。

● PUCCH 资源的确定方式和 R15 动态码本中 PUCCH 资源的确定方式相同。

7.2.6　上行终端间复用

NR R15 主要通过引入下行占用指示（PI，Preemption Indicator）解决下行 URLLC 抢占 eMBB 的机制，但对于上行终端间的 URLLC 和 eMBB 的复用未予以考虑。R16 主要关注的是用户间的上行多业务复用，具体通过引入上行取消指示（ULCI，Uplink Cancelation Indication）和增强上行功率控制两个标准化方案来予以解决。

1.　上行取消指示

下行的业务复用是从 eMBB 终端的角度标准化的，目的是一定程度地保证 eMBB 传输的性能。而上行业务复用虽然也是从 eMBB 终端收到信令及相关终端行为的角度标准化的，但最终达到的效果却保证了 URLLC 传输的性能。不同于下行用户间复用：至少部分 URLLC 业务与 eMBB 业务是在相同的时频资源上叠加传输的，上行取消机制能够确保在 URLLC 传输的时频资源上提前取消 eMBB 传输，从而使 URLLC 终端在干净的资源上单独传输，不受 eMBB 传输的干扰，提高复用场景下 URLLC 传输的可靠性。

由于 URLLC 业务对时延要求比较高，所以 URLLC 的业务数据通常采用较短的时域调度单元。而为了保证可靠性和传输功率，URLLC 在频域上可能占用较大的带宽。

所以一个 URLLC 终端的传输可能会占用多个 eMBB 终端的传输的时频资源。标准引入 DCI 格式 2_4 承载 UL CI，并采用 CI-RNTI 加扰。DCI 格式 2_4 是一种组公用 DCI，可以发送给多个小区内的终端，具体可以作用到哪些小区以及每个小区在 DCI 格式 2_4 中相应的比特域位置分别由高层参数 ci-ConfigurationPerServingCell 和 positionInDCI 配置。DCI 格式 2_4 的负载大小以及指示的时频资源区域分别由高层参数 dci-PayloadSize-forCI 和 timeFrequencyRegion 配置，其中，负载大小可取的值包括{1, 2, 4, 5, 7, 8, 10, 14, 16, 20, 28, 32, 35, 42, 56, 112}。每个小区与 DCI 格式 2_4 中的一个信息域相关联，一个小区内配置了高层参数 UplinkCancellation 和 ci-RNTI 的终端检测同一个 UL CI，需要读取 UL CI 中与这个小区对应的信息域。UL CI 与下行 PI 相似的是，本质上都是资源指示信息，区别在于 UL CI 用于指示 eMBB 终端在相应的时频资源上取消传输。一个 UL CI 信息域的负载大小为 N_{CI}，指示的频域 PRB 数量 B_{CI}、时域符号数 T_{CI} 以及时域粒度 G_{CI} 都是由高层参数配置的。这些参数将 UL CI 指示的时频资源细分成小时频资源块，每个小时频资源块与 UL CI 中的 1 比特对应。一种可能的 UL CI 指示时频资源的示例如图 7-15 所示。终端根据接收 DCI 格式 2_4 的下行 BWP 的子载波间隔确定一个符号的持续时间。UL CI 指示的符号不包括用于接收 SSB 的符号以及被高层参数 tdd-UL-DL-Configuration Common 配置的下行符号。不同于下行 PI 指示时频资源只有 14×1 和 7×2 两种指示粒度，UL CI 指示时频资源如此精细的原因是：下行 PI 指示的是 URLLC 传输的时频资源，URLLC 传输占用时频资源的特点是时域较短、频域很宽；而 UL CI 指示的是 eMBB 传输的资源，eMBB 传输对时延的要求不高，因此可以占用相对较长的时域资源，也不必占用很多的频域资源。为了让 UL CI 尽量不导致没有受到 URLLC 传输影响的 eMBB 传输的误取消，才设计了这种适应于 eMBB 传输特点的资源指示方式。

UL CI 可以应用于 PUSCH 和 SRS，但是 PUCCH 和 RACH 相关的上行传输不能被 UL CI 取消，RACH 相关上行传输包括 4 步 RACH 下的 Msg 1/3，以及 2 步 RACH 下的 Msg A（见第 2 章）。终端在完成接收 DCI 格式 2_4 到 UL CI 可指示的第一个符号之间的时间间隔为 $T_{proc,2}+d$，$T_{proc,2}$ 对应 PUSCH 处理能力 2，根据如下公式确定 $T_{proc,2}$ 的数值：$T_{proc,2} = \max\left((N_2 + d_{2,1})(2048 + 144) \cdot \kappa 2^{-\mu} \cdot T_c, d_{2,2}\right)$，其中 $d_{2,1}$=0，N_2 的取值如表 7-9 所示，d 的取值通过高层参数配置，候选值为 0、1 和 2。

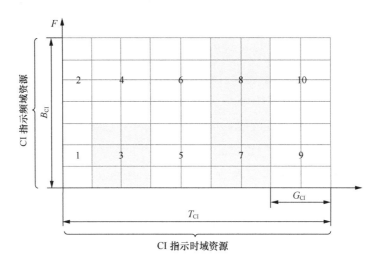

图 7-15　一种可能的 UL CI 指示时频资源的示例

表 7-9　PUSCH 定时能力 2 的 PUSCH 准备时长

μ	PUSCH 的准备时间 N_2[符号]
0	5
1	5.5
2	11（FR1）

　　终端接收到 UL CI 之后取消 PUSCH（实际副本）传输，或者 SRS 传输（见图 7-16）。终端从 UL CI 在 PUSCH 占用的资源上指示的第一个符号开始取消 PUSCH（实际副本）。如果 UL CI 在 PUSCH 资源内指示的最后一个符号晚于 PUSCH 的结束符号，PUSCH 也不会重新发送。这样做是考虑到 PUSCH 传输的相位不连续性。终端只取消被 UL CI 指示的时频资源上的 SRS 符号。UL CI 的检测周期可能小于其指示的时域资源范围，从而引起不同 UL CI 指示的时域资源范围重叠。终端基于检测到的 UL CI 取消传输，即只要某个时频资源被至少一个 UL CI 指示，则终端取消该时频资源上的 PUSCH/SRS 传输。

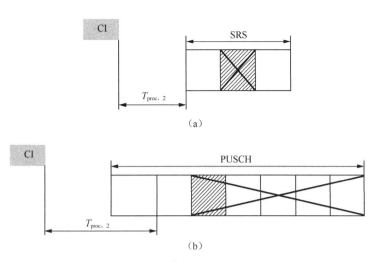

图 7-16　UL CI 应用于 PUSCH 和 SRS

上行取消机制也存在一些无法避免的问题，包括以下内容。

● 系统中原有 eMBB 终端能力可能无法支持 UL CI。UL CI 用于通知 eMBB 终端取消传输，将资源让给 URLLC 传输。因此 eMBB 终端需要支持更加复杂的能力，如更频繁地检测承载 UL CI 的 PDCCH、更激进的处理能力。如果系统中存在不能支持 UL CI 的旧终端，旧终端由于 PDCCH 检测能力不够而收不到 UL CI，或者检测到了 UL CI 但是由于处理能力不够而无法及时地暂停正在发送的 eMBB 传输，不能将 eMBB 传输占用的资源重分配给 URLLC 终端，那么 URLLC 传输的可靠性依然会受影响。

● 在 TDD 场景受限的情况下。在 TDD 模式下，上行资源和下行资源不是成对存在的，eMBB 终端无法在同一时间既发送上行数据，又接收承载 UL CI 的下行控制信息。如果有紧急的 URLLC 传输需要通过 UL CI 抢占正在发送的 eMBB 传输的资源，但当前的传输时机中只有上行符号，那么 UL CI 只能推迟到下一个可用的传输时机中发送，eMBB 终端收到 UL CI 也相应地被延后。此时，eMBB 终端可能无法在 URLLC 传输开始前及时地根据 UL CI 取消当前的 eMBB 传输，URLLC 传输还是会受到干扰。

● UL CI 不能应用于第一类免授权上行传输。第一类免授权上行传输的资源是基站提前配置好的，如果有业务到达，终端不必根据上行调度信令而是可以直接发送上行数据，大大减小了 URLLC 的传输时延。恰恰因为省去了上行调度信令，终端也不会在上行传输之前向基站上报调度请求，基站无法得知终端什么时候会发送第一类免授权上行传输，因此也无法确定发送 UL CI 的时机。

2. 增强上行功率控制

当支持 URLLC 业务的终端有紧急的上行业务需要传输，而当前可用的上行资源都已分配给了 eMBB 终端，基站可以直接将 URLLC 传输调度在已经分配给 eMBB 终端的资源上，此时，eMBB 业务和 URLLC 业务在相同的时频资源上叠加传输。为了保证 URLLC 业务的可靠性，基站指示 URLLC 终端提高传输功率。图 7-17 所示为功率提升资源复用机制下的传输性能，可以看出，功率提升机制结合先进的连续干扰消除（SIC）接收机，能够提高资源共享时 URLLC 传输的可靠性，同时保证 eMBB 的传输性能。

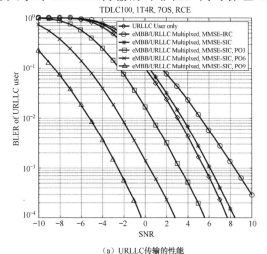

（a）URLLC传输的性能

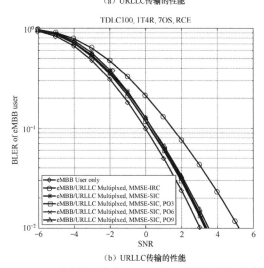

（b）URLLC传输的性能

图 7-17　功率提升资源复用机制下的传输性能仿真

上行功率提升复用机制只适用于动态调度的 PUSCH 传输。在上行调度信令 DCI 格式 0_1 或者 0_2 中增加一个信息域：开环参数集指示信息（OLPS，Open-Loop Parameter Set Indication）。OLPS 域的大小可以是 1 或 2bit。PUSCH 的功率根据如下公式计算：

$$P_{\text{PUSCH},b,f,c}\left(i,j,q_{\text{d}},l\right) = \min \begin{cases} P_{\text{CMAX},f,c}\left(i\right) \\ P_{\text{O\_PUSCH},b,f,c}\left(j\right) + 10\lg\left(2^{\mu}\cdot M_{\text{RB},b,f,c}^{\text{PUSCH}}\left(i\right)\right) + \alpha_{b,f,c}\left(j\right)\cdot PL_{b,f,c}\left(q_{\text{d}}\right) + \Delta_{\text{TF},b,f,c}\left(i\right) + f_{b,f,c}\left(i,j\right) \end{cases} (\text{dBm})$$

开环功率控制参数可以对传输功率进行较大范围的调整，包括 $P_{\text{O\_PUSCH},b,f,c}\left(j\right)$ 和路径损耗补偿因子 $\alpha_{b,f,c}\left(j\right)$。开环参数集指示与上述公式中的 $P_{\text{O\_PUSCH},b,f,c}\left(j\right)$ 有关。对于动态调度的 PUSCH 传输，有两种通知开环参数的方式。

● 上行调度信令中包含探测参考信号资源指示（SRI）信息域，而且终端通过高层参数 SRI-PUSCH-PowerControl 获取多个（P0，α）参数组 ID：P0-PUSCH-AlphaSetId。那么不同 P0-PUSCH-AlphaSetId 映射在不同的 SRI 域值上。（P0，α）参数组 ID 对应高层参数集合 P0-PUSCH-AlphaSet 中参数的取值，P0-PUSCH-AlphaSet 中的参数可以认为是默认的开环功率控制参数。基站将映射在 SRI 域上默认的开环功率控制参数组（P0，α）动态地指示给终端。当基站将紧急的 URLLC 业务调度在与 eMBB 叠加传输的资源上时，上行调度信令中包含开环参数集指示域 OLPS，且 OLPS 的域值为 1。终端将高层参数 P0-PUSCH-Set 中的 P0-PUSCH-SetId 对应的 P0 映射在 SRI 域上，取代 P0-PUSCH-AlphaSet 中的 P0。一般来说，P0-PUSCH-Set 中的 P0 值大于 P0-PUSCH-AlphaSet 中的 P0 值，从而提高 URLLC 的传输功率，保证 URLLC 传输的可靠性。

● 上行调度 DCI 中不包含 SRI 信息域，或者终端没有配置高层参数 SRI-PUSCH-PowerControl。基站将 URLLC 业务调度在与 eMBB 业务叠加传输的资源上，上行调度信令中的 OLPS 域值为'1'或'01'时，基站将 P0-PUSCH-Set 中的第一个 P0 值指示给终端；或者 OLPS 域值为'10'，基站将 P0-PUSCH-Set 中的第二个 P0 值指示给终端。否则，URLLC 业务默认的 P0 值根据 P0-AlphaSets 中的第一个 P0-PUSCH-AlphaSet 确定。该默认的功率控制参数值小于 P0-PUSCH-Set 中的参数值。

R16 就上行业务复用标准化了两个方案：上行取消机制和上行功率提升机制，这两种方案很好地解决了动态调度的 URLLC 传输和 eMBB 传输在终端间的复用问题。但是，URLLC 终端还可以支持免授权传输。第一类免授权的资源上可以传输突发的非周期的 URLLC 业务数据，这意味着可能有一部分配置授权资源在没有 URLLC 传输时是空置的。为了提高整个系统的资源利用率，应允许基站将 eMBB 终端的传输调度到配置授权资源上。于是，突发的配置授权 URLLC 传输和动态调度的 eMBB 传输有可能以这种新的方式复用。这个问题是 R16 标准不能解决的，所以，标准仍存在有待完善的空间。

7.2.7　上行终端内不同业务复用

NR R15 中，上行终端内复用主要指上行控制信息（UCI，UL Control Information）复用，包括：① 不同类型的 UCI 在一个 PUCCH 上复用传输，如 HARQ-ACK 与 SR 复用、HARQ-ACK/SR 与 CSI 复用；② UCI 和数据在一个 PUSCH 上复用。NR R16 针对混合业务传输，在物理层定义了业务优先级识别方法以及不同优先级间的上行信道复用和抢占机制。

1. 业务优先级识别

UCI 复用涉及 HARQ-ACK、调度请求（SR，Scheduling Request）、CSI 几类信息。HARQ-ACK、优先级识别方法在 7.2.2 节中已经介绍了。

对于 SR，标准讨论过程中一种候选方法是根据 SR 的周期将 SR 分为两个优先级，例如，周期小于等于 7 符号的 SR 是高优先级的，否则为低优先级的。另一个主流候选方案是根据触发 SR 的逻辑信道优先级来识别 SR 在物理层的优先级，例如，逻辑信道优先级是 0～7 的对应的 SR 是高优先级的；逻辑信道优先级是 8～15 的对应的 SR 是低优先级。但是最后从简单和灵活性角度出发，标准选择直接在高层配置 SR 的优先级。由于 PUCCH 配置中会配置 SR 的 PUCCH 资源，具体做法是在 SR 的 PUCCH 资源配置中单独增加一个参数指示该 PUCCH 资源承载的 SR 的优先级。此外，对于 PUCCH-BFR（Beam Failure Recovery）信号，其优先级识别方法与 SR 相同，也是在 PUCCH 资源配置中增加参数单独指示的。

对于 CSI，一种观点是，CSI 只是辅助下行数据调度，重要性不高，所以没有必要区分优先级；另一种观点是，R15 已经引入了 1×10^{-5} Target BLER 的 CSI 反馈，可以基于 CSI 关联的 Target BLER 来区分优先级。另外，与 SR 相同，也有观点认为可以基于 CSI 的周期识别优先级，或者直接在高层参数中指示优先级。最后，标准统一规定周期性 CSI 或者半持续性 CSI 默认是低优先级，DCI 触发的非周期 CSI 则根据触发 DCI 中的优先级指示字段识别优先级。

对于 PUSCH，标准同意采用与 HARQ-ACK 相同的优先级识别方法，即对于 DCI 动态调度的 PUSCH，可在 DCI 中增加 1bit 的优先级指示字段来识别优先级。对于配置授权（CG，Configured Grant）的 PUSCH，包括类型 1 CG 和类型 2 CG，在 CG 配置中增加一个参数单独指示 CG PUSCH 的优先级。同时，类型 2 CG 的激活 DCI 中如果有优先级指示字段，该字段失效。

对于其他上行信道，如随机接入信道（PRACH）和探测参考信号（SRS），默认都是低优先级。唯一的例外是对于调度数据的 DCI 格式（包括 DCI 格式 0_0/0_1/0_2/1_0/1_1/1_2）触发的非周期 SRS 发送，需要根据 DCI 中优先级指示字段确定触发的非周期 SRS 的优先级。

最后，如果上述优先级指示参数，如 DCI 中优先级指示字段或者 SPS/CG 配置、PUCCH 资源配置中优先级指示参数没有被配置，则默认为低优先级。

2. 不同业务优先级间上行信道复用和抢占

对于不同优先级的上行信道复用/抢占，可以针对不同复用场景分别讨论，例如，分为 UCI 和 UCI 在 PUCCH 上复用、UCI 和数据在 PUSCH 上复用，不同复用场景下标准讨论过程中提出了不同的复用/抢占准则，这些讨论主要集中在如下几个方面。

（1）不同优先级间上行信道重叠是否可以通过基站实现规避

基站进行混合业务传输主要有两种方案，第一种是基于预留资源的半静态资源共享，第二种是基于调度的动态资源共享。对于第一种，由于 URLLC 业务可能是突发的、无法预测的，基站不可能为潜在的 URLLC 业务预留太多的、频繁的专用资源，否则会造成太多的、不必要的资源开销，但是预留资源太少也无法保证 URLLC 业务到达后就可以快速、可靠地传输，因此半静态预留方案可行性并不高。

对于第二种，基站可以选择基于相同的调度粒度进行动态频谱共享，从而规避不同业务的上行信道碰撞。但是 URLLC 业务由于低时延需求往往是符号级粒度进行调度，而强制 eMBB 业务也是符号级进行调度会造成不必要的 DMRS 开销和 DCI 开销。因此，更常规的调度策略是对 eMBB 业务进行基于时隙的调度而对 URLLC 业务进行基于符号级的调度。同时，由于 URLLC 业务的调度时延很小，因此不可避免地会出现与之前调度的时隙级 eMBB 上行传输相互重叠的情况。

以 eMBB HARQ-ACK 与 URLLC PUSCH 为例，如图 7-18 所示，为了支持更多的 HARQ-ACK 复用，eMBB HARQ-ACK 的调度时延可能很大，方便与后续的 eMBB HARQ-ACK 复用传输。这样，一旦 eMBB HARQ-ACK 调度后来了 URLLC 业务，URLLC PUSCH 由于时延需求必须尽快调度，则不可避免地出现与 eMBB HARQ-ACK 重叠。

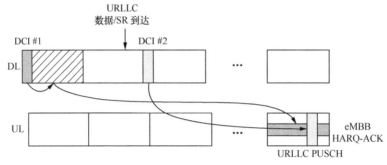

图 7-18 混合业务调度示意图

（2）不同优先级间上行信道重叠下选择复用还是抢占以及如果选择复用，现有复用规则是否需要增强

一种观点是不同优先级的上行信道之间不允许复用传输，只允许高优先级的信道抢占（或者称打掉）低优先级的信道，从而保证高优先级的上行信道的可靠传输。但是另一种更主流的观点认为允许复用是有必要的：一方面，一些低优先级的 UCI 对于系统效率提升比较重要，例如，总是停掉 eMBB HARQ-ACK 反馈会带来大量的下行数据重传，严重降低下行传输效率；另一方面，对于一些重叠场景，复用传输不会对高优先级的 UCI/数据传输造成影响，例如，如果 URLLC HARQ-ACK 和 eMBB SR 都是在 PUCCH 格式 0 上承载的，则重叠时进行复用传输基本不会造成额外的传输时延和可靠性降低，再例如，当 eMBB HARQ-ACK 码本较小时，在 URLLC PUSCH 上承载 eMBB HARQ-ACK 也基本不会造成额外的时延和可靠性降低。

总体来看，标准化中较主流的观点是允许跨优先级复用但是必须保证不影响高优先级的 UCI/数据的传输时延和可靠性。针对时延保证，标准讨论过程中提出了一种增强的复用条件，如图 7-19 所示，只有当复用后 PUCCH/PUSCH 的结束符号不晚于复用前高优先级 UCI/数据所在 PUCCH/PUSCH 的结束符号时，跨优先级的 UCI/数据复用才是被允许的。此外，标准讨论过程中提出通过单独编码和码率配置保证差异性、可靠性，例如，对于 UCI 与 UCI 在 PUCCH 上复用，可以配置两个编码码率；对于 UCI 和数据在 PUSCH 上复用，可以灵活指示 MCS 偏移值 δ_{offset}，调整 UCI 和数据的最终传输码率。

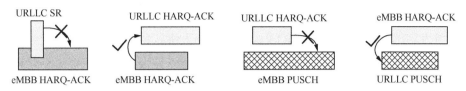

图 7-19　增强的 UCI 和数据复用传输示意图

由于跨优先级的上行信道复用涉及的场景太多，以及最后增强的复用方案短时间内难以收敛，标准最终只同意在 R16 支持跨优先级的上行抢占。当高优先级的上行信道与低优先级的上行信道重叠后，终端在重叠的符号上只发送高优先级的上行信道，从第一个重叠符号开始，停止发送低优先级的上行信道。

（3）支持跨优先级间上行抢占是否要对现有的处理时序增强

高优先级的上行信道抢占低优先级的上行信道需要考虑两者是否需要满足 R15 的处理时序。由于 URLLC 上行传输往往是紧急调度的，无法保证低优先级的上行信道距离该调度 DCI 足够远，因此不满足 R15 处理时序的情形不可避免。那么，上行抢占行为不需要高优先级的上行信道和低优先级的上行信道满足 R15 的处理时序。

R16 中对处理时序增强方式如图 7-20 所示。对于低优先级的上行信道，终端期望在调度高优先级的上行信道的 DCI 的结束符号后 $T_{\text{proc},2}+d_1$ 个符号开始停止传输，即低优先级的上行信道与高优先级的上行信道的第一个重叠符号距离调度高优先级的上行信道的 DCI 的结束符号需要在 R15 最低处理时间 $T_{\text{proc},2}$ 的基础上增加 d_1 个符号；对于高优先级的上行信道，终端的处理时延在 R15 最低传输时间 $T_{\text{proc},1}/T_{\text{proc},2}$ 的基础上需要增加 d_2 个符号。这里 R15 最低处理时间是基于终端处理能力#2 定义的，d_1 的取值可以是 0、1、2，d_1 和 d_2 的取值是终端作为终端能力上报给基站的。

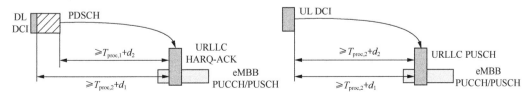

图 7-20　跨优先级抢占下行处理时序增强传输示意图

7.3 小结

　　R16 版本的 URLLC 增强是在 R15 版本的基础上进行持续性增强以及能力补齐的，具体包括控制信道和反馈增强、数据信道的时延和可靠性增强、上行多用户复用以及终端内多业务复用等，使能较为完备的 URLLC 基础能力，对有 URLLC 需求的远程控制、智能电网等垂直行业的成功商用奠定了基础。由于标准化方案众多，且标准化时间有限，并不是把所有涉及的问题都进行了标准化处理，后续 R17 版本还有进一步优化的空间。

第8章
Chapter 8
接入回传一体化（IAB）

超密集网络是 5G 非常重要的技术。超密集网络也被称为异构网，它包含了宏小区以及广泛部署的微小区。超密集网络可以极大地扩展网络容量，提高网络覆盖范围，为用户提供更好的使用体验。无论是超密集网络的接入链路还是回传链路，5G 网络对传输速率及时延都提出了更高的要求。

传统无线网络的回传链路大多采用有线电缆或光纤。在小基站密集部署场景下，考虑到电缆和光纤的部署或租赁成本，站址选择及维护成本，有线回传链路成本高。此外，在密集部署场景下，每个小基站的负载波动大，导致很多回传链路处于空闲状态，有线回传使用效率低，容易造成投资成本浪费。为了避免上述问题，5G NR R16 版本中引入了无线回传的概念，即回传链路和接入链路使用相同的无线传输技术，共用同一频点，通过时分/频分/空分（TDM/FDM/SDM）的方式复用资源。无论是从无线环境还是频率资源来看，回传链路和接入链路越来越相似，又称之为接入回传一体化（IAB Integrated Access and Backhaul）。

在 5G 网络中使用接入回传一体化具有如下优势：① 不需要有线连接，支持灵活的自组织传输节点部署，有效降低部署成本；② 与接入链路共享频谱和无线传输技术，减少频谱及硬件成本；③ 可以根据网络负载情况自适应调整接入和回传链路的资源分配比例，提高资源利用效率。

本章介绍了 5G 网络的接入回传一体化标准设计，主要包括接入回传一体化网络架构、资源复用、同步设计、承载映射、多跳路由、拓扑发现及迁移等关键技术。

8.1 概述

5G 网络接入回传一体化的主要特征是通过无线回传以及多跳中继，实现灵活密集的小区部署，提供灵活的覆盖扩展，减少对有线传输网络的依赖。IAB 的接入和回传链路既可以在 6GHz 之上的频谱工作，也可以工作在小于 6GHz 的频谱。接入链路和回传链路可以位于相同的频带（In-Band），也可以位于不同的频带（Out-Band）。由于 In-Band 场景存在回传链路和接入链路之间的半双工限制，所以 R16 IAB 的技术讨论大都围绕着 In-Band 场景。在半双工限制下，资源可通过 TDM/FDM/SDM 方式复用。需要注意的是，在 R16 IAB 仅支持固定 IAB 节点部署，不考虑 IAB 节点移动的场景。但是考虑到无线回传链路可能受到链路阻塞或是本地拥塞的影响，固定的 IAB 节点可以选择更合适的节点接入或切换，实现网络拓扑的自适应调整。IAB 节点不仅可以支持独立组网接入（SA，Standalone），还可以支持非独立组网接入（NSA，Non Standalone）。另外，IAB 可复用 NR-DC（双连接）以支持独立部署方式下同一个 IAB-donor-CU 内的冗余路径，这为实现负载均衡以及回传链路失败时的快速恢复提供可能。

IAB SI（Study Item）于 2017 年 3 月 RAN#75 次会议通过立项，到 2018 年 1 月才进行第一次标准会议讨论。相应的，IAB SI 完成时间顺延为 2018 年 12 月，输出的技术报告为 TR 38.874。2018 年 12 月，R16 IAB WI（Work Item）立项成功，相关标准于 2020 年 6 月完成冻结并发布。

8.2 IAB 网络架构及协议栈

8.2.1 网络架构

在 IAB SI 阶段，讨论过各种可能的 IAB 中继网络架构，例如，基于 IP 层中继（L3 Relay）或接入层中继（L2 Relay），基于 CU/DU 分离及非 CU/DU 分离的中继网络架构等。考虑到 CU/DU 分离是 5G 网络的典型工作场景，最终 3GPP 标准采纳了基于 CU/DU 分离的接入层中继（L2 Relay）网络架构。

如图 8-1 所示，每一个支持无线回传的节点称为 IAB 节点，IAB 节点支持 gNB-DU 的功能，称之为 IAB-DU，可以服务普通 UE 及 IAB 子节点。IAB 节点同时支持 UE 的部分功能，可称之为 IAB-MT。IAB-MT 可支持如 UE 物理层、AS 层、RRC 和 NAS 层功能，可以连接到 IAB 父节点。在网络侧的终结节点称之为 IAB-donor，其通过回传或接入链路为 IAB-MT 或 UE 提供网络接入。IAB-donor 又进一步分为 IAB-donor-CU 和 IAB-donor-DU。IAB-donor-CU 和 IAB-donor-DU 之间通过有线网络连接。需要注意的是，IAB-donor-CU 可以通过有线方式连接多个 IAB-donor-DU，但是无论是 IAB-donor-DU，还是 IAB-DU，只能通过有线或无线中继方式连接到一个 IAB-donor-CU。这与 CU/DU 分离场景下，DU 只能接入到一个 CU，且只能属于一个 gNB 的需求保持一致。

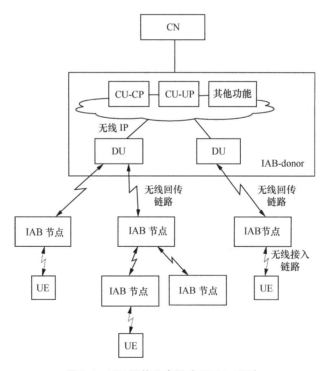

图 8-1 IAB 网络示意图（TR 38.874）

IAB SI 阶段讨论了如下 3 种 IAB 网络连接拓扑。

（1）扩展树

扩展树（Spanning Tree）的网络拓扑最为简单，但是从任一 IAB 节点到 IAB-donor 之间只会有一条无线中继回传路径。当该回传路径某一跳节点检测到链路失败时，就会导致数据包传输中断。

（2）有向非循环图

有向非循环图（Directed Acyclic Graph）在扩展树的基础上增加了节点之间有限的冗余连接，这种拓扑连接方式可以避免单点链路失败导致的整条数据传输时延，此外有助于实现数据在多条可用传输路径上的负载均衡。

（3）网状网

对于网状网（Mesh）拓扑结构，任意的两个相邻节点之间都可以建立网络连接，这种方式最为灵活，但同时带来了网络拓扑管理的复杂性。

最终标准采纳了有向非循环图以及扩展树的网络拓扑，如图 8-2 所示，其中，扩展树可以看作是有向非循环图的一种简化形式。具体的，在 IAB 网络中，IAB-donor 可以看作是根节点，IAB 节点可以通过一跳或多跳无线中继连接到 IAB-donor，构成扩展树或有向非循环图的网络拓扑。

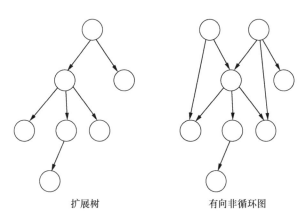

扩展树　　　　　　　　有向非循环图

图 8-2　IAB 支持的网络拓扑（TR 38.874）

在扩展树或有向非循环图的拓扑结构下，IAB-MT 的上一跳邻居节点被称为 IAB 父节点。IAB 父节点可以是 IAB 节点或 IAB-donor，如图 8-3 所示。IAB-DU 的下一跳邻居节点称之为 IAB 子节点，IAB 子节点只能是另一个 IAB 节点。从 IAB 节点角度来看，到 IAB 子节点的方向称为下游方向，而到父节点的方向称为上游方向。在 IAB 节点和 IAB-donor 之间，以及 IAB 节点之间的链路称为回传链路。在 IAB 节点与 UE 之间的链路称为接入链路。IAB-donor-CU 作为子节点可以进行集中式的资源管理、拓扑管理以及路由管理。

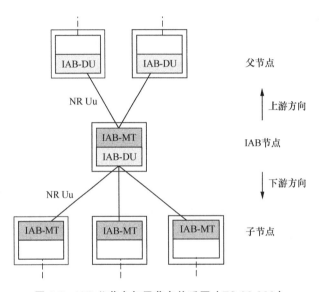

图 8-3　IAB 父节点与子节点关系图（TS 38.300）

从网络架构来看，IAB 节点可以通过独立组网（SA）的方式接入网络（如图 8-4（a）所示），还可以支持通过非独立组网（EN-DC）方式接入网络（如图 8-4（b）所示）。IAB-MT 与 IAB 父节点之间通过 NR Uu 接口连接。在 IAB-DU 与 IAB-donor 的 gNB-CU 之间，通过 F1-C 接口连接。在独立组网场景下，gNB 与 IAB-donor 的 gNB-CU 之间通过 Xn 接口连接。在 EN-DC 场景下，IAB 节点通过 E-UTRA 连接到 MeNB。IAB-donor 作为 SgNB 与 MeNB 之间通过 X2-C 接口连接。考虑到 LTE 基站的链路速率通常不如 NR 空口，IAB 网络不支持通过 LTE 空口回传 NR 用户面数据。对于普通 UE，既可以通过 SA 方式接入，也可以通过 NSA 方式接入 IAB 网络。

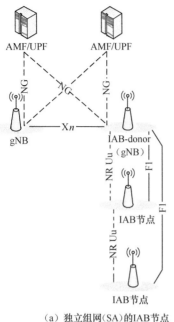

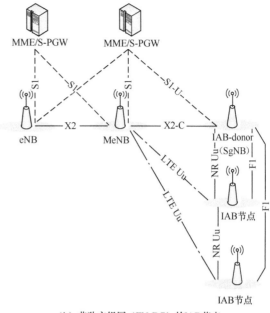

（a）独立组网（SA）的IAB节点　　　　　　（b）非独立组网（EN-DC）的IAB节点

图 8-4　IAB 网络架构（TS 38.300）

8.2.2　协议栈

IAB SI 阶段对协议栈进行了大量的讨论，最终采纳的回传数据的用户面和控制面协议栈如图 8-5 和图 8-6 所示。下面对这两种协议栈分别进行介绍。

1. F1-U 用户面数据

以用户面上行数据传输为例，对于 IAB 节点 2 的 IAB-DU 接收到来自 UE 的上行用户面数据包，IAB 节点 2 对 PDCP PDU 进行 F1-U 接口的 GTP-U/UPD/IP 封装，然后投递给 IAB 节点 2 的 IAB-MT 进行回传传输，如图 8-5 所示。

IAB-DU 与 IAB-donor-CU 之间保持了完整的 F1-U 协议栈，这种方式可以简化为 IAB-donor-DU 的转发处理，IAB-donor-DU 收到上行数据包后只需要将数据包 IP 路由到 IAB-donor-CU 即可。但是这种方式在原本数据包的基础上，增加了 GTP/UDP/IP 协议层子头和无线空口开销。为了保证 F1 接口的安全，F1-U 可以通过 IPSec 机制对 F1-U 进行安全保护。在这种情况下，F1-U 协议栈的 IP 层需要进一步进行 IPSec 加解密操作。

为了支持数据包的多跳路由转发，IAB 引入了 BAP（Backhaul Adaptation Protocol）子层。BAP 子层位于 RLC 子层之上 IP 层之下，支持数据包目的节点及路径选择、数据包路由转发、承载映射、流控反馈、回传链路失败通知等功能。BAP 子层位于 RLC 层之上可以支持一跳接一跳的 ARQ 机制，即数据包在无线多跳回传时每一跳独立的维护 ARQ 重传。这种设计的优点是，如果数据包在第 n 跳回传链路丢失，只需要在第 n 跳进行重传，无须从封装该数据包的第一跳回传链路开始重传。

对于需要通过回传链路转发的上行 F1-U 数据包，IAB 节点 2 的 BAP 实体需要为其封装 BAP 子头，BAP 子头中携带用于数据转发的路由标识，然后将回传数据包投递给 RLC 实体进行上行发送。当回传数据包到达中间节点 IAB 节点 1 时，IAB 节点 1 检测回传数据包的 BAP 子头，确定下一跳节点并发送给下一跳节点以继续进行上行发送。当上行回传数据包到达 IAB-donor-DU 时，IAB-donor-DU 去除 BAP 子头，然后将 F1-U 数据包通过 IP 路由到 IAB-donor-CU。

类似的，对于 IAB-donor-DU 从 IAB-donor-CU 接收到的下行 F1-U 数据包，IAB-donor-DU 的 BAP 实体需确定该数据包用于转发的路由标识，并将该路由标识封装在 BAP 子头中，然后发送给下一跳节点进行下行转发直到到达 IAB 节点 2，IAB 节点 2 的 MT 侧的 BAP 实体去除 BAP 子头，然后将 F1-U 数据包递交给 IAB 节点 2 的 DU 侧。IAB 节点 2 DU 负责解析出其中包含的 PDCP PDU，然后下行发送给对应的 UE。

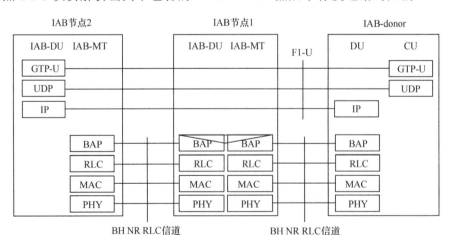

图 8-5　回传 F1-U 数据的协议栈（TS 38.300）

2. F1-C 控制面数据

F1-C 的控制面信令可以包括以下 3 类。

（1）UE-associated F1AP 信令：UE 或 IAB 子节点的 MT 在接入链路传输的 RRC 信令，IAB 节点 DU 从接入链路接收后，封装到 F1AP 信令。此外，还包括 IAB 节点 DU 产生的用于 UE 上下文管理的 F1AP 信令。

（2）非 UE-associated F1AP 信令：IAB-DU 与 IAB-donor-CU 之间交互的 F1-C 接口管理，系统信息传输等与具体 UE 无关的 F1AP 信令。

（3）SCTP 相关信令：IAB-DU 与 IAB-donor-CU 之间建立 F1-C 接口时交互的 SCTP 连接管理消息以及支持 F1 加密的安全子层交互的相关信息。

与 F1-U 用户面协议栈类似，IAB-DU 与 IAB-donor-CU 之间的控制面协议栈保持了完整的 F1-C 协议栈，包含 SCTP 及 IP 子层。为了保证 F1 接口的安全，F1-C 也可以通过 IPSec 机制对 F1-C 进行安全保护。在这种情况下，F1-C 协议栈的 IP 层需要进一步进行 IPSec 加解密操作。

以上行 UE-associated F1AP 信令回传为例（见图 8-6），IAB 节点 2 将从 UE 或 IAB 子节点 MT 收到的 RRC 信令封装到 F1AP 消息中并添加 SCTP/IP 子头。之后 IAB 节点 2 将 F1-C 信令投递给 IAB 节点 2 的 BAP 实体进行 BAP 子头封装，BAP 子头中携带用于数据转发的路由标识。后续 IAB 节点 2 的 BAP 实体将回传信令投递给 RLC 实体进行上行发送。当回传信令到达中间节点 IAB 节点 1 时，IAB 节点 1 检测回传信令的 BAP 子头，确定下一跳节点继续进行上行转发。当上行回传信令到达 IAB-donor-DU 时，IAB-donor-DU 去除 BAP 子头，然后将 F1-C 信令通过 IP 路由到 IAB-donor-CU。

类似的，对于 IAB-donor-DU 从 IAB-donor-CU 接收到的下行 UE-associated F1-C 信令，IAB-donor-DU 的 BAP 实体负责确定数据转发的路由标识，封装 BAP 子头，然后投递给下一跳节点进行下行转发直到到达 IAB 节点 2，IAB 节点 2 的 BAP 实体去除 BAP 子头，然后将 F1-C 信令递交给 IAB 节点 2 DU。IAB 节点 2 DU 负责解析出其中包含的 F1AP 消息进行处理。如果 F1AP 消息中包含 IAB-donor-CU 发送给 UE 的 RRC 信令，则 IAB 节点 2 DU 进一步将 RRC 信令发送给对应的 UE。

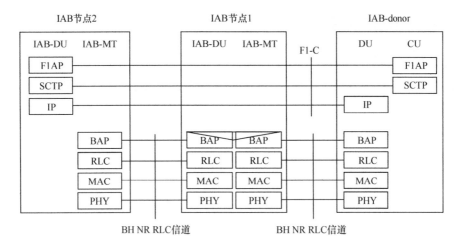

图 8-6　回传 F1-C 信令的协议栈（TS 38.300）

3. Non-F1 数据

Non-F1 数据主要指 IAB 节点的 DU 与网管系统之间交互的 OAM 数据。IAB 节点可以从网管系统接收命令、配置消息以及软件升级下载。IAB 节点还可以向网管系统发送告警以及数据统计信息，其中，告警信息的优先级较高，需要实时传输，而数据统计信息数据量大但无须实时传输。IAB 节点接收的配置消息对时延敏感，但是优先级低于告警信息。OAM 软件下载会产生大量的数据，但是优先级及数据率要求均低于其他几种类型的 OAM 数据。目前标准支持以下两种 OAM 数据包的回传方式。

（1）作为 IAB-MT 的用户面数据传输

这种方式需要为 IAB-MT 建立 PDU 会话以及 Uu 口数据承载，用于传输 OAM 数据。在 IAB-MT 与 IAB 父节点之间，可建立多个 DRB 传输不同类型的 OAM 数据。例如，上行 OAM 数据包会被 IAB 父节点封装成 F1-U 数据包，在 IAB 父节点和 IAB-donor-CU 之间进行多跳回传，采用前面介绍的 F1-U 数据用户面传输方式。

（2）通过 IP 层直接传输

这种方式下，IAB 节点产生的基于 IP 的 OAM 数据包无须进行 F1 封装，而是直接封装 BAP 子头后通过 IAB 节点的回传链路经过多跳中继传输到 IAB-donor-DU。IAB-donor-DU 收到该数据包后去除 BAP 子头，然后通过 IP 路由到网管服务器，如图 8-7 所示。对于网管服务器发送给 IAB 节点的下行 OAM 数据，可通过 IP 路由直接发送到

IAB-donor-DU。IAB-donor-DU 接收后为该数据包封装 BAP 子头然后通过多跳回传链路发送到 IAB 节点。IAB 节点接收到下行 OAM 数据后，去除 BAP 子头，递交给高层处理。

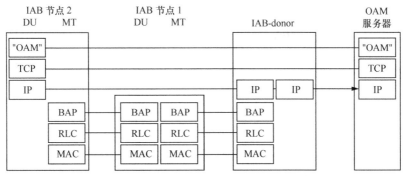

图 8-7　通过 IP 层回传的 OAM 数据协议栈

 8.3　物理层设计

物理层涉及的标准化包括 IAB 节点发现和测量、IAB 节点随机接入、IAB 节点定时、回传及接入链路资源复用。R16 版本在回传及接入链路资源复用方面的设计主要是基于 TDM 复用方式，适当考虑了对 FDM/SDM 的前向兼容。

8.3.1　IAB 节点发现和测量

IAB 节点部署上电后，需要首先发现能支持 IAB 节点接入的 IAB 父节点并接入网络。一般来说，IAB 节点执行发现可以分两个阶段：初始 IAB 节点发现（第一阶段）和 IAB-DU 激活后的 IAB 节点发现（第二阶段）。

1. 第一阶段：初始 IAB 节点发现

在独立组网（SA）场景中，初始 IAB 节点的发现遵循 R15 UE 的小区搜索和初始接入过程。在非独立组网（NSA）场景中，当 IAB-MT 在 NR 载波上执行初始接入时，与

SA 场景相同，初始 IAB 节点发现遵循 R15 UE 小区搜索和初始接入的过程；当 IAB-MT 在 LTE 载波上完成初始接入，则在 NR 载波上 IAB 节点采用第二阶段发现方案。

2. 第二阶段：IAB-DU 激活后的 IAB 节点发现

IAB 网络支持 SSB-based 和 CSI-RS based 的 IAB 节点间发现方案。其中，CSI-RS based 方案仅用于已同步的网络，所以并没有实际展开更多的讨论，标准主要讨论内容集中在 SSB-based 发现方案。该方案的关键是 SSB Tx 配置（STC）和 SSB Rx 配置（SMTC）的设计。由于半双工限制，IAB 节点不能同时收发，如果不能支持多个 IAB 节点 SSB Tx 位置独立配置，也就是如果不支持在时域上配置不同的 IAB 节点 SSB Tx 资源位置，则它们之间就无法相互发现。考虑到 IAB-donor-CU 可作为集中式控制节点负责 IAB 网络的拓扑管理以及半静态的资源配置和管理，IAB 中由 IAB-donor-CU 协调配置 IAB 节点的 SSB Tx/Rx。每个 IAB-DU 或 IAB-donor-DU 小区的每个频率位置的 STC 配置的最大数目为 4（不包括初始接入的 SSBs），具体的 STC 配置参数如表 8-1 所示。SMTC 配置采用了 R15 SMTC 框架，并做了如下增强：

● 每个频率位置配置的 SMTC 的最大数目为 4；

● SMTC 周期取值范围：5ms，10ms，20ms，40ms，80ms，160ms，320ms，640ms，1280ms；

● 每个 SMTC 单独配置如下参数：周期、偏移、持续时间、待测量物理小区 ID 列表和待测量的 SSBs（ssb-ToMeasure）。

表 8-1 STC 配置参数

参数	取值范围
SSB 中心频率	ARFCN-ValueNR，即 0,···, 3 279 165
SSB 子载波间隔	FR1: 15kHz, 30kHz FR2: 120kHz, 240kHz
SSB 传输周期	5ms, 10ms, 20ms, 40ms, 80ms, 160ms, 320ms, 640ms
SSB 传输定时偏移	0, ··· ,（SSB 传输周期内半帧数目）−1
半帧内传输的 SSBs	length-4 bitmap, length-8 bitmap, length-64 bitmap

8.3.2 IAB 节点随机接入

IAB 节点遵循与 UE 基本相同的初始接入过程，包括小区搜索、系统信息获取和随机接入过程。但是与普通 UE 相比，IAB-MT 的初始小区选择和随机接入有以下不同。

（1）对于初始小区选择，IAB-MT 假定 SSB 的周期为 160ms。在 NSA 场景下，IAB-MT 可在 NR 载波上基于 SSB 进行初始接入，考虑到 IAB 节点初始接入发生频率很低，为了降低 SSB 传输资源的开销，因此设计了更长的 SSB 传输周期。

（2）对于 RACH 资源配置，R16 IAB 特定的 RACH 配置对 R15 的 RACH 配置进行了扩展，包括对已有 PRACH 配置周期 x 缩放，对无线帧 y 偏移，子帧/时隙偏移，以及 SSB 到 PRACH 时机的映射周期（an Association Period for Mapping SS/PBCH Blocks to PRACH Occasions）进行扩展。由于半双工限制，当 IAB-MT 发送 PRACH 时，IAB-DU 无法同时接收 IAB 子节点或者接入 UE 发送的 PRACH。为了解决半双工的问题，相邻接入及回传链路之间或两条相邻回传链路之间的 PRACH 资源应该尽可能在时域上正交（不重叠）。如果配置的相邻链路的 PRACH 资源无法完全做到正交，出现了资源交叠，则哪个优先级高取决于 IAB 节点的实现。IAB 节点可以配置更大的 PRACH 配置周期以降低资源开销。通常 SSB 到 PRACH 时机的映射周期会随着 PRACH 配置周期的增大而增大，因此 PRACH 配置周期缩放的引入使得 SSB 到 PRACH 时机的映射周期需要扩展。

如果 IAB 父节点没有提供 IAB 特定的 RACH 配置，则 IAB-MT 使用 R15 UE 的 RACH 配置进行随机接入。

下面介绍 IAB 特定的 RACH 配置相关内容，包括 PRACH 配置周期、包含 PRACH 时机的无线帧、包含 PRACH 时机的子帧/时隙、SSB 到 PRACH 时机的映射周期。

1. PRACH 配置周期

PRACH 配置周期为 $x_{IAB}=\delta x$，其中，δ 为缩放因子，取值范围为 {1, 2, 4, 8, 16, 32, 64}，x 为 R15 中已有的 RACH 配置周期，即 TS 38.211 表 6.3.3.2-2 至表 6.3.3.2-4 中的参数 x，x_{IAB} 的最大值为 64。如果 δ 一直没有被配置，可以理解为 $\delta=1$。

2. 包含 PRACH 时机的无线帧

包含 PRACH 时机的无线帧满足 $n_{\text{SFN}} \bmod x_{\text{IAB}} = (y + \Delta y) \bmod x_{\text{IAB}}$，其中，$\Delta y$ 为无线帧偏移，取值范围为 $0 \sim x_{\text{IAB}} - 1$，$y$ 为 TS 38.211 表 6.3.3.2-2 至表 6.3.3.2-4 中的参数。如果 Δy 一直没有被配置，可以理解为 $\Delta y = 0$。

3. 包含 PRACH 时机的子帧/时隙

包含 PRACH 时机的子帧/时隙为 $(s_n + \Delta s) \bmod L$，其中，s_n 为 Re1-15 中已有 RACH 配置的子帧/时隙编号，$\Delta s \in \{0, 1, \cdots, L-1\}$ 为子帧/时隙偏移，L 为 TS 38.211 表 6.3.3.2-2 和表 6.3.3.2-3 中一个无线帧包含的子帧数，或者 TS 38.211 表 6.3.3.2-4 中一个无线帧包含的时隙数。如果 Δs 一直没有被配置，可以理解为 $\Delta s = 0$。

4. SSB 到 PRACH 时机的映射周期

对于 IAB 节点，PRACH 配置周期和 SSB 到 PRACH 时机的映射周期之间的映射关系如表 8-2 所示。一个映射图样周期（Association Pattern Period）包含一个或多个映射周期。映射图样周期的大小取决于 PRACH 时机和 SSB 之间的映射图样，最长 640ms 重复一次。

表 8-2　PRACH 配置周期和映射周期之间的映射关系（TS 38.213）

PRACH 配置周期（ms）	映射周期（PRACH 配置周期的数量）
10	{1, 2, 4, 8, 16, 32, 64}
20	{1, 2, 4, 8, 16, 32}
40	{1, 2, 4, 8, 16}
80	{1, 2, 4, 8}
160	{1, 2, 4}
320	{1, 2}
640	{1}

8.3.3　IAB 同步定时

从 IAB-MT 和 IAB-DU 的角度看，IAB 节点具有 4 个 timing，即 IAB-MT 的 DL Rx timing、UL Tx timing，IAB-DU 的 DL Tx timing、UL Rx timing。IAB SI 阶段讨论了如下 7 种 IAB 同步定时场景。

方案 1：IAB 节点之间、IAB 节点和 IAB-donor 之间 DL Tx timing 对齐。

方案 2：IAB 节点的 DL Tx timing 和 UL Tx timing 对齐。

方案 3：IAB 节点的 DL Rx timing 和 UL Rx timing 对齐。

方案 4：发送时使用方案 2，接收时使用方案 3。

方案 5：接入链路使用方案 1，回传链路使用方案 4，且两者时分复用。

方案 6：基于方案 1 条件下，IAB 节点的 DL Tx timing 和 UL Tx timing 对齐。

方案 7：基于方案 1 条件下，IAB 节点的 DL Rx timing 和 UL Rx timing 对齐。

为了减少节点间的干扰，IAB 节点间的 DL Tx timing 需要对齐，所以方案 2/3/4 不能满足需求。方案 5 由于同节点覆盖下的 IAB 节点和 UE 只能分别调度在不同的时间资源上，这对资源调度有限制，所以没有被采纳。方案 6/7 主要应用于 FDM/SDM 场景，考虑到 R16 IAB 主要支持 TDM 并没有实际支持 FDM/SDM，所以 R16 IAB 重点研究了方案 1 的同步定时关系，具体如图 8-8 所示。

图 8-8　方案 1 同步定时关系

常规情况下，IAB 节点只要在 DL Rx timing 的基础方案上提前 TA/2 就可以获取 DL Tx

timing。但是切换时间及硬件限制等因素有可能导致 IAB 父节点的 UL Rx timing 和 DL Tx timing 没有完好地对齐，从而使得 IAB 节点无法获取精确的 DL Tx timing，具体如图 8-9 所示。因此对于 IAB 节点，除了获知 TA 外，还需要获知 T_{delta} 信息。与 TA 类似，T_{delta} 的索引值信息可以由 IAB 父节点通过 MAC CE 发送给 IAB 节点。IAB 节点通过计算（TA/2+T_{delta}）获取 IAB 父节点的 DL Tx timing 和 IAB 节点的 DL Rx timing 之间的时间差，在 DL Rx timing 的基础上再提前（TA/2+T_{delta}）即可获取 IAB 节点的 DL Tx timing。

图 8-9　非对齐的 UL Rx 和 DL Tx

从物理意义来看，时间差（TA/2+T_{delta}）反映了单程传播时延。严格地说，（TA/2+T_{delta}）不可能小于或等于 0，但是由于 IAB 父节点测量误差或由于某次 TA 调整量丢失，可能导致（TA/2+T_{delta}）小于等于 0，但这不符合实际的单程传播时延。对于这种情况，标准规定如果 IAB 节点收到来自 IAB 父节点的 T_{delta} 信息，只有当（TA/2+T_{delta}）大于 0 时，IAB 节点执行 DL Tx timing 的调整。

本质上，T_{delta} 的引入是为了获取更精确的时间差，由 RAN4 评估和定义了针对不同的子载波间隔及频率范围条件下的 T_{delta} 有不同的颗粒度和取值范围，具体如表 8-3 所示。

表 8-3　T_{delta} 颗粒度和范围

频率范围	颗粒度[T_c]	SCS [kHz]	Min T_{delta} [T_c]	Max T_{delta} [T_c]
FR1	64	15	$N_{\text{TA offset}}/2-70\,528$	$N_{\text{TA offset}}/2+6256$
		30	$N_{\text{TA offset}}/2-35\,328$	$N_{\text{TA offset}}/2+6128$
		60	$N_{\text{TA offset}}/2-17\,664$	$N_{\text{TA offset}}/2+6032$

续表

频率范围	颗粒度 [T_c]	SCS [kHz]	Min T_{delta} [T_c]	Max T_{delta} [T_c]
FR2	32	60	$N_{\text{TA offset}}/2-17\ 664$	$N_{\text{TA offset}}/2+6032$
		120	$N_{\text{TA offset}}/2-8816$	$N_{\text{TA offset}}/2+6032$

标准确定了 T_{delta} 的信令开销，取表 8-3 中最大的 T_{delta} 范围及对应的颗粒度 64 计算 T_{delta} 的信令开销为 ceil(log2(floor((70 528+6256)/64)))=11bit，T_{delta} 索引值范围为（0，1，2···1199）。T_{delta} 索引值映射到 T_{delta} 实际值时，映射过程在给定的频率范围内与子载波间隔无关，即以较大 T_{delta} 范围应对可能测量到的较大 T_{delta} 的情况。具体的计算公式为 $(N_{\text{TA}}/2+N_{\text{delta}}+T_{\text{delta}} \cdot G_{\text{step}}) \cdot T_c$，其中，各参数说明如下：参数 N_{TA} 表示定时提前；参数 T_{delta} 表示 MAC CE 提供的 T_{delta} 索引值；如果提供 T_{delta} 的 MAC CE 对应的服务小区工作在 FR1，$N_{\text{delta}}=-70\ 528$ 和 $G_{\text{step}}=64$；如果提供 T_{delta} 的 MAC CE 对应的服务小区工作在 FR2，$N_{\text{delta}}=-17\ 664$ 和 $G_{\text{step}}=32$；参数 T_c 表示帧结构中规定的时间单位。

8.3.4　IAB 资源复用

IAB 资源复用是指位于同一 IAB 节点的 DU 和 MT 对无线资源的复用方式。考虑到 IAB 节点的 DU 和 MT 的半双工问题，R16 IAB 仅支持 TDM 资源复用方式，以后的版本有可能进一步支持 FDM 及 SDM。IAB 父节点和 IAB-donor-CU 可获知 IAB 节点的以下 DU 和 MT 操作方向组合对应的双工能力。

● MT-Tx/DU-Tx。
● MT-Tx/DU-Rx。
● MT-Rx/DU-Tx。
● MT-Rx/DU-Rx。

上述双工能力可按照{MT Cell, DU Cell}组合为粒度通知。为了支持 DU 和 MT 之间的有效复用，IAB 还引入了 DU 资源配置，相对于 R15 UE 协议扩充了 MT 的帧结构，此外还引入保护符号以克服 DU 和 MT 的定时偏差导致 MT 和 DU 的操作冲突。这些内容分别在以下小节详细描述。

1. DU 资源配置

IAB-donor-CU 通过 F1 接口为 IAB-DU 对应小区配置半静态的 DU 资源,DU 资源帧结构可被配置为下行(DL,DownLink)、上行(UL,UpLink)、灵活(F,Flexible),并对每个时隙,以方向(DL、F、UL)为粒度配置硬(Hard)、软(Soft)或不可用(NA)属性。DU 资源的半静态配置包括硬 DL、软 DL、硬 UL、软 UL、硬 F、软 F、NA 共 7 种资源类型。

硬类型的 DU 资源是 IAB-DU 的可用资源。IAB-DU 可将硬 DL 资源用于其子链路(IAB 节点与其服务的 UE/子 IAB 节点之间的通信链路)的下行传输,可将硬 UL 资源用于其子链路的上行调度。IAB-DU 可将硬 F 资源用于其子链路的下行传输或上行调度。而 NA 类型的 DU 资源是 IAB-DU 的不可用资源。软类型的 DU 资源对 IAB-DU 潜在可用,可支持 IAB-DU 与 IAB-MT 之间频谱资源的动态复用,具体来说,当满足以下条件之一,则 IAB-DU 可使用该资源。

● 当 IAB-MT 没有执行发送或接收操作,IAB-DU 可认为这一资源可用。

● 当 IAB-DU 使用这一资源不影响 IAB-MT 的接收或发送的操作。

● IAB-MT 检测到下行控制信令 DCI 格式 2_5,DCI 格式 2_5 显式指示该资源为可用。

其中,前两种判断为隐式判断,其原则是 IAB-DU 对该资源的使用不影响 IAB-MT 的收发操作。第三种判断中 DCI 格式 2_5 用于显式指示 DU 软类型资源的可用性,其框架与 R15 DCI 格式 2_0 相似。IAB 父节点可通过动态信令显式地通知 IAB-DU 对应 DU 软资源的可用性。需要注意的是,对某一资源,不论隐式判断结果是可用还是不可用,当显式判断结果为可用时,此资源为可用。

另外,若 DU 在某符号上要执行如下信号或信道对应的发送反接收操作,则对应的资源等同于被配置为硬类型。

● SS/PBCH 块的发送。

● PDCCH for Type 0-PDCCH CSS 集的发送。

● 周期性 CSI-RS 的发送。

● PRACH 的接收。

● SR 的接收。

为了支持 IAB 父节点通过 DCI 格式 2_5 进一步指示 IAB 节点 DU 软资源的可用性，IAB 父节点可配置 IAB 节点监听包含父节点发送的 DU 软资源可用性指示的 PDCCH，IAB 父节点将该配置信息通过 F1 消息发送给 IAB-donor-CU。IAB-donor-CU 收到后将该配置信息通过 RRC 消息发送给 IAB 节点。具体来说，该配置信息中包含以下参数：IAB-DU 小区的软资源可用性组合集合（Availability Combinations，一个组合对应一个或多个时隙软资源可用性图案），用于 DU 软资源可用性指示的 AI-RNTI、DCI 数据净载，以及用于监听 DU 软资源可用性指示的搜索空间（DCI 格式 2_5 的搜索空间）。IAB-MT 接收到 DCI 格式 2_5 的可用性指示（AI，Availability Indication）字段即可判断若干时隙的 DU 软资源的可用性。具体的，IAB 节点接收到可用性指示后，可根据表 8-4 确定若干个时隙中每个时隙内每个方向（DL、F、UL）的软符号可用性。对于软资源的可用性指示，DCI 格式 2_5 仅用于指示哪些软资源可用，而不指示哪些软资源不可用。例如，表 8-4 中可用性指示的值为 0 表示没有为这个时隙的软符号指示可用性并非这个时隙的软符号不可用。没有显式指示为可用的软符号可以通过隐式的方式判断为可用。

表 8-4　时隙内软符号可用性映射表（TS 38.213）

值	指示
0	没有对任何软符号进行可用性指示
1	DL 方向的软符号被指示为可用 没有对 UL 和 F 方向的软符号进行可用性指示
2	UL 方向的软符号被指示为可用 没有对 DL 和 F 方向的软符号进行可用性指示
3	DL 和 UL 方向的软符号被指示为可用 没有对 F 方向的软符号进行可用性指示
4	F 方向的软符号被指示为可用 没有对 DL 和 UL 方向的软符号进行可用性指示
5	DL 和 F 方向的软符号被指示为可用 没有对 UL 方向的软符号进行可用性指示
6	UL 和 F 方向的软符号被指示为可用 没有对 DL 方向的软符号进行可用性指示
7	DL、UL 和 F 方向的软符号被指示为可用

如果 DCI 格式 2_5 的 PDCCH 监听周期小于 DCI 格式 2_5 指示软资源可用性的时间跨度，则一个时隙的软资源可用性可被多个 DCI 指示。这种情况下，IAB 节点期望对于同一时隙的可用性指示的取值为相同的数值。例如，DCI 格式 2_5 的 PDCCH 监听周期对应 10 个时隙的持续时间，DCI 格式 2_5 指示的软资源可用性的时间跨度为 15 个时隙的持续时间，则在 IAB-MT 接收到第二个监听周期的 DCI 格式 2_5 时，第二个监听周期内的 5 个时隙的软资源可用性已经被第一个监听周期的 DCI 格式 2_5 指示了。这种情况下被多个 DCI 格式 2_5 所指示的同一个时隙的软资源可用性的指示值应该相同，也即针对一个时隙的前后两次可用性指示应当对应表 8-4 中的同一个值。

当 IAB-MT 执行 DL/UL 操作所对应的资源对 IAB-DU 也可用，则会出现 MT 和 DU 操作的潜在冲突，标准中未给出关于这种冲突的解决方法，而是交由 IAB 节点解决。这里所说的资源对 DU 可用包括半静态配置为硬资源或被进一步指示为可用的软资源，或 DU 执行前述 SS/PBCH 块等操作而将对应资源等同于硬类型的资源。

2. MT 帧结构配置

与 R15 UE 类似，IAB-MT 的帧结构（Slot Format）也包括半静态的帧结构配置和动态的帧结构配置。可通过半静态信令 tdd-UL-DL-ConfigDedicated-IAB-MT 配置 IAB-MT 对应服务小区的帧结构，此信令仅可改写为 tdd-UL-DL-ConfigurationCommon 所定义的灵活符号。改写的帧结构支持 DL-F-UL 或 UL-F-DL 的次序。IAB-MT 不期待 tdd-UL-DL-ConfigDedicated-IAB-MT 和 tdd-UL-DL-ConfigurationDedicated 都被配置。

对于 IAB-MT 对应的服务小区，可为其配置帧结构组合和用于监听 DCI 格式 2_0 的搜索空间，高层信令 SlotFormatCombinationsPerCell-IAB-MT 用于配置帧结构组合，SlotFormatIndicator-IAB-MT 用于配置监听 DCI 格式 2_0 的搜索空间。对于 IAB-MT，DCI 格式 2_0 指示的 SFI 的帧结构组合除了来自 TS 38.213 的表 11.1.1-1，还支持一些 UL-F-DL 的帧结构，以更好地支持 FDM 和 SDM。

3. 保护符号

IAB 网络中所有节点要求在误差范围内保持下行发送定时（DTT, Downlink Transmission

Timing）对齐，图 8-10 所示为 IAB 节点的 MT 和 DU 的收发定时的一个示例。由于传播时延，IAB-MT 的接收定时相对 DTT 向后推移，MT 的上行传输受上行调度控制一般会提前一定量。IAB-DU 按照 DTT 发送下行信号及信道，而 IAB-DU 上行接收定时一般会提前一定量。

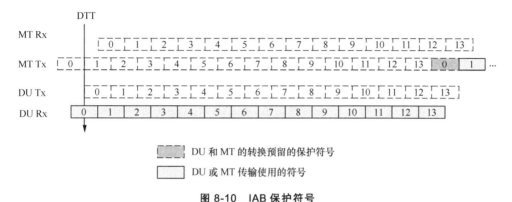

图 8-10　IAB 保护符号

由于传播时延和上行调度时间调整，IAB-MT 的收发定时与 DU 的收发定时存在定时不对齐的情况。为防止 MT 与 DU 操作切换导致的操作冲突，IAB 节点的 MT 到 DU 的切换或 DU 到 MT 的切换可能需要一定的保护间隔，如图 8-10 中 DU Rx 到 MT Tx 的切换，MT 预留了一个符号作为保护符号。

为实现 MT 和 DU 之间的切换，需预留一定量的保护符号，标准引入了两个 MAC CE：Number of Provided Guard Symbols 和 Number of Desired Guard Symbols。其中，Number of Desired Guard Symbols 用于 IAB 节点向 IAB 父节点上报对应传输方向组合的保护符号的预留期望；Number of Provided Guard Symbols 用于 IAB 父节点告知 IAB 节点对应传输方向组合的保护符号的实际预留量。

IAB-MT 可接入多个服务小区，因此可针对 IAB-MT 的每个服务小区分别进行保护符号的期望值的上报和保护符号的实际预留值的通知。

对于 IAB-MT 的一个服务小区，IAB-MT 和 IAB-DU 之间的传输转换涉及如下 8 种不同传输方向的组合。

● MT-Tx → DU-Tx。

● MT-Tx → DU-Rx。

● MT-Rx → DU-Tx。

- MT-Rx → DU-Rx。
- DU-Tx → MT-Tx。
- DU-Tx → MT-Rx。
- DU-Rx → MT-Tx。
- DU-Rx → MT-Rx。

IAB 节点上报组合方向对应的保护符号的期望值和 IAB 父节点告知组合方向对应的保护符号的实际预留值是两个相互独立的过程，不存在先后的约束关系，协议没有规定两个过程的先后次序，也没有限定数值的约束关系，也就是说，IAB 节点上报的保护符号的期望值不会决定保护符号的实际预留值。若 IAB 节点没有被告知保护符号的预留值，则 IAB 节点假设保护符号的预留值为 0。

▍▍▍ 8.4 IAB 承载映射及路由

8.4.1 承载映射

为了支持回传链路上传输 F1-U 用户面数据、F1-C 控制信令及 Non-F1 三种类型的数据，在回传链路上引入了回传 RLC 信道（BH RLC Channel）的概念。IAB-MT 与 IAB 父节点之间通过 BH RLC 信道传输封装成 BAP PDU 的控制信令及用户面数据。BH RLC 信道仅用于回传链路上的数据转发。与之对应的，在接入链路上，UE 与 IAB-DU 之间通过信令承载（SRB）及数据承载（DRB）传输信令及数据。

与普通 UE DRB 的 RLC 信道相比，BH RLC 信道仅包含 RLC 实体和逻辑信道，没有关联的 PDCP 实体及 SDAP 实体，也不会关联 PDU 会话。IAB-donor-CU 为 IAB-MT 及 IAB 父节点 DU 之间的回传链路配置一个或多个 BH RLC 信道，用于支持不同 QoS 及优先级的信令及数据转发。

IAB 网络在转发 UE 的用户面数据包时，支持两种 UE DRB 到 BH RLC 信道的承载映射机制，如图 8-11 所示。这两种承载映射机制针对不同的 UE 承载可以在系统中同时使用。

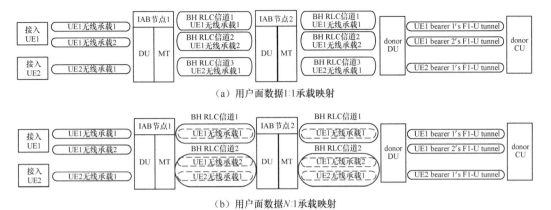

（a）用户面数据1:1承载映射

（b）用户面数据N:1承载映射

图 8-11 用户面数据 1：1 承载映射及 N：1 承载映射

（1）1：1 承载映射

每个 UE DRB 可以映射到一个独立的 BH RLC 信道，在下一跳对应于该 UE DRB 的 BH RLC 信道继续映射到独立的 BH RLC 信道。在这种情况下，BH RLC 信道的数量等同于 UE DRB 的数量。一般来说，1：1 承载映射可应用于对 QoS 要求比较高的 UE DRB，在中继转发路径上 IAB 节点的调度器可以根据 UE DRB 对应的 BH RLC 信道的 QoS 需求进行细粒度的资源调度分配。考虑到 IAB 节点需要服务很多 UE DRB 以及 IAB 子节点服务的 UE DRB，如果这些 UE DRB 都采用 1：1 承载映射，则上游 IAB 节点需要建立大量的 BH RLC 信道，远远超出普通 UE 允许建立的逻辑信道个数。为了解决这个问题，标准对 IAB-MT 可建立的逻辑信道个数进行了扩展，支持扩展的逻辑信道标识。

（2）N：1 承载映射

N：1 承载映射指多个 UE DRB 可以映射到一个 BH RLC 信道。一般来说，QoS 相似的几个 UE DRB 可以映射到同一个 BH RLC 信道上，而 QoS 差别比较大的 UE DRB 映射到不同的 BH RLC 信道。来自不同 UE 的 DRB 如果 QoS 相似，也可以映射到回传链路的同一个 BH RLC 信道上。这种承载映射方式的优点是实现简单，IAB 节点无须维护大量的 BH RLC 信道，但是难以做到细粒度的 QoS 控制。

从控制面角度来看，单个 UE 的所有 UE-associated F1AP 信令通常映射到一个 SCTP 进行传输。多个 UE 的 F1AP 信令也有可能映射到同一个 SCTP 上。这意味着 UE 通过不同 SRB 传输的 RRC 信令，在封装成 F1AP 后，只会映射到一个 SCTP 上。考虑到 SCTP 提供了在一个 SCTP 范围内数据包保序，无损投递机制，因此对于同一个 SCTP 传输的

F1AP 信令没有必要映射到不同 QoS 的 BH RLC 信道上进行传输。相应的，也不需要考虑包含 UE SRB0、SRB1、SRB2、SRB3 对应 RRC 信令的 F1AP 消息映射到不同 BH RLC 信道的机制。另一方面，UE-associated F1AP 信令与 Non-UE associated F1AP 信令通常映射到不同的 SCTP 上，因此标准支持将 UE-associated F1AP Signalling 与 Non-UE associated F1AP Signalling 映射到不同的 BH RLC 信道上。

在上行方向，IAB-donor-CU 可通过 F1AP 信令为 IAB 节点配置从 IAB 节点发起的上行每个 F1-U GTP-U Tunnel、Non-UE associated F1AP 消息、UE-associated F1AP 消息、Non-F1 Traffic 到 BH RLC 信道的映射。这些映射有可能映射到相同或不同的 BH RLC 信道。

在下行方向，IAB-donor-DU 负责将从 IAB-donor-CU 接收到的数据包映射到 BH RLC 信道。在 F1 安全保护场景下，GTP-U 子头及 F1AP 的内容被加密，如图 8-12 所示，IAB-donor-DU 此时只能看到下行数据包的 IP 包头。因此，IAB-donor-CU 只能通过 F1AP 信令为 IAB-donor-DU 配置 IP 包头，如目标 IP 地址、IPv6 流标签、DSCP 到 BH RLC 信道的映射。引入基于 IPv6 流标签的下行承载映射主要是考虑到 1:1 承载映射的场景，有大量的 BH RLC 信道存在，仅仅通过 6 个比特的 DSCP 不足以识别所有对应于 UE 的承载及控制面信令，而 20 个比特的 IPv6 流标签足以区分标识大量的数据流。IAB-donor-CU 负责对不同类型的下行 IP 包标记不同的 IPv6 流标签或 DSCP。

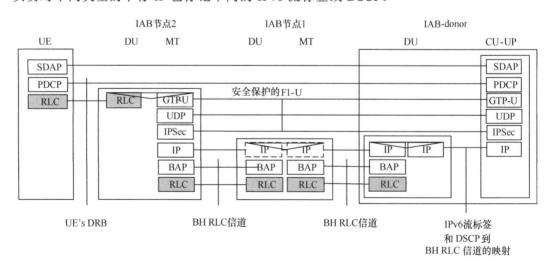

图 8-12　基于 IPSec 安全保护的 F1-U 协议栈示意图（TR 38.874）

对于数据转发中途的 IAB 节点，IAB-donor-CU 通过 F1AP 信令直接为其配置从入口 BH RLC 信道到出口 BH RLC 信道的映射关系，其中，入口 BH RLC 信道指 IAB 节点接收回传数据包的 BH RLC 信道，而出口 BH RLC 信道指 IAB 节点发送回传数据包的 BH RLC 信道。当 IAB 节点从回传链路接收到数据包时，IAB 节点根据接收该数据包的入口 BH RLC 信道以及 donor-CU 配置的入口 BH RLC 信道到出口 BH RLC 信道的映射关系，将该数据包投递到出口 BH RLC 信道进行发送。

8.4.2 路由

在多跳场景下，为了实现数据包的中继转发，IAB 节点需要确定数据包到达的目标节点，然后根据路由表确定到达目标节点对应的下一跳节点并发送。当数据包到达下一跳节点后，下一跳节点需要进一步查找路由表确定到达目标节点的再下一跳节点，直到将数据包发送到目标节点。考虑到 IAB 网络支持 IAB 节点通过 MR-DC 的方式接入两个 IAB 父节点，IAB 节点与 IAB-donor-DU 之间可直接或间接存在多条传输路径。如图 8-13 所示，从 IAB 节点到 donor-DU 之间存在多条回传路径，例如，IAB 节点 1→IAB 节点 2→IAB 节点 4→IAB 节点 5→donor-DU 和 IAB 节点 1→IAB 节点 3→IAB 节点 4→IAB 节点 6→donor-DU 是两条不同的回传路径。如何选择合适的回传路径是 IAB 网络需要考虑的内容。

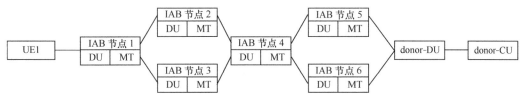

图 8-13　多跳 IAB 网络拓扑示意图

目前，标准采纳的方式是由 donor-CU 通过 F1AP 信令为 IAB 节点配置从 IAB 节点发起的上行每个 F1-U GTP-U Tunnel、Non-UE associated F1AP 消息、UE-associated F1AP 消息、Non-F1 Traffic 到 BAP 路由标识的映射。IAB 节点根据路由标识映射信息确定从 IAB 节点发起的不同类型上行 IP 包对应的 BAP 路由标识，并为这些上行 IP 包封装包含 BAP 路由标识信息的 BAP 子头。对于用户面数据，每个 F1-U GTP-U Tunnel 可以配置不同的 BAP 路由标识，这代表着同一 UE 的不同 DRB 可以通过不同的路径进行回传转发。

具体的 BAP 路由标识包括目标节点的 BAP 地址以及从 IAB 节点到 donor-DU 之间的路径标识。为了支持层 2 多跳路由，每个 IAB 节点及 donor-DU 都被配置了一个 BAP 地址。BAP 地址可以用于回传路径上每个中途 IAB 节点判断数据包已经到达了目标节点 IAB 节点（下行）或 donor-DU（上行）。对于尚未到目标节点的数据包可根据路由表进一步确定下一跳节点。路径标识则用来识别数据包到达目标节点经过的路由路径。对应于图 8-13 的 IAB 网络拓扑，从 IAB 节点到 donor-DU 有多条不同的传输路径，donor-CU 为 IAB 节点配置的路由标识映射表中可以为不同的数据类型配置不同的路由路径，具体内容见表 8-5。

表 8-5　IAB 节点 1 配置的上行数据 BAP 路由标识映射表

UL 路由类型	目的地址	路径 ID	
F1-U GTP-U Tunnel 1	包含 BAP 地址的 donor-DU	1	包含 BAP 地址的 donor-DU。
F1-U GTP-U Tunnel 2	包含 BAP 地址的 donor-DU	2	路径 ID 1: IAB 节点 1→IAB 节点 2→IAB 节点 4→IAB 节点 5→donor-DU。
UE-associated F1AP Signalling	包含 BAP 地址的 donor-DU	3	路径 ID 2: IAB 节点 1→IAB 节点 2→IAB 节点 4→IAB 节点 6→donor-DU。
Non-UE-associated F1AP signalling	包含 BAP 地址的 donor-DU	4	路径 ID 3: IAB 节点 1→IAB 节点 3→IAB 节点 4→IAB 节点 5→donor-DU。
Non-F1	包含 BAP 地址的 donor-DU	1	路径 ID 4: IAB 节点 1→IAB 节点 3→IAB 节点 4→IAB 节点 6→donor-DU。

donor-CU 通过 F1AP 信令为 donor-DU 配置不同类型的下行数据包到 BAP 路由标识的映射。由于 donor-DU 可能只能看到下行数据包的 IP 包头（F1 安全保护场景下 GTP-U 子头及 F1AP 的内容被加密），因此 donor-CU 通过 F1AP 信令为 donor-DU 配置从目标 IP 地址、IPv6 流标签、DSCP 到 BAP 路由标识的映射。对应于图 8-13 的 IAB 网络拓扑，donor-CU 为 donor-DU 配置的下行路由标识映射表中对应于相同的目标 IP 地址不同的数据类型可以配置不同的传输路径，见表 8-6。除此之外，donor-DU 可能还需要转发其他目的节点为 IAB 节点 2/3/4/5/6 的下行数据，此时 BAP 路由标识映射表中还可以进一步包含目标 IP 地址分别为 IAB 节点 2/3/4/5/6 的映射表项。donor-DU 根据路由标识映射信息确定接收到的下行 IP 包对应的 BAP 路由标识，并为这些下行 IP 包封装包含 BAP 路由标识信息的 BAP 子头。

表 8-6　donor-DU 配置的下行数据 BAP 路由标识映射表

目的 IP 地址	IPv6 流标签	DSCP	目的地址	路径 ID
包含 IP 地址的 IAB 节点 1	1000	1	包含 BAP 地址的 IAB 节点 1	1
包含 IP 地址的 IAB 节点 1	1001	2	包含 BAP 地址的 IAB 节点 1	2
包含 IP 地址的 IAB 节点 1	1002	3	包含 BAP 地址的 IAB 节点 1	3
包含 IP 地址的 IAB 节点 1	1003	4	包含 BAP 地址的 IAB 节点 1	4
包含 IP 地址的 IAB 节点 1	1004	5	包含 BAP 地址的 IAB 节点 1	1

包含 BAP 地址的 IAB。

路径 ID 1: donor-DU→IAB 节点 5→IAB 节点 4→IAB 节点 2→IAB 节点 1。

路径 ID 2: donor-DU→IAB 节点 5→IAB 节点 4→IAB 节点 3→IAB 节点 1。

路径 ID 3: donor-DU→IAB 节点 6→IAB 节点 4→IAB 节点 2→IAB 节点 1。

路径 ID 4: donor-DU→IAB 节点 6→IAB 节点 4→IAB 节点 3→IAB 节点 1。

　　除了上述不同类型数据对应的目标节点及路径配置，donor-CU 还要为所有 IAB 节点以及 donor-DU 配置路由表，用于 IAB 节点及 donor-DU 节点根据数据包携带的 BAP 路由标识信息确定数据包转发的下一跳节点。路由表中可包含 BAP 路由标识（进一步包含目标节点 BAP 地址及路径标识）和下一跳节点 BAP 地址的映射关系。对应于图 8-13 的 IAB 网络拓扑，以 IAB 节点 4 为例，donor-CU 为 IAB 节点 4 配置的路由表中包含到达各个 IAB 节点（下行）及 donor-DU（上行）的数据转发下一跳节点，见表 8-7。对应于同一个目标节点，有可能存在对应于不同路径的下一跳节点。例如，对应于目标节点是 IAB 节点 1 的下行数据包，根据数据包携带的不同路径标识 1 和 2，分别对应不同的下一跳节点 IAB 节点 2 和 IAB 节点 3。IAB 节点 4 在回传链路上接收到数据包后，根据 BAP 子头包含的 BAP 路由标识确定下一跳节点进行转发。当目标 IAB 节点或目标 donor-DU 根据数据包 BAP 子头包含的 BAP 路由标识确定数据包已经到达目标节点后，目标 IAB 节点或 donor-DU 可以将 BAP 子头去除。

表 8-7　IAB 节点 4 的路由表

目的地址	路径 ID	下一跳
包含 BAP 地址的 donor-DU	1	包含 BAP 地址的 IAB 节点 5
包含 BAP 地址的 donor-DU	2	包含 BAP 地址的 IAB 节点 6

续表

目的地址	路径 ID	下一跳
包含 BAP 地址的 donor-DU	3	包含 BAP 地址的 IAB 节点 5
包含 BAP 地址的 donor-DU	4	包含 BAP 地址的 IAB 节点 6
包含 BAP 地址的 IAB 节点 3	2	包含 BAP 地址的 IAB 节点 3
包含 BAP 地址的 IAB 节点 3	4	包含 BAP 地址的 IAB 节点 3
包含 BAP 地址的 IAB 节点 2	1	包含 BAP 地址的 IAB 节点 2
包含 BAP 地址的 IAB 节点 2	3	包含 BAP 地址的 IAB 节点 2
包含 BAP 地址的 IAB 节点 1	2	包含 BAP 地址的 IAB 节点 3
包含 BAP 地址的 IAB 节点 1	1	包含 BAP 地址的 IAB 节点 2
包含 BAP 地址的 IAB 节点 1	4	包含 BAP 地址的 IAB 节点 3
包含 BAP 地址的 IAB 节点 1	3	包含 BAP 地址的 IAB 节点 2
⋮	⋮	⋮

如果 IAB 节点检测到回传链路失败，IAB 节点可以在路由表中为待转发的数据包选择另一条回传链路。这时 IAB 节点仅仅根据数据包 BAP 子头包含的目标 BAP 地址信息查找路由表中匹配的路由表项，确定下一跳节点。

总的来说，IAB-donor-CU 可以根据 IAB 网络的拓扑及链路承载情况，配置不同类型的回传数据、可用的数据转发路径以及 BH RLC 信道，从而实现负载均衡的集中控制承载映射及路由机制。

8.5 IAB 拓扑管理

8.5.1 IAB 节点启动

IAB 节点的启动过程是指 IAB-MT 接入网络并获得 IAB 相关配置信息，启动 DU 部分功能为 UE 及子 IAB-MT 提供服务的过程。IAB-MT 可通过独立组网或非独立组网两种方式接入网络，以下分别描述这两种组网方式下 IAB 节点的启动过程。

1. 独立组网下的启动过程

本节介绍独立组网下 IAB 节点的启动过程，具体可分为 3 个阶段，如图 8-14 所示。

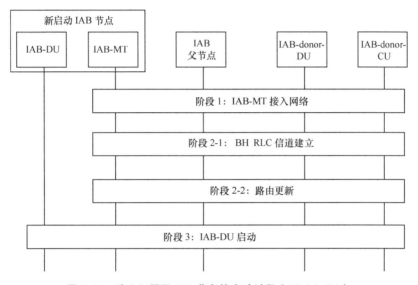

图 8-14　独立组网下 IAB 节点的启动过程（TS 38.401）

阶段 1：IAB-MT 接入网络。在该阶段中，IAB-MT 作为普通 UE 连接至网络，这个过程基本重用普通 UE 的初始接入过程。如果 IAB 节点使用 IAB-MT 的 PDU 会话建立 OAM 连接，则该过程中可建立用于传输 OAM 数据的 DRB。与普通 UE 不同的是，IAB 节点可基于候选 IAB 父节点的空口指示信息（SIB1 中包含的 IAB 支持指示信息）选择支持 IAB 的父节点接入。另外，IAB-MT 在 RRC 建立完成消息中包含 IAB 节点指示信息，IAB-donor-CU 可基于该指示信息为 IAB 节点选择支持 IAB 的 AMF。

阶段 2-1：BH RLC 信道建立。在初始入网过程中，会建立一个用于 IAB 节点启动过程中传输非用户面数据包的默认 BH RLC 信道，用于 IAB-DU 与 IAB-donor-CU 间 SCTP 连接建立、F1 连接建立和 OAM 数据传输。除了默认 BH RLC 信道，IAB-donor-CU 还可能在该阶段中为 IAB-MT 建立额外的 BH RLC 信道用于后续的 F1-C、F1-U 和 Non-F1 数据的传输。如果 IAB 节点的 OAM 数据通过 IP 层传输，则该阶段中还可以建立用于传输

OAM 数据的一个或多个 BH RLC 信道。

阶段 2-2：路由更新阶段，具体包括 IAB-donor-CU 对新启动 IAB 节点、IAB-donor-DU、新启动 IAB 节点的父节点，以及与 IAB-donor-DU 之间的所有中间 IAB 节点的路由配置。

（1）对新启动 IAB 节点的配置包括以下内容：① 新启动 IAB 节点自身的 BAP 地址，可用于 IAB 节点接收到下行数据包后确定是否还需要将该数据包继续转发给下一跳节点；② 默认的上行 BAP 路由标识，用于 IAB 节点在启动阶段封装上行数据包时构建 BAP 子头。

（2）为支持下行数据转发，IAB-donor-CU 对 IAB-donor-DU 的配置包括以下内容：① 新启动 IAB 节点的 IP 地址与 BAP 地址的映射关系，以及新启动 IAB 节点相关的 IP 头部信息（IP 地址和/或 DSCP/DS 和/或 IPv6 流标签）与 BAP 路径标识之间的映射关系；② 更新路由表增加针对新的 IAB 节点对应的 BAP 路由标识的路由配置。

（3）对于新启动 IAB 节点的父节点及其与 IAB-donor-DU 之间的所有中间 IAB 节点，对于下行数据包，需更新路由表以增加针对新的 BAP 路由标识的路由配置。

另外，该阶段中还包含新启动 IAB 节点的 IP 地址分配过程。新启动的 IA 节点可以从 OAM 获取 IP 地址。此外，IAB-MT 的 RRC 连接建立完成之后，该 IAB 节点可通过 RRC 消息向 IAB-donor-CU 请求一个或多个 IP 地址。IAB-donor-CU 可通过 RRC 信令向该 IAB 节点发送为其分配的 IP 地址。进一步的，IP 地址还有可能由 IAB-donor-DU 分配，这种情况下，IAB-donor-CU 还可通过 F1AP 消息从 IAB-donor-DU 获取为 IAB 节点分配的 IP 地址。

阶段 3：IAB-DU 启动，具体来说，IAB-DU 使用阶段 2-2 中获得的 IP 地址发起与 IAB-donor-CU 的 SCTP 连接建立和 F1 连接建立过程。F1 连接建立过程中，IAB-donor-CU 可为该 IAB 节点配置用于 F1-C 和 Non-F1 数据传输对应的上行路由及 BH RLC 信道映射信息。之后该 IAB 节点可以开始为 UE 及其他 IAB 子节点提供空口服务。UE 或其他 IAB 子节点通过该 IAB 节点接入网络之后，IAB-donor-CU 可在 F1 接口使用 UE 上下文建立过程为该 IAB 节点配置每个 UE 或 IAB 子节点的 DRB 对应的上行路由及 BH RLC 信道映射信息。

2. 非独立组网下的启动过程

本节介绍非独立组网（EN-DC）下 IAB 节点的启动过程，具体可分为 3 个阶段，如图 8-15

所示。非独立组网下 IAB 节点的启动过程的第一个阶段与独立组网下的启动过程不相同，而后两个阶段与独立组网下的启动过程相同，以下主要介绍非独立组网下的第一个阶段。

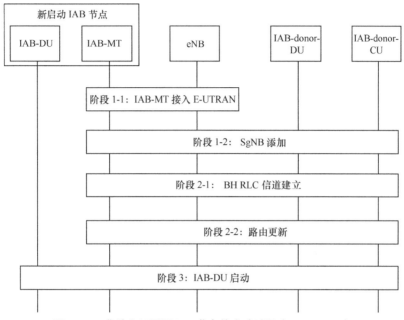

图 8-15　非独立组网下 IAB 节点的启动过程（TS 38.401）

阶段 1-1：IAB-MT 与 E-UTRAN 建立连接。该阶段中，IAB-MT 作为普通 UE 连接至 LTE 网络，这个过程基本重用普通 UE 的初始接入过程。如果 IAB 节点使用 IAB-MT 的 PDU 会话建立 OAM 连接，则该过程中可建立用于传输 OAM 数据的 DRB。与独立组网下的 IAB 启动过程类似的是，不同于普通 UE，IAB 节点可基于 eNB 的空口指示信息（SIB1 中包含的 IAB 支持指示信息）选择支持 IAB 的 eNB 接入。另外，IAB-MT 在 RRC 连接建立完成消息中包含 IAB 节点指示信息，eNB 可根据该信息为该 IAB 节点选择支持 IAB 的服务 MME。与独立组网下的 IAB 启动过程不同的是，eNB 需为 IAB-MT 配置对 NR 频点的测量以使得 IAB-MT 能发现及测量候选 gNB 并上报测量结果。为了让 eNB 为该 IAB 节点选择支持 IAB 的辅基站（SgNB），eNB 可通过 OAM 方式预配置相邻 gNB 的 IAB 能力信息。

阶段 1-2：SgNB 添加。该阶段中，IAB-MT 通过 EN-DC 下辅基站添加过程连接至 IAB 父节点及 IAB-donor-CU。与普通 UE 的辅基站添加过程不同的是，对于 IAB 节点，eNB 需在辅基站添加请求消息中包含 IAB 节点指示信息来通知 IAB-donor-CU 该请求是针对 IAB 节点的。另外，该阶段还可为 IAB-MT 建立 SRB3，用于 IAB-MT 直接通过 SRB3

在 IAB-MT 与 IAB-donor-CU 间的 NR 链路传输 RRC 消息。

8.5.2　IAB 节点迁移

　　R16 IAB 中，IAB 节点是静止不动的。但是考虑到无线回传链路可能受到链路阻塞或本地拥塞的影响，固定的 IAB 节点可以选择更合适的节点接入或切换，实现网络拓扑的自适应调整，这个过程称为 IAB 节点迁移。R16 IAB 支持同一个 IAB-donor-CU 内的 IAB 拓扑迁移，也即 IAB 节点迁移后的目标父节点需与迁移前的源父节点由相同的 IAB-donor-CU 服务，但目标父节点可能使用与源父节点连接不同的 IAB-donor-DU。源路径可能与目标路径有相同的中间节点。若在 IAB 拓扑迁移过程中更换了为 IAB 节点服务的 IAB-donor-CU，则该 IAB 节点所服务的所有 UE 和下游 IAB 节点的 IAB-donor-CU 也会发生改变，考虑到跨 IAB-donor-CU 的 IAB 拓扑迁移复杂度较大，R16 IAB 不支持跨 IAB-donor-CU 的 IAB 拓扑迁移，跨 IAB-donor-CU 的 IAB 拓扑迁移将在 R17 IAB 中继续讨论。

　　IAB-donor-CU 内的 IAB 节点迁移过程对基于普通 UE 的 gNB-DU 间移动性流程进行增强。图 8-16 所示为 IAB-donor-CU 内的 IAB 节点迁移过程，迁移 IAB 节点需执行与普通 UE 的 gNB-DU 间移动性流程类似的步骤（图 8-16 中步骤 1~10），并在完成随机接入过程之后发送 RRC 重配置完成消息给目标父节点，目标父节点将该消息发送给 IAB-donor-CU。在此之后，需执行 IAB 节点切换流程中特有的步骤（步骤 11~12 和步骤 15），下面主要介绍这几个 IAB 节点切换过程中特有的步骤。

　　步骤 11：IAB-donor-CU 为迁移 IAB 节点与目标 IAB-donor-DU 之间目标路径上的所有中间 IAB 节点配置 BAP 路由配置信息和 BH RLC 信道映射规则，并为迁移 IAB 节点配置上行映射规则。这些 BAP 路由、BH RLC 信道映射规则配置也可以在更早的步骤中执行，例如，在步骤 3（IAB-donor-CU 向目标父节点发送 UE 上下文建立请求消息）之后。该步骤中还可包含迁移 IAB 节点的 IP 地址的分配（若迁移 IAB 节点的目标父节点所连接的 IAB-donor-DU 未变更，则不需要为迁移 IAB 节点分配新的 TNL 地址）。为迁移 IAB 节点分配的新的 IP 地址也可包含在步骤 5 的 RRC 重配置消息中。

　　步骤 12：若迁移 IAB 节点的 IP 地址发生了改变，迁移 IAB 节点的所有 F1 控制面连接和 F1 用户面 GTP 隧道需更新使用迁移 IAB 节点的新 IP 地址。对于 F1 控制面连接，迁移 IAB 节点可使用新的 IP 地址与 IAB-donor-CU 建立 SCTP 连接，然后发送 F1 接口

gNB DU 配置更新消息给 IAB-donor-CU，移除迁移 IAB 节点和 IAB-donor-CU 之间旧的 SCTP 连接。对于 F1 用户面 GTP 隧道，迁移 IAB 节点可发起 F1 接口 UE 上下文修改流程以修改 F1 用户面 GTP 隧道的 DU 侧 GTP 端点信息。

步骤 15：IAB-donor-CU 可通过 F1 接口消息释放源路径上所有 IAB 节点和源 IAB-donor-DU 的 BH RLC 信道和 BAP 路由配置信息。另外，迁移 IAB 节点还需释放其在源路径上使用的 IP 地址。

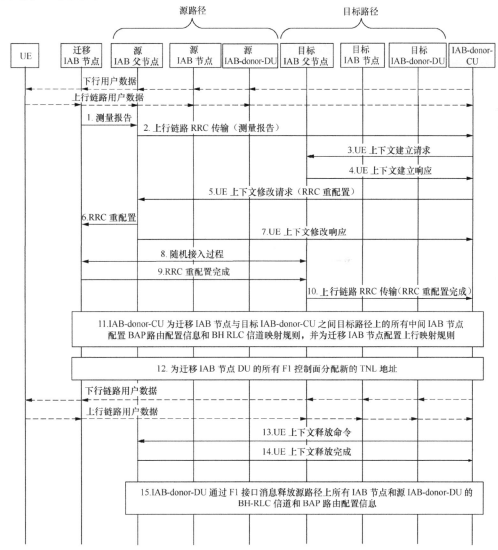

图 8-16　IAB-donor-CU 内的 IAB 节点迁移过程（TS 38.401）

需要注意的是，若迁移 IAB 节点下还有下游 IAB 节点，则还需为迁移 IAB 节点的下游 IAB 节点执行步骤 11~12 和步骤 15。具体来说，IAB-donor-CU 若为下游 IAB 节点分配了新的 IP 地址，则下游 IAB 节点的 F1 控制面连接和 F1 用户面隧道须更新使用新的 IP 地址。IAB-donor-CU 可采用与上述迁移 IAB 节点相同的方式配置目标路径上中间 IAB 节点的 BH RLC 信道及 BAP 路由，以及为下游 IAB 节点配置 BH RLC 信道的上行映射规则。这些针对下游 IAB 节点的操作可以在迁移 IAB 节点的切换流程之后或同时执行。

另外，迁移 IAB 节点与 IAB-donor-DU 之间在源路径上的下行数据包在 IAB 拓扑迁移过程中可能会被迁移 IAB 节点的源父节点丢弃。对于下行数据包，IAB-donor-CU 可触发迁移 IAB 节点及其下游节点发送下行数据递交状态（DDDS），IAB-donor-CU 根据 DDDS 获知未成功传输的下行数据并发起下行重传。对于上行数据包，R16 中 IAB 拓扑迁移过程并不能保证数据包的无损传输。源路径上迁移 IAB 节点与 IAB-donor-DU 之间的上行数据包在迁移过程中目标路径建立完成之后可以继续传输，但也可能发生丢包，这些丢失的数据包在迁移之后无法恢复。IAB 节点迁移过程中的丢包问题将在 R17 继续讨论。

8.5.3　IAB 节点无线链路失败

独立组网场景下，IAB 节点检测到回传链路发生无线链路失败（BH RLF）后，会尝试接入新的父节点以重建无线链路，从而恢复与网络的正常通信。R16 IAB 支持相同 IAB-donor-CU 下的 BH RLF 后的恢复流程，但要求 IAB 节点检测到 BH RLF 后接入的新父节点仍然连接至原 IAB-donor-CU，该流程的具体步骤如图 8-17 所示。

首先，IAB 节点检测到回传链路发生了无线链路失败（BH RLF）。IAB 节点的 BH RLF 检测在 UE 的 RLF 检测条件的基础上新增以下条件：从 IAB 父节点接收到 BH RLF 指示 BAP 控制单元。当 IAB 节点检测到 RLF 时，IAB-MT 在选择新的 IAB 父节点并执行 RRC 重建立过程以恢复与 IAB-donor-CU 间的无线连接。若 IAB-MT 重建后通过新的 IAB-donor-DU 连接至 IAB-donor-CU 且 IAB-donor-DU 负责 IAB 节点的 IP 地址分配，则 IAB-donor-CU 可通过 RRC 消息向该 IAB-MT 提供新的 IP 地址。

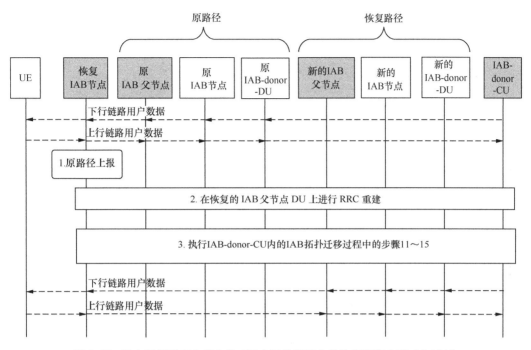

图 8-17　独立组网下 IAB 节点的 CU 内回传链路失败恢复流程（TS 38.401）

重建立完成之后，IAB-donor-CU 需为发生重建的 IAB 节点与 IAB-donor-DU 之间路径上的所有 IAB 节点配置更新 BAP 路由和 BH RLC 信道映射规则，并为重建 IAB 节点配置上行映射规则。若重建 IAB 节点的 IP 地址发生了改变，重建 IAB 节点的所有 F1 控制面连接和 F1 用户面 GTP 隧道需更新使用重建 IAB 节点的新 IP 地址。IAB-donor-CU 还需释放原路径上所有中间 IAB 节点及原 IAB-donor-DU 的 BH RLC 信道、BAP 路由配置信息和原 IP 地址。这些步骤与 8.5.2 节中所述的 IAB-donor-CU 内的 IAB 拓扑迁移过程中的步骤 11~15 相同。

另外，若 IAB 节点的上述 BH RLF 恢复流程失败了，该 IAB 节点将进入空闲态并尝试重新接入网络。为了让其下游 IAB 节点及时知悉此情况并开始恢复无线链路的流程，发生 BH RLF 恢复失败的 IAB 节点可以将此情况通过 BAP 层的指示消息告知其下游 IAB 子节点。具体来说，IAB 节点 BH 链路重建立失败时，会向其 IAB 子节点发送 BH RLF 指示 BAP 控制单元，其格式如图 8-18 所示。接收到该 BAP 控制单元的 IAB 子节点如果只连接了一个 IAB 父节点，则认为发生了回传链路的无线链路失败，并执行相应的处理，如发送链路失败通知 RRC 消息给 IAB-donor-CU 或发起 RRC 重建立过程。

图 8-18　BH RLF 指示 BAP 控制单元格式（TS 38.340）

在非独立组网场景下，双连接的 IAB 节点检测到 MCG 或 SCG 对应的回传链路发生无线链路失败后，可以通过 SCG 或 MCG 向 IAB-donor-CU 上报链路失败。IAB-donor-CU 收到该消息后，会对 IAB 节点进行重配置。在这种情况下，双连接的 IAB 节点还可以使用另一条正常的无线回传链路进行数据传输。只有当 MCG 和 SCG 对应的链路都出现链路失败或不可用时，IAB 节点在重建立失败后向下游 IAB 子节点发送 BH RLF 指示。

8.6　其他

8.6.1　流控

由于引入多跳路由，数据包在 IAB 多跳无线回传链路上进行传输时可能会出现链路拥塞的情况。随着 IAB 节点跳数的增加，发生数据拥塞的可能性也会增加。具体来说，当一个中间 IAB 节点的入口链路的数据率大于出口的数据率时就有可能出现拥塞。一旦发生数据拥塞，若不及时进行拥塞解除，就有可能导致系统传输效率降低，数据包丢弃，甚至出现无线链路失败的情况。因此在 IAB 多跳回传网络中进行数据流控用于解除可能出现的拥塞问题显得尤为重要。

对于上行数据传输来说，IAB 节点或 IAB-donor-DU 能够基于 IAB 子节点上报的上行数据缓存状态报告（BSR，Buffer Status Report）了解到其子节点的上行缓存情况，进而可以通过调整分配给 IAB 子节点的上行资源来控制上行数据的传输。具体来说，当发现 IAB 节点的数据缓存充裕时，可以考虑为 IAB 子节点多分配一些上行数据资源；当发现 IAB 节点的数据缓存不充裕时，可以考虑为 IAB 子节点少分配一些上行数据资源，从而减少到达 IAB 节点的上行数据量。通过这种方式，上行数据传输的拥塞情况能够得到有效缓解。

对于下行数据传输，IAB 节点或 IAB-donor-DU 无法获得 IAB 子节点的下行数据缓存是否拥塞的信息，因此无法相应调整向其子节点发送的下行数据的速率。在这种情况下，极有可能会出现 IAB 子节点的下行入口链路的数据率大于出口链路的数据率的情况，从而导致下行链路数据拥塞，数据包在缓存中丢弃，影响系统下行传输的性能。

为了解决 IAB 网络的下行链路拥塞问题，3GPP 标准采纳了以下两种流控方法。

（1）端到端（End-to-End）流控：沿用 R15 F1-U 接口的流控方法，如图 8-19（a）所示。该方法中 UE 的接入 IAB 节点的 DU 通过 F1-U 接口向 IAB-donor-CU 反馈下行数据递交状态（DDDS）。通过这种方式，IAB-donor-CU 可以了解到对应于某个 UE DRB 的下行数据传输情况，进而控制对应于该 UE DRB 的下行数据传输以缓解下行链路拥塞。

（2）单跳（Hop-by-Hop）流控：如图 8-19（b）所示，IAB 子节点通过 BAP 控制 PDU 向 IAB 节点上报流控反馈，这样 IAB 节点可以及时了解到 IAB 子节点的下行数据传输情况进而调整下行数据传输，从而达到下行数据拥塞缓解的目的。

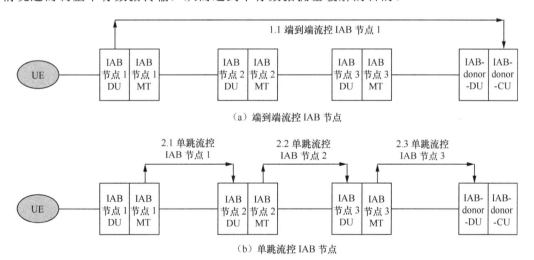

图 8-19　下行端到端流控和单跳流控示意图

对于下行单跳流控，当满足以下条件之一时，IAB 子节点向 IAB 节点反馈下行流控信息：① IAB 子节点的下行缓存负荷超过某个阈值；② 收到 IAB 节点发送的流控反馈请求。对于 IAB 子节点，下行流控反馈可以基于 BH RLC 信道粒度，也可以基于接收到的下行数据包包含的 BAP 路由标识粒度。以基于 BH RLC 信道粒度的流控反馈为例，如图 8-20 所示，IAB 子节点将导致拥塞出现的下行入口 BH RLC 信道可用的缓存大小通过

BAP 层的控制 PDU 发送给 IAB 节点，IAB 节点收到后调整对应 BH RLC 信道的下行数据传输。IAB-donor-CU 可通过 RRC 消息激活 IAB 节点的单跳流控反馈功能，并可为 IAB 节点配置基于 BH RLC 信道粒度和/或基于 BAP 路由标识粒度进行流控反馈。

图 8-20 BH RLC 信道粒度的流控 BAP 控制 PDU

8.6.2 低时延调度

资源调度是 MAC 层的核心功能之一。当 UE 有待发送的上行数据时，需要向基站请求上行资源，告知服务基站当前缓存的上行数据量。根据 NR 协议，如果 UE 存在可用的上行 PUSCH 资源，并且该可用的上行资源能够容纳 BSR MAC CE 及其子头，那么 UE 可以采用基于缓存状态报告（BSR）的方式请求资源。如果 UE 没有可用的上行 PUSCH 资源，或者该可用的上行资源不能够容纳 BSR MAC CE 及其子头，那么可以通过在 PUCCH 上发送调度请求（SR，Scheduling Request）申请资源，如图 8-21 所示。

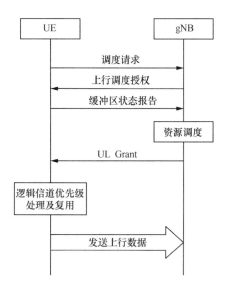

图 8-21　NR 上行资源调度流程

图 8-22 所示为 IAB 网络中基于缓存状态报告的资源请求流程（假设 UE 以及每个 IAB 节点有 UL-SCH 资源发送 BSR）。UE 发送 BSR 至 IAB 节点 1 后，IAB 节点 1 为 UE 发送分配的上行资源。收到 UE 发送的上行数据后，IAB 节点 1 触发 BSR，并向 IAB 节点 2 申请上行资源。IAB 节点 2 接收到 BSR 后，为 IAB 节点 1 调度分配上行资源。IAB 节点 2 接收 IAB 节点 1 发送的上行数据后，继续触发 BSR，向 IAB-donor-DU 申请上行资源。很明显，每个 IAB 节点都需要收到下游节点发送的上行数据后才会触发 BSR 向上游节点申请上行资源。这意味着上行数据包到达每个 IAB 节点后都需要等待一段时间才能发送给下一跳节点，等待的时间至少包括从 IAB 节点触发 BSR 到获取上行资源的时间。由于 IAB 网络支持多跳转发，上行资源申请导致的时延会随着无线回传跳数的累积而导致较大时延。

为了解决这个问题，3GPP 标准采纳了基于预 BSR（Pre-emptive BSR）的资源请求方法。该方法的原理是 IAB 节点在收到下游 IAB 节点的上行数据之前提前向上游 IAB 节点申请上行资源（UL Grant）。由此在上行数据达到之前，IAB 节点已经获取了 UL Grant。当下游 IAB 节点发送的上行数据到达 IAB 节点后，IAB 节点即可利用已经获取的 UL Grant 发送从下游 IAB 节点接收的上行数据。

Pre-emptive BSR 通过 MAC 层的 Pre-emptive BSR MAC CE 上报。与其他 BSR 不同的是，Pre-emptive BSR MAC CE 中的缓冲区域仅指示期望到达 IAB 节点的上行数据量，

不能包含已经缓存在 IAB 节点的上行数据量。一个 MAC PDU 中既可以包含传统的 BSR MAC CE，也可以包含 Pre-emptive BSR MAC CE。Pre-emptive BSR MAC CE 仅支持长 BSR 格式，如图 8-23 所示。此外，Pre-emptive BSR 的触发机制与传统 BSR 有很大差别，目前包括如下两种 Pre-emptive BSR 的触发条件：① IAB-DU 向 IAB 子节点或者 UE 下发 UL Grant 后，IAB-MT 触发 Pre-emptive BSR；② IAB-DU 接收到来自 IAB 子节点或者 UE 的 BSR 后，IAB-MT 触发 Pre-emptive BSR。

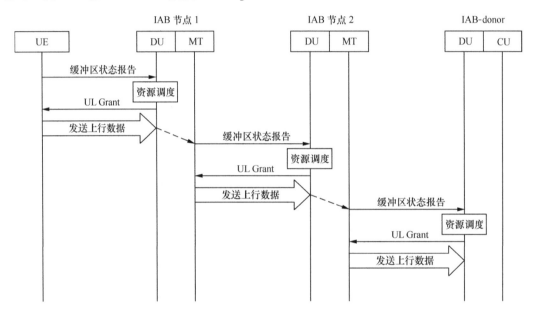

图 8-22　IAB 网络中基于缓存状态报告的资源请求流程

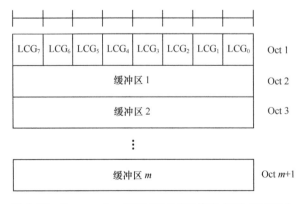

图 8-23　Pre-emptive BSR MAC CE 格式（TS 38.321）

如图 8-23 所示，Pre-emptive BSR 的上报粒度与传统 BSR 同样基于逻辑信道组（LCGy）上报数据量。但需要注意的是，在 IAB 网络中，不同 IAB-MT 逻辑信道与逻辑信道组的配置可能各不相同。以 1:1 承载映射机制为例，IAB 节点与 IAB 子节点之间链路上同一个 LCG 内包含的逻辑信道有可能在 IAB 节点与其 IAB 父节点之间链路上映射到多个不同的 LCG。因此，IAB 节点无法根据从 IAB 子节点接收到的 BSR 包含的 LCG 信息决定向 IAB 父节点发送的 Pre-emptive BSR 的 LCG。对于该问题，标准最终通过触发 Pre-emptive BSR 的 LCG 由 IAB 实现决定。类似的，Pre-emptive BSR MAC CE 中包含的缓冲区大小也交由 IAB 节点具体实现决定。另外，对于双连接的 IAB 节点，当收到 IAB 子节点发送的 BSR 后，由于 BSR 并不包含任何路由信息，因此该 IAB 节点无法判断 BSR 指示的上行数据将通过哪一个 IAB 父节点路由至 IAB-donor-CU。相应的，该 IAB 节点也无法确定应该向哪一个父节点发送 Pre-emptive BSR。对于双连接的 IAB 节点，如何确定上报 Pre-emptive BSR 的 IAB 父节点也由实现解决。

假设 IAB 节点触发了一个 Pre-emptive BSR 且收到了用于数据传输的 UL-SCH 资源，当 IAB 节点组装 MAC PDU 时，UL-SCH 资源在容纳了高优先级的逻辑信道数据后尚有剩余资源可容纳 Pre-emptive BSR MAC CE 及其子头，IAB-MT 会将 Pre-emptive BSR MAC CE 包含在 MAC PDU 中，否则 IAB-MT 会触发 SR。对于 Pre-emptive BSR 触发的 SR，其传输方式与传统 SR 相同。

8.6.3　LTE 路径传输 F1-C 数据

IAB 网络支持 IAB 节点工作在非独立组网（NSA，Non-Standalone）场景，如 IAB 节点可通过 EN-DC 的方式同时连接到一个 eNB（MeNB）和一个 IAB-donor（SgNB）。3GPP 讨论了在这种组网场景下 F1AP 消息的传输，具体讨论了如下两种 F1AP 消息的路由路径。

（1）NR 路径：通过 NR 回传链路传输，IAB 节点与 IAB-donor-CU 间的 F1AP 消息经过中间 IAB 节点进行多跳路由转发。

（2）LTE 路径：通过与 MeNB 间的 LTE 链路传输。采用 LTE 路径时，IAB 节点通过 LTE 链接转发的数据只经过一跳空口链路传输，相比较通过多跳空口回传链路转发 F1AP 消息，有可能降低控制面信令的传输时延。另外，LTE 链路通常使用低频传输，使得其具有更高可靠性，因此较适合传输控制面信令。

为了支持 F1AP 消息在 IAB-MT 和 MeNB 之间，以及 MeNB 和 IAB-donor 之间传输。通过 LTE 路径传输 F1AP 消息的协议栈如图 8-24 所示。

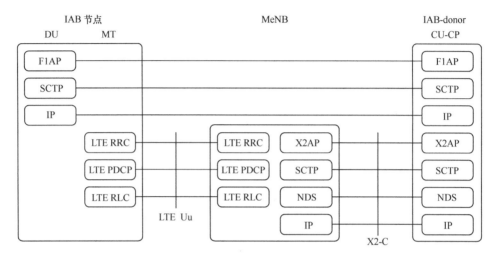

图 8-24　支持 F1AP 通过 LTE 链路转发的协议栈

对于上行 F1AP 消息，IAB 节点首先将 F1AP 消息封装在 SCTP 及 IP 子头。如果 IAB-MT 已经建立了 SRB2，可将包含 F1AP 消息的 IP 数据包内嵌至 LTE RRC 消息，发送至 MeNB。MeNB 接收到该 F1AP 消息，将通过 X2 接口发送其至 IAB-donor。F1AP 消息封装后的 IP 包会以 F1-C 路由容器的方式嵌在 X2AP 消息内。IAB-donor-CU 接收到该消息之后，将数据包投递至 IP 层，再经过 SCTP 层的解封，最终递交到 F1AP 层进行处理。

类似的，对于下行 F1AP 消息，IAB-donor-CU 首先将 F1AP 消息封装成 IP 数据包，然后通过 X2 接口发送至 MeNB。MeNB 接收后通过 LTE RRC 消息将该包含 F1AP 消息的 IP 数据包发送给 IAB-MT。IAB-MT 接收到该 LTE RRC 消息后，将收到的封装有 F1AP 消息的 IP 包投递至 IAB-DU。IAB-DU 经过 IP 层和 SCTP 层的解封装最终获取 F1AP 消息。

除了 F1AP 消息，IAB-DU 与 IAB-donor-CU 之间建立 SCTP 连接的相关 IP 包也可以通过 LTE 链路转发。保留 SCTP 及 IP 子头的优点是可以复用 SCTP 流对应的保序及重传功能，避免 F1AP 消息传输在 LTE 链路和 NR 链路之间转换时可能出现的乱序问题。

8.6.4　IP 地址获取

在 CU/DU 分离场景下，DU 的 IP 地址通常由 OAM 配置。在 IAB 网络中，考虑到 IAB-DU 有可能迁移接入到不同的 IAB-donor-DU。不同的 IAB-donor-DU 有可能位于不同的子网，原来使用 OAM 配置的 DU IP 地址传输的数据包有可能无法通过新接入的 IAB-donor-DU 进行路由传输。考虑到这种情况，标准讨论并支持如下 3 种 IAB-DU 的 IP 地址获取方式。

（1）OAM 配置 IP 地址

这种方式与 R15 DU 的 IP 地址获取方式相同。由于 IAB-donor-CU 需要为 IAB-donor-DU 配置根据下行数据包 IP 子头中的目标 IP 地址、IPv6 流标签、DSCP 到 BH RLC 信道及路由的映射规则，IAB-donor-CU 需要知道 IAB-DU 的 IP 地址。因此对于 OAM 为 IAB-DU 配置 IP 地址的场景，IAB-MT 需要通过 RRC 信令向 IAB-donor-CU 上报其被配置的 IP 地址。

（2）IAB-donor-CU 分配 IP 地址

IAB-donor-CU 维护了一个 IP 地址池或支持基于 DHCP 的 IP 地址分配服务。当接收到 IAB 节点发送的 IP 地址请求时，可为 IAB 节点分配所需的 IP 地址。

（3）IAB-donor-DU 分配 IP 地址

IAB-donor-DU 维护了一个 IP 地址池或支持基于 DHCP 的 IP 地址分配服务。当 IAB-donor-CU 接收到 IAB 节点发送的 IP 地址请求时，可通过 F1AP 从 IAB-donor-DU 获取所需的 IP 地址。当 IAB-donor-CU 接收到 IAB-donor-DU 分配的 IP 地址后，进一步将分配的 IP 地址发送给 IAB 节点。

IAB 网络可同时支持 IPv4 和 IPv6 地址，因此 IAB 节点的地址分配也包括这两种类型的 IP 地址分配。对于 IAB-donor-CU 或 IAB-donor-DU 分配 IP 地址的方式，IAB-MT 可通过 RRC 信令向 IAB-donor-CU 发送 IP 地址请求，IP 地址请求中包含 IP 版本指示（IPv4 或 IPv6），以及所需要的 IPv4/IPv6 地址个数。考虑到 CP/UP 分离的影响，用于控制面和用户面数据传输的 IP 地址不尽相同，例如，某些 IP 地址专门用于 F1-C、F1-U 或 Non-F1 数据的传输。因此 IAB-MT 向 IAB-donor-CU 发送的 IP 地址请求中可分别指示所需分配的用于 F1-C、F1-U 及 Non-F1 传输的 IP 地址个数。IAB-donor-CU 收到该消息后可通过 RRC 信令向 IAB-MT 发送分配 IP 地址，根据 IAB-MT 的要求可以分别对应于 F1-C、F1-U 或 Non-F1 传输的一个或多个 IPv4 地址，一个或多个 IPv6 地址，或者是一个或多个 IPv6 Prefix。当 IAB-MT 接收到 IPv6 Prefix 后，可以基于 IPv6 Prefix 自行产生多个 IPv6 地址。

进一步的，在 IAB-donor-DU 分配 IP 地址的场景下，IAB 节点有可能配置多个经过不同 IAB-donor-DU 的数据包回传路径，而这些 IAB-donor-DU 有可能对应不同子网的 IP 地址。在这种情况下，IAB-donor-CU 为 IAB 节点配置 IPv6 地址时，对应于 IAB 节点的数据包有可能为经过的每个 IAB-donor-DU 分配对应的 IPv6 Prefix、IPv4 及 IPv6 地址。

在对 F1 接口进行安全保护的场景下，通过 F1 接口传输的数据包需要进行 IPSec 加解密操作，如图 8-12 所示。IPSec 支持两种封装模式。

（1）传输模式：仅对 IP 层之上的数据进行加密，不改变原有的 IP 包头。

（2）隧道模式：对原有 IP 数据包及包头加密，增加新的外部 IP 头，外部 IP 包头的源地址和目的地址一般为安全网关的地址。

需要注意的是，使用 IAB-donor-CU 或 IAB-donor-DU 分配的 IP 地址组装的 IP 包需要通过 donor-DU 进行路由传输。对于 F1 接口上传输的 IP 包，donor-DU 仅能看到数据包的外部 IP 包头，因此在 IPSec 隧道模式下，IAB-donor-CU 或 IAB-donor-DU 分配的 IP 地址本质上对应于 IAB 节点关联的安全网关的 IP 地址。而在 IPSec 传输模式下，数据包仅有一个 IP 包头，IAB-donor-CU 或 IAB-donor-DU 分配的 IP 地址对应于 IAB 节点的 IP 地址。在 IPSec 隧道模式下，内部 IP 子头包含的 IAB 节点的 IP 地址分配没有进行标准化，通过实际设备实现。

8.7 小结

传统无线网络的回传链路大多采用有线电缆或光纤，但是在小基站密集部署的场景下，存在有线回传链路的成本过高、使用效率低、投资成本高等问题。3GPP 标准引入了接入回传一体化技术，即回传链路和接入链路使用相同的无线传输技术，通过时分/频分/空分的方式复用空口资源。

R16 基于 CU/DU 分离架构，对接入回传一体化进行了网络架构、资源复用、同步定时、承载映射、多跳路由、拓扑发现及迁移等关键技术设计及标准化。基于 IAB 的网络可减少对有线连接的需求，支持灵活的自组织传输节点接入，降低部署成本，提高资源利用效率。

第9章

Chapter 9

5G 免许可接入
设计

随着 4G 和 5G 技术在全球的快速发展，世界各地对无线网络的需求日益高涨。非授权频谱虽然不能满足授权领域的通信质量需求，但是作为授权频谱部署的补充，非授权频段的使用依然可以为运营商和整个产业带来很大的价值。扩展现有 5G NR 技术至非授权频谱是一个非常合理的选择。3GPP 开展非授权频谱标准化工作一方面使现有的运营商和厂商能够很好地扩展使用现有对 4G、5G 的无线和核心网络的投资；另一方面利用非授权频谱可以扩展未来 5G 在垂直行业的应用。

在国际上部分国家或地区，非授权频谱接入技术需要满足一定的竞争管制，如先听后发（LBT，Listen Before Talk）机制。在非授权频段，NR 系统和其他技术如 Wi-Fi 系统，NR 运营商之间的公平共存是非常必需的。即使在没有 LBT 要求的国家或地区，频谱管制需求也是考虑在非授权频谱最小化用户间的相互干扰。但是，从监管角度来看，仅仅最小化干扰还不够，真正的需求是使后入的系统能够作为现有系统的好邻居，而不对现有系统运行造成明显的影响。

为确保 5G 商用之后非授权频谱也可以采用 5G 相关技术，3GPP 对基于 NR 的免许可接入技术（NR-U）研究工作进行立项，并在 2020 年 6 月完成相关的标准化工作。NR-U 在设计上尽可能利用现有 5G NR 的设计，同时，考虑到全球非授权频谱管制要求和解决方案的多样性，NR-U 的设计引入了多项增强设计，在满足全球各种管制要求的基础上，实现与其他在非授权频谱使用技术的友好共存。

9.1 5G 免许可接入设计整体考虑

NR-U 的整体设计以 NR 的设计为基础，针对不同国家和地区的监管规则，进行普适性设计，避免 NR-U 只能工作在某些国家或者地区的某些特定频段。3GPP 对于 NR-U 的设计分了两个阶段，第一个阶段是研究工作[1]，从 2018 年年初开始，持续到 2018 年年底，主要研究工作包括：研究全球非授权频段监管规则，明确 NR-U 部署场景、支持频段和需要采用的增强型设计。第二个阶段是具体的标准化工作[2]，从 2019 年年初开始，持续到 R16 完成。主要工作内容是根据研究阶段的成果和结论，对所需新增和增强的功能进行详细的标准化。

9.1.1 免许可频段监管规则

对于非授权频段，为保证不同系统的共存，各国都规定了一定的监管规则。纵观各个国家和地区对非授权频段的频谱监管规则，主要涉及如下几个方面。

（1）功率和功率谱密度等级要求

对于最大发射功率，根据频段的不同，各国要求从 23～36dBm，各有所不同。对于功率谱密度，最大平均频谱密度为 10mW/MHz，在任何 1MHz 频带中/25kHz 频带中等效为 0.25mW/25kHz。

（2）最大信道占用时间

为了保证不同系统公平使用，监管规则中对于一次占用信道进行数据发送的持续时间也有要求。根据各国的监管规则，最大信道占用时间为 5～40ms。

（3）信道占用带宽

对于数据发送，有名义信道带宽和占用信道带宽的限制。名义信道带宽是包括分配给单个信道的保护频带的最宽频带。在任何时候名义信道带宽都应至少为 5MHz。占用信道带宽是包含信号功率的 99% 的带宽。实际数据发送的占用信道带宽应该在所宣布的名义信道带宽的 80%~100% 之间。在建立通信期间，允许设备以占用信道带宽可降低至最少 4MHz 的名义信道带宽的 40% 的模式临时操作。

（4）信道检测机制

对于非授权频段使用，为保证各个系统公平共存，最重要的监管规则是 LBT 机制。LBT 机制又分为基于帧的 FBE（Frame-Based-Equipment）和基于负载的 LBE（Load-Based-Equipment）两种。LBE 机制是 NR-U 需要实现的、最重要的信道评估和接入机制，是整个 NR-U 研究及标准化的重点，也是未来 NR-U 是否可以和其他系统实现公平共存的关键。FBE 机制主要适用于保证不存在 Wi-Fi 的环境，使用频段的地理区域内只有单个 NR-U 网络，如独立部署的工厂环境。

9.1.2 免许可接入频段及部署场景

对于 NR-U 的设计，需要覆盖多个频段。这些频段包括非授权频段和一些被分配为共享使用的频段，典型的频段包括 2.4GHz 频段、5GHz 频段和 6GHz 频段等。这些频段有些是全球性频段，有些是地区性频段。对于 NR-U 的设计要无差别地支持在这些频段的使用。综合考虑 NR 设计及全球非授权频段的分配情况，在 R16 版本中，NR-U 的设计主要支持 52.6GHz 及以下频段，这与 NR 第一版 5G 设计（R15）一致。在具体设计上，考虑到目前非授权频段及 NR-U 主要应用频段，在 R16 版本的 NR-U 设计中，主要针对 5GHz 和 6GHz 频段进行了增强。在对于更高频段的支持，如 52.6GHz 以上频段，需要更大的子载波间隔和不同的接入机制，3GPP 考虑在后续的版本进行支持。

根据 3GPP 的研究，NR-U 的部署场景主要分为 5 类。

（1）场景 A：许可频段 NR（PCell）与 NR-U（SCell）之间的载波聚合，NR-U（SCell）可以同时具有上行传输和下行传输，或者纯下行传输。

（2）场景 B：许可频段 LTE（PCell）和 NR-U（PSCell）之间的双连接。

（3）场景 C：NR-U 独立部署。

（4）场景 D：NR 小区下行在非授权频段，上行在授权频段。

（5）场景 E：授权频段 NR（PCell）和非授权频段 NR-U（PSCell）之间的双连接。

其中，场景 A、B、D、E 为典型的传统运营商部署场景，实现非授权频谱为授权频谱补充的部署。而场景 C 作为独立部署场景，主要面向非传统运营商，尤其是没有授权频谱的非传统运营商、垂直行业应用等情况。

9.1.3 免许可接入频段物理层设计

在物理层的具体设计上，NR-U 大的设计原则是重用已有的 NR 设计，额外的设计主要考虑为满足监管规则，保证可以和其他系统实现友好共存。

对 NR-U 设计产生影响最大的监管规则是数据发送前必须进行信道监测，基于 LBT 机制进行接入。信道在空闲的时候才能发送数据，而当检测到信道繁忙时，不能进行数据发送。NR-U 首先对 LBT 机制进行了研究并选择支持了多种基于 LBE 的 LBT 机制和基于 FBE 的 LBT 机制。LBT 机制的引入，使得无论是上行信号还是下行信号的发送都有很大的不确定性。为了应对 LBT 机制带来的不确定性，各个物理信道和基本流程均要考虑相应的增强。

对 NR-U 物理层设计产生影响的另一项监管规则是最大信道占用时间。受最大信道占用时间的影响，NR-U 的设计中需要考虑设计数据发送结构的指示机制，该机制保证 NR-U 的基站和终端设备在进行数据发送时，不超过最大信道占用时间的限制。具体的，NR-U 中引入了连续占用时间（COT）结构指示，通过该指示，基站通知终端如何进行最大发送时间控制。

信道占用带宽的限制对于 NR-U 的设计也有直接的影响。其中，NR-U 接入相关信号的设计要考虑接入时最小占用信道带宽的限制；上下行数据和控制信道设计要考虑实际占用信道带宽需要达到名义信道带宽的 80% 以上的限制。NR 中下行的数据信道发送可以通过基站调度方式使得下行控制信道（PDCCH）和下行数据信道（PDSCH）满足最小占用带宽限制。但是对于上行，无论是上行控制信道（PUCCH），还是上行数据信道（PUSCH），一次数据发送占用的带宽都比较有限，在进行 NR-U 的设计时，需要进行额外增强。

NR-U 的物理层设计沿用了 NR 的双工方式、基础波形、载波带宽、子载波间隔、帧结构配置方式，而对帧结构、物理信道设计和物理过程设计都进行了增强。

1. 帧结构增强

NR-U 的帧结构增强需要兼顾 LBT 和最大信道占用时间。在时间维度上，LBT 的引入使得信道传输的开始时间不能确定。为简单满足一次数据发送的最大信道占用时间的要求，可以有不同的设计方案。

方式 1：NR-U 一次数据发送只能为连续的下行或者上行数据发送，单次数据发送满足最大信道占用时间的要求。采用此种方式，每次数据发送都需要重新进行最高等级的 LBT 过程。对于 NR，上下行是进行联合设计的，多个重要流程，如初始接入、自适应调制编码（AMC）、HARQ、大规模天线等都需要进行频繁的上下行信息交互。如果所有的上下行交互都需要最高等级的 LBT 过程，那么上下行参与所有过程所需的环回时延需大大加长，可靠性也显著降低。综合来看，这种方式会使得 NR 在非授权频段运行效率低。

方式 2：NR-U 支持在一次数据发送中包含多个上下行转换点，每个转换点可以进行不同等级的 LBT。通过支持多个上下行转换点，一次数据发送可以完成下行控制和数据发送+上行控制和数据发送、上行控制和数据发送+下行控制和数据发送。通过不同等级的 LBT，上下行转换的时间可以大大缩短，而且可靠性也能得到较大提升。这种灵活的上下行发送方式的组合可以更好地支持初始接入、AMC、HARQ、大规模天线等需要比较频繁的上下行数据交互的过程，从而整体提升 NR-U 数据传输的有效性和可靠性。

经过研究阶段的讨论，NR-U 采用了方式 2 的设计，即一次数据发送包含多个上下行转换点。为了支持方式 2，基于现有的帧结构设计框架，NR-U 专门定义了以基站发起的和以终端发起的数据结构指示方式。通过相关的数据结构指示，基站和终端可以知道数据发送开始时间、结束时间和数据发送中的上下行数据结构。同时，也规定了在数据发送开始和各个转换点的 LBT 方式。具体的设计在 9.2.2 节和 9.2.4 节中介绍。

在频率维度上，LBT 的基本带宽为 20MHz。为了支持单载波连续 100MHz 的带宽，需要在一个连续的载波上进行基于多个 LBT 带宽的操作。对于下行设计，基于 NR 中已有的单载波内带宽部分（BWP，Bandwidth Part）的设计，可以有以下多种支持方式。

方式 1：配置多个 BWP，多个 BWP 同时激活，在一个或者多个 BWP 上发送 PDSCH/PDCCH。

方式 2：配置多个 BWP，多个 BWP 同时激活，在一个 BWP 上发送 PDSCH/PDCCH。

方式 3：配置多个 BWP，单个 BWP 激活，只有在所有配置 BWP 上全部 LBT 成功时，基站才可以在一个 BWP 上发送 PDSCH/PDCCH。

方式 4：配置多个 BWP，单个 BWP 激活，基站可以在激活 BWP 上 LBT 成功的部分发送 PDSCH/PDCCH。

在 R15 的 NR 设计中，支持配置多个 BWP，只激活一个 BWP。如果支持方式 1 和方式 2，那么对标准的影响比较大。对于方式 3，如果 BWP 内所有 LBT 带宽全部空闲时才能在 BWP 内发送数据，这对于发送的限制过于严苛，将直接导致发送机会大大减少。

综合考虑了共存、对标准影响和硬件实现等因素，NR-U 的设计主要支持方式 4。下行可以配置多个 BWP，激活一个 BWP，这与 R15 的 NR 设计一致。激活 BWP 的带宽可以达 100MHz，包含多个 LBT 的 20MHz 带宽。基站在不同的 LBT 带宽进行 LBT，LBT 成功的带宽进行下行数据发送。

图 9-1 所示为 NR-U 有多个 LBT 带宽的情况下，多个频带使用方式。载波 1 和载波 2 分别配置了一个 BWP，每个 BWP 包含两个独立进行 LBT 的 LBT 带宽。在第一个时隙各频带进行 LBT 均没有数据发送，而第二个时隙开始 LBT 频带 1、3、4，LBT 成功，开始数据发送。而频带 2 由于 LBT 不成功，不进行数据发送。

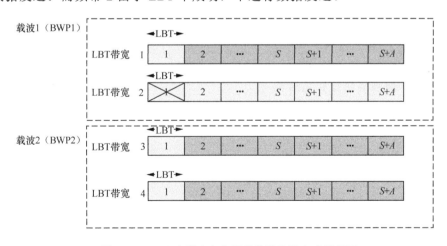

图 9-1　NR-U 大带宽多个频带发送使用方式示意图

基站进行下行数据发送时，当进行多个 LBT 带宽发送时，需要通知 UE 进行 LBT 的 LBT 带宽具体情况。该情况的通知方式也经过了多次讨论。有公司建议具体下行传输的 LBT 带宽可以通过 CORESET 配置，UE 隐性获得。但是考虑到 UE 提早获知一段时间内的信道占用情况，有利于减少终端不必要的操作。标准化采用了在 COT 指示中同时引入 LBT 带宽指示的方式支持显性的 LBT 带宽指示。该部分详细设计在 9.2.2 节 COT 指示设计中介绍。

对于上行，基于 NR 中已有的单载波内 BWP 设计，也可以有多种方式支持单载波大于 20MHz 的设计。

方式 1：配置多个 BWP，多个 BWP 同时激活，在一个或者多个 BWP 上发送 PUSCH。

方式 2：配置多个 BWP，多个 BWP 同时激活，在一个 BWP 上发送 PDSCH。

方式 3：配置多个 BWP，单个 BWP 激活，只有在所有配置 BWP 上全部 LBT 成功时，UE 才可以在一个 BWP 上发送 PUSCH。

方式 4：配置多个 BWP，单个 BWP 激活，UE 可以在激活 BWP 上 LBT 成功的部分发送 PUSCH。

与下行类似，综合考虑各种因素，NR-U 上行的设计也支持方式 4。与下行略有不同，UE 的上行发送有一些限制。当激活 BWP 包含多个 LBT 带宽时，基站调度 UE 进行上行 PUSCH 数据发送的 LBT 带宽在频域上需要是连续的。

2. 物理信道设计增强

NR-U 的物理信道设计以 NR 已有物理信道为基础，进行一定的修改和增强。其中，涉及需要改动和增强的信道和信号如下。

● PSS/SSS/PBCH。

● PUCCH/PUSCH。

● PDCCH/PDSCH。

● PRACH。

● 参考信号。

（1）PSS/SSS/PBCH 增强

对于 PSS/SSS/PBCH 的发送，主要需要考虑在时域进行一定的增强。对于 NR 的设计，PSS/SSS/PBCH 在时域上以一定周期在固定位置发送，但是到了非授权频段，受到 LBT 的影响，一旦确知位置不能发送 PSS/SSS/PBCH 信号，那么会对 UE 的同步和接入性能造成比较大的影响。因此，NR-U 在一定发送周期内，以 NR 为基础增加了同步广播块（SS/PBCH，一个 SS/PBCH 块包含 PSS/SSS/PBCH）候选发送位置。对于 15kHz 的子载波间隔，SS/PBCH 块在一个发送周期内的候选发送机会增大到 10 次；对于 30kHz 的子载波间隔，SS/PBCH 块在一个发送周期内的候选发送机会增大到 20 次。

在 PSS/SSS/PBCH 的基础上，NR-U 还引入了发现信号（DRS，Discovery Reference Signal）。NR-U DRS 定义为 SS/PBCH 与其关联的 CSI-RS 和 CORESET0（承载 RMSI（Remaining Minimum System Information）的 CORESET（Control Channel Resource Set））+PDSCH（s）（承载 RMSI）组成的时域连续发送的数据块。在 NR-U 中，由于数据发送都要进行 LBT，把 SS/PBCH 与其关联的 CSI-RS 和 CORESET0+PDSCH（s）一起组成 DRS 进行联合发送非常重要。经过研究，定义 DRS 的优点如下。

● 减少系统信息发送的 LBT 次数。

● 满足频域发送最小带宽限制。

● 支持 NR-U 独立部署。

● 支持自动邻区关系（ANR，Automatic Neighbor Relations）配置。

● 解决 NR-U 部署时 PCI 混淆。

NR-U DRS 发送的时候，也可以同时发送其他系统消息（OSI，Other System Information）和寻呼消息，从而进一步提升 NR-U 整体运行效率。

NR 中支持 3 种 SS/PBCH 与 CORESET0 的发送方式。在 NR-U 种，为支持 DRS 发送，只采用方式 1，即 SS/PBCH 与 CORESET0 在时域上采用不同时间发送，频域上发送 SS/PBCH 和 CORESET0 的带宽有重叠。

（2）PUCCH/PUSCH 增强

对于 NR-U 的上行传输，面临的最大挑战是满足发送带宽的需求，即一次上行数据发送要至少占用全部带宽的 80%。对于 20MHz 带宽而言，终端一次上行数据发送需要占用 16MHz 的带宽。为满足最小占用带宽要求，NR-U 定义了一种频域交织的方式进行上行资源发送。具体的，一个交织（Interlace）以物理资源块（PRB，Physical Resource Block）为基础。对于 20MHz 的带宽，每个交织占用 10/11 个 PRB，每个交织内的 PRB 等间隔；对于 15kHz 的子载波间隔，每个交织内的 PRB 间隔为 9 个 PRB，20MHz 内存在 10 个交织资源块；而对于 30kHz 的子载波间隔，每个交织内的 PRB 间隔为 4 个 PRB，20MHz 内存在 5 个交织资源块。对于更多的 PRB、更大的带宽，可以采用等间隔的方式进行扩展。图 9-2 所示为当子载波间隔为 15kHz 时的交织方式。

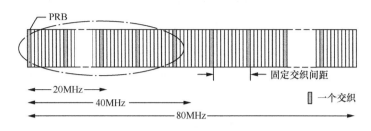

图 9-2 15kHz 子载波间隔上行交织方式示意图

NR-U 的 PUCCH 和 PUSCH 设计均基于频域交织的方式进行。在实际的数据发送过程中，基站对于 PUCCH 和 PUSCH 的频域资源指示基于对交织符号的指示。一个终端根据需要发送的数据量，一次可以被调度一个或者多个频域交织。

NR 上行控制信道支持 5 种 PUCCH 格式。其中，PUCCH 格式 0/2 在时域的持续时间仅支持 1~2 个 OFDM 符号，可被称为短 PUCCH；PUCCH 格式 1/3/4 在时域的持续时间能够支持 4~14 个 OFDM 符号，可被称为长 PUCCH。为适应基于频域交织的发送方式，NR-U 中不能直接使用 5 种 PUCCH 格式。PUCCH 格式 0/1/4 只支持单 PRB 发送，经过讨论，NR-U 不支持 PUCCH 格式 4 的频域交织发送，而对 PUCCH 格式 0/1 进行了增强，从原来的单 PRB 设计增加到支持 10 个 PRB 的频域交织设计。同时也增强了 PF2/3，一方面适配 10 个 PRB 的交织发送，另一方面也增加了多用户复用能力。考虑到频域交织设计中一个频域交织占用 10 个 PRB，可以承载大量的控制信息，一次 PUCCH 发送仅限于在一个 20MHz 带宽内。

（3）PDCCH/PDSCH 增强

NR-U 中基本沿用了 PDCCH 的设计，如控制信息（DCI）的内容、PDCCH 资源映射及发送方式等。在非授权频段受最大发送时间长度的限制，如一次连续数据发送不能超过 5ms，NR-U 中引入了对一次数据发送结构（COT）的指示。该指示将在下行数据发送开始时进行发送，指示的方式以现有 NR 中的 DCI 格式 2_0 为基础，对一次数据发送内包含的上下行结构进行指示。利用该信息，终端除了可以预知一次数据发送结束时间，还可以准确知道下行发送开始和结束位置，从而可以调整监测行为以及上行数据发送采用的 LBT 方式，达到节能和提高上行数据发送效率的目的。此外，COT 指示还可以包括对当前数据发送的频域信息进行指示。对频域信息指示的原因在于非授权频段的带宽可以达到上百兆，基站可以通过 LBT 机制同时使用多个载波的多个 LBT 带宽。通过频域信息的指示，可以有效调度终端在整个频域资源上进行数据调度发送与接收，从而有效利用非授权频段的大带宽。

由于 LBT 的引入，数据发送的开始时间点不再固定。对终端设备而言，为了适应 LBT 带来的下行数据发送开始时间点不确定，在没有接收到下行信息时，基于时隙的监测往往不能满足数据发送的要求。为了提升 NR-U 的性能，终端在处于一个数据传输结构内和数据结构外的监测行为也有所不同。在一个 COT 之外，终端需要更频繁地监测行为来判断是否有下行数据发送。然而，过多的监测行为必将意味着耗电的增加，如果监测基于完整的 PDCCH 检测，那么将对终端带来巨大的开销。因此，在 COT 之外的终端对于下行数据的监测主要基于参考信号的相干检测，而非完整的 PDCCH 检测。在终端检测到 COT 结构之后，终端可以恢复到正常的基于时隙的监测。

对于一个 COT 开始的时隙，由于 LBT 的原因，可用的符号数不固定。同时，受 COT 最大时长限制，最后一个时隙可用的符号数也不固定。在 NR 中，支持了 3 种超短时隙长度，分别为 2、4 和 7 符号，这 3 种长度不能很好地匹配 NR-U 的需要。为此，经过多次讨论，NR-U 将支持 2～13 个符号的全部 Type B 调度，对于更多时隙长度的支持，终端将以集合的形式在终端能力上报中通知基站。基站根据终端的能力进行相应符号长度的调度。

NR-U 的下行信道没有设计类似于上行的频域交织发送结构。其原因在于，下行的控制信道发送本身可以灵活配置在下行全带宽，达到频域分级效果，扩大覆盖，没有进一步频域离散化发送的需要；下行数据信道支持连续和离散的频域分配方式，同时基站面对多用户的数据发送，非常容易满足数据发送占发送频带 80%以上的监管要求。对于多个载波，多个 LBT 带宽的数据发送，基站可以控制不同 UE 的 PDCCH 分布在不同的 LBT 带宽内，也不需要额外进行标准化。

为了增强 PUSCH 的上行数据发送，NR-U 还支持了一次下行调度多个 PUSCH 的设计。被调度的 PUSCH 在时间上连续，可以分别进行调制编码、HARQ 进程顺序排列。

（4）PRACH 增强

在 NR R15，短 PRACH 格式连续占用 12 个 RB（Resource Block），对应 15/30kHz 的子载波间隔下占用的带宽是 2.16/4.32MHz。为应对不同国家的监管规则，NR-U 考虑对 PRACH 进行增强。增强方面主要包括支持带宽发送的 PRACH 序列和新的 PRACH

格式。

NR-U 中受标准化时间的影响，并没有定义新的 PRACH 格式。但是为满足占用带宽等需求，PRACH 设计支持了更长的生成序列来支持更宽带宽的发送。在标准化过程中，不同公司提出了多种序列生成方式，包括重复现有短生成序列和采用新的长生成序列。经过激烈的讨论，最后 NR-U 采用了新的基于长序列的 PRACH 设计。

（5）参考信号增强

NR-U 中对于下行 DMRS 进行了增强。如前所述，NR-U 为了开始发送时间灵活，下行引入了多种 PDSCH Type B 的长度。为匹配这一特性，NR-U 中针对新引入的 PDSCH 长度引入了多种 DMRS 的配置方式。

NR-U 中对于上行的参考信号增强为 SRS。R15 中 SRS 只能在一个时隙中最后 6 个符号上发送。NR-U 中把 SRS 的发送位置扩展支持到一个时隙中的任意位置。

3. 物理过程设计增强

NR-U 中物理过程设计包括信道接入过程、初始接入和移动性、HARQ 过程增强和预配置过程增强。

（1）信道接入过程

非授权的接入需要满足监管规则。当有 Wi-Fi 或者其他网络存在时，NR-U 需要基于 20MHz 的 LBT 进行信道接入。在 NR-U 中需要考虑不同情况下的 LBT 方案。这些情况如下。

● DRS 发送的 LBT 方案。

● 基站触发的数据发送 LBT 方案。

● UE 触发的数据发送 LBT 方案。

● FBE 的 LBT 方案。

根据监管规则，NR-U 支持了 3 种 LBT 方式。这 3 种 LBT 方式具体的实现方式和详细标准化内容将在 9.2.4 节中介绍。

● CAT 1 LBT 适用于前次数据传输结束和后续数据传输间隔小于 $16\mu s$ 的情况，后续数据立即传输，不进行 LBT。

● CAT 2 LBT 适用于前次数据传输结束和后续数据传输间隔大于等于 16μs 且小于 25μs，满足一定条件的 DRS 传输，或者满足一定条件的 FBE 传输。

● CAT 4 LBT 适用于两次数据传输间隔大于 25μs 和所有首次数据传输的情况。

（2）初始接入和移动性

在 NR-U 的初始接入和移动性增强，主要设计思路是减少所需发送数据和信号的次数，从而避免 LBT 失败带来的额外时延。通过对 DRS 的设计，NR-U 把 SS/PBCH 和 RMSI 进行连续的联合发送，这样减少了单独数据发送和 LBT 机会。对于信道接入，NR R15 采用了 4 步 RACH 的方式，在 R16 进行了 2 步 RACH 的增强。NR-U 也可以采用 2 步 RACH 进行接入，从而减少数据发送次数，减少接入时延。

在移动性方面，NR-U 主要是基于 DRS，定义了 DMTC（DRS Measurement Time Configuration）。在非授权频段的 RRM 和 RLM 可以基于 DMTC 来进行。测量的信号可以是 DRS、SS/PBCH 块、CSI-RS 等。

（3）HARQ 过程增强

由于 LBT 的引入，使得 NR 中固定位置的 HARQ 反馈性能很难得到保障。NR-U 中对 HARQ 做了全面的增强，研究阶段确定要进行的增强包括以下内容。

● 支持所有的下行 HARQ 信息在一个 COT 中反馈。

● 支持在不同 COT 中进行 HARQ 反馈。

● 基于分组的多次 HARQ 反馈。

● 引入一次性反馈所有下行 HARQ 进程的 ACK/NACK 信息的信令（One-Shot Feedback）。

● 在下行控制信息（DCI）中，可以发送上行 HARQ 进程的 ACK/NACK 信息。

在标准化过程中，对以上增强如何进行结合进行了大量的讨论。比较有代表性的是如何支持一次 HARQ 有多次反馈机会，各个公司提出了多种方案，这也是讨论最激烈的部分。在研究阶段，归纳出以下 5 种主要方案。

方案 1：基站通知 UE 发送之前时刻 COT 的 PDSCH 或者需要反馈的 HARQ 反馈，具体反馈 HARQ 的时间和资源由另外的 DCI 给出。

方案 2：UE 在没有基站明确的指示时，可以在预配置的位置上报之前 COT 中的 PDSCH 相关 HARQ 反馈。

方案 3：基站通过调度 PDSCH 的 DCI 信令中的 PDSCH-to-HARQ-Timing-Indicator 指

示 UE 不在当前 COT 中的 HARQ 反馈；

方案 4：基站为 UE 预配置或者指示不同 LBT 带宽上的多个频域位置来进行 HARQ 反馈；

方案 5：基站为 UE 预配置或者指示多个时间位置来进行 HARQ 反馈。

在 R16 的 NR-U 中，基本选择了方案 1 进行支持。在 5 种方案中，方案 5 对 HARQ 保障最高，需要基站为 UE 预配置多个时间进行 HARQ 反馈。这种方式虽然直接提高了 HARQ 反馈的可靠性，但是代价也很明显，就是系统进行 HARQ 反馈开销变大。预配置两个时间资源反馈，就意味着相比 NR，一次 HARQ 反馈要占用多一倍的资源。预配置更多资源，那么系统开销就越大。方案 4 与多频段传输方案相关，虽然很多公司支持该方案，由于受标准化时间的影响，R16 中并没有支持。方案 3 如果仅指示一个值，并不能提供多个 HARQ 反馈位置，同时，为了支持跨 COT 的指示，需要引入比较大的反馈时间，最终方案 3 也没有被支持。方案 2 这种隐式的反馈相对其他方案可以节省调度开销，但是容易在基站接收时引起歧义，标准也没有进行支持。

从整体上看，NR-U 中对于 HARQ 的增强主要基于分组的多次 HARQ 反馈。标准化的实现中考虑了各种方案的结合，具体的标准化内容在 9.2.6 节中介绍。

（4）预配置过程增强

为加强上行数据发送的性能，NR 中支持两种（Type 1 和 Type 2）预配置的上行数据发送。NR-U 中继续支持这两种方式，但是根据非授权频谱需要对 LBT 的特点进行增强。这些增强包括以下内容。

● 在 PUSCH 中引入 UCI 指示，对 HARQ ID、NDI、RVID 等信息进行直接指示。

● 引入下行反馈指示（DFI，Downlink Feedback Indicator），对预配置的上行数据发送进行直接的 HARQ 反馈。

● 增强上行预配置的时域发送灵活性。

在 UCI 的设计中，不仅包括 HARQ ID 等信息，还考虑了上行触发的 COT 的一些指示信息。对于 DFI 的设计，标准化中也考虑过进行 HARQ 指示的同时，对指示为 NACK 的 HARQ 进程进行直接的重传指示。但是考虑到基于预配置的 PUSCH 重传可以基于预配置 PUSCH，也可以基于现有的调度机制，最终标准化没有支持该方式。对于时域的灵活性增强，NR-U 中可以支持连续多个时隙的不同 TB 的 PUSCH 预配置发送，而且每个时隙中采用相同的发送配置。NR-U 中对于预配置过程的设计内容在 9.2.7 节中介绍。

9.2 免许可接入标准化设计

9.2.1 初始接入信道及信号设计

NR-U 中初始接入信道及信号包括 SS/PBCH 块、DRS、PRACH 的设计。

1. SS/PBCH 块设计

NR-U 中对于 SS/PBCH 块的基础设计，包括 PSS、SSS 的产生，PBCH 中 DMRS 序列的设计，PSS、SSS、PBCH 及 PBCH DMRS 的时频域相对位置，都沿用 NR 的设计。NR-U 中对于 SS/PBCH 块最开始的讨论主要聚焦在如何增加 SS/PBCH 块潜在的发送位置。

在 NR 的设计中，SS/PBCH 的发送在一个半帧（5ms）内，然后以一定周期发送，对应不同的子载波间隔，设计了 5 种 SS/PBCH 块的发送模式[3]。NR-U 的设计中，SS/PBCH 块发送仍然集中在一个半帧内。但有所不同的是，R16 中 NR-U 对 15kHz 的子载波间隔和 30kHz 的子载波间隔的 SS/PBCH 块发送进行了增强，其中，5GHz 频段采用 15kHz 子载波间隔，6GHz 频段采用 30kHz 子载波间隔。对于 15kHz 的子载波间隔，NR-U 针对 NR 中 SS/PBCH 块的第一种模式进行了增强；而针对 30kHz 的子载波间隔，NR-U 针对 SS/PBCH 块的第三种模式进行了增强。

图 9-3 和图 9-4 所示分别为在 5GHz 频段和 6GHz 频段时 SS/PBCH 块的候选位置。根据标准讨论，对于 15kHz 子载波间隔，SS/PBCH 块在半帧内的候选发送位置增加到 10 个；对于 30kHz 子载波间隔，SS/PBCH 块在半帧内的候选发送位置增加到 20 个。这样，在半帧的每个时隙内，无论是 15kHz 还是 30kHz 子载波间隔，都有两个 SS/PBCH 块的候选发送位置。这种设计最大可能地增加了 SS/PBCH 块在半帧内的发送机会。从图中还可以看到无论是 15kHz 还是 30kHz 的子载波间隔下，每个时隙中 SS/PBCH 块的候

选位置都在 2～5 个符号和 8～11 个符号。

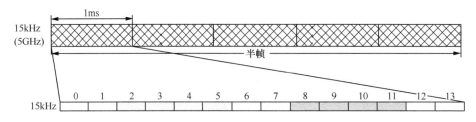

图 9-3　5GHz 频段时的 SS/PBCH 块的候选位置，15kHz 的子载波间隔

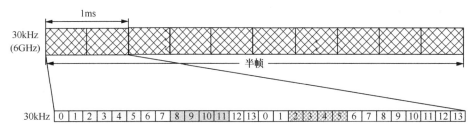

图 9-4　6GHz 频段时的 SS/PBCH 块的候选位置，30kHz 的子载波间隔

SS/PBCH 块候选位置增加之后，在 PBCH 信息中需要进行相应的指示。对 SS/PBCH 块的指示和 NR 采用的方式一样，也是 PBCH 的 DMRS 和 MIB 信息联合完成的。PBCH 的 DMRS 承载 3bit，MIB 信息中承载 3bit。对于 10 个候选位置，只需要 4bit 指示；而对于 20 个候选位置，需要 5bit 指示。

NR-U 虽然支持更多的 SS/PBCH 块候选位置发送，但是在实际的应用中并不会用完所有候选位置发送 SS/PBCH 块。更多的 SS/PBCH 块使用方式在 DRS 设计中给出。

2. DRS 设计

根据 9.1.3 节所述，NR-U DRS 定义为 SS/PBCH 块与 SS/PBCH 块关联的 CORESET0 + PDSCH（s）（承载 RMSI）和/或 CSI-RS 组成的时域连续发送的数据块。DRS 包含完整的 UE 进行同步和接入所需的信息。其中，SS/PBCH 块包含 UE 同步所需的信息，并指示 CORESET0 的相关信息，而 CORESET0 +PDSCH（s）则包含 UE 接入所需的信息。与 NR 相同，SS/PBCH 块和关联的 CORESET0 +PDSCH（s）存在着一定的 QCL（准静态共址）关系（可参考文献[3]）。

NR-U 中 SS/PBCH 块和关联的 CORESET0 采用时分复用的方式，即 NR 设计中的方式 1。图 9-5 所示为 SS/PBCH 块和关联的 CORESET0 的复用方式。CORESET0 在候选 SS/PBCH 块的间隔内进行发送。采用时分复用的方式很重要的原因在于 5GHz 和 6GHz 频段，非授权频段的 LBT 基本带宽为 20MHz。NR-U 独立部署时，相应的初始接入带宽以 20MHz 为基本单位。在这种情况下除去 SS/PBCH 块占用的 PRB，留给 CORESET0 的可用资源受限。NR-U 中还规定 SS/PBCH 块和关联的 CORESET0 采用相同的子载波间隔。对应 20MHz 的 LBT 带宽，子载波间隔为 15kHz 和 30kHz 时，CORESET0 频域资源配置的 PRB 数分别为 96 和 48 个 PRB。CORESET0 实际的频域位置和 SS/PBCH 块的相对关系，由 MIB 信息进行指示。CORESET0 对应的 Type 0-PDCCH 公共搜索空间（CSS）配置方式与 R15 中对于复用方式 1 的配置方式相同。

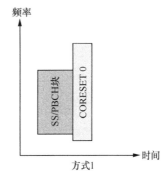

图 9-5　NR-U SS/PBCH 和关联的 CORESET0 的复用方式示意图

　　DRS 的发送以一定持续时间为基础周期发送。其中，DRS 持续时间是可以配置的，支持 0.5ms、1ms、2ms、3ms、4ms 或者 5ms 的配置，当 UE 没有明确得到 DRS 持续时间配置信息时，默认 DRS 发送持续时间长度为 5ms。DRS 发送周期与 NR 中同步广播块集合（SS/PBCH Burst）配置周期相同。UE 对于 SS/PBCH 块的检测是整体 DRS 检测的一部分。DRS 的配置不同，对于 SS/PBCH 块检测的假设也有所不同。

　　可以看到 SS/PBCH 块的候选位置是以 5ms 的半帧为基础的，而 DRS 的持续时间可以配置为小于 5ms。NR-U 虽然规定了更多的 SS/PBCH 块候选发送位置，但是实际使用时，并不需要所有候选位置都使用。分布在不同的 DRS 内的 SS/PBCH 块也存在一定的 QCL 关系，对此，NR-U 也进行了标准化。

　　为确定 DRS 内部和 DRS 之间不同 SS/PBCH 块的 QCL 关系，NR-U 定义了参数 Q。假设一个 PBCH 对应的 DMRS 序列指数为 A，对于不同的 SS/PBCH 块，如果 A 对 Q 进行取模运算结果相同，不同的 SS/PBCH 块间都是有 QCL 关系的。在 NR R15 中，A 的取值有 8 个，NR-U 沿用 NR 设计，没有增加 A 的个数。而 Q 的取值范围经过大量讨论定为 $\{1, 2, 4, 8\}$。基站需要通知 UE Q 的具体取值，当 UE 在没有收到基站的通知消息时，Q 值从 MIB 消息中获得。从 UE 的角度看，在一个 DRS 内，发送的 SS/PBCH 块个数不超过 Q。

确定了 DRS 内部和 DRS 之间不同 SS/PBCH 块的 QCL 关系后，UE 不仅可以进行同步和接入，还可以基于 DRS 进行测量。对于 DRS 采用的 LBT 等级内容将在 9.2.4 节中进行介绍。

3. PRACH 设计

NR-U 中 PRACH 的设计，主要的限制来自于非授权频谱对于一次发送的最小占用带宽的要求。对于 PUCCH 和 PUSCH 的设计，如 9.1.3 节中所介绍，都支持了基于交织的发送方式。但是对于 PRACH，经过 3GPP 讨论并没有采纳此种方式，而是采用了单次 PRACH 发送占用更大带宽的方式。同时，考虑到 NR-U 的部署场景和 NR 部署场景存在很多重合的情况，R16 并没有针对 NR-U 设计额外的 PRACH 格式。

为支持 NR-U 的 PRACH 采用更大发送带宽，不同公司也提供了多种方式，主要有以下两种方式。

方式 1：基于目前已有的 139 长的序列在频域进行重复发送。

方式 2：采用一个单独的长序列在频域进行连续的发送。

综合考虑两种方式的性能、复杂度及对标准的影响等因素，标准最终支持方式 2。对于 15kHz 和 30kHz 的子载波间隔，NR-U 分别采用长度为 1151 和 571 的 ZC 序列进行 PRACH 发送。标准中对于长度为 1151 和 571 的 ZC 序列设计可以参考 3GPP 38.211[4]。采用更长的 ZC 序列以后，已有的 NR 中各种 PRACH 格式都可以满足非授权频谱的最小占用带宽需求。实际使用中，基站及 UE 可以根据实际部署场景灵活采用不同的 PRACH 格式。

9.2.2 下行信道及信号设计

如 9.1.3 节所述，NR-U 对于下行信道及信号的增强设计主要包括 4 个部分：COT 指示设计、COT 内和 COT 外的 PDCCH 监测设计、更多长度的 Type B PDSCH 设计和一次调度多个 PUSCH 设计。

1. COT 指示设计

由于非授权频段有单次数据发送最大发送时间限制，而且在一次数据发送时要实现上下行的转换，在 NR-U 中引入 COT 的指示很快在各公司间达成共识。标准化过程中，各公司主要关注点在于 COT 需要实现的功能及 COT 指示的具体设计。

经过讨论，对于 COT 指示需要实现以下几项功能[5]。

● COT 持续时间。

● COT 内上下行数据结构。

● COT 内支持的 LBT 带宽。

● 搜索空间转换指示。

根据上述功能，NR 中已有的 DCI 格式 2_0 被选为 COT 指示。已有的 COT 内上下行数据结构可以完全复用已有的 DCI 格式 2_0 的基于时隙的指示方式。其他 3 项功能则根据高层信令配置进行相应的指示。

对于 COT 持续时间，支持显性指示和隐式指示两种方式。当采用显性指示时，每个 LBT 带宽都会有相应的字段对于 COT 的持续长度进行指示，指示的单位是符号，可选值由高层信令配置。当采用隐性指示时，COT 的持续长度由 COT 指示的上下行数据结构得出，COT 结束点为 COT 数据结构指示的最后一个时隙。当 UE 通过 COT 持续时间得知在一个 COT 内部时，可以根据上下行数据的间隔和基站的调度指示调整上行数据发送的 LBT 等级，如从 LBT 等级 4 变为 LBT 等级 2。

COT 内支持的 LBT 带宽需要支持指示当前 COT 内提供服务不同 LBT 带宽。其中，LBT 带宽以 20MHz 为基本单元。如当前载波共有 100MHz 带宽，共 5 个 LBT 带宽可以为 UE 提供服务。经过下行 LBT，其中，3 个 LBT 带宽可以发送数据。那么高层信令可以配置 5bit 对应 5 个 LBT 带宽，其中，3 个可用 LBT 带宽对应比特为 1，另外两个不可用 LBT 带宽对应比特为 0。COT 指示中的 COT 内 LBT 带宽指示有效期截至当前 COT 持续时间结束。

COT 中搜索空间转换指示基本原理如 9.1.3 节所述。COT 内部和 COT 外部，对于 PDCCH 的监测行为有所转变。COT 中搜索空间转换指示就是对 PDCCH 搜索空间变换进行指示的。具体的，指示方式也可以有显性指示和隐性指示。具体设计在后面 COT 内和 COT 外的 PDCCH 监测设计中介绍。

2. COT 内和 COT 外的 PDCCH 监测设计

NR-U 为支持 COT 外更频繁的 PDCCH 监测，可以最多配置两个 PDCCH 搜索空间集合组（Search Space Sets Group）。不同的组可以对应 COT 内和 COT 外的 PDCCH 发送。以两个 PDCCH 搜索空间集合组为例，其中，搜索空间集合组 1（Group1）对应 COT 外的 PDCCH 发送，而搜索空间集合组 2（Group2）对应 COT 内的 PDCCH 发送。NR-U 中支持了 Group1 和 Group2 的显性和隐性切换方式，而对于 Group2 向 Group1 的切换，都是采用隐性切换的方式。

对于显性的 Group1 向 Group2 的切换，在 COT 指示内将出现对应的切换比特；该比特为 1 时，UE 在接收到承载 COT 指示的 DCI 格式 2_0 时隙的下一个可用时隙，进行 Group2 的 PDCCH 检测。同时，UE 启动针对 Group2 的以时隙为单位的计数器。当计数器到期或者 COT 持续结束后一定时间，UE 进行从针对 Group2 的检测切换到对 Group1 的检测。

对于隐性的切换方式，分为两种情况。一种情况是 COT 指示内没有出现切换比特；另一种情况是 UE 没有进行针对 COT 指示的检测。两种方式下，UE 对于两个 Group 的切换行为基本相同。UE 都是进行针对 Group1 的 PDCCH 检测，一旦检测到 Group1 的 PDCCH，那么 UE 在下一个可用时隙，进行 Group2 的 PDCCH 检测。同时，UE 启动针对 Group2 的以时隙为单位的计数器。当计数器到期或者 COT 持续结束后一定时间，UE 进行从针对 Group2 的检测切换到对 Group1 的检测。

COT 指示中对于不同的 BWP，Group1 向 Group2 的切换需要单独进行配置。因此在 COT 指示中，一旦进行 Group1 向 Group2 的显性切换指示，也会根据 BWP 配置，允许多个比特配置。

图 9-6 所示为 NR-U 下行发送结构，在一个 COT 结构外，终端进行超短时隙（Mini-Slot）级别的监测，在 COT 开始阶段，基站可以选择超短时隙的数据发送。在超短时隙后，基站进行正常时隙的数据发送，终端也恢复时隙级别的监测。

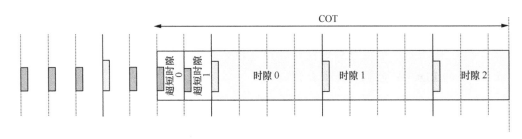

图 9-6 下行发送结构示意图

3. 更多长度的 Type B PDSCH 设计

为适应 PDSCH 开始传输位置能灵活匹配 LBT 的结果，不同厂家提出了多种扩展已有 PDSCH Type B 长度设计的方案。由于不同长度都有各种支持理由，经过多次讨论，最终决定支持 2～13 个符号的全部 Type B PDSCH 设计。对于不同长度 Type B PDSCH 的支持主要设计点在于不同长度下 DMRS 的设计。表 9-1 和表 9-2 分别给出了 Type B PDSCH 符号长度为 2～13 时的单符号和双符号 DMRS 位置，其中，l_0 是第一个 PDSCH 符号所在的位置，符号长度代表 DMRS 额外位置与 l_0 的相对位置。根据表中数据，随着符号数增加，标准规定了更多的 DMRS 额外位置来增加 PDSCH 的解调性能。

表 9-1　单符号 DMRS 时的 Type B PDSCH DMRS 位置

符号长度	DMRS 额外位置			
	位置 0	位置 1	位置 2	位置 3
2	l_0	l_0	l_0	l_0
3	l_0	l_0	l_0	l_0
4	l_0	l_0	l_0	l_0
5	l_0	$l_0,4$	$l_0,4$	$l_0,4$
6	l_0	$l_0,4$	$l_0,4$	$l_0,4$
7	l_0	$l_0,4$	$l_0,4$	$l_0,4$
8	l_0	$l_0,6$	$l_0,3,6$	$l_0,3,6$
9	l_0	$l_0,7$	$l_0,4,7$	$l_0,4,7$
10	l_0	$l_0,7$	$l_0,4,7$	$l_0,4,7$
11	l_0	$l_0,8$	$l_0,4,8$	$l_0,3,6,9$
12	l_0	$l_0,9$	$l_0,5,9$	$l_0,3,6,9$
13	l_0	$l_0,9$	$l_0,5,9$	$l_0,3,6,9$
14	—	—	—	—

表 9-2　双符号 DMRS 时的 Type B PDSCH DMRS 位置

符号长度	DMRS 额外位置		
	位置 0	位置 1	位置 2
<4	—	—	—
4	—	—	—

续表

符号长度	DMRS 额外位置		
	位置 0	位置 1	位置 2
5	l_0	l_0	—
6	l_0	l_0	—
7	l_0	l_0	—
8	l_0	$l_0,5$	—
9	l_0	$l_0,5$	—
10	l_0	$l_0,7$	—
11	l_0	$l_0,7$	—
12	l_0	$l_0,8$	—
13	l_0	$l_0,8$	—
14	—	—	—

4. 一次调度多个 PUSCH 设计

为提升上行调度的效率，避免连续上行发送采用多个 PDCCH 进行调度，NR-U 中引入了一次下行 DCI 调度多个上行 PUSCH 发送的新特性。R15 中为扩大上行 PUSCH 覆盖距离，支持了一次下行调度多个 PUSCH，每个 PUSCH 进行完全重复的发送方式。R16 中对于该特性进行了增强，允许多个 PUSCH 采用不同的 TB 连续发送。一次下行调度多个 PUSCH 进行不同 TB 的发送是由 DCI 格式 0_1 完成的。在设计 DCI 格式 0_1 调度多个 PUSCH 时，需要考虑调度的时域特性、频域特性、MCS、CSI 发送和 HARQ 相关信息指示等多个方面。

多个 PUSCH 采用相同的频域资源，不再进行单独的 PUSCH 频资源分配指示。而多个 PUSCH 发送时的时域设计是整个设计的焦点。多个公司建议开始发送的 PUSCH 可以有多个开始时间点，以此来对抗 LBT 带来的不确定性。考虑到多个开始时间点为基站和终端带来的额外复杂度，标准化并没有进行支持。另一个时域设计的讨论点是多个 PUSCH 是否采用相同的调度类型和时域长度，如多个长度相同的 Tpye B 调度或者多个 Type A 调度。由于此种调度限制了调度的灵活性，标准化采用了更加灵活的时域调度方式。具体的，连续多个 PUSCH 的时域信息由高层配置，高层信息配置 DCI 格式 0_1 中的 TDRA（时域资源分配）表格，表格每一行表示一个连续分配的单个或者多个 PUSCH 时域分配信息，每行最多可以分配 8 个 PUSCH。

调度多个 PUSCH 时，对每个 PUSCH 都进行单独的 MCS 指示并没有太大必要性，而且会带来额外开销。当多个 PUSCH 发送时，有的 PUSCH 为首传，有的为重传，基站和 UE 之间还是需要对首传和重传的 PUSCH 采用 MCS 和发送的 TB 大小进行明确。经过讨论，标准最终采用单一的 MCS 指示，如果是首传，那么 PUSCH 根据 DCI 格式 0_1 的指示进行发送；如果是重传，那么 PUSCH 根据初次发送时的 MCS 进行发送。

当 DCI 格式 0_1 中包含对非周期的 CSI 上报时，需要考虑 CSI 反馈信息由哪个 PUSCH 发送。经过讨论，当连续调度 M 个 PUSCH，且配置了非周期的 CSI 上报时：

● 当 $M \leq 2$，CSI 反馈信息由第 M 个 PUSCH 承载；

● 当 $M > 2$ 时，CSI 反馈信息由第 $M-1$ 个 PUSCH 承载。

当调度多个 PUSCH 时，只指示第一个 HARQ 进程的 ID 号，其余 PUSCH 采用的 ID 号依次叠加。同时在 DCI 格式 0_1 中还对每个 HARQ 进程是否为首传和重传的版本进行分别指示。采用多个 PUSCH 调度时，不支持基于 CBG 的发送。

9.2.3　上行信道及信号设计

NR-U 上行信道及信号设计主要包括 PUSCH、PUCCH 和 SRS 的设计。其中，PUSCH 和 PUCCH 均支持了基于交织方式的发送。SRS 相对于 R15 中 NR 设计主要增加了更多的开始位置。

1. PUSCH 设计

NR-U 中的 PUSCH 和 PUCCH 的交织设计都是基于 PRB。对于 15kHz 的子载波间隔，每个交织间隔 9 个 PRB，20MHz 的 LBT 带宽内每个交织包含 10 个或者 11 个 PRB，共 10 个交织（如图 9-2 所示）。对于 30kHz 的子载波间隔，每个交织间隔 4 个 PRB，20MHz 的 LBT 带宽内每个交织包含 10 个或者 11 个 PRB，共 5 个交织。

在进行基于交织的上行调度指示时，需要考虑交织的组合指示。在一个 20MHz 的 LBT 频带内，采用 30kHz 的子载波间隔时，采用 X=5bit 进行指示，而采用 15kHz 的子载波间隔时，采用 X=6bit 进行指示。对于 6bit 指示 10 个交织，标准进行了一些额外规定。其中，6bit 代表的前 55 个状态用于开始的交织号和后面连续的交织数，最后 9 个状态指示交织号的组合，如表 9-3 所示。当基站配置了频域交织发送，并对 UE 采用 DCI 格式 0_0 的上行 PUSCH 调度时，频域指示就包含 X 比特，此时假设对频域的调度就在当前的 LBT 带宽内。

表 9-3　6bit 作为交织指示时最后 9 个状态代表的交织组合

状态号	交织组合
55	0,5
56	0,1,5,6
57	1,6
58	1,2,3,4,6,7,8,9
59	2,7
60	2,3,4,7,8,9
61	3,8
62	4,9
63	预留

考虑到上行 BWP 内可能支持多个 LBT 带宽，标准也对多个 LBT 带宽的交织指示进行了规定。假设一个 BWP 内包含 N 个 LBT 带宽，那么在进行 PUSCH 的多个 LBT 带宽交织指示时，额外增加 $Y=\left\lceil \log_2\left(\dfrac{N(N+1)}{2}\right)\right\rceil$ 比特的 LBT 带宽指示，用来代表各种 LBT 带宽的组合指示，每个带宽内均采用相同的交织方式。这样，当 PUSCH 通过交织方式进行发送时，如果既需要 LBT 带宽指示，又需要 LBT 带宽内指示时，频域需要 $X+Y$ 个比特进行指示，如采用 DCI 格式 0_1 的上行 PUSCH 调度。

在 NR-U 中，并不是所有的 PUSCH 传输必须采用基于交织的传输，在一些情况下依然可以采用 NR 已经使用的频域发送方式。是否采用基于交织的频域发送方式，需要高层信令或者系统信息进行直接指示。当 UE 接收到明确的配置参数之后才开始进行基于交织的 PUSCH 发送。此外，经过讨论，PUCCH 和 PUSCH 是否采用基于交织的发送需要同时指示，UE 不希望基站只进行 PUCCH 或者 PUSCH 的交织发送。

2. PUCCH 设计

NR-U 中为了满足监管规则的需求，并匹配 PUSCH 的发送，PUCCH 的设计也支持基于交织的频域设计。PUCCH 的交织基本间隔和每 20MHz 带宽内包含的交织个数与 PUSCH 设计相同。与 PUSCH 不同的是，PUCCH 的交织发送只限制在一个 LBT 带宽内。

如 9.1.3 节所述，NR 上行控制信道不能直接使用 5 种 PUCCH 格式支持交织的数据发送。PUCCH 格式 0/1/4 只支持单 PRB 发送，PUCCH 格式 2/3 支持多 PRB 发送，但是也需要进行增强才适合基于交织的发送。经过讨论 NR-U 不支持 PUCCH 格式 4 的频域交织发送，而对 PUCCH 格式 0/1/2/3（PF0/1/2/3）进行了增强。增强 PF0/1 主要考虑的是要支持较少的上行控制信息发送，如支持在 RRC 建立前的 ACK/NACK 信息发送和少量上行控制信息发送，而对 PF2/3 的增强主要是进行大量上行控制信息发送。

对 PUCCH 格式 0/1 实现频域上交织发送的增强方式是在 R15 已有的一个 PRB 设计基础上，在交织的多个 PRB 上进行长度为 12 的序列重复发送，但是每个 PRB 上发送的序列增加了循环移位。具体循环移位的添加方式是在 PF0/1 的序列循环移位生成式中加入 5 倍的交织中的 PRB 序号，具体可参考标准 38.211 中 6.3.2.2.2 节[4]。PF0/1 在增强之后，UE 没有建立 RRC 连接前，也可以由 SIB 信息配置 UE 使用基于交织的上行控制信息发送。在 RRC 建立前，PUCCH 的反馈需要基于预配置的表格。当 UE 被配置了基于交织的反馈后，对现有标准 38.213[7]中的 9.2.1-1 预配置表格会进行重新解读，如把 PRB 补偿（PRB Offset）直接解读为交织开始索引补偿（Starting Interlace Index Offset）。

对 PUCCH 格式 2/3 实现频域上交织发送的增强方式是引入正交码（OCC，Orthogonal Cover Code），增强多用户复用能力。其中，PF2 中数据和参考信号部分均采用的是不同 PRB 间的循环 OCC，而 PRB 内则进行 RE 级别的重复，具体可参考 38.211 中 6.3.2.5 节[4]。PF3 数据部分采用的是结合资源块的重复的 pre-DFT OCC，参考信号部分则采用不同用户使用 ZC 序列不同循环移位的方式进行复用，具体可参考 38.211 中的 6.3.2.6 节[4]。

PF2/3 不仅支持单个交织的发送，还支持两个交织的发送。当采用两个交织的发送时，PF2/3 不支持多用户的复用。而 PF2/3 采用单交织的发送时可以支持 1、2、4 个用户的复用发送。当用户可以使用两个交织（Interlace0、Interlace1）发送上行控制数据时，优先使用第一个配置的交织（Interlace0）。当采用 15kHz 的子载波间隔时，两个交织间的频域距离限制在 1 或者 5，两个交织间没有距离限制。

3. SRS 设计

R15 中 SRS 只能在一个时隙中的最后 6 个符号上发送。在非授权频段，这种配置限制了 SRS 发送的机会和与 PUSCH 的复用能力。在标准中主要讨论了 SRS 可以在哪些符号进行发送和如何配置。经过讨论，为了最大限度地提升 SRS 发送的灵活性，标准支持在 1 个时隙内 14 个符号均可以进行 SRS 的发送。具体的配置方式由高层信令完成，包括 SRS 开始位置、资源映射和 SRS 本身的一些配置。

9.2.4　信道接入过程设计

NR-U 的信道接入过程主要是标准化基站或者 UE 在非授权频段获得信道接入机会，进行数据传输的过程。具体的，就是要对信道进行检测和评估，看信道是否空闲可以用来传输，整个过程就是 LBT 过程。NR-U 标准化基于负载的设备（LBE）和基于帧的设备（FBE）两类接入过程。LBT 中有一些基本概念。

● LBT 中的信道是指由一组连续的资源块（RB）组成的一个载波或者载波的一部分，在这段连续资源块内基站或者 UE 进行非授权频段的信道接入过程。

● 信道接入过程是为发送数据而对信道进行检测，进而对信道的有效性进行评估的过程。信道检测的基本单位是 $T_{sl}=9\mu s$。在 T_{sl} 时间内，如果基站或者 UE 检测到信道有至少 $4\mu s$ 能量低于一个门限值，那么就判定该段时间内信道空闲，否则，就判定该段时间内信道繁忙。检测门限值一般为监管规则给定值，基站可以根据实际应用进行配置[8]。

● 信道占用指的是基站或者 UE 在完成信道接入过程后进行数据发送。

● 信道占用时间是基站或者 UE 发送数据占用信道的总时间。该时间包括基站或者 UE 在接入信道后共享占用信道。当决定信道占用时间时，如果数据发送的间隔小于等于 $25\mu s$，这个间隔时间也计入信道占用时间。

● 一次下行发送定义为基站连续进行间隔不大于 $16\mu s$ 的系列下行数据发送。当发送间隔大于 $16\mu s$ 时，则认定为不同的下行发送。在一次下行发送内基站可以不进行信道有效性的检测。

● 一次上行发送定义为 UE 连续进行间隔不大于 16μs 的系列上行数据发送。当发送间隔大于 16μs 时，则认定为不同的上行发送。在一次上行发送内 UE 可以不进行信道有效性的检测。

1. 基于 LBE 的 LBT 过程

NR-U 标准化了 3 种基于 LBE 的 LBT 过程。在标准化过程中，3 种 LBT 过程分别被称为 Cat1 LBT（LBT 等级 1）、Cat2 LBT（LBT 等级 2）和 Cat4 LBT（LBT 等级 4）。不同 LBT 等级对应不同国家和地区的 LBT 监管规则。在实际的 NR-U 发送中，根据监管规则，不同的物理信道发送也采用不同的 LBT 等级。

（1）Cat1 LBT

Cat1 LBT 进行上行或者下行数据发送不进行信道检测。此种情况下，虽然不进行信道检测，但是发送的数据长度不能超过 584μs。采用 Cat1 LBT 时，基站或者 UE 需要保证前序的数据发送与马上发送的数据间隔小于 16μs。

（2）Cat2 LBT

Cat2 LBT 分为两种方式，分别为 Cat2 16μs LBT 和 Cat2 25μs LBT。

对于 Cat2 16μs LBT，基站或者 UE 在发送数据前要经过一个 T_f=16μs 的信道检测。具体的，信道检测发生在 T_f 最后的 9μs，信道检测时间不小于 5μs。如果有 4μs 以上检测信道空闲，那么认为信道空闲。

对于 Cat2 25μs LBT，基站或者 UE 在发送数据前要经过一个 T_{short_dl}=25μs 的信道检测。具体的，T_{short_dl} 由一个 T_f=16μs 的检测时间和一个 9μs 的检测时间构成。T_f 的信道检测时间在前 9μs。如果两个检测时间的检测结果均为信道空闲，那么认为信道空闲可以发送数据。

（3）Cat4 LBT

Cat4 LBT 是最严格的 LBT，包含最多的信道检测次数。Cat4 LBT 包含两部分，一部分是长度为 T_d 的信道检测；另一部分是一个循环检测过程。

第一部分 T_d 由一个 T_f=16μs 和后续连续的 m_p 个 T_{sl}=9μs 组成。其中，T_f 的检测时间在最开始的 9μs，m_p 由表 9-4 和表 9-5 给出。当 T_d 内所有的检测时间都空闲后，进入第二部分循环检测。

第二部分检测是基于计数器 N 的循环过程。具体过程如下。

步骤 1：令 $N=N_{init}$，其中 N_{init} 是一个满足在 0 到 CW_p 均匀分布的随机数，进入步骤 4。

步骤 2：如果 $N>0$，那么令 $N=N-1$。

步骤 3：进行一次 T_d 的信道检测，如果检测结果为空闲，进入步骤 4，否则进入步骤 5。

步骤 4：如果 $N=0$，结束；否则，进入步骤 2。

步骤 5：进行长度为 T_d 的信道检测，直到 T_d 中有一个检测时间信道为繁忙或者所有检测时间内信道都为空闲。

步骤 6：如果 T_d 所有检测时间内信道均为空闲，进入步骤 4；否则，进入步骤 5。

其中，$CW_{min,p} \leq CW_p \leq CW_{max,p}$ 为竞争窗，CW_p 调整过程在后面给出。m_p、$CW_{min,p}$ 和 $CW_{max,p}$ 由表 9-4 和表 9-5 给出。

Cat4 LBT 也分为 4 个等级。表 9-4 和表 9-5 给出了上行和下行 Cat4 LBT 的 4 个等级参数。其中，$T_{ulmcot,p}$ 为上行最大信道占用时间，$T_{mcot,p}$ 为下行最大信道占用时间。对于 Cat4 LBT 4 个等级的使用，需要综合基站和 UE 发送数据类型和基站与 UE 约定进行考虑。

表 9-4 上行 Cat4 LBT 信道接入等级参数表

接入分类（p）	m_p	$CW_{min,p}$	$CW_{max,p}$	$T_{ulmcot,p}$（ms）	CW_p 可能的取值
1	2	3	7	2	{3,7}
2	2	7	15	4	{7,15}
3	3	15	1023	6 或 10	{15, 31, 63, 127, 255, 511, 1023}
4	7	15	1023	6 或 10	{15, 31, 63, 127, 255, 511, 1023}

表 9-5 下行 Cat4 LBT 信道接入等级参数表

接入分类（p）	m_p	$CW_{min,p}$	$CW_{max,p}$	$T_{mcot,p}$（ms）	CW_p 可能的取值
1	1	3	7	2	{3, 7}
2	1	7	15	3	{7, 15}
3	3	15	63	8 或 10	{15, 31, 63}
4	7	15	1023	8 或 10	{15, 31, 63, 127, 255, 511, 1023}

在进行 Cat4 LBT 第二部分的步骤 1 之前需要对 CW_p 进行维护。NR-U 的维护也进行了标准化，基本的步骤如下。

步骤 1：对各个接入等级 $p \in \{1, 2, 3, 4\}$，令 $CW_p = CW_{\min, p}$。

步骤 2：如果在上次 CW_p 更新之后有 HARQ-ACK 反馈，进入步骤 3；否则，如果在上次 CW_p 更新之后进行 Cat4 LBT 的传输时间内，没有进行数据重传或者进行了数据传输，进入步骤 5；否则，进入步骤 4。

步骤 3：收到的 HARQ-ACK 信息中基于 TB 的信息如果至少有一个是 ACK 或者基于 CBG 的反馈信息中至少有 10% 的反馈是 ACK，那么进入步骤 1；否则，进入步骤 4。

步骤 4：对每个接入等级 $p \in \{1, 2, 3, 4\}$，增加 CW_p 到下一个更高值。

步骤 5：对每个接入等级 $p \in \{1, 2, 3, 4\}$，保持 CW_p，进入步骤 2。

如果 $CW_p = CW_{\max, p}$，且 $CW_p = CW_{\max, p}$ 已经连续采用 K 次作为 N_{init} 的生成值，那么其将被重置为相应等级的 $CW_{\min, p}$。其中，K 是一个由 $\{1, 2, \cdots, 8\}$ 中为每个等级选取的值。

2. 基于 LBE 的不同 LBT 类型的使用

对于上行和下行发起的各类信道和信号发送，标准均给出了具体的 LBT 等级和使用方式。有些信道和信号发送 LBT 采用默认等级，有些发送需要进行指示。

对于基站或者 UE 开始数据发送，需要基于 Cat2 25μs LBT 或者 Cat4 LBT。Cat2 25μs LBT 主要用于 DRS 的发送。当 DRS 单独发送或者与系统消息联合发送时，发送周期在每秒 20 次以下，发送长度为 1ms 以下时，采用 Cat2 25μs LBT。而当 DRS 单独发送或者与系统消息联合发送时，发送周期在每秒 20 次以上，发送长度为 1ms 以上时，只能采用 Cat4 LBT。对于其他的上行或者下行初始的数据或者信号发送，都采用 Cat4 LBT。

当在一个 COT 内部，需要进行下行到上行转换时，下行和上行之间需要有一个根据 LBT 等级产生的间隔。该间隔的产生方式是通过在下行发送之后空出若干符号和后续第一个上行数据信号的 CP 扩展（CPE）来实现的。图 9-7 所示为通过 CP 扩展来实现上下行之间间隔。如果产生的间隔时间为 25μs+TA，由于不同的子载波间隔不同，单符号长度也不同，需要扩展的符号数也有所差异。真正的上下行数据间隔单位为符号长度，假设为 T，那么 CPE 的长度为 T–25μs–TA。NR-U 支持不同的时间间隔，相应的，也支持不同 CPE 长度的指示。

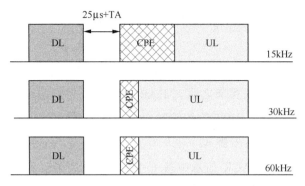

图 9-7 CP 扩展示意图

在基站发起的数据结构中，UE 的发送基于基站的调度。在基站的调度信令中，引入了对 LBT 等级、接入等级和接入循环前缀扩展（CP Extension）结合的指示。指示的具体数值由高层信令进行配置。UE 接收到基站的指示后，假设基站基于 Cat4 LBT 获得信道，并根据指示内容进行 LBT 和上行数据发送。当上行数据发送采用 Cat1 LBT 或者 Cat2 LBT，那么上行数据发送结束后，基站保证下行数据发送在上行数据发送结束后 16μs 以内，还可以通过 Cat1 LBT 进行数据发送，下行数据发送在上行数据发送结束后 16μs 或者 25μs，那么可以通过 Cat2 16μs LBT 或者 Cat2 25μs LBT 进行数据发送。

在 UE 发起的数据结构中，基站也可以共享该数据结构进行下行数据发送。当基站共享 UE 发起的数据结构时，如果高层配置了下行与上行共享门限值（ULtoDL-CO-SharingED-Threshold-r16），发送的用户面数据只能针对发起数据结构的 UE，控制面数据不受限制；而当高层没有配置该门限值时，基站只能发送控制面数据，而且发送数据的长度针对 15kHz、30kHz 和 60kHz 子载波间隔，不能超过 2、4 和 8 个符号。基站共享 UE 发起数据结构采用的 LBT 等级与 UE 共享基站发起数据结构类似：基站保证下行数据发送在上行数据发送结束后 16μs 以内，可以通过 Cat1 LBT 进行数据发送，下行数据发送在上行数据发送结束后 16μs 或者 25μs，那么可以通过 Cat2 16μs LBT 或者 Cat2 25μs LBT 进行数据发送。

在 NR-U 中支持由上行预配置（见 9.2.7 节）发起的上行数据发送，NR-U 中也允许由上行预配置发送触发的上行数据结构中进行下行数据发送共享。

当高层配置了下行与上行共享门限值时，UE 还将收到高层配置的 COT 共享列表（COT-SharingList-r16），列表中的每一列提供一个预配置 COT 共享参数（cg-COT-

Sharing-r16），该参数中包含基站共享上行数据发送时的 LBT 相关参数。当 UE 进行预配置的上行数据发送时，将在 CG-UCI 中指示一个预配置 COT 共享参数。基站根据该指示参数进行信道检测和数据发送共享。

当高层没有配置下行与上行共享门限值时，如果 CG-UCI 中 COT 共享信息为"1"，那么基站还可以共享 UE 发起的信道占用。其中，下行数据在包含 CG-UCI 的时隙后 X 个符号发送，X 的值由高层信令配置。UE 也将为基站配置 LBT 的接入等级。该共享发送不包含用户面数据，而且发送持续长度针对 15kHz、30kHz 和 60kHz 子载波间隔，不能超过 2、4 和 8 个符号。

当基站在多信道进行接入时，每个信道均需要进行 LBT 过程。根据各个信道采用的 LBT 类型，多信道接入时也分为两类；一类是各个信道均做 Cat4 LBT；另一类是一个信道做 Cat4 LBT，其余信道做类似 Cat2 的 LBT。对于不同类型的多信道接入的内容可以参考 38.213[7]中 4.1.6 节。

3. FBE 过程

如果 NR-U 部署时可以保证周围没有其他的系统，如从管制角度在某个区域某段频率由某个用户独享，基站可以在系统消息或者高层配置中通知 UE 进行基于 FBE 的发送。在使用 FBE 的信道接入时，NR-U 系统在两个连续帧中每 T_x 进行周期的信道占用，T_x 为高层配置的以 ms 为单位的周期长度。占用开始时间点在奇数帧号的 $x \cdot T_x$，最多占用时间为 $0.95T_x$，其中，$x \in \left\{0, 1, \cdots, \dfrac{20}{T_x} - 1\right\}$。在基站或 UE 再次发起信道占用时，距离上一次数据传输结束至少间隔 $T_z = \max(0.05T_x, 100\mu s)$。

采用 FBE 过程时，基站或者 UE 的信道有效性检测在 $T_{s1} = 9\mu s$ 以内。基站在配置的信道占用开始点进行 $T_{s1} = 9\mu s$ 的信道检测，在检测到信道空闲时发送数据，而在检测到信道繁忙时，则不在当前信道占用内发送数据。基站可以在信道占用中、前序数据传输间隔超过 16μs 以后，进行 $T_{s1} = 9\mu s$ 的信道检测，检测结果为空闲，基站即可发送数据。在信道占用时间内，基站下行数据发送在距离上行数据发送 16μs 以内，不用进行信道检测。

UE 在满足一定条件时，可以共享由基站发起的下行数据传输。当上行数据发送在下行数据发送后的间隔 16μs 以内,UE 在信道占用时间内可以不进行信道检测直接发送。当上行数据发送在下行数据发送后的间隔 16μs 以上,UE 需要在检测信道为空闲后才能发送，检测的长度至少为 T_{sl}=9μs。

图 9-8 所示为一个 T_x=20ms 时的 FBE 发送在第一个 20ms 的周期开始时间点，基站进行时间为 9μs 的 LBT，检测结果为空闲，基站通过 PDCCH 发送对上行数据的调度。UE 在接收到基站的调度后，一定时间以后，根据基站调度，进行时间为 9μs 的 LBT，检测结果为空闲,UE 发送 PUSCH 数据。在一次信道占用最后,1ms 时间为空闲态（IDLE），不进行数据发送。在后续 20ms 周期内，基站先进行时间为 9μs 的 LBT，然后进行 PDCCH/PUSCH 数据发送,UE 在下行数据发送后 16μs 以内开始了 PUCCH/PUSCH 的数据发送，由于间隔小于 16μs，UE 不再进行 LBT 而是直接发送上行数据直到第二个空闲态开始。可以看出，基于 FBE 的 LBT 比基于 LBE 的 LBT 要求低很多。这种部署方式对以工业互联网为代表的区域部署有比较大的应用前景。

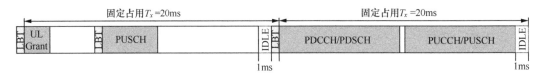

图 9-8　T_x=20ms 时基于 FBE 发送示意图

9.2.5　初始接入过程增强

NR-U 中初始接入过程基于对于 DRS 的测量与接收。UE 基于 SS/PBCH 块的 RLM/RRM 测量，变为基于 DRS 的测量。具体的测量值和测量周期与 NR 相同，但是由于 LBT 带来的影响，需要考虑 DRS 中 SS/PBCH 块的位置。考虑到 NR-U 的发送以 LBT 带宽为基础，UE 的测量在频域上也需要基于 LBT 带宽，而非整个 BWP。为支持邻区对于 DRS 的测量，NR-U 中允许在 SIB 消息中对邻区的 DRS 使用 Q 值进行指示。

NR 的初始接入基于 4 步接入流程。为减少 LBT 为接入过程带来的不确定性，NR-U 中还可以使用 2 步接入过程（具体内容见第 2 章）。在 4 步接入过程中，多个公司主要对 Msg 3 的发送增强方案进行了讨论。这些方案集中在 Msg 3 的 LBT 等级和多次发送机会。考虑到 Msg 3 和 Msg 2 的间隔可以比较小，从而实现 Msg 3 和 Msg 2 共享一个基站发起的数据传输，标准支持对 Msg 3 的 LBT 等级进行指示。而对于时域上 Msg 3 有多次发送机会，物理层可以基于实现，没有做过多额外的标准化。

9.2.6 HARQ 增强

如 9.1.3 节所述，NR-U 中对于 HARQ 的增强主要基于分组的多次 HARQ 反馈。具体的增强方案包括：下行数据反馈时间（PDSCH-to-HARQ-Timing-Indicator）非数值指示，基于分组的多次 HARQ 反馈，一次性反馈所有下行 HARQ 进程 ACK/NACK 信息（One-Shot Feedback）指示。

1. PDSCH-to-HARQ-Timing-Indicator 非数值指示

NR-U 的数据发送基于 COT 进行，考虑到 UE 处理时延，有部分的下行 HARQ 进程在基站发送时，并不能确切知道进行 ACK/NACK 的反馈时间点。R15 标准中指示下行 HARQ 反馈时间的参数 PDSCH-to-HARQ-Timing-Indicator 都是基于确定的数值。为解决这一问题，NR-U 中在配置 PDSCH-to-HARQ-Timing-Indicator 的取值范围参数（dl-DataToUL-ACK）中，支持了一个非数字值。当 PDSCH-to-HARQ-Timing-Indicator 指示该非数字值时，UE 将把对应 PDSCH HARQ 进程的 ACK/NACK 反馈保存，等待下一次基站指示 HARQ-ACK 再进行反馈。

对于指示了非数字值的 PDSCH HARQ 进程，以下几种方式可以完成对该进程进行反馈的指示。

● 由下一次指示数字值反馈的 PDSCH HARQ 进程隐性决定，两个进程在同一时刻进行 ACK/NACK 反馈，该方式用于不支持基于分组的 HARQ 反馈的情况。

● 由后续指示数字值反馈的与该进程属于同一组的 PDSCH HARQ 进程隐性决定，属于同一组的进程均在同一时刻反馈。

● 根据 One-Shot Feedback 指示进行反馈，该方式用于配置了 One-Shot Feedback 指示进行反馈，指示了非数字值的 PDSCH HARQ 进程还未反馈的情况。

需要说明的是，DCI 格式 1_0 不支持非数字值的指示方式。

图 9-9 所示为非数值的 PDSCH-to-HARQ-Timing-Indicator 的例子。在第一个 COT 1

内，前 4 个时隙为下行时隙，第 5 个时隙为上行时隙。第二个 COT 2 的数据结构方式相同。对于 COT 1，受 UE 处理能力限制，时隙 4 的 HARQ-ACK 反馈不能在时隙 5 进行反馈，需要在后续上行时隙反馈。原则上，时隙 4 的 HARQ-ACK 反馈需要在时隙 $n+5$ 进行。但是在时隙 4，受 LBT 影响，并不能获知 COT 2 的开始时间和时隙 $n+5$ 的具体位置。因此，对于时隙 4 的 PDSCH-to-HARQ-Timing-Indicator 指示值只能采用非数字值代替。对于时隙 $n+4$，面临和时隙 4 相同的情况，其反馈时间也只能基于非数字值反馈。

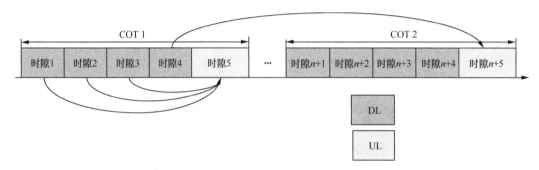

图 9-9　基于非数值的 PDSCH-to-HARQ-Timing-Indicator 示意图

2. 基于分组的多次 HARQ 反馈

基于分组的多次 HARQ 反馈是 NR-U HARQ 设计的重点。该方式是针对动态 HARQ 反馈进行的增强。NR-U 中半静态 HARQ 反馈沿用了 NR R15 中的设计，没有进行增强。基于分组的多次 HARQ 反馈的核心设计思想是通过在调度 PDSCH 数据发送的 DCI 信息中引入分组的指示，分为一组的 PDSCH 传输在一个指定时间点进行反馈，在指定时间点反馈不成功，基站再为该组 PDSCH 提供反馈机会。

为支持增强的基于组的动态反馈方案，NR-U 在 DCI 中引入了下列指示。

● PDSCH 组指示（G），用来指示当前 PDSCH 进程属于哪一个分组，一旦配置，长度为 1bit，0 代表 1 组，1 代表 2 组。

● 新反馈指示（NFI），用来指示组是否为新组，一旦配置，长度为 1bit（指示当前组）或者 2bit（同时指示两个组）。NFI 比特采用翻转比特，一旦该比特发生翻转，表明是发送新的组，原有组的 HARQ-ACK 信息全部丢弃，下行链路分配索引（DAI，Downlink Assignment Index）也置零。

● 多个组同时反馈请求指示（R），一旦配置，长度为 1bit，0 代表 PUCCH 只反馈第一组的 HARQ，1 代表 PUCCH 同时反馈两个组的 HARQ。

在 R16 的 NR-U 标准化过程中，考虑到 DCI 开销和实际的需求，标准支持最多两个组的动态反馈。当高层配置支持增强的动态码本时，在 DCI 格式 1_1 中会增加以上 3 项指示。

NR-U 支持 DCI 格式 1_1 进行一个组的调度时，同时指示另一个组的 NFI 和 DAI 信息。此功能也是根据高层配置来激活，当此功能激活时，DCI 格式 1_1 中 NFI 信息为 2bit，DAI 信息增加两个比特指示非当前调度组包含的总 PDSCH 数（Total DAI）。

UE 在收到调度 PDSCH 的 DCI 消息之后，需要根据 G、NFI、R、K_1、C-DAI、T-DAI 值来决定 PUCCH 反馈时间点及内容。一个组的所有 PDSCH 在一个 PUCCH 内进行反馈，具体的 PUCCH 位置由一个组内最后一次调度 PDSCH 的 DCI 中的 K_1 值决定。如果 $R=1$，不同组的 HARQ 信息在一个 PUCCH 内进行串联发送，顺序为 1 组在先，2 组在后。每个组内的 HARQ 反馈长度根据 T-DAI 指示，每个 PDSCH 的位置由 C-DAI 指示，具体过程与 R15 已有方式相同[3]。

图 9-10 所示为一个 4 个小区在非授权频段进行下行数据发送的实例。在第一个 COT 内，共有 4 个时隙，其中，前 3 个时隙为下行时隙，第 4 个时隙为上行时隙。第 n 个时隙和 $n+1$ 个时隙分别有 4 个和 2 个 PDSCH 数据发送，预计的反馈时间点在 $n+3$ 时隙，预计反馈比特数为 6bit。这 6 个 PDSCH 数据属于第一组，相应的 $G=0$、NFI=0、$R=0$。在 $n+2$ 时隙，又有 3 个 PDSCH 数据要发送，由于受处理时间和 COT 长度的影响，$n+2$ 时隙的反馈不能在 $n+3$ 时隙和第一组数据一起反馈。第 $n+2$ 个时隙数据在第二组中反馈，同时由于不能确定未来反馈时间点，基站指示 Z（非数字值反馈）时刻反馈。在第 $n+3$ 个时隙，由于 LBT 不成功，UE 不能进行 PUCCH 反馈。基站在下一个 COT 开始，第 m 个时隙又进行 PDSCH 数据发送，并把 m 时隙编入第一组，反馈时间在 $m+3$ 时隙。考虑到已经有两个组需要反馈，为避免过长的 HARQ 时间，两个组的反馈可以在一个时间反馈，R 值置为 1。此时，第一组需要在第 $m+3$ 个时隙反馈比特数为 8。在第 $m+1$ 个时隙，又有 3 个 PDSCH 数据发送，把该时隙数据编入第二组，相应的 $G=1$、NFI=0、$R=1$，反馈时间点也在 $m+3$ 时隙。之前 $n+2$ 时刻 3 个 PDSCH 也属于数据组 2，反馈时间也在 $m+3$ 时隙。在 $m+3$ 时隙，共需反馈 1 组和 2 组共 14bit 信息。

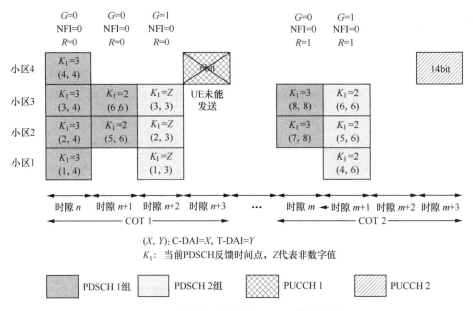

图 9-10　非授权频段动态 HARQ 增强实例

在实际使用中,标准也允许基于分组反馈的 DCI 格式 1_1 和 DCI 格式 1_0 联合使用。DCI 格式 1_0 调度的 PDSCH 默认为在 1 组中。出现两种格式联合使用时,DCI 格式 1_1 中 C-DAI 和 T-DAI 的值与 DCI 格式 1_0 中 C-DAI 的值要统一计数。

NR 中支持下行半持续的调度（SPS, Semi-Persistent Scheduling）,当基站调度了 SPS 的数据发送时,也需要考虑相应的分组问题。对于 SPS 的调度在 DCI 格式 0_1 中,如果 DCI 格式 0_1 中为两个组配置了 UL DAI,那么 UL DAI 分别指示两个组中的 PDSCH 个数。如果 DCI 格式 0_1 中只为一个组配置了 UL DAI,那么当只有 1 个组需要反馈时,UL DAI 指示应用于上报的组。当有两个组需要反馈,UL DAI 指示第一个组的反馈,第二组需要反馈的个数由调度组 2 的最后一个 DCI 中的 DAI 计算得出。

3. One-Shot Feedback 指示

One-Shot Feedback 信息用于一次性触发所有下行 HARQ 进程的 ACK/NACK 信息反馈。当信道比较拥挤,上行反馈经常受阻时,基站可以通过 One-Shot Feedback 的发送来通知目标 UE 进行所有下行 PDSCH HARQ 进程的 HARQ-ACK 反馈。One-Shot Feedback 由 DCI 格式 1_1 中的 1bit 承载,UE 收到该指示的 DCI 后,在 DCI 中指示的 HARQ-ACK

反馈位置进行被指示小区内所有 PDSCH 进程的反馈。One-Shot Feedback 内容为 ACK/NACK 信息和 ACK/NACK 信息对应 HARQ 进程的 NDI。

配置了 One-Shot Feedback 之后，之前配置为非数字值的 PDSCH 反馈，也采用 One-Shot Feedback 提供的反馈时间点进行反馈。One-Shot Feedback 的配置独立于静态和动态的 HARQ 码本配置。包含 One-Shot Feedback 的 DCI 格式 1_1 可以只包括 One-Shot Feedback 或者既包括 One-Shot Feedback 也包括 PDSCH 调度。当 One-Shot Feedback 和 PDSCH 调度同时发生时，DCI 格式 1_1 指示的 PUCCH 反馈资源只进行 One-Shot Feedback。

9.2.7　预配置增强

NR 中支持了两种预配置的 PUSCH 发送。NR-U 中为更好地支持上行业务发送，对 PUSCH 预配置进行了增强。这些增强主要体现在 3 个方面：支持更灵活的时域资源分配方式、下行控制信息中引入对预配置下行反馈信息（CG-DFI）、PUSCH 发送引入预配置上行控制信息（CG-UCI）。由上行预配置数据发起的数据结构中，允许基站进行下行数据共享，该部分内容在 9.2.4 节中已经介绍。

1. 时域资源分配方式增强

NR-U 中讨论时域资源分配方式的增强方案时，一个重要的问题是预配置的 PUSCH 第一个时隙如何设计。为了匹配 LBT 结果，有公司提出第一个 PUSCH 时隙中开始时间灵活，每个 TB 符号长度可变的方案。考虑到此种方案将增加基站和终端实现的复杂度，标准并未给予支持，UE 只能在基站制定的开始位置进行发送。

在预配置指示的具体方式上，也出现了多种方式。如通过比特映射，指示一个周期内哪些时隙中的哪些位置用于预配置的 PUSCH 传输。考虑到预配置的 PUSCH 传输支持的业务都有一定的周期性，NR-U 中进行的预配置采用了相对固定的时域调度方式。高层配置提供一个连续的时隙数和时隙内的 PUSCH 配置。时隙内的配置会给出第一个 PUSCH 发送的配置和一个时隙内连续发送的 PUSCH 个数，每个时隙内的配置相同。

支持了增强的 PUSCH 预配置方式后，标准又对 PUSCH 预配置重复发送进行了增强。

具体的增强方式是：当高层配置的重复发送次数 $N>1$ 时，UE 在相同配置中最开始的 N 次候选位置进行 TB 级别的重复发送。

在进行 PUSCH 预配置发送前，也需要进行一段 CP 扩展发送。扩展的长度由高层信令配置，范围在 $0\sim72\mu s$ 之间，颗粒度为 $9\mu s$。

2. CG-DFI

NR 中对于 PDSCH 数据发送有明确的 HARQ-ACK 信息指示每个 PDSCH HARQ 进程是否被正确接收。而对于 PUSCH 采用隐性指示，一旦需要重传，基站可以直接指示 UE 进行重传，而不用再发送 HARQ-ACK 信息。对非授权频段基于预配置的 PUSCH 传输，虽然进行了预配置，但是受 LBT 等因素的影响，基站即使没在预配置位置接收到 PUSCH 发送，也很难判断是 UE 没有发送还是基站漏检。NR-U 相应地引入了 CG-DFI，在下行控制信息中直接增加对上行 HARQ-ACK 的指示。

在对 CG-DFI 的标准化过程中，也有多种方案。

方案 1：指示一个用户所有 PUSCH 的 TB 级 HARQ-ACK 信息（最多 16bit）。

方案 2：指示一个用户所有 PUSCH 的 TB 级和 CBG 级的 HARQ-ACK 信息。

方案 3：指示基于分组的多个用户的 TB 级 HARQ-ACK 信息。

方案 4：指示基于分组的多个用户的 TB 级和 CBG 级的 HARQ-ACK 信息。

在各种方案中，方案 1 属于基础方案，其他方案可以支持更多的信息反馈。其他方案虽然能指示更多信息，但是会带来信息长度不确定的问题，需要在不同方案的基础上进一步进行优化。考虑到标准化时间，标准只支持了方案 1。

在 CG-DFI 的具体设计上，DFI 和 PUSCH 预配置激活/去激活信息采用相同的无线网络临时标识（RNTI，Radio Network Tempory Identity）加扰，包括以下内容。

● 上下行区分标志。

● 跨载波调度指示。

● 1bit 用于与 PUSCH 预配置激活/去激活区分。

● HARQ-ACK 比特映射。

● 2bit TPC 命令。

3. CG-UCI

UE 在根据预配置指示进行 PUSCH 发送时，受 LBT 影响，预配置开始阶段的 PUSCH 可能不能正常发送，这样基站在解调时需要知道 PUSCH 的具体 HARQ 进程号，以避免发生 HARQ 进程混淆。NR-U 中在进行预配置的 PUSCH 发送时，都包含了 CG-UCI 信息来解决 HARQ 进程混淆的问题。

CG-UCI 的信息包括：HARQ 进程号 4bit、冗余版本（RV）2bit、新数据指示（NDI）1bit 和 COT 共享信息。其中，COT 共享信息为高层配置的列表，CG-UCI 每次指示列表中的一行，通知基站具体的 COT 共享信息。COT 共享信息包括下行数据传输可以开始时间、持续时间和 LBT 等级信息。

对于 CG-UCI 信息的发送，还可以和 PDSCH 的 HARQ-ACK 信息、CSI 反馈信息在 PUSCH 上进行复用。当 CG-UCI 和 HARQ-ACK 信息可以复用时，二者具有同等优先级，可以进行联合编码。当 CG-UCI 和 HARQ-ACK 信息不能复用时，则只发送 HARQ-ACK 信息。CSI 可以在 CG-UCI 后在同一 PUSCH 上进行复用发送。

9.2.8 大带宽增强

大带宽增强主要考虑当 NR-U 使用的上下行可用带宽大于基本的 LBT 带宽时如何进行数据发送和信道接入管理。根据 9.1.3 节的初步分析，NR-U 的上下行可以配置多个 BWP，单个 BWP 激活、基站或 UE 可以在激活 BWP 上 LBT 成功的部分发送 PDSCH/PDCCH 或 PUSCH。在 NR-U 的标准化过程中，对各个信道和信号的宽带发送，又进一步进行了规定。NR-U 中 DRS、PUCCH、PRACH 都在一个 LBT 带宽内，大带宽增强主要针对 PDCCH、PDSCH、PUSCH。

对于 PDCCH 的增强主要集中在 CORESET 如何配置来匹配非授权频段的监管规则。当 BWP 内配置多个 LBT 带宽时，CORESET 的配置集中在 LBT 带宽内。为节省开销，每个 LBT 带宽内的 CORESET 频域位置配置图样相同。高层信令指示具体的哪些 LBT 带宽配置了 CORESET。在 R15 NR 基础上，CORESEST 的频域配置引入了 RB 级别的偏移指示，在原有的以 6PRB 为粒度的 CORESET 配置基础上，可以进行频域 RB 级别的平移调整。值得注意的是，NR 已经支持在整个 BWP 内配置 CORESET 和关联搜索空间的方式，在整个 BWP 内所有 LBT 带宽内信道监听成功后再进行 PDCCH 发送的方案不对标准产生影响。

对于 PDSCH 的多个 LBT 带宽发送，主要的增强点在于如何告知 UE 在基站触发的 COT 内，基站使用哪些 LBT 带宽进行下行数据发送。标准中采用了在 COT 指示设计中进行显性指示，具体内容见 9.2.2 节。对于 PUSCH 的多个 LBT 带宽发送，9.2.3 节中已经介绍。当配置了多个 LBT 带宽的 PUSCH 发送时，只有当所有被调度的 LBT 带宽均 LBT 成功，才能进行 PUSCH 发送。

在大带宽增强的讨论中，还引入了对于基于 LBT 带宽的小区内保护间隔指示。该指示通过高层信令发送给 UE，指示每个 LBT 带宽内哪些 PRB 用作保护间隔，不用于数据发送与接收。该指示支持保护间隔在 LBT 带宽的两侧，不支持保护间隔在 LBT 带宽中间的指示。基站在配置 LBT 带宽时需要避免把保护间隔配置在 LBT 带宽中间。

▌▌▌ 9.3 小结

NR-U 的整体设计以 NR 为基础，对各个信道和过程都进行了比较全面的增强。整个 NR-U 的增强分别经历了一年的研究阶段和一年的标准化阶段。由于各个信道设计有相互的影响，标准化阶段的时间比较紧张。这使得很多标准化内容作为基础方案，没有进行进一步的增强。

NR-U 并不是 3GPP 标准化唯一在非授权频段的解决方案。在 LTE 阶段，3GPP 也标准化了基于 LTE 的 LAA。两种方案在基本的设计框架和大的功能上并无本质差异。NR-U 的主要优势在于设计之初就支持独立部署和更灵活的帧结构配置。同时，NR-U 的多种子载波间隔配置可以适用于更高频段的非授权频谱。这使得 NR-U 能够适用于各种垂直行业，并具有良好的向高频扩展的特性。

总体来看，相对于其他可以在非授权频段使用的技术，NR-U 技术可以在保证公平共存的基础上，实现更高的频谱效率、更强的可扩展性和更好的组网特性。随着未来 5G 的广泛部署，NR-U 也会有更多的使用场景和机会。在传统的 eMBB 业务增强之外，更多的基于 NR-U 的垂直行业应用也将蓬勃发展。

第**10**章

Chapter 10

5G 双连接和载波聚合

10.1 背景

10.1.1 5G CA

载波聚合（CA，Carrier Aggregation）的概念首先在 LTE R10 中引入。CA 技术通过将多个分量载波（CC，Component Carrier）聚合在一起使用，有效地增加了系统带宽和网络容量。

5G 在第一个版本 R15 中支持了 NR 的 CA 技术，最多可以聚合 16 个 CC，可以聚合的频带宽度理论上限为 16×400MHz=6.4GHz。终端设备可以同时在多个 CC 上收发数据。NR CA 的基本机制可以应用于 FR1（6GHz 以下）上和 FR2（6GHz 以上）上，支持多个频带组合，其中 CA 的频带可以是连续的或不连续的，也可以是频带内（Intra-Band）或频带间（Inter-Band）。另外，CA 的部署要求聚合的 CC 之间的系统帧边界和时隙边界均对齐。不同的载波上可以配置不同的基础参数，例如，不同的子载波间隔（SCS，Sub Carrier Spacing）。NR CA 支持自载波调度（Self-Carrier Scheduling）和跨载波调度（Cross-Carrier Scheduling）。

R15 已提供 NR CA 的基本功能，但是仍有可优化之处。

● NR CA 要求系统帧和时隙的边界都要对齐，对网络部署有较为严格的要求。

● 跨载波调度时，调度 CC 和被调度 CC 的子载波间隔必须相同，限制了跨载波调度的使用场景。

● CA 的辅小区激活时延较长，辅载波使用效率可进一步提升。

10.1.2　5G MR-DC

5G R15 版本引入了 Multi-Radio Dual Connectivity（MR-DC）。MR-DC 包含 LTE 与 NR 的双连接，具体为 E-UTRA-NR DC（EN-DC）、Next-Generation EN-DC（NGEN-DC）和 NR-E-UTRA DC（NE-DC），还包括 NR-NR DC。在不同的 DC 架构中，主站和辅站使用的无线接入技术（RAT，Radio Access Technology）类型可能不同，以及接入的核心网也不同，具体如下。

● EN-DC：LTE 为主站，NR 为辅站，接入 EPC。
● NGEN-DC：LTE 为主站，NR 为辅站，接入 5GC。
● NE-DC：NR 为主站，LTE 为辅站，接入 5GC。
● NR-NR DC：主站和辅站都为 NR 基站，接入 5GC。

在 R15 中，MR-DC 支持了辅站添加、更改、删除，以及辅站的变更等基本的移动性流程，此外还支持辅小区组（SCG，Secondary Cell Group）失败恢复等增加稳健性的方法。但是，由于辅站的添加一般要依赖于连接态测量结果，连接态测量通常包含测量配置、L1 采样、L3 滤波和测量上报等步骤，带来了上百毫秒量级的时延，因此降低了辅站配置和使用的效率。此外，在 R15，考虑到终端在支持 EN-DC 的某些频段组合的情况下的交调干扰和动态功率共享，支持了基于 TDM 的单上行发送特性，但是该特性仅能在 EN-DC 的 LTE 主小区为 FDD 的情况下工作。上述 MR-DC 功能上的限制，都在 R16 中进行了研究和增强。

10.1.3　MR-DC 和 NR CA 增强的 R16 立项内容

根据上文提到的 MR-DC 和 NR CA 的潜在优化，在 RAN 全会 85 次会议上，针对 MR-DC 和 NR CA，通过了 R16 的多 RAT 的双连接/载波聚合增强（LTE_NR_DC_CA_enh）课题[1]。该课题具体包含以下内容。

● 支持异步 NR-DC，如功率控制等。
● 支持空闲态和第三态（RRC_INACTIVE State）的提早测量。

● 支持高效和快速的小区建立、激活和配置等。

● 支持通过辅小区组进行快速的主小区组（MCG，Master Cell Group）的失败恢复。

● 支持不同子载波间隔的跨载波调度。

● 对上行 TDM 发送特性进行增强。

● 支持时隙边界对齐部分系统帧号（SFN，System Frame Number）对齐的异步 CA。

● 支持不同子载波间隔的跨载波的异步 CSI-RS 触发。

10.2　NR CA 增强

10.2.1　不同子载波间隔的跨载波调度/CSI-RS 触发

NR 支持多种子载波间隔类型，每种子载波间隔对应一种基础参数，子载波间隔可以为 15kHz、30kHz、60kHz、120kHz、240kHz（仅用于 SSB）。如图 10-1 所示，不同子载波间隔对应的时隙长度不同。

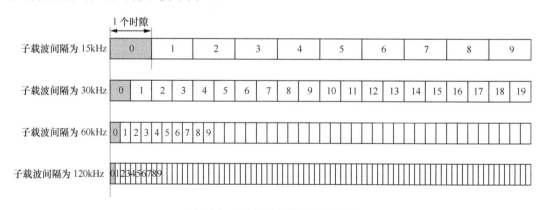

图 10-1　NR 支持多种子载波间隔

对于 CA 的跨载波调度，R15 中支持了被调度载波与调度载波的子载波间隔相同的情况。R16 中进一步支持了被调度载波与调度载波的子载波间隔不同的情况。具体的，支持如下两种情况。

● 调度载波为小子载波间隔，被调度载波的上行/下行是大子载波间隔。

● 调度载波为大子载波间隔，被调度载波的上行/下行是小子载波间隔。

不同子载波间隔的跨载波调度中支持多种 PDCCH 位置情况，包括方案 1-1（PDCCH 限定在一个时隙的起始 3 个符号）、方案 1-2（方案 1-1 的平移，即 PDCCH 出现在一个时隙内的任意位置，仅当子载波间隔为 15kHz 的情况下支持）和方案 2（PDCCH 出现在一个时隙的任意位置）[5]。终端设备的行为与 R15 中的不同主要体现在 PDSCH 接收准备时间和天线端口准公址（QCL，Quasi-Co-Location）处理两方面。

对于 PDSCH 接收准备时间，考虑到跨载波下行调度时终端设备需要对不同子载波间隔的载波资源进行处理，对终端设备的行为和能力有额外要求，因此协议中引入调度时序间隔 N。调度时序间隔 N 的单位是符号数，由 PDCCH 的子载波间隔计算得到。表 10-1 给出了子载波间隔与调度时序间隔的对应关系。调度时序间隔的具体定义参见 38.214[2]。

表 10-1　子载波间隔与调度时序间隔的对应关系

子载波间隔（kHz）	调度时序间隔（符号数）
15	4
30	5
60	10
120	14

图 10-2 所示为一个小子载波间隔的 PDCCH 调度大子载波间隔的 PDSCH。在该示例中，PDCCH 的子载波间隔为 15kHz，PDSCH 最早的起始位置与 PDCCH 结束位置应该至少间隔 4 个符号，即调度时序间隔为 4 个符号，但是最早的 PDSCH 只能出现在下一个时隙的第一个符号，因此进行了量化。

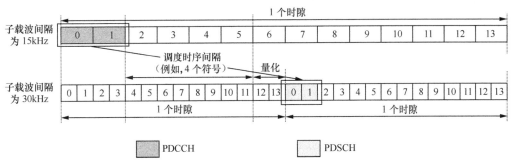

图 10-2　小子载波间隔的 PDCCH 调度大子载波间隔的 PDSCH 示意图

图 10-3 所示为一个大子载波间隔的 PDCCH 调度小子载波间隔的 PDSCH 的示意图。在该示例中，PDCCH 的子载波间隔为 30kHz，PDSCH 最早的起始位置与 PDCCH 结束位置应该至少间隔 5 个符号，即调度时序间隔为 5 个符号。

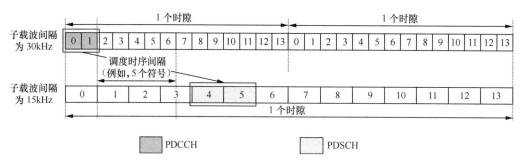

图 10-3　大子载波间隔的 PDCCH 调度小子载波间隔的 PDSCH 示意图

对于天线端口 QCL 处理，终端设备的波束调整需要一定的处理时间，即终端设备在收到携带波束信息的 DCI 后需要经过一段时间才能应用其中的波束信息，该处理时间一般与终端能力相关，最小为几个 OFDM 符号。因此，当调度载波与被调度载波的子载波间隔不同时，上述处理时间的要求也有相应调整。在 R15 中，跨载波调度的调度 DCI 可携带传输配置指示（TCI，Transmission Configuration Indication）用于指示被调度 PDSCH 使用的波束信息，此时调度 DCI 与被调度 PDSCH 之间的时间差不能小于 QCL 时间段门限（用参数 timeDurationForQCL 指示，具体定义参见 TS36.306[4]）。在 R16 中，当调度载波的子载波间隔小于被调度子载波的子载波间隔时，上述 QCL 时间段门限还需要加入一个额外的波束切换处理时间 d，当 PDCCH 的子载波间隔分别为 15kHz、30kHz 和 60kHz 时，d 分别为 8、8 和 14 个 OFDM 符号，由 PDCCH 子载波间隔计算得出。d 的具体定义参见 TS38.214[2]。

另外，在 R15 中，对于 HARQ-ACK 码本类型（Codebook Type）和 HARQ-ACK 空间绑定（Spatial Bundling）配置是以小区组（Cell Group）为单位进行配置的。在 R16 中，进一步支持了以 PUCCH 小区组为单位的配置，即终端设备最多有两个 PUCCH 小区组，每个 PUCCH 小区组各有一套 HARQ-ACK 码本类型和空间绑定配置。该改进虽然是在不同子载波间隔的子载波调度的讨论中引入的，但是其应用场景并不限于不同子载波间隔的跨载波调度，既可以在子载波调度情况中使用，又可以在相同子载波间隔的跨载波调度中使用。

R15 中支持跨载波激活异步 CSI-RS 上报，此时触发异步 CSI 上报的 PDCCH 所在载波和 CSI-RS 所在载波的子载波间隔必须相同。在 R16 中，进一步支持了触发异步 CSI

上报的 PDCCH 所在载波和 CSI-RS 所在载波的子载波间隔不同的情况。此时，终端设备的不同行为主要体现在波束切换时间和异步 CSI-RS 上报时间两个方面。当 PDCCH 的子载波间隔小于 CSI-RS 的子载波间隔时，波束切换时间增加 d（与跨载波调度中应用的 d 值相同）。当触发异步 CSI 上报的 PDCCH 所在载波的子载波间隔大于 CSI-RS 所在载波的子载波间隔时，CSI-RS 触发偏差 X 的取值为 $\{0, 1, \cdots, 31\}$ 个时隙[2]。

10.2.2 异步 CA

LTE CA 和 R15 的 NR CA 都要求聚合的多个载波是系统帧对齐且时隙对齐的，这种同步要求对实际的网络部署有严格要求。因此，R16 支持了时隙对齐部分 SFN 对齐的异步 CA。图 10-4 所示为一个 R15 同步 NR CA 的示例，该示例中，PCell 与 SCell 的子载波间隔不同，系统帧边界与时隙边界对齐。

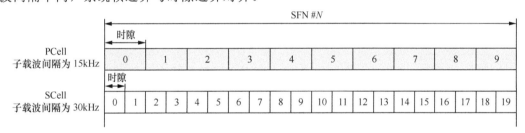

图 10-4　R15 同步 NR CA 示意图

R16 中引入的异步 CA 支持多子载波间隔的情况，例如，主小区和辅小区的子载波间隔不同。子载波间隔不同，会导致时隙偏移量的粒度不同。当判断某一个辅小区与主小区之间的时隙偏移颗粒度时，分别选取主辅载波上最小的子载波间隔；比较主小区与辅小区的最小子载波间隔，将其中最大值作为时隙偏移量对应的子载波间隔。

以图 10-5 为例，主小区的最小子载波间隔为 15kHz，辅小区的最小子载波间隔为 30kHz，辅小区的时隙#0 的起始位置为主小区的时隙#0 向左偏移 3 个时隙，此时时隙偏移量对应的子载波间隔为 30kHz，时隙偏移量的值为-3。

为了保证网络和终端能够在异步 CA 下正常工作，基站会通过 RRC 消息向终端发送时隙偏移量，终端根据该偏移量获得辅小区的起始位置，从而获知对应的调度时序。终端仍然使用主小区的 SFN 来计算 DRX 和半静态/免授权调度（Grant Free）的进程标识，与R15 的主要不同在于终端会使用服务小区的 SFN 来计算半静态/免授权调度的调度时刻。

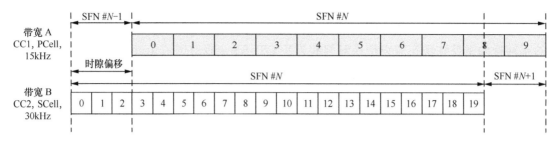

图 10-5　R16 异步 CA 示意图

10.2.3　减时延

R16 中 CA 增强的一个重要目标是进一步降低 CA 配置和 SCell 激活时延，其主要内容包括休眠带宽部分（BWP，BandWidth Part）和辅小区状态直接配置两项增强。

1. 休眠 BWP

如图 10-6 所示，NR CA 在 R15 为辅小区定义了两种状态，即激活态和去激活态。当辅小区处于激活态，且该小区配置了 PDCCH，终端设备需要监听该辅小区的 PDCCH，并基于网络配置以及上下行的调度信息进行信号传输。当辅小区处于去激活态，终端设备无须在该小区进行任何上下行信号的监听和传输。

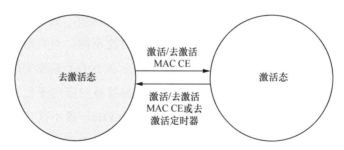

图 10-6　NR 辅小区的激活态与去激活态之间的状态转换

NR CA 的配置方式分为以下两步。

步骤 1：网络通过 RRC 信令指示终端设备进行辅小区的添加，并提供辅小区的相关配置，此时辅小区的默认状态为去激活态。

步骤 2：网络通过激活/去激活 MAC CE 指示终端设备进行辅小区的激活或去激活。

当辅小区激活后，终端设备在该小区进行相应的信号传输。此外，网络还可以为终端设备配置去激活定时器，当去激活定时器超时时，终端设备认为辅小区的状态从激活态转变为去激活态。

LTE CA 在 R15 进行了增强，在激活态和去激活态之外引入了休眠态。当辅小区处于休眠态时，终端设备无须监听针对该小区的 PDCCH 调度信息，仅需维持 CSI 测量和上报。引入该休眠态的优点是，一方面，终端设备无须进行 PDCCH 的监听，从一定程度上减少了耗电；另一方面，终端设备持续进行 CSI 测量和上报，相较于去激活态向激活态的转换，能够更加迅速地从休眠态转换到激活态的数据传输状态。如图 10-7 所示，休眠态可以与激活态或去激活态之间进行状态转换。R15 引入的休眠 MAC CE 能够使能休眠态和激活态之间的转换，休眠 MAC CE 还可以使能去激活态到休眠态的状态转换，而休眠态到去激活态的状态转换可以通过激活/去激活 MAC CE 进行。

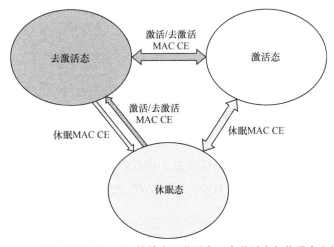

图 10-7　LTE CA 中基于休眠 MAC CE 的辅小区激活态、去激活态与休眠态之间的状态转换

NR CA 在 R16 的增强中，借鉴了 LTE R15 CA 增强的方法，同时针对 NR 特有的问题引入了与 LTE 不同的解决方案。NR 与 LTE 的一个较大不同点是，NR 中引入了 SSB（Synchronization Signal and PBCH Block）。网络周期性的广播 SSB，R15 支持的周期配置包括 5ms、10ms、20ms、40ms、80ms 和 160ms。终端设备通过接收 SSB 获得同步，此外 SSB 还可以用于 RRM 测量等。当终端设备接收到网络发送的激活/去激活 MAC CE 指示某辅载波从去激活态转换到激活态时，终端设备需要接收该辅小区的 SSB，进行射频链路的准备工作，从而后续在该辅小区上进行 CSI 的测量上报，以进行正常的数据传

输，上述时间可以称为 NR CA 辅小区的激活时延。

如图 10-8 所示，NR 辅小区的激活时延包括 3 部分：HARQ 反馈所需时间、辅小区激活时间和 CSI 反馈所需时间。其中，辅小区激活时间包括射频准备时间、自动增益控制（AGC，Auto Gain Control）设定时间以及时间同步和读取 MIB 的时间等。其中，自动增益控制设定时需要基于 SSB 进行，时间同步和读取 MIB 也要基于 SSB。由于 SSB 具有周期性，典型的周期配置为 20ms，因此激活时间至少大于一个 SSB 的广播周期，是辅小区激活时延的较大组成部分，这可能会使得 NR 辅小区激活时延比 LTE 更长。

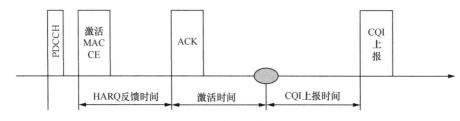

图 10-8　NR 辅小区的激活时延

在 R16 中，一方面为了降低辅小区激活时延，另一方面出于终端设备省电的需求，NR 中引入了休眠 BWP 的概念。NR 系统可能部署在大带宽上，因此 NR 引入了 BWP 的概念。网络可以为终端设备配置多个 BWP，并根据需求令终端设备工作在某个 BWP。例如，当终端设备有省电需求时，可以令其工作在较窄的 BWP 上，当终端设备有高速率需求时，可以令其工作在较宽的 BWP 上。BWP 之间的切换时延较短，在 BWP 切换过程中，对数据传输的影响较小。

一个辅小区中可以配置一个下行休眠 BWP，当辅小区为激活态时，网络可以指示终端设备工作在下行休眠 BWP 上。此时终端设备无须监测该辅小区的 PDCCH 资源，也无须监测跨载波调度该辅小区上行 PUSCH 传输的 PDCCH 资源，即终端设备在该辅小区中不会进行上下行的数据传输。终端设备继续进行该辅小区的 CSI-RS 测量和结果上报。如图 10-9 所示，休眠 BWP 属于辅小区激活态的子态，休眠 BWP 与非休眠 BWP 之间的切换通过 L1 信令进行。

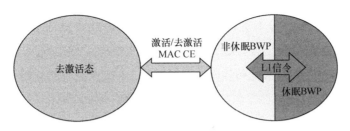

图 10-9　辅小区的去激活态与激活态（包含休眠 BWP 和非休眠 BWP）之间的状态转换

休眠 BWP 的激活过程包含如下步骤。

步骤 1：网络通过 RRC 信令为终端设备配置下行休眠 BWP。

步骤 2：网络通过 L1 信令指示终端设备切换到下行休眠 BWP。

步骤 3：终端设备切换到下行休眠 BWP，并进行相应的上下行的休眠行为。

休眠 BWP 的去激活过程与激活过程类似，步骤如下。

步骤 1：网络通过 RRC 信令为终端设备配置下行非休眠 BWP。

步骤 2：网络通过 L1 信令指示终端设备切换到下行非休眠 BWP。

步骤 3：终端设备切换到下行非休眠 BWP，从而开始监听 PDCCH，并进行相应的上下行信号传输。

2. 辅小区状态直接配置

如上节中介绍，在 R15 中，网络通过 RRC 信令指示终端设备进行辅小区的添加，此时辅小区的默认状态为去激活态，后续网络需要通过 MAC CE 指示终端设备激活该辅小区。由于 MAC CE 的处理速度比 RRC 信令的处理速度快，因此采用这种配置激活两步进行的方式，旨在通过 MAC CE 进行快速激活/去激活。在 R16 中，支持了通过 RRC 信令直接配置辅小区状态的方法。当辅小区初始添加、RRC 恢复过程中的辅小区恢复/添加以及切换过程中目标辅小区的配置，都可以通过 RRC 信令指示辅小区的状态为激活态。通过这种方式，辅小区初始配置后，可以直接激活，免去了用 MAC CE 激活的步骤，能够进一步降低辅小区激活时延。

另外，值得一提的是，网络可以配置辅小区的第一个激活 BWP（First Activated BWP）为休眠 BWP。例如，当进行辅小区的初始添加、RRC 恢复或切换时，网络将辅小区的初始状态配置为激活态，将第一个激活 BWP 配置为休眠 BWP，终端设备在该辅小区上先工作在休眠 BWP 上。由于不进行 PDCCH 监听，此时终端设备还处于一种节能状态；但同时进行 CSI-RS 测量和上报，因此网络可以获知终端设备在该小区的信道状况。当网络决定通过该辅小区进行数据传输时，可以通过 L1 信令指示终端设备从休眠 BWP 切换到非休眠 BWP 上。

▋▋ 10.3 MR-DC 增强

10.3.1 NR-DC 上行功率控制

上行功率控制的目的是通过合理设置和限制终端设备的发射功率，一方面，保障边缘用户的服务质量，降低用户间的干扰；另一方面，降低 UE 的电池损耗。在 DC 架构下，终端设备在主站侧和辅站侧都有上行传输，因此终端设备的总功率需要在主站侧和辅站侧进行分配。R15 中支持了（NG）EN-DC、NE-DC 和 NR-DC 的功率控制机制，下面介绍其基本原理。

对于 MCG 工作在 FR1，SCG 工作在 FR2 的情况，终端设备在每个 CG（Cell Group）内独立进行功率控制。在 R15 中，NR-DC 只考虑了 MCG 和 SCG 分别部署在 FR1 和 FR2 的场景。对于 MCG 和 SCG 均工作在 FR1 的情况，支持 3 种功率控制方法，即半静态功率共享（Semi-Static Power Sharing）、动态功率共享（Dynamic Power Sharing）和单上行传输机制（Single Uplink Operation）。

● 半静态功率共享：终端设备的 MCG 和 SCG 的可用最大传输功率之和小于等于总的最大传输功率。

● 动态功率共享：若终端设备的 PDCCH 和 SCG 的传输功率之和大于总的最大传输功率，当 MCG 的上行传输时刻与 SCG 的上行传输时刻有重叠时，终端设备降低在 NR 侧的上行传输功率，从而使得传输功率之和小于总的最大传输功率。

● 单上行传输机制：若终端设备的 MCG 和 SCG 的传输功率之和大于总的最大传输功率，终端设备基于网络配置的时分复用模式（TDM Pattern）判断可以在 LTE 侧进行上行传输的上行子帧，在这些上行子帧对应的时刻，终端设备不会在 NR 侧进行上行传输。如图 10-10 所示，通过这种方式，终端设备在 MCG 或 SCG 的可用最大传输功率可以达到总的最大传输功率。

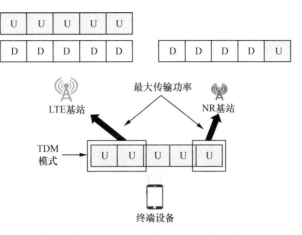

图 10-10　基于单上行传输的功率控制机制

对于 NR-DC，在 R16 中，进一步支持了 MCG 和 SCG 同时工作在 FR1 和/或 FR2 的情况。具体为支持 3 种功率控制模式，即半静态功率共享模式 1、半静态功率共享模式 2 和动态功率共享模式 3。当 MCG 和 SCG 仅包含工作在 FRx（FR1 或 FR2）上的小区时，网络为终端设备配置在 FRx 上传输的 MCG 和 SCG 上的可用最大传输功率。若 MCG 和 SCG 还包含工作在 FRy（FR2 或 FR1）上的小区时，网络还为终端设备配置在 RFy 上传输的 MCG 和 SCG 内的可用最大传输功率。网络为 FR1 和/或 FR2 指定具体的功率共享模式。终端设备在每个 FR 内决定 MCG 和 SCG 的上行传输功率，参见 TS 38.214[2]。相应的，主站将功率控制模式和相关的功率控制参数发送给辅站，用于辅站进行 SCG 的上行调度。

10.3.2　上行传输增强

对于部分 FR1（NG）EN-DC 和 NE-DC 的频段组合，当终端设备在上行多载波（至少一个 LTE 载波和一个 NR 载波）并发时，会产生严重的交调干扰（IMD，Inter Modulation Distortion），从而影响某个载波上的下行接收。参见 3GPP RAN4 协议 TS38.101-3[7]，当频段组合中标识了"Single UL is Allowed"，即代表这种频带组合会产生交调干扰。

如图10-11所示,一个典型的例子是,当EN-DC的主站部署在1.8GHz,辅站部署在3.5GHz时,终端设备在主站侧和辅站侧同时进行上行发送时,会在 1.8GHz 上产生交调干扰,从而影响主站侧 1.8GHz 的下行接收。对于这种频段组合,上行多载波并发会对下行的接收性能有影响,一种解决办法是主站侧和辅站侧进行时分复用,从而实现单发。

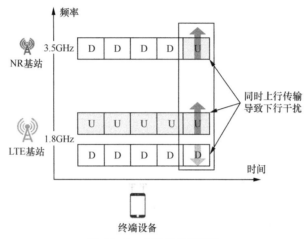

图 10-11　交调干扰示意图

对于 NR,下行 HARQ 反馈可以灵活调度,因此引入 TDM 方式不会带来额外的标准化影响。对于 LTE,下行 HARQ 反馈需要遵循协议规定的时序关系,因此引入 TDM 方式后,由于某些上行子帧不能进行传输,也限制了在这些子帧进行下行 HARQ 反馈的下行子帧的使用。为避免引入 TDM 方式对 LTE 下行传输的限制,R15 的单上行传输复用了 LTE R13 中为 FDD/TDD CA 引入的下行/上行参考配置(DL/UL Reference Configurations)。在 LTE FDD/TDD CA 场景中,当辅小区为 FDD、主小区为 TDD 时,辅小区的下行 HARQ 反馈需要在主小区的上行子帧传输。

下面简单介绍 R15 中单上行传输的基本方式。

对于会产生交调干扰的频段组合,终端设备上报是否支持单上行传输,即当终端设备上报该能力时,代表终端设备在该频段组合上支持单上行传输。此外,终端设备还会上报是否支持 TDM 模式的能力。

若终端设备在某个频段组合同时支持 TDM 模式和单上行传输的能力,当网络为终端设备配置在该频段组合上进行(NG)EN-DC 或 NE-DC 时,下发 LTE 侧的 TDM 模式。TDM 模式中包含上下行子帧配置(DL/UL Subframe Configuration)以及 HARQ 子帧偏移（HARQ Subframe Offset）。其中，上下行子帧配置复用 LTE TDD 中的 TDD 配置，以指示 LTE 侧用于上行传输的上行子帧。同时，为了避免邻区使用相同的上行子帧造成干扰，因此引入了 HARQ 子帧偏移，令网络可以灵活地指示上行子帧。如图 10-12 所示，当终端设备配置了 TDM 模式，仅会在指示的上行子帧上进行 LTE 侧的上行发送，在其余子帧上可以进行 NR 侧的上行发送，从而避免了交调干扰。在 R15 中，仅在 LTE 侧的主小区为 FDD 模式时支持单上行传输。

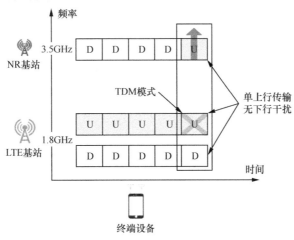

图 10-12　R15 单上行传输示意图

图 10-13 所示为一个基于 TDM 模式在 LTE FDD 主小区上进行传输的示例。其中，TDM 模式的上下行子帧配置为 2，此时子帧 2 和子帧 7 为上行子帧；HARQ 子帧偏移为 1，因此实际的上行子帧为子帧 3 和子帧 8。终端设备按照协议规定的时序规则将下行子帧的 HARQ 反馈在对应的上行子帧上传输。具体时序关系参见协议 38.213[5]。

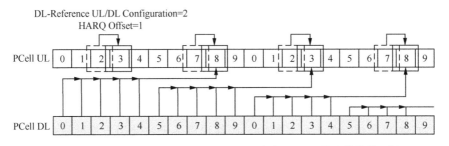

图 10-13　R15 EN-DC LTE FDD PCell 上的基于 TDM 模式的传输示例

在 R16 中，TDM 模式的使用方式得到进一步增强，包含以下 3 种使用场景。

场景 1：当 LTE 主小区为 TDD 模式时，通过配置 TDM 模式实现单上行传输。网络给终端设备下发 TDM 模式，终端设备在 TDM 模式指示的上行子帧上进行上行传输，包括下行 HARQ 反馈。当 MCG 配置 CA 时，辅小区使用与主小区相同的上行子帧进行传输。图 10-14 所示为一个基于 TDM 模式在 LTE TDD 主小区上进行 SCell 下行 HARQ 反馈的传输的示例。在该示例中，主小区的 TDD 配置为 1，此时子帧 2、3、7、8 均为上行子帧，TDM 模式的上下行子帧配置为 2，此时子帧 2 和 7 为上行子帧，HARQ 子帧偏移为 1，因此实际的上行子帧为子帧 3 和 8。终端设备按照协议规定的时序规则将辅载波的下行子帧的 HARQ 反馈在对应的主载波的上行子帧上传输。辅小区的 TDD 配置可以与主小区相同，也可以不同。具体时序关系参见协议 TS 38.213[5]。

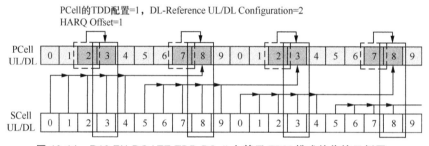

图 10-14　R16 EN-DC LTE TDD PCell 上基于 TDM 模式的传输示例图

场景 2：当 LTE 主小区为 FDD 模式时，通过配置 TDM 模式实现双上行传输。双上行传输的 TDM 模式可以用于避免谐波干扰。以图 10-15 为例，在（NG）EN-DC 和 NE-DC 的情况下，当 LTE 部署在 1.8GHz，NR 部署在 3.5GHz，终端设备在 LTE 侧发送时，可能会在 3.5GHz 上产生谐波干扰，此时会对 NR 侧的下行接收产生干扰。一种解决办法是，通过配置 TDM 模式令终端设备在 LTE 侧的上行子帧与 NR 侧的上行子帧一致，即终端设备不会在 NR 的下行子帧时刻发送 LTE 上行，从而避免了对 NR 下行的干扰。

场景 3：当 LTE 主小区为 FDD 模式时，通过配置 TDM 模式实现单上行传输。该情况使 R15 的单上行传输模式的增强，在这种情况下，终端设备的行为与 R15 的单上行传输有不同之处。例如，在 R15 中，终端设备在配置了 TDM 模式时，如果随机接入资源没有落在 TDM 模式指示的上行子帧中，则终端设备无法使用上述随机接入资源进行随机接入，这导致随机接入失败的概率升高。针对这种情况，R16 定义了两种终端设备能力，即类型 1 和类型 2。类型 1 的终端设备，其 LTE 模块和 NR 模块能够快速交互，从而进行实时的调度和传输的协商。类型 2 的终端设备不具备上述 LTE 模块和 NR 模块快速交互的能力。对于类型 1 的终端，当 LTE 的随机接入资源与 NR 的上行子帧重叠时，终端可以优先发送 LTE 侧的随机接入传输。对于类型 2 的终端，则没有上述要求。上述对随机接入传输的处理也同样适用于单上行传输的 TDD LTE PCell 情况和双上行传输的情况。另外，对于类型 1 的终端，在 LTE 侧，所有上行子帧都可以被调度，若与 NR 上行冲突，则可以丢弃 NR 侧传输。上述行为适用单上行传输的 FDD LTE PCell 情况、单上行传输的 TDD LTE PCell 情况和双上行传输的情况。

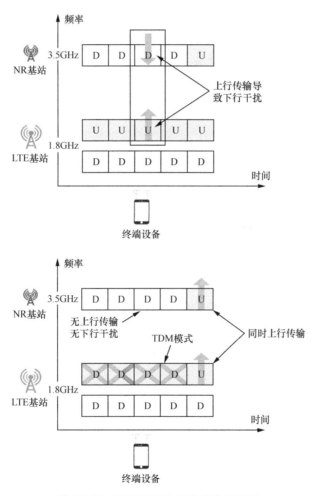

图 10-15　R16 EN-DC 双上行传输示例

10.3.3　减时延

R16 中，LTE_NR_DC_CA_enh 课题针对减时延的目标进行了研究，并最终标准化了两项相关特性：提早测量和快速 MCG 失败恢复。下面将具体介绍这两项特性的内容。

1. 提早测量

LTE 在 R15 中进行了针对 CA 利用率的进一步增强，其中一个重要的方法是引入了终端设备在空闲态的测量行为。该空闲态测量与传统的为了进行小区选择/重选的空闲态测量不同，网络在将连接态终端设备释放到空闲态时，通过 RRC 释放消息触发终端设备的空闲态测量，并通过专用信令或广播消息指示终端设备需要进行空闲态测量的频点和小区信息，通常来说，这些频点和小区是潜在的 CA 的辅载波。另外，当终端设备再次进入到连接态时，将通过空闲态测量获得的测量结果上报给网络，可以辅助网络进行 CA 配置。这种测量方式避免网络在终端设备进入连接态之后再进行测量配置、执行以及上报带来的时延，能够使能 CA 的快速配置和使用。

由于 NR CA 也有相同的快速配置和使用的需求，因此在 R16 中同意将空闲态测量引入到 NR CA 中。此外，由于 5G 系统还支持第三态，终端设备在第三态的行为与空闲态类似，因此终端设备在第三态也可以进行与空闲态测量类似的测量，此时空闲态测量和第三态测量统称为提早测量（Early Measurement）。进一步的，考虑到 MR-DC，辅小区组（SCG）的添加和配置通常也要基于连接态测量结果的上报，因此，在 MR-DC 场景中引入提早测量也能够节省连接态测量引入的时延，提高 MR-DC 的配置速率和辅站的使用效率。

图 10-16 所示为一些可能的 MR-DC 以及 CA 的场景。例如，LTE/NR 有多个部署频点（例如，LTE f1 和 f2，NR f1 和 f2），在多个频点上可以进行 LTE CA 或 NR CA。此外，LTE 基站和 NR 基站可以进行（NG）EN-DC 或 NE-DC。两个 NR 基站之间也可以进行 NR-DC。

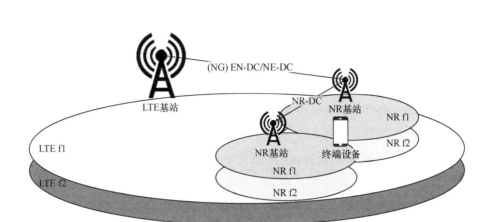

图 10-16　MR-DC/CA 场景示意图

提早测量支持的场景如下所示。

● 终端设备在 NR 小区驻留时可以针对 NR 频点进行提早测量,测量结果可以用于 NR-DC/NE-DC/NR CA 中 NR 辅小区组或 NR 辅小区的配置。

● 终端设备在 NR 小区驻留时可以针对 LTE 频点进行提早测量,测量结果可以用于 NE-DC 中 E-UTRA 辅小区组的配置。

● 终端设备在 LTE 小区驻留时可以针对 NR 频点进行提早测量,测量结果可用于 (NG) EN-DC 的辅小区组的配置。

● 终端设备在 LTE 小区驻留时可以针对 LTE 频点进行提早测量,测量结果可用于 (NG) EN-DC 的主小区组中 E-UTRA 辅小区组的配置。

在 R16 的课题研究中,针对提早测量的研究主要有以下 3 个方面。

● 提早测量的配置,如 NR 频点上的测量配置。

● 提早测量结果的请求和上报,如终端设备从空闲态进入连接态后的上报流程,以及终端设备从第三态进入连接态后的上报流程。

● 终端设备的提早测量的行为,如测量配置和测量结果的删除,进行从第三态进入空闲态时测量配置的处理等。

提早测量配置包括待测频点列表、待测频点配置、测量上报配置、生效计时器 (Validity Timer) 以及生效区域 (Validity Area)。其中,待测频点列表用于指示终端设备提早测量的目标频点;待测频点配置用于指示终端设备在某个频点进行提早测量的具体配置；测量上报配置用于指示终端设备上报测量结果的内容和方式；生效计时器用于指示终端设备进行提早测量的时长，计时器超时之后终端可以停止测量以减少电量开销；生效区域用于控制终端设备进行提早测量的区域，当终端设备移出生效区域时，可以停止测量，该配置为可选的。当待测频点为 NR 频点时，待测频点配置包含该频点上 SSB 的测量配置，例如，SMTC 以及需要测量的 SSB 索引等。测量上报配置可以指示基于波束的测量结果的上报类型、门限和个数等。

对于测量配置，网络可以通过 RRC 释放消息和系统消息发送给终端设备。其中，生效计时器只能通过 RRC 释放消息携带，其他配置可以通过 RRC 释放消息或系统消息携带给终端设备。当待测频点为 NR 时，考虑到 SSB 的测量配置信令较多，为了节省信令开销，将 NR 待测频点分为两类，即用于小区重选的频点（也称为 Camping Frequency）和仅用于提早测量的频点（也称为 Non-Camping Frequency）。用于小区重选的频点的测量配置终端设备可以在用于小区选择和重选的系统消息（例如，NR 小区的 SIB4）中获取，提早测量配置中不再提供。网络只能通过与待测频点列表相同的方式将仅用于提早测量的频点的测量配置和测量上报配置下发给 UE，如携带在 RRC 释放消息中，或通过系统消息广播。若 NR 频点的待测频点配置通过专用信令配置时，终端设备重选到新小区（与接收到 RRC 释放消息的小区不同）后，继续应用专用信令中获取的提早测量配置，此时，当新小区广播消息中的提早测量配置与专用信令中获取的提早测量配置有冲突时（如 NR 频点的 SMTC 配置不同），终端设备可以停止相关频点上的提早测量。若 NR 频点的待测频点配置通过广播消息配置时，终端设备重选到新小区后，需要获取新小区广播的测量配置并基于该测量配置进行测量和上报。

对处于第三态的终端设备，当发起 RAN 寻呼区域更新流程时，网络会通过 RRC 释放消息将该终端设备释放回第三态，此时可以在 RRC 释放消息中携带提早测量配置。若此时携带了生效计时器，则终端设备基于该配置重置和运行生效计时器，否则终端设备继续运行原生效计时器。

如图 10-17 所示，提早测量结果的请求和上报可以使用两种上报流程。

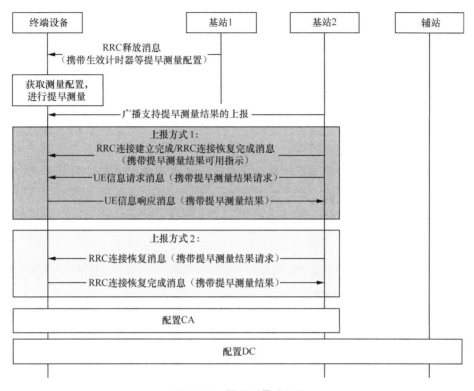

图 10-17　提早测量流程图

● 当终端设备从空闲态进入连接态后，支持上报方式 1，即网络向终端设备发送 UE 信息请求消息，其中携带提早测量结果的请求，终端设备在 UE 信息响应消息中携带提早测量结果。

● 当终端设备从第三态进入连接态后，也支持上报方式 1；此外，还可以支持上报方式 2，即网络在 RRC 连接恢复过程中的消息 4（RRC 连接建立恢复消息）中携带提早测量结果的请求，终端设备在消息 5（RRC 连接恢复完成消息）中携带提早测量结果。

● 网络在广播消息中携带指示，表示本小区支持提早测量结果上报。该指示的作用是，避免终端设备在不支持该提早测量结果特性的小区中上报测量结果，造成无谓的开销。当终端设备驻留在不支持提早测量结果上报，可以停止进行提早测量。若网络支持提早测量结果上报，则终端设备在进入连接态的过程中，在消息 5（RRC 连接新建过程的 RRC 连接建立消息，或 RRC 连接建立恢复过程中的 RRC 连接恢复完成消息）中携带具有提早测量结果的可用性指示。该可用性指示的作用是告知网络该终端设备是否具有提早测量结果，避免网络盲请求测量结果。

对于终端设备的提早测量的行为如下。

● 当终端设备收到生效计时器后，即运行该计时器，在该计时器运行期间，终端设备需要基于测量配置进行提早测量。

● 当终端设备进入连接态、移除生效区域或进行了跨制式的小区重选后，停止生效计时器。

● 当生效计时器超时或停止后，终端设备停止提早测量，并删除测量配置。

● 当终端设备成功向网络上报了提早测量结果后，删除提早测量结果。

● 当终端设备从第三态进入空闲态时，继续应用提早测量配置，并按照配置进行提早测量。

2. 快速 MCG 失败恢复

在 LTE 和 R15 的 NR 中，当终端设备的 MCG 发生失败时，终端设备进行 RRC 连接重建立过程。MCG 失败的情况包括：无线链路失败（RLF，Radio Link Failure）、制式内切换失败、跨制式切换失败以及信令无线承载的完整性保护校验失败。其中，RLF 的触发原因可能是主小区的物理层失步、超过 RLC 最大重传次数以及随机接入失败。考虑到 RRC 连接重建立过程中需要进行小区选择、随机接入等，耗时较长，并且会对数据传输造成中断，因此 R16 的 MR-DC 增强中支持了快速 MCG 失败恢复。当终端设备配置了 MR-DC 且 SCG 链路可用时，通过 SCG 链路进行 MCG 失败的信息上报和恢复，从而避免触发 RRC 连接重建立过程。具体内容如图 10-18 和图 10-19 所示。

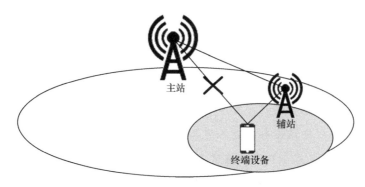

图 10-18　快速 MCG 失败恢复场景图

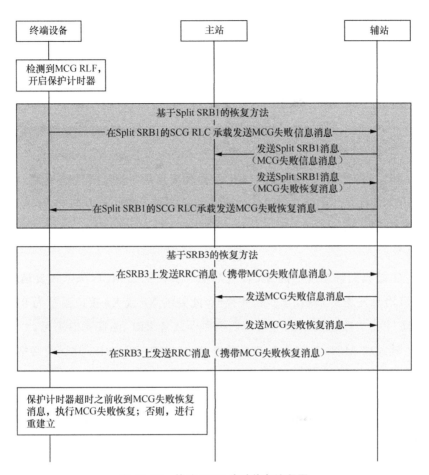

图 10-19 快速 MCG 失败恢复流程图

MCG 失败的快速恢复可以通过分裂信令无线承载 1（Split SRB1）或者信令无线承载 3（SRB3）完成，若终端设备至少配置了 Split SRB1 或者 SRB3 中的一个，网络配置失败恢复的保护计时器（T316，具体定义参见 TS 38.331[3]。）指示终端设备使能 MCG 失败恢复流程。若终端设备同时配置了 Split SRB1 和 SRB3，则优先使用 Split SRB1 进行 MCG 失败恢复。具体的，快速 MCG 失败恢复的流程包括以下步骤。

步骤 1：在网络为终端设备配置了 MR-DC 的情况下，网络基于终端设备的能力通过 RRC 进行保护计时器的配置，从而令终端设备开启该快速 MCG 失败恢复功能。

步骤 2：终端设备对 MCG 链路情况进行检测，当发生 MCG 链路的 RLF 时，触发 MCG 失败信息上报，并启动保护计时器（注：只有 MCG 失败的 RLF 情况才支持快速

MCG 失败恢复）。

步骤 3：终端设备通过 SCG 链路进行 MCG 失败信息上报。具体的，当终端设备配置了 Split SRB1 时，终端设备通过 SplitSRB1 的 SCG 承载上报 MCG 失败信息，否则终端设备通过 SRB3 上报 MCG 失败信息。具体的，MCG 失败信息包括：失败类型（RLF 的触发原因），与主站测量配置关联的测量结果，以及与辅站测量配置关联的测量结果（注：NE-DC 不支持 SRB3，因此也不支持通过 SRB3 上报 MCG 失败信息的方式）。

步骤 4：辅站收到终端设备发送的 MCG 失败信息后，将其转发给主站。具体的，若辅站通过 Split SRB1 或 SRB3 收到 MCG 失败信息，辅站将该信息携带在 X2 或 Xn 接口消息中发送给主站，即 RRC Transfer 消息，具体消息定义参见 3GPP 协议 TS 36.423[8] 和 TS 38.423[9]。

步骤 5：主站收到辅站发送的 MCG 失败信息后，生成 MCG 失败恢复信息，并通过 Xn 或 Xn 接口消息发送给辅站，与步骤 4 类似，此处的 Xn 或 Xn 接口消息为 RRC Transfer 消息。在 R16 中，失败恢复信息可以为切换命令或者 RRC 连接释放消息。

步骤 6：辅站将 MCG 失败恢复消息通过 Split SRB1 或 SRB3 发送给终端设备。

步骤 7：终端设备收到失败恢复消息后，停止保护计时器，并按照失败恢复消息进行切换或者 RRC 连接释放。若终端设备在保护计时器超时之前未收到 MCG 失败恢复消息，则在保护计时器超时之后触发 RRC 连接重建立过程。由此可见，保护计时器的引入提供了从快速 MCG 失败恢复过程回退到 RRC 连接重建立过程的一种方式，避免终端设备在网络异常时还持续等待 MCG 失败恢复消息导致的卡死情况。

10.3.4　降开销

在 R15 中，NR 支持 RRC 第三态，网络在释放终端设备的 RRC 连接时，可以指示终端设备进入第三态。此时，终端设备和网络均保存终端设备的上下文。当终端设备有上下行数据传输时，可以通过 RRC 恢复过程进入连接态，网络侧直接激活终端设备上下文，无须进行核心网验证和初始安全激活，从而快速恢复数据传输。当终端设备在连接态配置了 CA 或 DC 操作，终端设备进入第三态时，保存 CA 或 DC 的配置；当终端设备发起 RRC 恢复过程后，终端设备删除辅小区或 DC 相关配置。

在 R16 中，为了减少 CA 和 DC 配置的信令开销，对上述 RRC 连接恢复过程中的

CA 或 DC 处理进行了优化。具体如图 10-20 所示，RRC 恢复消息中可以指示终端设备恢复 MCG 辅小区和/或 SCG 的配置。终端设备可以基于上述恢复的 MCG 辅小区和/或 SCG 的配置进行增量配置。需要说明的是，在 RRC 恢复过程中，辅站需要提供新的接入配置。具体接入配置参见 3GPP 协议 TS 38.331[3]。

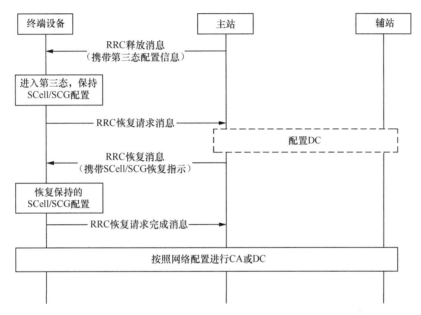

图 10-20　RRC 恢复过程中 CA 和 DC 配置的恢复

10.4　小结

　　R16 中 CA 的增强主要体现在物理层部分。一方面完成了 R15 的遗留场景，如支持了不同子载波间隔的跨载波调度；另一方面支持了新的场景，如异步 CA、不同子载波间隔的 CSI-RS 触发，进一步增加了 CA 的应用场景。同时，通过引入休眠 BWP 和对应的休眠 BWP 与非休眠 BWP 转换过程，减少辅载波激活/去激活的转换时延，预计可以增加辅载波的使用效率。

　　R16 中的 MR-DC 增强包括物理层和高层两个部分。物理层增强包括定义了更加灵活的 NR-DC 上行功率控制机制，增强了（NG）EN-DC 的基于 TDM 模式的单上行和双上行传输机制，预计可以有效地提高 NR-DC 和（NG）EN-DC 的上行传输效率。高层增强的目标主要为减小 MR-DC 的配置时延和降低 MR-DC 的配置的开销。减小时延的具体方式包括提早测量的上报，以及快速的 MCG 失败恢复。降低开销的具体方式包含 RRC 恢复过程中的恢复和直接配置。

综上所述，基于 R16 的增强，NR CA 与 MR-DC 的网络运行效率能够进一步地提升，同时也改善了终端设备的服务体验。

参考文献

第 2 章

[1] 3GPP RP-190711. Revised work item proposal 2 step RACH for NR, ZTE Corporation.

[2] 3GPP Technical Report 38. 812. Study on Non-Orthogonal Multiple Access (NOMA) for NR.

[3] 3GPP RP-171043. Revision of study on 5G non-orthogonal multiple access, ZTE Corporation.

[4] 刘晓峰, 孙韶辉, 杜忠达, 等. 5G 无线系统设计与国际标准[M]. 北京: 人民邮电出版社, 2019.

[5] 3GPP Technical Specification 38. 211. Physical channels and modulation.

[6] 3GPP Technical Specification 38. 214. Physical layer procedures for data.

[7] 3GPP Technical Specification 38. 213. Physical layer procedures for control.

[8] 3GPP Technical Specification 38. 212. Multiplexing and channel coding.

[9] 3GPP Technical Specification 38. 321. Medium Access Control (MAC) protocol.

[10] 3GPP RP-171043. Work Item on NR smalldata transmissions in INACTIVE state, ZTE Corporation.

第 3 章

[1] 3GPP TS 38. 211. NR: Physical channels and modulation[S]. v15. 4. 0, Sophia antipolis: 3GPP, Dec. 2018.

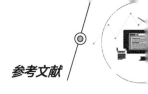

[2] 3GPP TS 38. 213. NR: Physical layer procedures for control[S]. v15. 4. 0, Sophia antipolis:3GPP, Dec. 2018.

[3] 3GPP TS 38. 214. NR: Physical layer procedures for data[S]. v15. 4. 0, Sophia antipolis: 3GPP, Dec. 2018.

[4] 3GPP TS 38. 201. NR: Physical layer; General description[S]. v15. 0. 0, Sophia antipolis: 3GPP, Dec. 2017.

[5] 3GPP TS38. 202. NR: Services provided by thephysical layer[S]. v15. 2. 0, Sophia antipolis: 3GPP, Jun. 2018.

[6] 3GPP TS 38. 212. NR: Multiplexing and channel coding[S]. v15. 4. 0, Sophia antipolis: 3GPP, Dec. 2018.

[7] 3GPP TS38. 211. NR: Physical channels and modulation [S]. v16. 1. 0, Sophia antipolis: 3GPP, Mar. 2020.

[8] 3GPP TS38. 212. NR: Multiplexing and channel coding [S]. v16. 1. 0, Sophia antipolis: 3GPP, Mar. 2020.

[9] 3GPP TS38. 213. NR: Physical layer procedures for control[S]. v16. 1. 0, Sophia antipolis: 3GPP, Mar. 2020.

[10] 3GPP TS38. 214. NR: Physical layer procedures for data[S]. v16. 1. 0, Sophia antipolis:3GPP, Mar. 2020.

[11] 3GPP R1-1705927. Eircsson, Frequency parameterization for Type II CSI feedback, 3GPP TSG RAN WG1 Meeting #88bis.

[12] 3GPP R1-1903969. Huawei, HiSilicon, Discussion on CSI enhancement, 3GPP TSG RAN WG1 Meeting #96bis.

[13] 3GPP R1-1909147. Motorola Mobility, Lenovo, Type II MU-CSI enhancement, 3GPP TSG RAN WG1 Meeting #98.

[14] 3GPP R1-1907319. Nokia, Nokia Shanghai Bell, On UCI reporting of SCI and FD basis, 3GPP TSG RAN WG1 Meeting #97.

[15] 3GPP R1-1910348. CATT, Remaining issues on Type II CSI enhancement, 3GPP TSG RAN WG1 Meeting #98bis.

[16] 3GPP R1-1709299. CATT, Remaining issues on multi-TRP and multi-panel transmission,

3GPP TSG RAN WG1 Meeting #89.

[17] 3GPP R1-1712031. ETSI, Report of RAN1#89 meeting, 3GPP TSG RAN WG1 Meeting #90.

[18] 3GPP RP-182067. Samsung, Revised WID: Enhancements on MIMO for NR, 3GPP TSG RAN Meeting #86.

[19] 3GPP R1-1901482. ETSI, Report of RAN1#95 meeting, 3GPP TSG RAN WG1 Meeting #96.

[20] 3GPP R1-1810558. CATT, Discussion on the RS PAPR issue, 3GPP TSG RAN WG1 Meeting #94bis.

[21] 3GPP R1-1813445. Qualcomm Incorporated, Lower PAPR reference signals, 3GPP TSG RAN WG1 Meeting #95.

第 4 章

[1] 3GPP TS 22. 261. Service requirements for the 5G system; Stage 1, v17. 0. 1.

[2] 3GPP TS 36. 214. E-UTRA; Physical layer; Measurements.

[3] 3GPP TR 38. 855. Study on NR positioning support, v16. 0. 0, Sophia antipolis: 3GPP, Mar. 2019.

[4] 3GPP TS 38. 211. NR: Physical channels and modulation, v16. 0. 0, Sophia antipolis: 3GPP, Dec. 2019.

[5] 3GPP TS 38. 213. NR: Physical layer procedures for control, v16. 0. 0, Sophia antipolis: 3GPP, Dec. 2019.

[6] 3GPP TS 38. 214. NR: Physical layer procedures for data, v16. 0. 0, Sophia antipolis: 3GPP, Dec. 2019.

[7] 3GPP TS 38. 215. NR: Physical layer Physical layer measurements, v16. 0. 1, Sophia antipolis: 3GPP, Jan. 2020.

[8] 3GPP TS 38. 305. NG-RAN; Stage 2 functional specification of User Equipment(UE) positioning in NG-RAN.

[9] 3GPP TS 38. 321. NR: Medium Access Control (MAC) protocol specification.

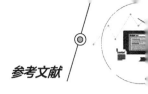

[10] 3GPP TS 38. 331. NR: Radio Resource Control (RRC) protocol specification.

[11] 3GPP TS 37. 355. LTE Positioning Protocol (LPP).

[12] 3GPP TS 38. 455. NG-RAN; NR Positioning Protocol A (NRPPa), v16. 0. 0.

[13] B. T. Fang. Simple solutions for hyperbolic and related position fixes, IEEE Transactions on Aerospace and Electronic Systems, 26(9): 748—753.

[14] Y. T. Chan and K. C. Ho. A Simple and Efficient Estimator for Hyperbolic Location, IEEE TRANSACTIONS ON SIGNAL PROCESSING, 42(8), August 1994.

[15] K. W. Cheung, et al. Least Squares Algorithms for Time-of-Arrival-Based Mobile Location, IEEE Transactions on SignalProcessing, 52(4), April 2004.

[16] Y. Wang and K. C. Ho. Unified Near-Field and Far-Field Localization for AOA and Hybrid AOA-TDOA Positionings. IEEE Transactions on Wireless Communications, 17(2), Feb. 2018.

[17] A. H. Sayed, A. Tarighat, and N. Khajehnouri. Network-Based Wireless Location, IEEE SIGNAL PROCESSING MAGAZINE, July 2005.

[18] J. A. del Peral-Rosado, R. Raulefs, J. A. López-Salcedo and G. Seco-Granados. Survey of Cellular Mobile Radio Localization Methods: From 1G to 5G, IEEE Communications Surveys &Tutorials, 20(2), 2nd quarter-2018.

[19] V Krishnaveni, T Kesavamurthy, and Aparna.B. Beamforming for Direction-of-Arrival(DOA) Estimation-A Survey, InternationalJournal of ComputerApplications, 61(11), January 2013.

[20] Schmidt, R. Multiple emitter location and signal parameter estimation, IEEE Trans. Antennas Propag., 34(3): 276—280, 1986.

[21] R. ROY and T. Kailath. ESPRIT-Estimation of Signal Parameters Via Rotational Invariance Techniques, IEEE TRANSACTIONS ON ACOUSTICS. SPEECH, AND SIGNAL PROCESSING, 37(7), July 1989.

[22] M. A. G. Al-Sadoon et al. A New Low Complexity Angle of Arrival Algorithm for 1D and 2D Direction Estimation in MIMO Smart Antenna Systems, Sensors 2017.

[23] Y. Wang and K. C. Ho. An asymptotically efficient estimator in closed form for 3-D AOA localization using a sensor network. IEEE Trans. Wireless Commun. 14(12): 6524—

6535, Dec. 2015.

[24] Y. Y. Wang, J. T. Chen and W. H. Fang. TST-MUSIC for Joint DOA-Delay Estimation, IEEE TRANSACTIONS ON SIGNAL PROCESSING, 49(4), April 2001.

[25] R. Shafin, et al. Angle and Delay Estimation for 3-D Massive MIMO/FD-MIMO Systems Based on Parametric Channel Modeling. IEEE TRANSACTIONS ON WIRELESS COMMUNICATIONS, 16(8), August 2017.

[26] F. Wen, et al. Joint Azimuth, Elevation, and Delay Estimation for 3-D Indoor Localization, IEEE Transactions on Vehicular Technology, 67(5), May 2018.

[27] Y. B Hou, X. D. Yang and Q. H. Abbasi. Efficient AoA-Based Wireless Indoor Localization for Hospital Outpatients Using Mobile Devices, Sensors 2018, 18(11).

[28] L. Lu and H. C. Wu. Novel robust direction-of-arrival-based source localization algorithm for wideband signals, IEEE Trans. Wireless Commun, 11(11): 3850—3859, Nov. 2012.

[29] A. Tahat, G. Kaddoum, S. Yousefi, S. Valaee and F. Gagnon. A Look at the Recent Wireless Positioning Techniques With a Focus on Algorithms for Moving Receivers. IEEE Access, 4, September 2016.

[30] 3GPP TS 38. 901. Study on channel model for frequencies from 0. 5 to 100 GHz.

[31] R1-2000540. Remaining issues on UL SRS for NR Positioning, CATT, 3GPP TSG RAN WG1 Meeting #100 e-Meeting, February 24th – March 6th, 2020.

[32] R1-1909796, LS on DL/UL Reference Signals and Measurements for NR Positioning, Intel Corporation, 3GPP TSG RAN WG1 Meeting#98, Prague, Czech Republic, 26th – 30th August 2019.

[33] R1-1906387. DL Reference Signals for NR Positioning, BUPT, ZTE, CAICT, 3GPP TSG RAN WG1 Meeting#97, Reno, USA, 13th – 17th, May 2019.

[34] 3GPP TS 23. 273. 5G System (5GS)Location Services(LCS).

[35] RP-193237. New SID on NR Positioning Enhancements. Qualcomm Incorporated.

第 5 章

[1] R1-166368. UE Power Consideration based on Days-of-Use, Qualcomm Incorporated.

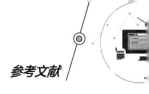

[2] R4-1700211. UE-specific RF Bandwidth Adaptation for Single Component Carrier Operation, MediaTek Inc.

[3] 3GPP TS38. 300, v16. 0. 0. NR and NG-RAN Overall Description, 2019-12.

[4] R1-1811942. Summary of offline discussion on UE power saving scheme. CATT, RAN1#94bis, Chengdu, China, 2018-10.

[5] R1-1812007. Summary of offline discussion on Triggering Adaptation of UE Power consumption. CATT, RAN1#94bis, Chengdu, China, 2018-10.

[6] R1-1814327. Summary of offline discussion on UE adaptation. CATT, RAN1#95, Spokane, USA, 2018-11.

[7] TR 38. 840 v16. 0. 0, Study on User Equipment (UE) power saving in NR, 2019-6.

[8] 3GPP TR38. 133. Requirements for support of radio resource management.

[9] R1-1814028. Summary of UE power Consumption Reduction in RRM Measurements. Vivo RAN1#95, Spokane, USA, 2018-11.

[10] R1-1814286. Summary of UE power Consumption Reduction in RRM Measurements. Vivo, RAN1#95, Spokane, USA, 2018-11.

[11] R2-2000347. Introduction of secondary DRX group CR 38. 321. Ericsson, Qualcomm, Samsung, Deutsche Telekom, Verizon .

[12] R2-1909558. RAN2 impacts of the wake-up signal. Intel Corporation, RAN2#107, Prague, Czech Republic, 2019.

[13] R2-1910525. PDCCH Based Power Saving Signal/Channel. Nokia, Nokia Shanghai Bell, Prague, Czech Republic, 2019-8.

[14] R2-1910085. Interaction between power saving signal and DRX. MediaTek Inc, Prague, Czech Republic, 2019-8.

[15] R2-1911241. Discussion on the impact of WUS to the C-DRX. Huawei, HiSilicon, Prague, Czech Republic, 2019-8.

[16] R2-1911619. Summary of offline discussion on power savings, Qualcomm, MediaTek, RAN2#107, 2019-8.

[17] R2-2001615. Running CR for Introduction of R16 NR UE power saving in TS 38. 321, Huawei.

[18] Final minutes report RAN1#98 v100. 2019-8.

[19] Final minutes report RAN1#99 v100. 2019-11.

[20] R1-1912786. Reduced latency Scell management for NR CA. Ericssion, 3GPP TSG RAN WG1 #99 meeting, Reno, USA, 2019-11.

[21] R1- 1902025. UE Power saving schemes and power saving signal/channel. CATT, 3GPP TSG RAN WG1 #96 meeting, Athens, Greece, 2019-3.

[22] Final minutes report RAN1#96bis v100. 2019-4.

[23] R1-1810562. UE Power Saving Scheme with Multi-dimensional Adaptation. CATT, 3GPP TSG RAN WG1 #94bis meeting, Chengdu, China, 2018-10.

[24] R1-1812641. UE Power Saving Scheme with Adaptation. CATT, 3GPP TSG RAN WG1 #95meeting, Spokane, USA, 2018-11.

[25] R1-1911415. Summary of PDCCH-based power saving signal/channel. CATT, RAN1#98bis, Chongqing, China, 2019-10.

[26] R1-1911558. Offline Discussion Summary of PDCCH-based Power Saving Signal/ Channel. CATT, RAN1#98bis, Chongqing, China, 2019.

[27] R1-1912179. Power saving signal/channel design and performance. CATT, 3GPP TSG RAN WG1 #99 meeting, Reno, USA, 2019-11.

[28] 3GPP TR 38. 321. v15. 8. 0. Medium Access Control (MAC) protocol specification, 2019-12.

[29] R1-1903988. PDCCH based power saving signal/channel. Huawei, 3GPP TSG RAN WG1 #96bis meeting, Xi'an, China, 2019-4.

[30] R1-1912970. PDCCH-based power saving channel design. Qualcomm, 3GPP TSG RAN WG1 #99 meeting, Reno, USA, 2019-11.

[31] R1-1912915. PDCCH-based power saving signal/channel, Huawei, 3GPP TSG RAN WG1 #99 meeting, Reno, USA, 2019-11.

[32] R2-1912112. UE assistance for SCell, CATT, Qualcomm Inc., Apple, Huawei, HiSilicon, vivo, Samsung, Intel, MediaTek, Chongqing, China, 2019-10.

[33] R2-1911620. Summary of offline related to measurement relaxation criteria, MediaTek, RAN2#107, Prague, 2019-8.

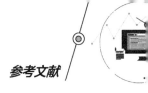

第 6 章

[1] TS 22. 186. Enhancement of 3GPP support for V2X scenarios; Stage 1. v15. 3. 0, 2018-6.

[2] RP-181480. New SID: Study on NR V2X. 3GPP TSG RAN Meeting #80, La Jolla, USA, 2018-6.

[3] RP-190766. New WID on 5G V2X with NR sidelink. 3GPP TSG RAN Meeting #83, Shenzhen, China, 2019-3.

[4] R1-1809799. Offline summary for 7. 2. 4. 1. 2 Physical layer structures and procedure(s). LG Electronics, 3GPP TSG RAN WG1 Meeting #94, Gothenburg, Sweden, 2018-8.

[5] R1-1813938. Feature lead summary for agenda item 7. 2. 4. 1. 2 Physical layer procedures. LG Electronics, 3GPP TSG RAN WG1 Meeting #95, Spokane, USA, 2018-11.

[6] R1-1811963. Summary of offline discussion on NR-V2X AI - 7. 2. 4. 1. 4 Resource Allocation Mechanism. Intel Corporation, 3GPP TSG RAN WG1 Meeting #94bis, Chengdu, China, 2018-10.

[7] R1-1814130. Summary for NR-V2X AI - 7. 2. 4. 1. 4 Resource Allocation Mechanism. Intel Corporation, 3GPP TSG RAN WG1 Meeting #95, Spokane, USA, 2018-11.

[8] R1-1901375. Summary of Contributions and Initial Outcome of Offline Discussion for NR-V2X AI - 7. 2. 4. 1. 4 Resource Allocation Mechanism. Intel Corporation, 3GPP TSG RAN WG1 Ad Hoc Meeting #1901, Taipei, 2019-1.

[9] R1-1903366. Feature lead summary for agenda item 7. 2. 4. 1. 1 Physical layer structure. LG Electronics, 3GPP TSG RAN WG1 #96, Athens, Greece, 2019.

[10] R1-1809964. Updated offline summary for 7. 2. 4. 1. 2 Physical layer structures and procedure(s). LG Electronics, 3GPP TSG RAN WG1 Meeting #94, Gothenburg, Sweden, 2018-8.

[11] R1-1809798. Offline summary for 7. 2. 4. 1. 1 Support of unicast, groupcast and broadcast. LG Electronics, 3GPP TSG RAN WG1 Meeting #94, Gothenburg, Sweden, 2018-8.

[12] R1-1811834. Remaining issues on downlinksignals and channels. Huawei, HiSilicon, 3GPP TSG RAN WG1 Meeting #94bis, Chengdu, China, 2018-10.

[13] R1-1901323. Feature lead summary for agenda item 7. 2. 4. 1. 2 Physical layer procedures. LG Electronics, 3GPP TSG RAN WG1 Ad Hoc Meeting #1901, Taipei, 2019-1.

[14] R1-1809867. Offline Summary for NR-V2X Agenda Item - 7. 2. 4. 1. 4 Resource Allocation Mechanism. Intel Corporation, 3GPP TSG RAN WG1 Meeting #94, Gothenburg, Sweden, 2018-8.

[15] R1-1809449. Initial Perspectives on Resource Allocation. Qualcomm, 3GPP TSG RAN WG1 Meeting #94, Gothenburg, Sweden, 2018-8.

[16] 3GPP TechnicalReport38. 885, Study on NR Vehicle-to-Everything (V2X).

[17] 3GPP Technical Specification 38. 213. Physical layer procedures for control.

[18] 3GPP Technical Specification 38. 331. Radio Resource Control (RRC) protocol specification.

[19] 3GPP Technical Specification 38. 211. Physical channels and modulation.

[20] 3GPP Technical Specification 38. 214. Physical layer procedures for data.

[21] R1-2002439. Remaining issues on resource allocation mechanism mode 2. 3GPP TSG RAN WG1 Meeting #100bis-e, e-Meeting, 2020-4.

[22] 3GPP Technical Specification 38. 212. Multiplexing and channel coding.

[23] R1-1913576. Summary#2 of discussion on PSSCH DMRS patterns and for the number of PSSCH symbols. Samsung, 3GPP TSG RAN1#99, Reno, USA, 2019-11.

[24] 3GPP Technical Specification 23. 287. Architecture enhancements for 5G System (5GS) to support Vehicle-to-Everything (V2X) services.

[25] R1-2001877. Remaining details on mode 2 resource allocation for NR V2X. Fujitsu, 3GPP TSG RAN WG1 Meeting #100bis-e, e-Meeting, 2020-6.

[26] R1-2003037. Outcome of [100b-e-NR-5G_V2X_NRSL-Mode-2-03. Moderator (Intel Corporation), 3GPP TSG RAN WG1 Meeting #100bis-e, e-Meeting, 2020-6.

[27] R1-2001552. Remaining details of sidelink resource allocation mode 2. Huawei, HiSilicon, 3GPP TSG RAN WG1 Meeting #100bis-e, e-Meeting, 2020-6.

[28] R1-2001749. Discussion on remaining open issues for mode 2. OPPO, 3GPP TSG RAN WG1 Meeting #100bis-e, e-Meeting, 2020-6.

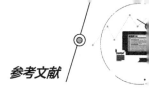

第 7 章

[1] RP-182089. Revised SID on Physical Layer Enhancements for NR Ultra-Reliable and Low Latency Communication (URLLC), Huawei, HiSilicon, Nokia, Nokia Shanghai Bell.

[2] RP-190726. New WID: Physical Layer Enhancements for NR Ultra-Reliable and Low Latency Communication(URLLC), Huawei, HiSilicon.

[3] 3GPP Technical Report 38. 824 v16. 0. 0. Study on Physical Layer Enhancements for NR Ultra-Reliable and Low Latency Communication (URLLC).

[4] 3GPP Technical Specification 38. 213 v16. 1. 0. Physical layer procedures for control.

第 8 章

[1] RP-172290. New SID Proposal: Study on Integrated Access and Backhaul for NR, AT&T, Qualcomm, Samsung, KDDI.

[2] RP-182882. New WID: Integrated Access and Backhaul for NR, Qualcomm.

[3] RP-193251. New WID on Enhancements to Integrated Access and Backhaul, Qualcomm.

[4] 3GPP Technical Report 38. 874. Study on Integrated access and backhaul.

[5] 3GPP Technical Specification 38. 211. NR, Physical channels and modulation.

[6] 3GPP Technical Specification 38. 212. NR, Multiplexing and channel coding.

[7] 3GPP Technical Specification 38. 214. NR, Physical layer procedures for data.

[8] 3GPP Technical Specification 38. 213. NR, Physical layer procedures for control.

[9] 3GPP Technical Specification 37. 213. Physical layer procedures for shared spectrum channel access.

[10] 3GPP Technical Specification 38. 300. NR, Overall description, Stage-2.

[11] 3GPP Technical Specification 38. 304. NR, User Equipment (UE) procedures in idle mode and in RRC Inactive state.

[12] 3GPP Technical Specification 38. 306. NR, User Equipment (UE) radio access capabilities.

[13] 3GPP Technical Specification 38. 321. NR, Medium Access Control (MAC) protocol

specification.

[14] 3GPP Technical Specification 38. 322. NR, Radio Link Control (RLC) protocol specification.

[15] 3GPP Technical Specification 38. 323. NR, Packet Data Convergence Protocol (PDCP) specification.

[16] 3GPP Technical Specification 38. 331. NR, Radio Resource Control (RRC), Protocol specification.

[17] 3GPP Technical Specification 38. 340. NR, Backhaul Adaptation Protocol (BAP) specification.

[18] 3GPP Technical Specification 38. 401. NG-RAN, Architecture description.

[19] 3GPP Technical Specification 38. 413. NG-RAN, NG Application Protocol (NGAP).

[20] 3GPP Technical Specification 38. 423. NG-RAN, Xn Application Protocl (XnAP).

[21] 3GPP Technical Specification 38. 425. NG-RAN, NR user plane Protocol.

[22] 3GPP Technical Specification 38. 463. NG-RAN, E1 Application Protocol (E1AP).

[23] 3GPP Technical Specification 38. 470. NG-RAN, F1 general aspects and principles.

[24] 3GPP Technical Specification 38. 473. NG-RAN, F1 Application Protocol (F1AP).

[25] 3GPP Technical Specification 38. 474. NG-RAN, F1 data transport.

[26] 3GPP Technical Specification 37. 340. NR, Multi-connectivity, Overall description, Stage-2.

[27] 3GPP Technical Specification 36. 331. E-UTRA, Radio Resource Control (RRC), Protocol specification.

[28] 3GPP Technical Specification 36. 413. E-UTRAN, S1 Application Protocol (S1AP).

[29] 3GPP Technical Specification 36. 423. E-UTRAN, X2 Application Protocol (X2AP).

第 9 章

[1] RP-172021. Revised SID on NR-based Access to Unlicensed Spectrum, Qualcomm Incorporated.

[2] RP-182806. New WID on NR-based Access to Unlicensed Spectrum, Qualcomm

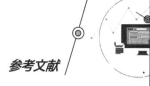

Incorporated.

[3] 刘晓峰, 孙韶辉, 杜忠达, 等. 5G 无线系统设计与国际标准[M]. 北京: 人民邮电出版社, 2019.

[4] 3GPP Technical Specification 38. 211. Physical channels and modulation.

[5] 3GPP Technical Specification 38. 212. Multiplexing and channel coding.

[6] 3GPP Technical Specification 38. 214. Physical layer procedures for data.

[7] 3GPP Technical Specification 38. 213. Physical layer procedures for control.

[8] 3GPP Technical Specification 37. 213. Physical layer procedures for shared spectrum channel access.

第 10 章

[1] RP-192336. Revised WID on Multi-RAT Dual-Connectivity and Carrier Aggregation enhancements, Ericsson.

[2] 3GPP Technical Specification 38. 214. Physical layer procedures for data.

[3] 3GPP Technical Specification38. 331. Radio Resource Control (RRC); Protocol specification.

[4] 3GPP Technical Specification 38. 306. User Equipment (UE) radio access capabilities.

[5] 3GPP Technical Specification 38. 213. Physical layer procedures for control.

[6] 3GPP Technical Specification 38. 211. Physical channels and modulation.

[7] 3GPP Technical Specification 38. 101-3. User Equipment (UE) radio transmission and reception; Part 3: Range 1 and Range 2 Interworking operation with other radios.

[8] 3GPP Technical Specification 36. 423. X2 Application Protocol (X2AP).

[9] 3GPP Technical Specification 38. 423. Xn Application Protocol (XnAP).